高职高专教育国家级精品规划教材
普通高等教育"十一五"国家级规划教材

机 械 制 图

(第4版)

主 编 郭 玲 关莉莉 向清然
副主编 张瑞芬 周文武 江红丽
主 审 曾令宜

黄河水利出版社
·郑州·

内 容 提 要

本书是高职高专教育国家级精品规划教材，是普通高等教育“十一五”国家级规划教材，是按照教育部对高职高专教育的教学基本要求和相关专业课程标准编写完成的。本书共分 10 章，主要内容包括：制图基本知识，投影制图基础，机件的表达方法，标准件和常用件，零件图，装配图等。本书采用了最新的《机械制图》和《技术制图》国家标准，总结多年的教学经验，注重实用，具有鲜明的高职高专特色。本书配有内容丰富且非常实用的教学课件，全部用 FLASH 软件制作，构思独特，动画程度高，交互性强，可供讲课教师使用。为了便于读者的学习，同时出版有与本书配套的《机械制图习题集(第 4 版)》。

本书可作为高职高专机械类各专业及相近专业机械制图课程的教材，也可作为成人教育、自学考试的教材或参考书。

图书在版编目(CIP)数据

机械制图/郭玲，关莉莉，向清然主编. —4 版. —郑州：黄河水利出版社，2016. 5

高职高专教育国家级精品规划教材

ISBN 978 - 7 - 5509 - 1437 - 7

Ⅰ. ①机… Ⅱ. ①郭… ②关… ③向… Ⅲ. ①机械制图 - 高等职业教育 - 教材 Ⅳ. ①TH126

中国版本图书馆 CIP 数据核字(2016)第 120867 号

组稿编辑：王路平　电话：0371 - 66022212　E-mail：hhslwlp@163. com

出 版 社：黄河水利出版社

地址：河南省郑州市顺河路黄委会综合楼 14 层　邮政编码：450003

发行单位：黄河水利出版社

发行部电话：0371 - 66026940、66020550、66028024、66022620(传真)

E-mail：hhslcbs@126. com

承印单位：河南承创印务有限公司

开本：787 mm × 1 092 mm　1/16

印张：17

字数：390 千字

版次：2002 年 8 月第 1 版　2012 年 1 月第 3 版　印数：1—4 100

2007 年 9 月第 2 版　2016 年 5 月第 4 版　印次：2016 年 5 月第 1 次印刷

定价：36.00 元

第 4 版前言

本书是贯彻落实《国家中长期教育改革和发展规划纲要(2010—2020 年)》、《国务院关于加快发展现代职业教育的决定》(国发〔2014〕19 号)、《现代职业教育体系建设规划(2014—2020 年)》和教育部《关于全面提高高等职业教育教学质量的若干意见》等文件精神,在原普通高等教育"十一五"国家级规划教材的基础上,组织编写的高职高专教育国家级精品规划教材。该套教材以学生能力培养为主线,体现出实用性、实践性、创新性的教材特色,是一套理论联系实际、教学面向生产的精品规划教材。

为了进一步满足教学需要,应广大读者的要求,本书在已经出版的《机械制图(第 3 版)》(普通高等教育"十一五"国家级规划教材)基础上,对原教材进行了修订、补充和完善。在编写过程中本书保留了原教材"注重实用性,以读图为主线,坚持少而精,内容精练,概念准确,图形规范,便于阅读"的特点,同时根据 2006 ~ 2012 年国家发布的最新"技术产品文件标准"对相关内容进行了更新和修订,使本教材的体系、举例、讲述由浅入深,更加具有鲜明的高职高专特色,并在每个章节后面附有复习思考题,以便于读者理解和掌握。

本书编写人员及编写分工如下:绪论、第一章由福建水利电力职业技术学院张瑞芬编写,第二章由衡阳技师学院向清然编写,第三章、第五章、第六章由黄河水利职业技术学院关莉莉编写,第四章由衡阳技师学院周文武编写,第七章由辽宁水利职业学院江红丽编写,第八章、第九章、第十章、附录由黄河水利职业技术学院郭玲编写。本书由郭玲、关莉莉、向清然担任主编,郭玲负责全书统稿;由张瑞芬、周文武、江红丽担任副主编;由黄河水利职业技术学院曾令宜教授担任主审。

本书配有非常实用的教学课件,全部用 FLASH 软件制作,构思独特,动画程度高,设计科学,交互性强,能使主讲教师发挥自主性,同时也便于读者自学时使用。

另编有高职高专教育国家级精品规划教材、普通高等教育"十一五"国家级规划教材《机械制图习题集(第 4 版)》(郭玲、关莉莉、周文武主编,黄河水利出版社出版),与本书配合使用。

本书的不当之处,恳请读者批评指正。

编　者

2016 年 3 月

目 录

绪 论

一、工程图的作用

在生产实践中，无论是制造机器、安装设备，还是建造房屋、修路架桥都需要依照工程图进行生产或施工。因此，工程图(图样)是表达设计者的设计意图、指导生产或施工、进行维护维修与技术交流的主要技术文件，被人们喻为“工程界的技术语言”。阅读和绘制工程图是每个技术工作者必须具备的一种基本技能。

二、本课程的学习内容与学习目的

(1)制图基本知识(第一章)——学习绘图工具、仪器的使用，制图基本标准和几何作图等基本知识。目的是学会正确使用绘图工具和仪器，掌握制图的基本标准，能运用绘图的技巧和方法正确抄画各种平面图形。

(2)投影制图(第二～八章)——学习用正投影法来表达空间物体的基本原理和常用的图示方法。目的是要掌握机件各种常用的图示方法，具备由立体画出平面图形和由平面图形想象出立体的能力。

(3)专业图(第九、十章)——学习阅读和绘制零件图、装配图的方法。目的是了解零件图和装配图的绘制方法，能熟练阅读零件图和装配图。

三、本课程的特点及学习方法

本课程是一门既有理论又重实践的课程。学习时认真钻研教材，弄懂基本原理和基本方法只是前提，要真正掌握这门知识还必须亲自实践，进行相当数量的画图和读图练习，即要“弄懂、多练”。

具体应注意以下几个方面：

(1)机械制图课程的内容是环环相扣的，学习中必须认真听好每一堂课，听课时应主动思维。

(2)投影制图是本课程的基本理论，必须学深学透。学习时不能死记硬背，要注意空间想象，即应进行空间立体与平面图形的反复转换，如有模糊不清之处，要通过各种方法搞得清楚明白，不可轻易放过。要多画、多练、多思考，逐步建立空间概念。

(3)对于制图的标准和有关规定要牢牢记住，正确应用。

(4)严格要求，一丝不苟。认真细致是所有从事工程技术工作者所必须具备的工作作风与基本素质。因为图样中的任何疏忽、错误都可能造成不可弥补的损失，所以必须从一开始就严格要求，注重基本功的训练，力求作图规范，读图思路清晰，为今后学习和工作打下良好的基础。

四、我国工程图学发展史简介

我国工程图学具有悠久的历史，远在公元前 1059 年的《尚书》一书，就有工程中使用图样的记载。宋代(1100 年)李诫所著《营造法式》一书，是世界上最早的一部建筑技术著作。其大量的工程图样画法，采用了正投影、轴测投影和透视图等方法。直到 1795 年法国人加斯帕拉·蒙日才发表《画法几何》一书。这充分说明我国古代在图学方面已达到了很高水平。

随着科学技术的进步与发展，国家标准《机械制图》在不断地修订更新。为了适应各行业间及国际间的技术交流，1993 年我国发布了国家标准《技术制图》。这标志着我国工程图学已步入了一个新阶段。此外，在制图技术、图学教育方面也卓有成效。尤其是计算机绘图技术的广泛应用，必将对我国近代科学技术的发展产生深远的影响。

第一章　制图基本知识

学习目标

1. 掌握绘图工具的正确使用方法。
2. 熟记基本制图标准中的各项规定。
3. 能按正确的绘图方法和步骤，遵循制图标准，准确地抄画各种平面图形。
4. 掌握徒手画线的技巧。

第一节　仪器绘图常用的工具

一、图板和丁字尺

图板用来铺放和固定图纸，绘图时，用胶带纸将图纸固定在图板的适当位置。图板板面要求平整洁净；图板的短边为工作边，必须平直；图板有大小不同的规格，可根据需要选用。

丁字尺与图板配合使用，主要用来画水平线。丁字尺由尺头和尺身两部分组成，使用时，尺头内侧必须紧靠图板的工作边，上下移动，由左向右画水平线，如图 1-1 所示。

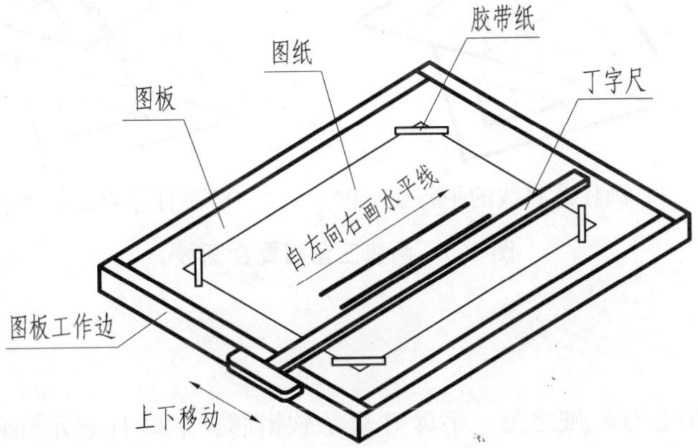

图 1-1　图板与丁字尺

二、三角板

一副三角板有两块，一块为 30°、60°直角三角板，另一块为 45°等腰直角三角板。三角板主要有以下三个方面的用途：

(1) 与丁字尺配合画铅垂线。画线时，三角板放在要画图线的右边，左手按住丁字尺和三角板，右手持铅笔，自下而上画铅垂线，如图 1-2(a)所示。

(2)与丁字尺配合画与水平线成 15° 倍角的斜线。图线在三角板右边自上而下画线，在三角板左边自下而上画线，如图 1-2(b)所示。

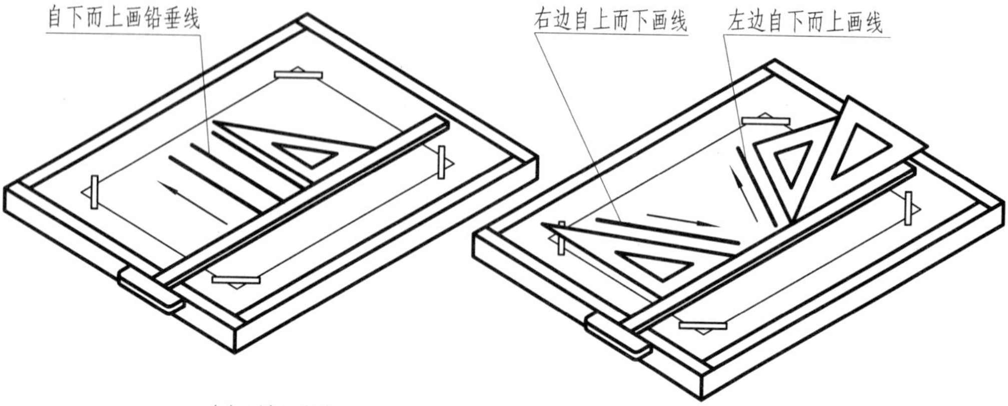

(a)画铅垂线 (b)画斜线

图 1-2 三角板与丁字尺配合画线

(3)两块三角板配合画任意已知直线的平行线或垂直线。画线时其中一块三角板起定位作用，另一块三角板沿定位边移动并画直线，如图 1-3 所示。

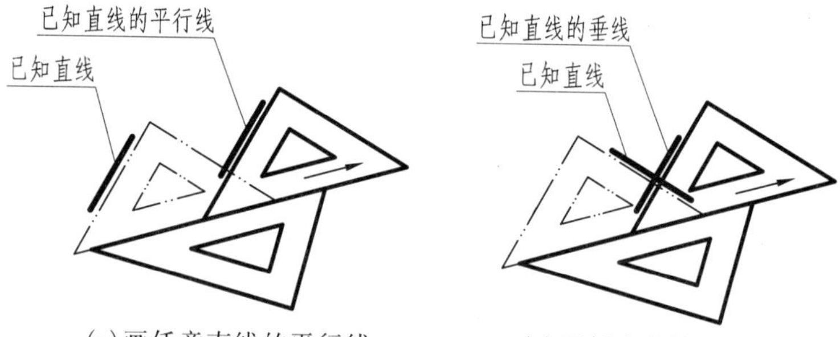

(a)画任意直线的平行线 (b)画任意直线的垂直线

图 1-3 两块三角板配合画线

三、铅笔

绘图铅笔的铅芯有软硬之分，字母 B 表示软铅芯，字母 H 表示硬铅芯。B 前面的数值越大，表示铅芯越软而且黑，H 前面的数值越大，则表示铅芯越硬而且淡。HB 表示介于 H 和 B 之间的软硬适中的铅芯。

绘图铅笔的选用及削磨形状如表 1-1 所示。削铅笔时应从无记号的一端开始，以便使用时识别。被削去的笔杆长度约 25 mm，铅芯露出 8～12 mm 为宜，太长容易折断，太短不宜修磨。画粗线的铅芯前端的扁平部分一般磨成 3～5 mm 长。

绘图时，应保持笔杆前后方向与纸面垂直，向画线运动方向自然倾斜，并要用力均匀、匀速前进。

表 1-1 绘图铅笔与圆规上铅芯的选用及削磨形状

用途	绘图铅笔			圆规用铅芯	
	打底稿 加深细实线	写字	加深粗实线	打底稿 加深细线圆	加深粗线圆
软硬程度	H	HB	HB 或 B	HB	B 或 2B
削磨形状	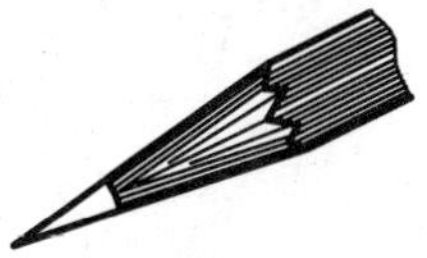				
	锥状		扁平状	楔状或锥状	四棱柱状

四、圆规

圆规用来画圆或圆弧。圆规的两脚中一个为固定插脚，另一个为活动插脚。固定插脚上钢针两端的形状有所不同，带有台阶的一端用于画圆时定圆心，台阶可以防止图纸上的针眼扩大而造成圆心不准确；圆锥形的一端可作为分规使用。圆规的活动插脚可分别装入铅芯插脚或钢针插脚(作分规用)。

画圆前，应调整钢针与铅芯，使定心钢针台阶与铅芯尖端平齐，如图 1-4(a)所示。画圆时，使笔尖与纸面垂直，用右手转动圆规手柄，均匀地沿顺时针方向一笔画完，如图 1-4(b)所示。

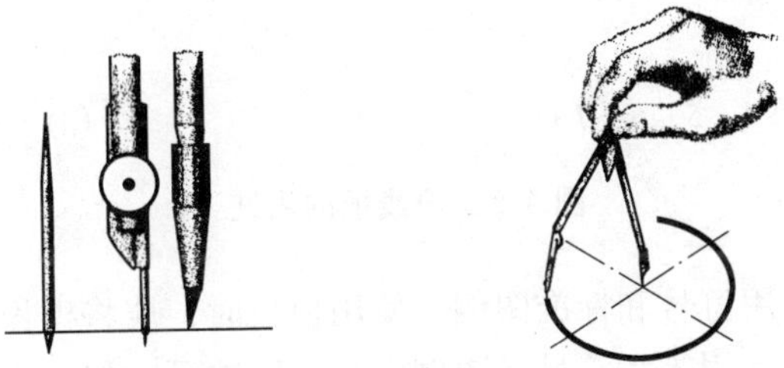

(a)画圆前调整　(b)画较大圆应使两脚垂直纸面

图 1-4 圆规的用法

圆规上铅芯的选用及削磨形状如表 1-1 所示。

五、曲线板

曲线板用于加深非圆曲线。用曲线板画曲线时，应先徒手轻轻地将各点用细线连成光滑的曲线，然后在曲线板上选择与曲线吻合的部分(尽量多吻合一些，一般应不少于 4 点)，从起点到终点按顺序分段加深。加深时应将吻合段的末尾留下一段暂不加深，待下一段加深时重合，以使曲线连接光滑，如图 1-5 所示。

六、擦图片和模板

擦图片用于加深时擦除错误的图线。使用擦图片时，应将要擦去的图线从擦图片的孔中露出来，然后用橡皮擦去，这样可避免擦掉其他部分的图线。

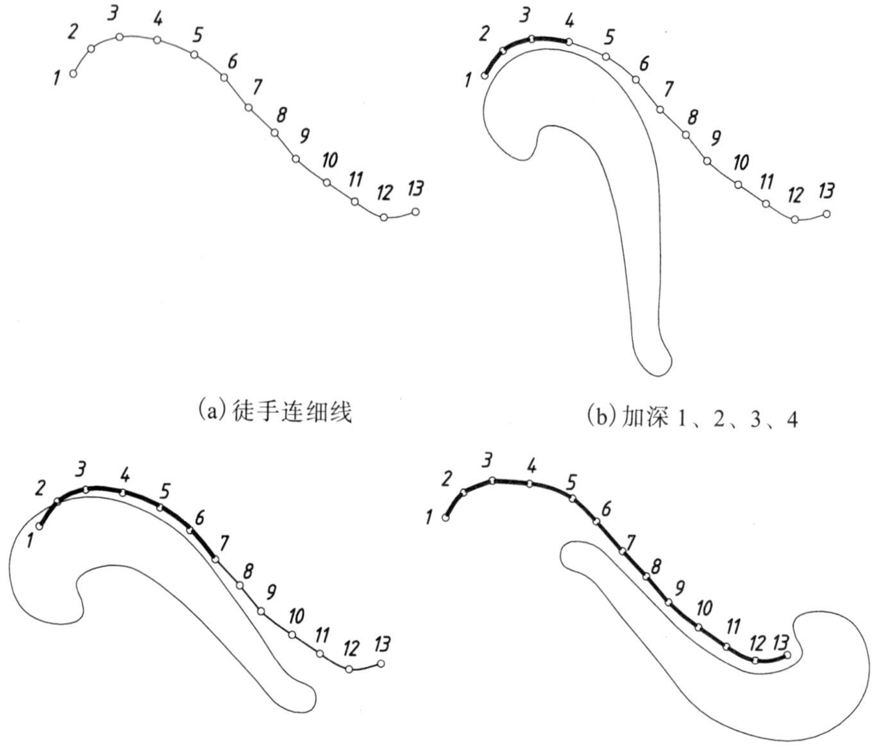

(a)徒手连细线　(b)加深 1、2、3、4

(c)加深 4、5、6、7 点　(d)完成连接

图 1-5　曲线板的用法

模板用于画各种常用符号和标准图例。使用模板时，应将模板上相应的符号或图例放到图纸上需要绘制处，用笔在符号或图例内画一周即可。如表面粗糙度符号、尺寸箭头等。

第二节　基本制图标准

图样是工程界的技术语言，为了便于生产、进行技术交流和使用保管，国家质量技术监督局和国家标准化管理委员会颁布了一系列技术制图和机械制图的国家标准(国家标准简称“国标”，代号为“GB”)。

本节主要介绍图幅、比例、图线、字体、尺寸标注等基本规定，其他的内容将在以后章节中分别介绍。

一、图纸幅面和格式

各类技术图样都应采用国标《技术制图　图纸幅面和格式》(GB/T 14689—2008)规定的图纸幅面和格式。

(一)图纸幅面

图纸幅面即图纸的面积，图纸的短边×长边用 $B \times L$ 表示。制图标准规定了 5 种不同尺寸的基本图幅，见表 1-2。

表 1-2　基本幅面及图框尺寸　（单位：mm）

幅面代号	A0	A1	A2	A3	A4
$B \times L$	841×1 189	594×841	420×594	297×420	210×297
e	20		10		
c	10			5	
a	25				

由表 1-2 可以看出，图纸幅面以 A0、A1、A2、A3、A4 为代号，基本图幅之间大小的关系如图 1-6 所示。绘制技术图样时，应优先选用基本幅面。图幅在应用中面积如果不够大，允许加大图幅面积，具体尺寸必须执行技术制图有关标准。

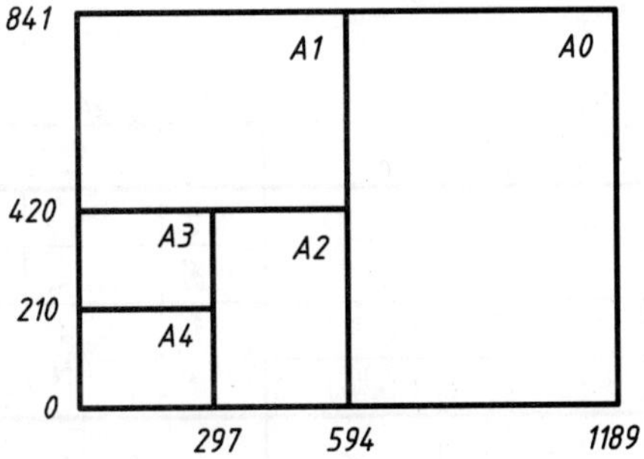

图 1-6　基本图幅之间大小的关系

(二)图框格式

绘制图样时，必须在图纸上用粗实线画出图框，图形只能绘制在图框内。图框格式分为不留装订边和留装订边两种，但同一产品的图样只能采用一种格式。

不留装订边图纸的图框格式如图 1-7(a)所示。根据国际上的发展趋势，早已采用自动晒图机晒图，它可以完成复制、剪切、折叠等全过程，若需要附加装订边，可以自动粘贴一条具有装订孔的装订边。这种不留装订边的图纸对绘图、复制、折叠、装订和使用都十分方便，应优先选用。

留装订边图纸的图框格式如图 1-7(b)所示。

(三)标题栏和看图方向

标题栏一般应位于图纸的右下角，如图 1-7(a)、(b)所示。如果使用预先印制的图纸，允许将标题栏放在图纸的右上角。每张图纸上都必须画出标题栏。

制图标准对看图方向的规定是：当标题栏位于图纸右下角时，看图的方向与看标题栏的方向一致；当标题栏位于图纸右上角时，看图方向以方向符号的指向为准。方向符号应位于图纸下边的对中符号处，如图 1-7(c)所示。

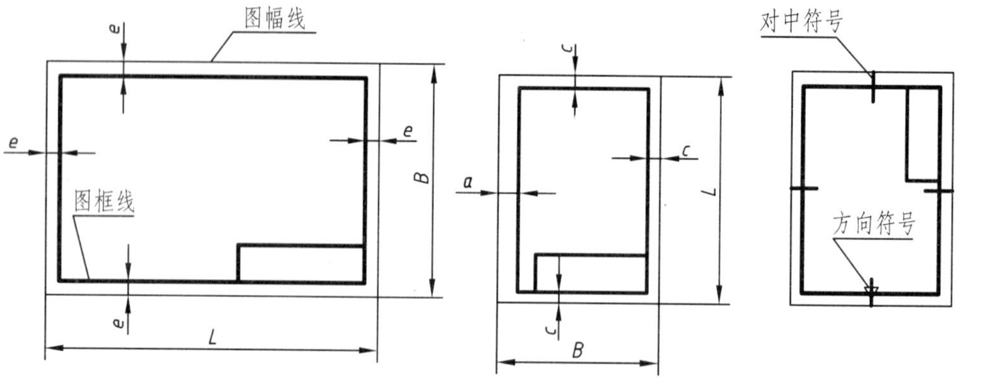

(a)不留装订边图纸的图框格式　(b)留装订边图纸的图框格式　(c)对中符号与看图方向

图 1-7　图框格式与看图方向

GB/T 10609.1—2008 对标题栏的内容、格式与尺寸作了规定。制图作业的标题栏建议采用图 1-8 所示的格式。

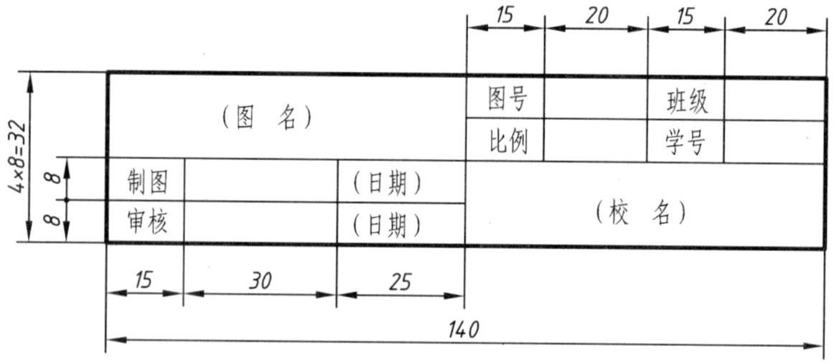

图 1-8　作业用标题栏

二、比例

图样中图形与其实物相应要素的线性尺寸之比称为比例。国标《技术制图　比例》(GB/T 14690—1993)对图样中的比例大小和注写方式都作了规定。

绘制图样时，应根据物体的大小及其形状的复杂程度，由表 1-3 规定的系列中选取适当的比例。

无论采用何种比例，图中所注尺寸均应是物体的真实尺寸，与比例无关。

在图纸上必须注明比例。比例一般应标注在标题栏中的比例栏内。必要时，可在视图名称的下方或右侧标注比例。

三、图线

在绘制图样时，应遵循国标《机械制图　图样画法　图线》(GB/T 4457.4—2002)和

《技术制图　图线》(GB/T 17450—1998)对图线的规定。

表 1-3　比例

种类		比例				
常用比例	原值比例	1∶1				
	放大比例	5∶1 5×10^n∶1	2∶1 2×10^n∶1	1×10^n∶1		
	缩小比例	1∶2 1∶2×10^n	1∶5 1∶5×10^n	1∶10 1∶1×10^n		
可用比例	放大比例	4∶1 4×10^n∶1	2.5∶1 2.5×10^n∶1			
	缩小比例	1∶1.5 1∶1.5×10^n	1∶2.5 1∶2.5×10^n	1∶3 1∶3×10^n	1∶4 1∶4×10^n	1∶6 1∶6×10^n

注：*n* 为正整数。

(一)图线的形式和用途

图线是组成图形的基本要素，为了使图样中表达的内容主次分明，在机械图样中采用粗细两种线宽，它们的宽度比率为 2∶1。粗线宽度应按图样的类型和尺寸大小在下列数系中选择：2 mm、1.4 mm、1 mm、0.7 mm、0.5 mm、0.35 mm、0.25 mm，对应的细线宽度为 1 mm、0.7 mm、0.5 mm、0.35 mm、0.25 mm、0.18 mm、0.13 mm。粗实线的图线宽度习惯上用字母 *b* 表示，并根据图样的比例和复杂程度常在 0.5～1.4 mm 之间选用，仪器绘图的粗实线宽度一般取 0.7 mm。

机械图样常用的线型形式和用途见表 1-4。

表 1-4　机械图样常用的图线形式和用途　（单位：mm）

图线名称	图线形式	图线宽度	主要用途
粗实线	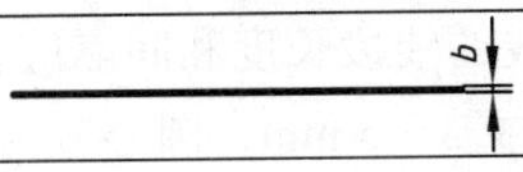	*b*=0.5～1.4	可见轮廓线、剖切符号用线
细实线		*b*/2	尺寸线、尺寸界线、剖面线、投影线
细虚线	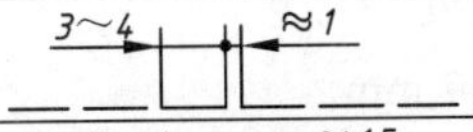	*b*/2	不可见轮廓线
粗虚线	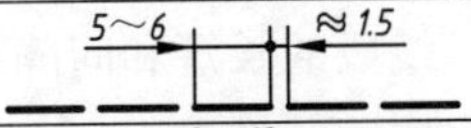	*b*	允许表面处理的表示线
细点画线	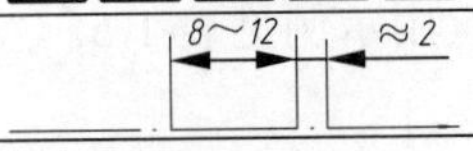	*b*/2	轴线、中心线、对称线
粗点画线	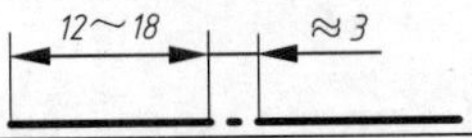	*b*	限定范围表示线
细双点画线	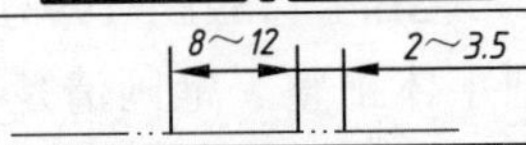	*b*/2	相邻辅助零件的轮廓线、极限位置的轮廓线
波浪线		*b*/2	断裂处的边界线、视图和剖视图的分界线
双折线	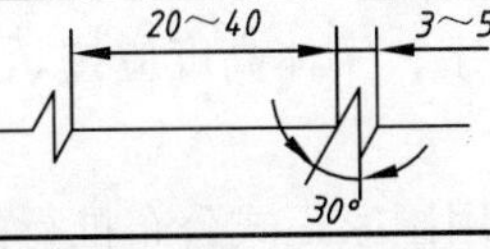	*b*/2	同波浪线

注：图线的用途列举的只是常见的例子。

一般将常用的细虚线、细点画线和细双点画线简称为虚线、点画线和双点画线。常用图线的应用举例如图 1-9 所示。

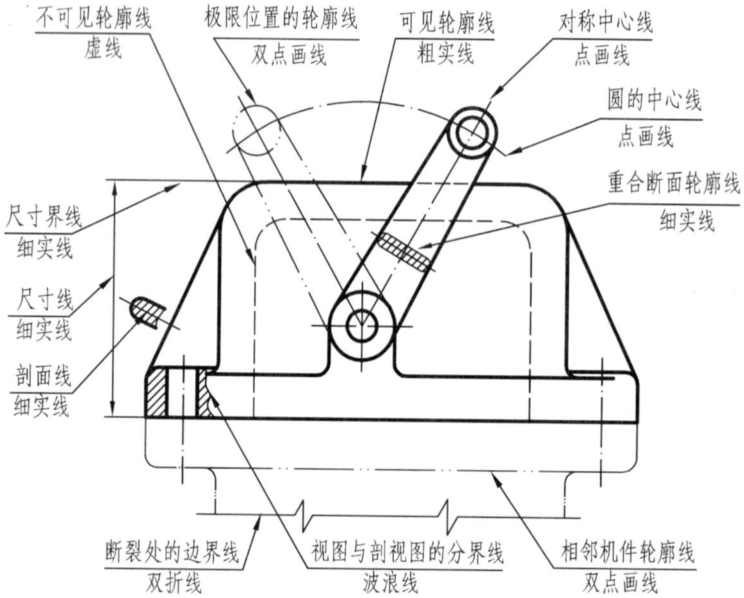

图 1-9　图线的应用

(二) 图线画法的规定

(1) 同一图样中，同类图线的宽度应基本一致。

(2) 同一图样中，虚线、点画线及双点画线的线段长度和间隔应各自大致相等。

(3) 绘制圆的中心线时，点画线应超出轮廓 3～5 mm，圆心应为线段的交点。点画线和双点画线的首末两端应是线段而不是点。

(4) 图线与图线相交时，应恰当地交于画线处。

(5) 两条平行线之间的最小间隙不得小于 0.7 mm。

绘图时，图线的宽度靠削磨铅笔芯来控制，线段的长短和间隔靠目测控制，图线的浓淡靠手画图时的力度控制。图线的规定画法应用示例见表 1-5。

四、字体

图样中的文字应按国标《技术制图　字体》(GB/T 14691—1993) 的规定书写。字体是图样中重要的组成部分，书写字体必须做到字体工整、笔画清楚、间隔均匀、排列整齐。

字体的号数即字体的高度 h，分为 8 种：20 mm、14 mm、10 mm、7 mm、5 mm、3.5 mm、2.5 mm、1.8 mm。如果需要写更大的字，字体高度应按 $\sqrt{2}$ 的比率递增。

(一) 汉字

图样中的汉字应写成长仿宋体字，并应采用国家正式公布推行的简化字。汉字的高

度 h 不应小于 3.5 mm，其字宽一般为 $h/\sqrt{2}$。长仿宋体字的示例如图 1-10 所示。

表 1-5　图线的规定画法应用示例

图线间关系	正确画法	错误画法	文字说明
虚线在粗实线延长线上	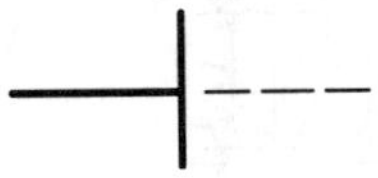		虚线为粗实线的延长线时，粗实线应画到分界点，留空隙后再画虚线
图线相交	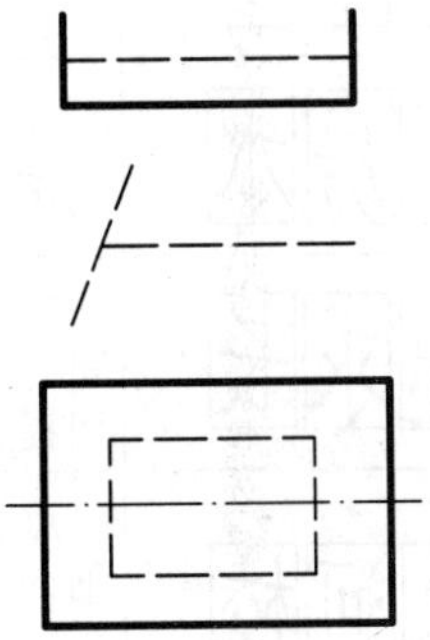	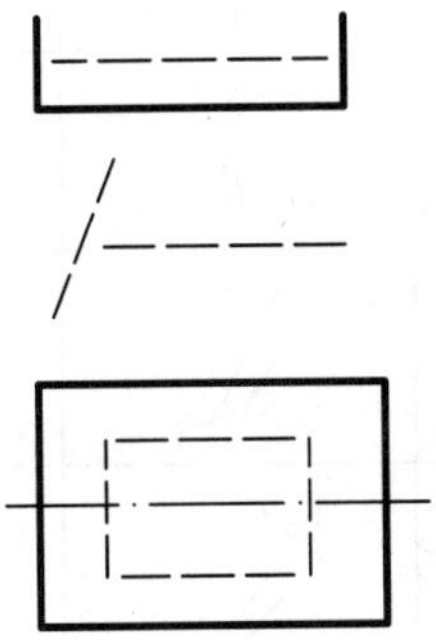	图线与图线相交必须以线段相交，不得在间隔或点处相交
虚线相切	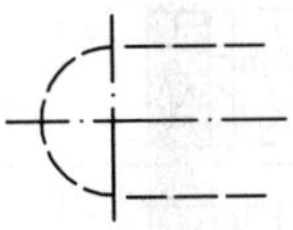	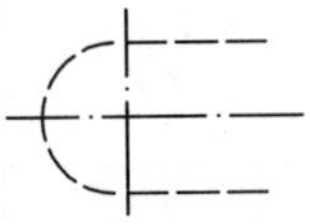	圆弧虚线与直虚线相切时，圆弧虚线应画至切点处，留空隙后再画直虚线
点画线为圆的中心线	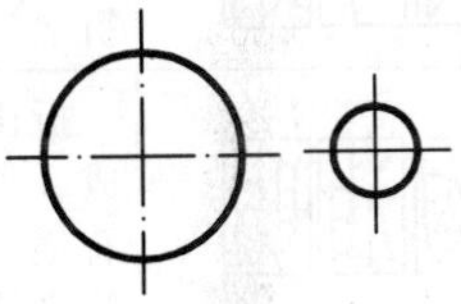	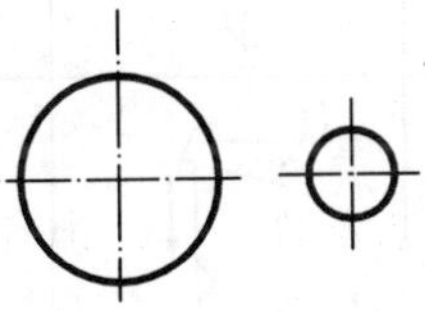	圆心应为点画线的线段交点，点画线应超出轮廓线 3～5 mm，且首末应是线段。在较小的图形上绘制点画线有困难时，可用细实线代替

10号字　齿轮油泵　机用虎钳　减速箱

7号字　职业技术学院　机械制图　技术要求　说明

5号字　制图　审核　姓名　日期　比例　材料　数量　图号

图 1-10　长仿宋体字示例

长仿宋体字的书写要领是横平竖直、起落有锋、结构匀称、填满方格。建议初学者打格书写，以保证字体大小一致、排列整齐。写长仿宋体字应从基本笔画练起，长仿宋体字的基本笔画和书写方法见表 1-6。

表 1-6　长仿宋体字的基本笔画和书写方法

笔画名称	结构	运笔方法	字例	说明
横			工 大 上	横宜平可稍向上倾斜
竖			平 中 下	竖要直不可偏斜
撇			厂 房 水	起笔重而有锋，收笔渐细而尖
捺			速 求 长	起笔细挺劲而渐粗，收笔转平，轻轻回提，锋如刀刃
点			总 河 校	点多为斜点，起笔细而渐粗，收笔回折成三角形，其他不同位置的点可略加变化
挑			冷 物 技	起笔重而有锋，挺劲斜上，收笔渐尖
钩			利 寸 划	钩乃附于其他笔画中，作为收尾，常转折上挑，形如鹤嘴
折			构 油 明	折由横与竖连笔形成，所以转折处应兼有横的收笔和竖的起笔之特点

(二) 数字和字母

图样中的数字和字母应按制图标准规定的字体书写。数字和字母分 A 型和 B 型，A 型的笔画宽度比 B 型细，为了与汉字协调，一般采用 A 型字体。

数字和字母可写成斜体和直体，斜体字字头向右倾斜，与水平基准线成 75°，图样上一般采用斜体字。图 1-11 是工程图样中常用的数字和字母书写示例。

用做指数、分数、极限偏差、注脚等的数字和字母，应采用小一号的字体。

五、尺寸注法

国标《技术制图　简化表示法　第 2 部分：尺寸注法》(GB/T 16675.2—2012) 中仅对尺寸标注的简化表示作了规定，尺寸标注的基本规则和注法应遵循国标《机械制图　尺寸注法》(GB/T 4458.4—2003)。

本节只介绍尺寸标注的一般规则，专业图样的尺寸标注，将在以后有关章节中分别介绍。

A型斜体数字

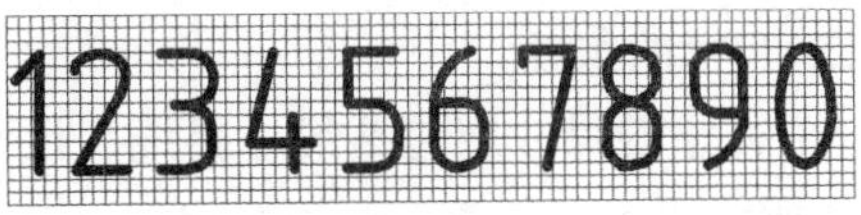

A型直体数字

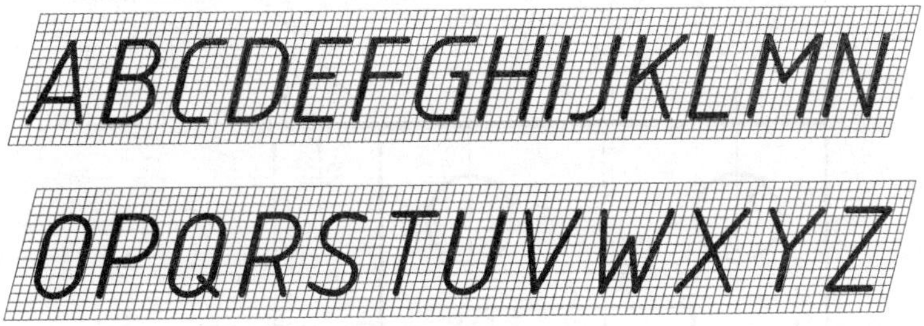

A型大写斜体字母

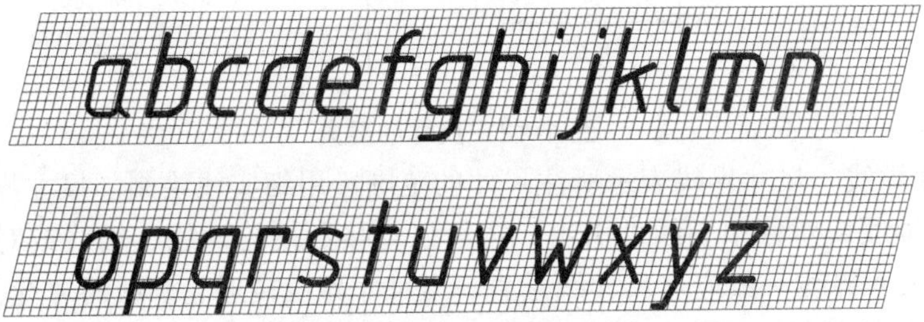

A型小写斜体字母

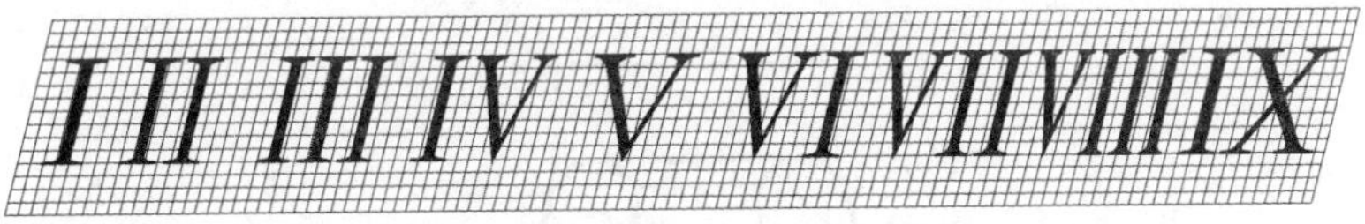

斜体罗马字母

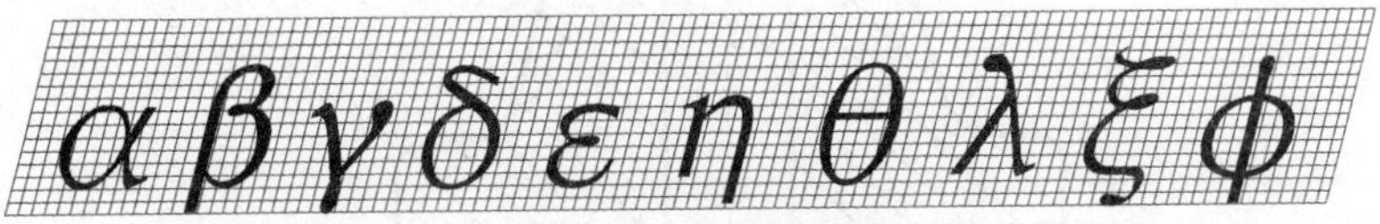

小写斜体希腊字母

图 1-11　数字和字母示例

(一)基本规则

(1)机件的真实大小应以图样上所注的尺寸数值为依据，与图形的大小及绘图的准确度无关。

(2)图样中(包括技术要求和其他说明)的尺寸以 mm 为单位时，不需标注计量单位的符号(或名称)，如采用其他单位，则必须注明相应的单位符号。

(3)图样中所标注的尺寸，为该图样所示机件的最后完工尺寸，否则应另加说明。

(4) 机件的每一尺寸，一般只标注一次，并应标注在反映该结构最清晰的图形上。

(二) 尺寸的组成

一个完整的尺寸应包括尺寸界线、尺寸线(包括终端符号)和尺寸数字三个要素，如图 1-12 所示。

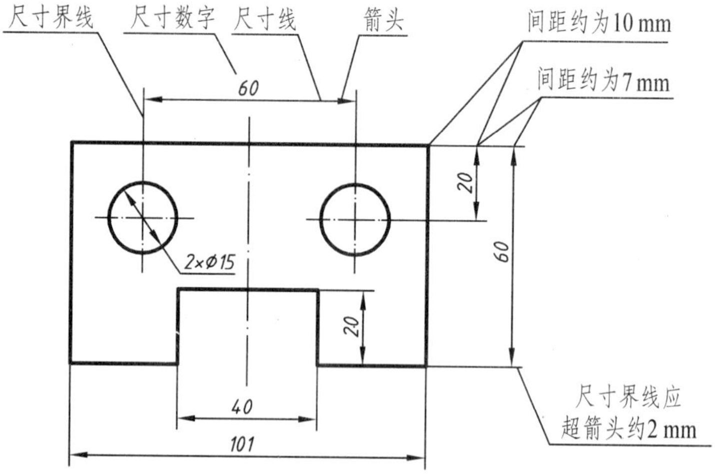

图 1-12 尺寸的要素

(1) 尺寸界线。尺寸界线表示所注尺寸的范围，用细实线绘制。尺寸界线应从图形的轮廓线、轴线或对称中心线处引出，也可以直接利用轮廓线、轴线或对称中心线作尺寸界线。尺寸界线一般应与尺寸线垂直，当尺寸界线接近轮廓线时才允许倾斜画出，如图 1-13 中下边的尺寸。在光滑过渡处标注尺寸时，必须用细实线将轮廓线延长，从它们的交点处引出尺寸界线，如图 1-13 中所注的尺寸。尺寸界线应超出尺寸线箭头约 2 mm。

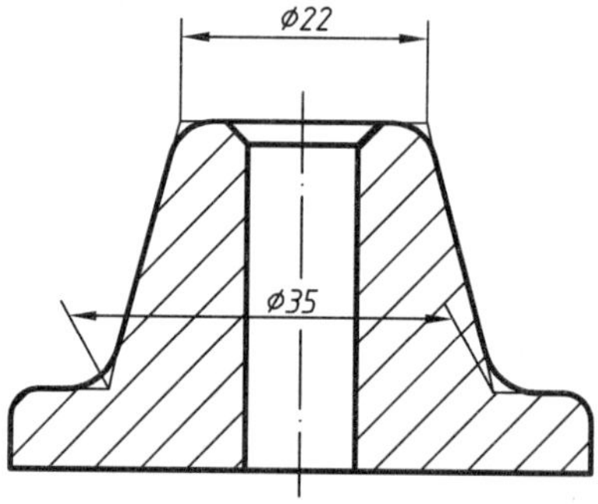

图 1-13 尺寸界线接近轮廓线和光滑过渡处的尺寸注法

(2) 尺寸线。尺寸线表示尺寸的度量方向，尺寸线必须用细实线单独绘制，不能用图中的任何图线来代替，也不能画在其他图线的延长线上。标注线性尺寸时，尺寸线必须与所注的线段平行，其间隔或平行的尺寸线之间的间隔应尽量保持一致，不能小于 7 mm。在标注互相平行的尺寸时，应把小尺寸注在里面，大尺寸注在外面。

尺寸线的终端符号有箭头和斜线两种形式。在圆上标注半径、直径与标注角度、弧长的尺寸线终端符号一律采用箭头，同一张图样中线性尺寸的尺寸线终端符号只能在箭头和斜线之间选用一种形式。机械图样中一般采用箭头作为尺寸线的终端符号。在没有足够的位置画箭头时，允许用圆点或斜线代替箭头。尺寸线的终端符号和画法见表 1-7。

表 1-7 尺寸线的终端符号和画法

形式	画法	说明
箭头	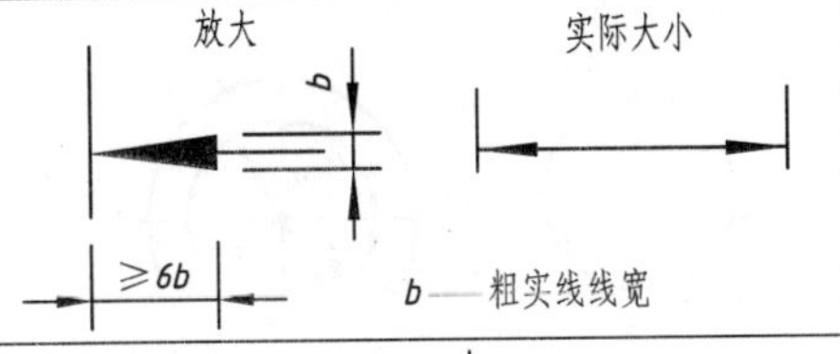	箭头尖端必须与尺寸界线接触，箭头是机械图样中常用的形式
斜线	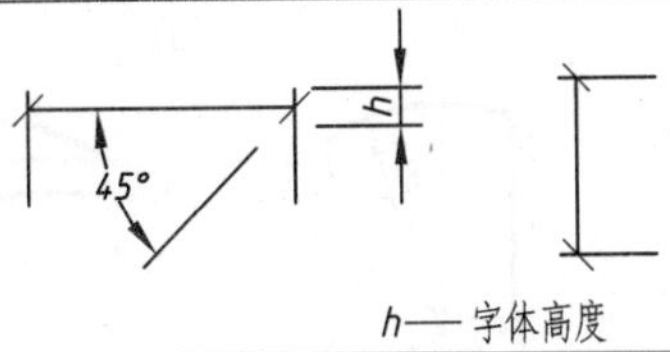	斜线为细实线，倾斜方向是将尺寸界线顺时针旋转 45°
特殊情况	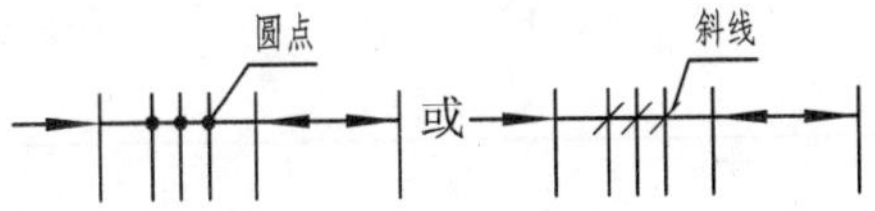	对于连续的小尺寸，当尺寸线终端画不下箭头时，此时允许用圆点或斜线代替箭头 圆点的大小应与箭头尾部宽度相同

(3) 尺寸数字。尺寸数字表示机件的实际大小。同一张图样上的尺寸数字的字高应一致，一般为 3.5 号字。尺寸数字不允许被任何图线所通过，当无法避免时，必须将图线断开。

尺寸数字一般应注写在尺寸线的中上方。

线性尺寸数字字头方向的规定为：水平尺寸字头朝上，铅垂尺寸字头朝左，倾斜尺寸应保持字头朝上的趋势，如图 1-14(a) 所示；线性尺寸应尽量避免在图 1-14(a) 中所示的 30° 范围内标注尺寸，当无法避免时，允许按图 1-14(b) 所示形式标注。

图 1-14 线性尺寸数字的字头方向

其他尺寸数字的注写规定，见表 1-8 中的相关说明。

(三) 常用尺寸的注法

线性尺寸的注法前面已经介绍(见图 1-12、图 1-13、图 1-14)，其他常用尺寸的注法见表 1-8。

表 1-8　常用尺寸注法

项目	说明	图例
圆和圆弧尺寸的注法	1. 标注直径或半径的尺寸时，应在数字前分别加注符号*Φ*或 *R* 2. 圆和大于半圆的圆弧标注直径，半圆和小于半圆的圆弧标注半径，如图(a)所示 3. 大圆弧的注法：当圆弧半径过大并且需要标明其圆心位置时，可按图(b)的方法标注；若不需要标明圆心位置，则可按图(c)的方法标注	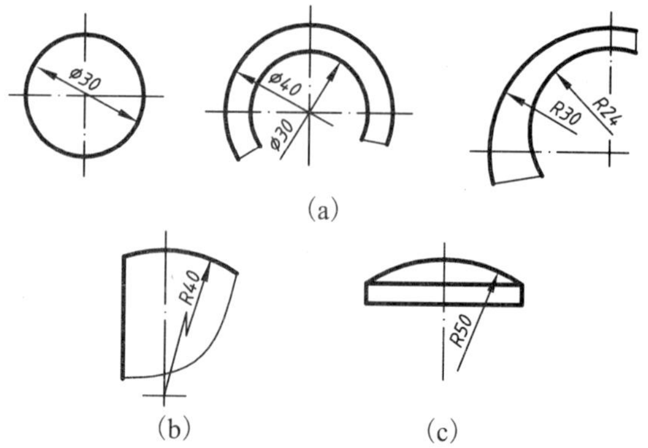
球面尺寸的注法	在标注球面直径或半径时，应在符号“*Φ*”或“*R*”前加注符号“*S*”	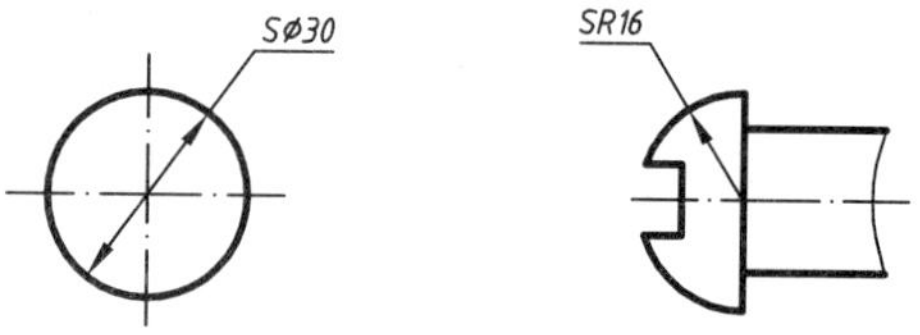
弦长和弧长尺寸的注法	标注弦长或弧长的尺寸界线均应平行于该弦的垂直平分线，如图(a)、(b)所示；当弧度较大时，也可沿径向引出，如图(c)所示 标注弧长时，尺寸数字的左方加注符号“⌒”。符号是与数字同高的半圆	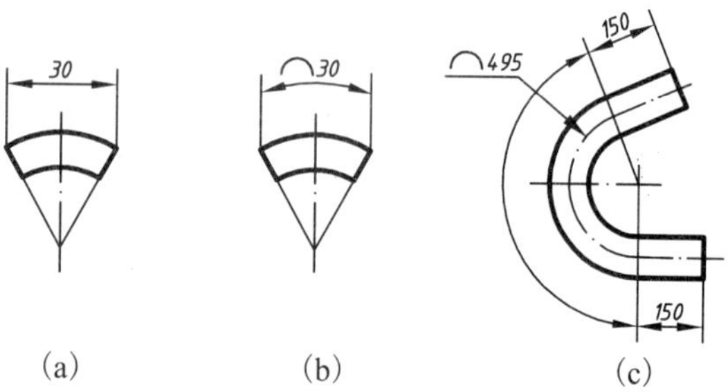
角度尺寸的注法	1. 尺寸界线沿径向引出，尺寸线是以角度顶点为圆心的圆弧 2. 角度数字一律水平注写，一般注写在尺寸线的中断处。必要时也可注写在尺寸线外或引出标注	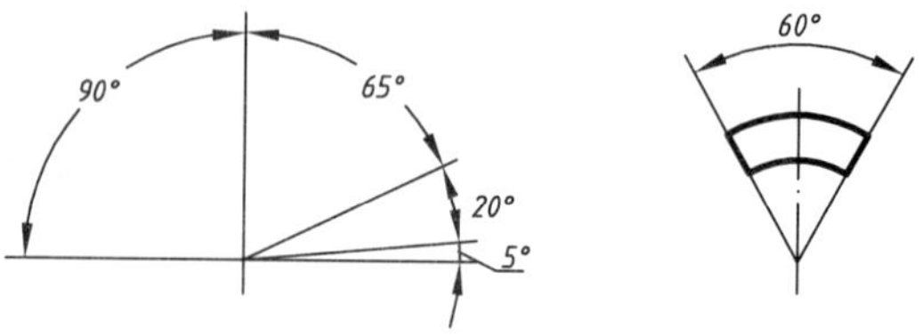

续表 1-8

项目	说明	图例
小尺寸的注法	1. 在尺寸界线之间没有足够位置画箭头或注写尺寸数字时，可按右图形式标注 2. 标注连续尺寸时，中间的箭头可用圆点或斜线代替	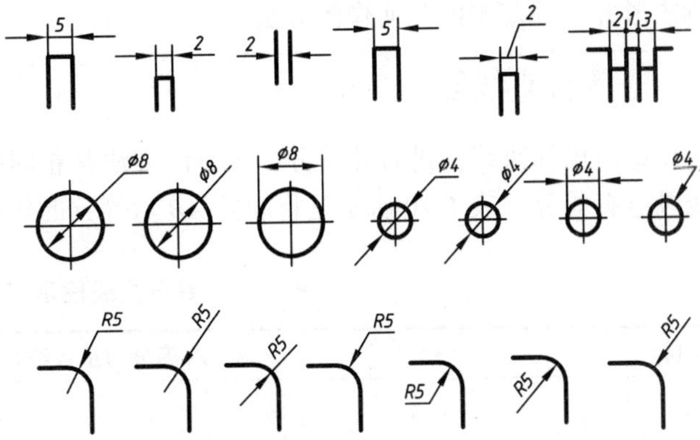
相同成组要素的注法	1. 在同一图形中，对于尺寸相同的孔、槽等成组要素，可如右图仅在一个要素上注出其尺寸和数量 2. 当成组要素（如均布孔）的定位和分布情况在图中已明确时，可如图(a)简化标注	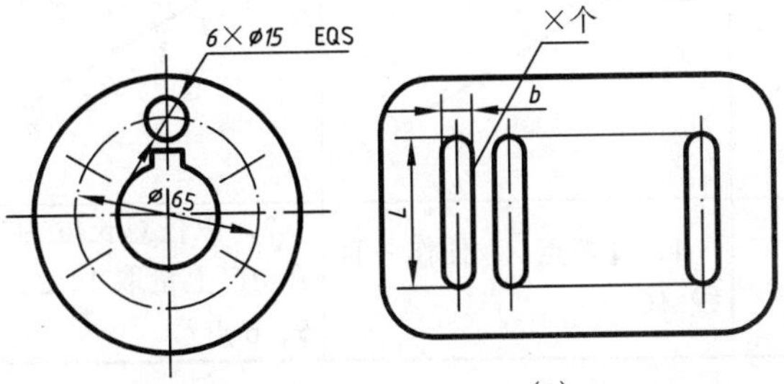(a)　(b)

(四) 尺寸中的符号和缩写词

在机械图样的尺寸标注中，常常应用表 1-9 所示的符号和缩写词，应熟悉它们。

表 1-9　尺寸中常用的符号和缩写词

名称	符号	符号的尺寸	名称	缩写词
正方形	□	长和高均为 h	厚度	t
深度	↧	长和高均为 h 两斜线的高为 0.6 h 两斜线的夹角为 60°	45°倒角	C
沉孔或锪平	⌴	长为 2 h，高为 h	均布	EQS
埋头孔	∨	高为 h 两斜线的夹角为 90°		

注：h 为尺寸数字的高度。

第三节　几何作图

几何作图就是依照给定的条件，准确地绘制出预定的几何图形。绘制图形必须学会分析图形并掌握基本的几何作图方法。

一、等分直线段

无论将已知直线段进行几等分，等分的方法是相同的。下面以六等分为例，将已知直线段进行等分。表 1-10 所示是将线段 *AB* 六等分的作图方法。

表 1-10　等分直线段示例

项目	六等分 *AB* 直线段		
作图分解步骤	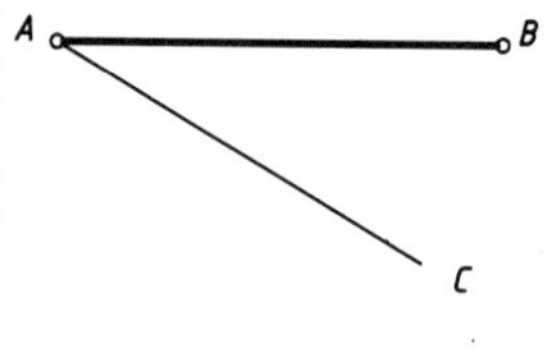	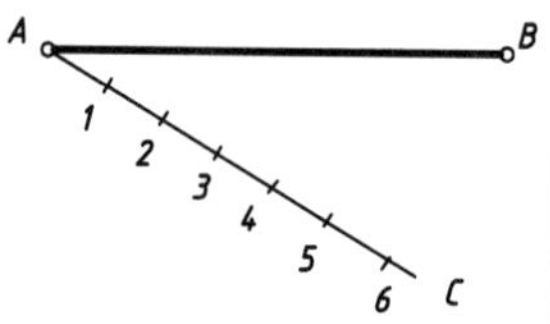	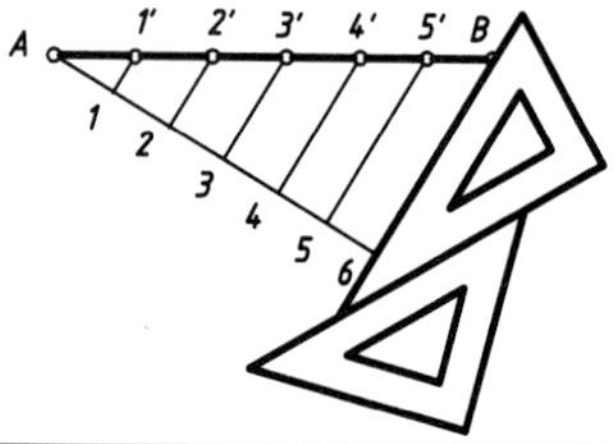
说明	1. 过端点 *A*，任作一直线 *AC*	2. 以任意长度为单位，在 *AC* 上量取 1、2、3、4、5、6 点	3. 连接 6*B*，过 1、2、3、4、5 点作 6*B* 的平行线与 *AB* 相交，得 1′、2′、3′、4′、5′即为等分点

二、等分圆周及作正多边形

等分圆周及作圆内接正多边形的方法见表 1-11。

表 1-11　等分圆周及作圆内接正多边形示例

项目	作图步骤及图例	
六等分圆周及作圆内接正六边形	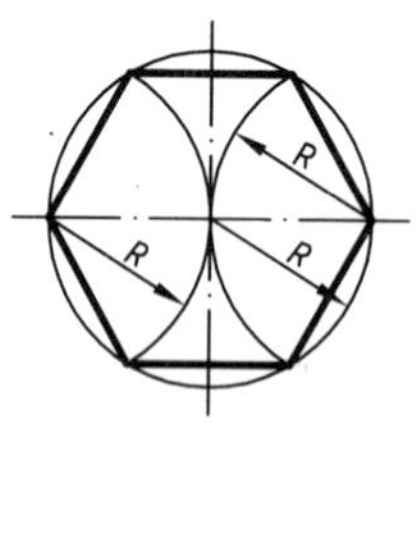	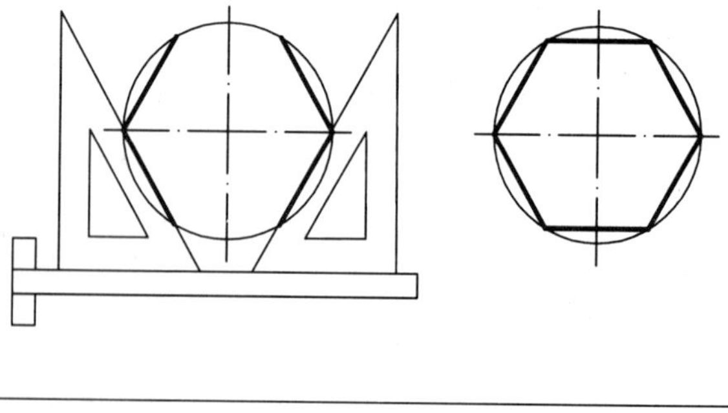
	方法一：圆规作图	方法二：用 30°、60°三角板作图

续表 1-11

<table>
<tr><th>项目</th><th colspan="3">作图步骤及图例</th></tr>
<tr><td rowspan="2">五等分圆周及作圆内接正五边形</td><td>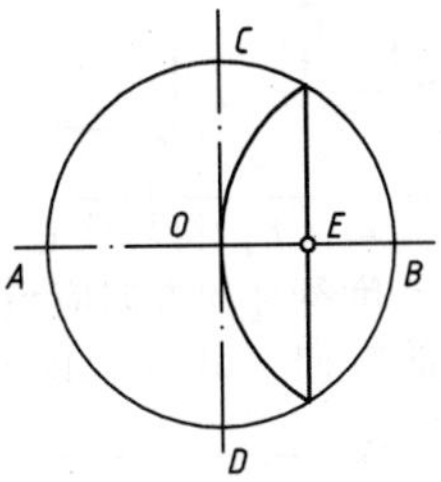
</td><td>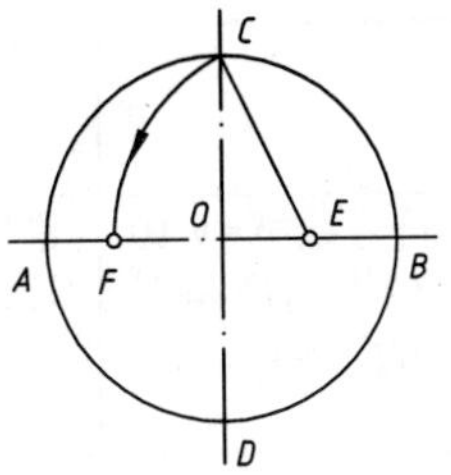
</td><td>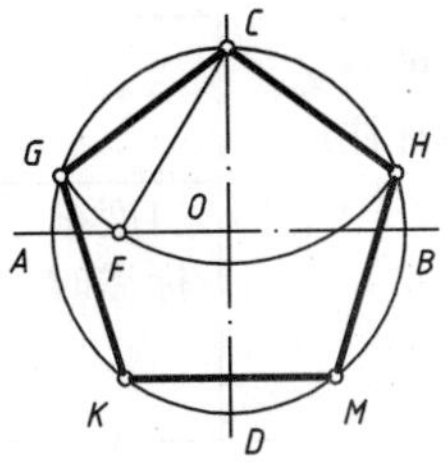
</td></tr>
<tr><td>1. 已知圆心 O 及直径 AB、CD。首先平分 OB 得 E 点</td><td>2. 以 E 为圆心、EC 为半径画圆弧交 OA 于 F 点，直线段 CF 即为内接正五边形的边长</td><td>3. 以 C 为圆心、CF 为半径，在圆周上截取 G、H 两点；再分别以 G、H 为圆心，在圆周上截取 K、M 两点，依次连接各等分点即得正五边形</td></tr>
<tr><td rowspan="2">任意等分圆周及作圆内接正 n 边形</td><td rowspan="2">以七等分圆周及作圆内接正七边形为例</td><td>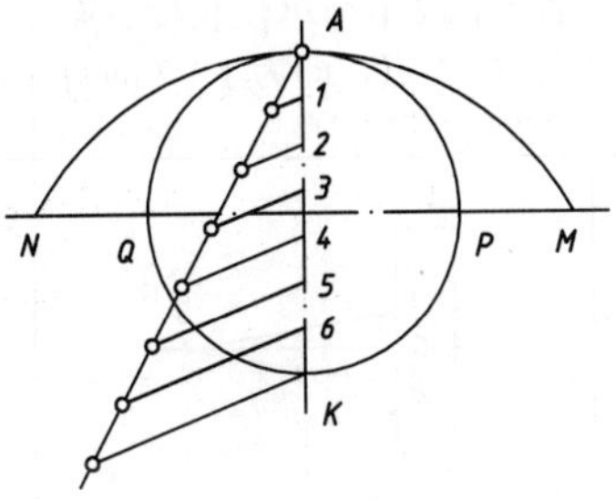
</td><td>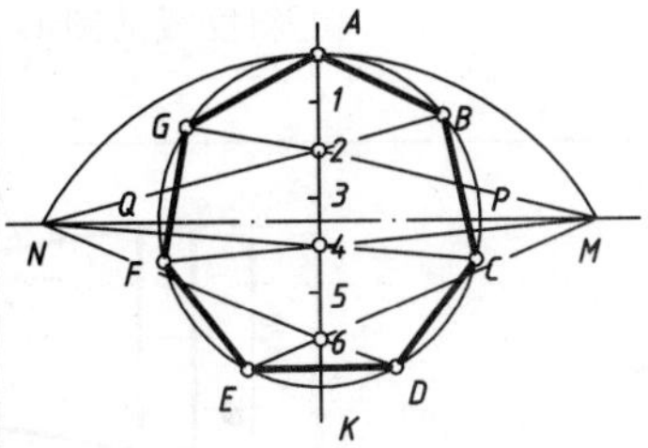
</td></tr>
<tr><td>1. 首先将已知直径 AK 七等分；再以点 K 为圆心，KA 长为半径画弧，交直径 PQ 的延长线于 M、N 两点</td><td>2. 从点 M、N 分别向 AK 上的各偶数点（或奇数点）作连线并延长，交圆周于点 B、C、D 和 E、F、G，则 A、B、C、D、E、F、G 点为等分点，依次连接各等分点即得圆内接正七边形</td></tr>
</table>

三、斜度和锥度

斜度是指一直线对另一直线或一平面对另一平面的倾斜程度。斜度的大小用它们夹角的正切来表示，并把比值写成 1 : *n* 的形式。标注斜度时，在 1 : *n* 之前应加注斜度符号“∠”。

锥度是指正圆锥的底圆直径与圆锥高度之比，并把比值写成 1 : *n* 的形式。标注锥度时，应在 1 : *n* 之前加注锥度符号“◁”。

斜度和锥度的标注与作图步骤见表 1-12。

表 1-12　斜度和锥度的标注与作图步骤

<table>
<tr><td rowspan="2">符号的画法与标注</td><td colspan="2">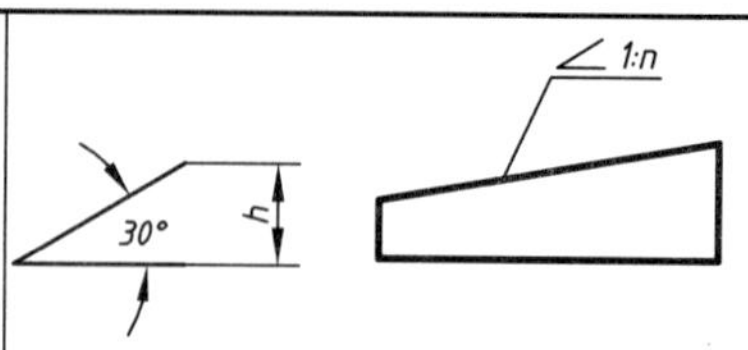
</td><td colspan="2">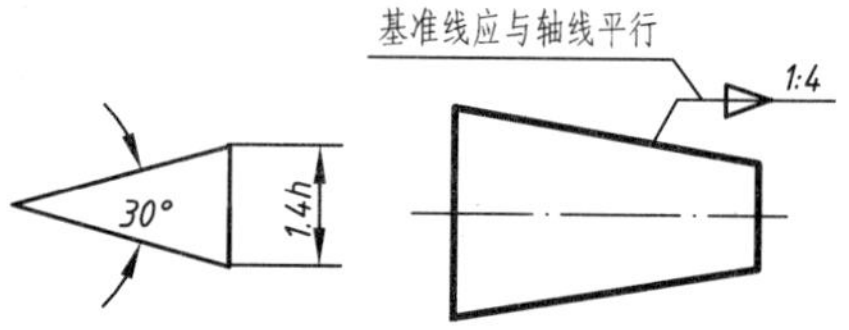
</td></tr>
<tr><td colspan="2">斜度符号 h=字高，符号线宽=h/10
标注时：斜度符号的方向应与图中斜度的方向一致</td><td colspan="2">锥度符号高=1.4 h，符号线宽=h/10
标注时：锥度符号的方向应与图中锥度的方向一致并应配置在基准线上</td></tr>
<tr><td rowspan="2">斜度的作图步骤</td><td>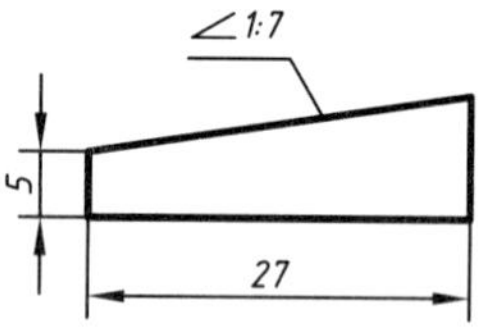
</td><td>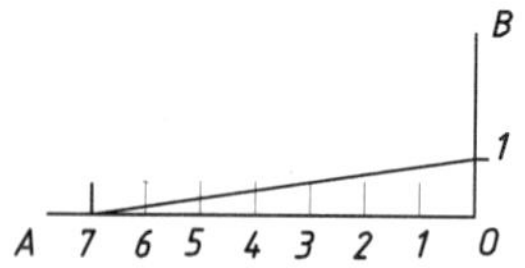
</td><td colspan="2">
</td></tr>
<tr><td>1. 作如图所示带 1∶7 斜度线的图形</td><td>2. 作 OB⊥OA，在 OA 上截取 7 个单位长度，在 OB 上取 1 个单位长度，连接 7、1 点，即为 1∶7 的斜度线</td><td colspan="2">3. 按尺寸定出 C 点，过 C 点做 71 线的平行线，完成图形</td></tr>
<tr><td rowspan="2">锥度的作图步骤</td><td>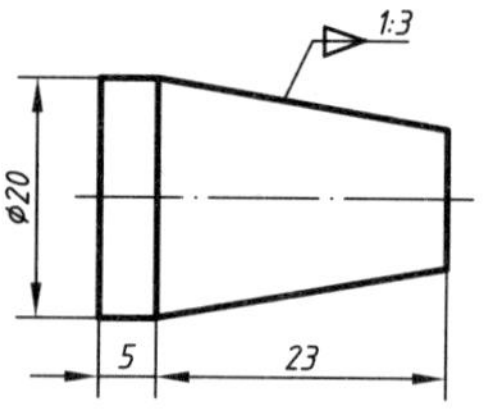
</td><td>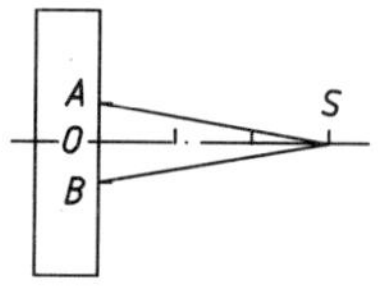
</td><td colspan="2">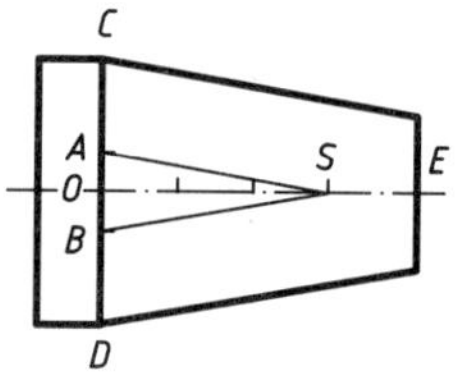
</td></tr>
<tr><td>1. 作如图所示带 1∶3 锥度线的图形</td><td>2. 过 O 点在轴线上任取 3 个单位长度，得 S 点；过 O 点在垂直轴线的方向上截取 OA=OB=1/2 单位长度，连接 AS、BS，即为 1∶3 的锥度线</td><td colspan="2">3. 按尺寸定出 C、D 两点，过 C、D 两点分别作 AS、BS 的平行线，按尺寸定出 E 点，作铅垂线，完成图形</td></tr>
</table>

四、圆弧连接

圆弧连接是指用一段圆弧（称连接圆弧）光滑地连接相邻已知线段的作图方法。要使连接光滑，作图时必须解决两个问题：一是求出连接圆弧的圆心；二是确定连接圆弧与已知线段的切点（即连接点）。

（一）圆弧连接的作图原理

圆弧连接有多种形式，但作图的基本形式只有三种：连接圆弧与已知直线相切、连接圆弧与已知圆外切、连接圆弧与已知圆内切。表 1-13 列出了三种基本形式求作连接弧圆心和切点的作图原理。

表 1-13　圆弧连接的作图原理

项目	连接弧与已知直线相切	连接弧与已知圆 O_1 外切	连接弧与已知圆 O_2 内切
图例	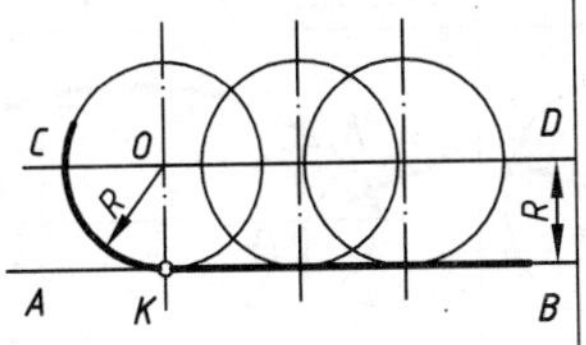	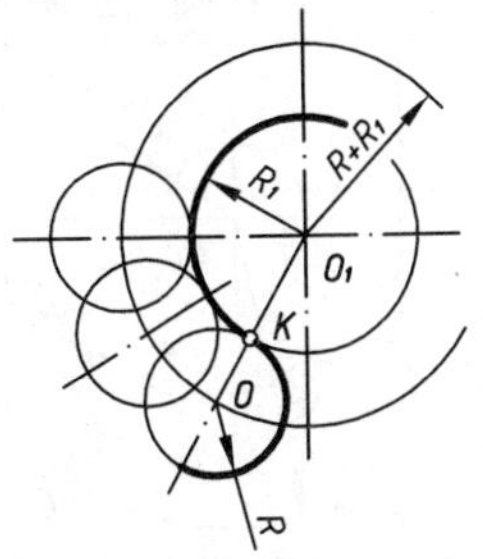	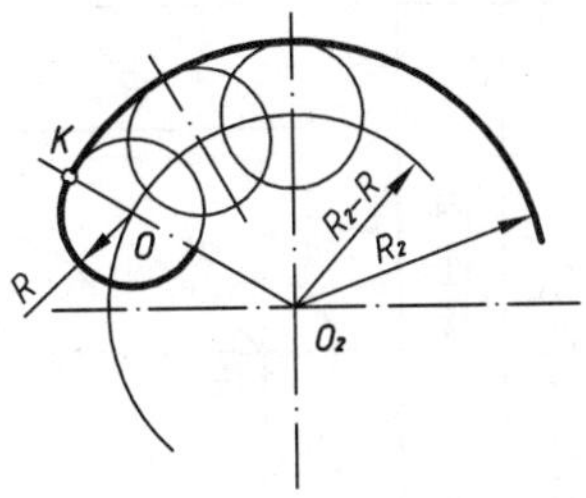
连接弧圆心的轨迹	半径为 R 的圆与已知直线 AB 相切时，其圆心轨迹为与已知直线 AB 平行的直线 CD，距离为圆的半径 R	半径为 R 的圆与已知圆 O_1 外切时，其圆心轨迹为已知圆 O_1 的同心圆；半径为两者的半径和 $R+R_1$	半径为 R 的圆与已知圆 O_2 内切时，其圆心轨迹为已知圆 O_2 的同心圆，半径为两者的半径差 R_2-R
切点位置	由连接弧圆心 O 向已知直线 AB 作垂线，与直线的交点 K 即为切点	两圆弧的边心线 OO_1 与已知圆周的交点 K 即为切点	两圆弧边心线 OO_2 的延长线与已知圆周的交点 K 即为切点

(二) 圆弧连接的常见形式及作图方法

圆弧连接的常见形式及作图方法见表 1-14。

表 1-14　圆弧连接的常见形式及作图方法

连接形式	已知条件	作图方法和步骤	
		求连接圆弧的圆心 O 点	求连接点 K_1、K_2；画连接圆弧
用圆弧连接两已知直线	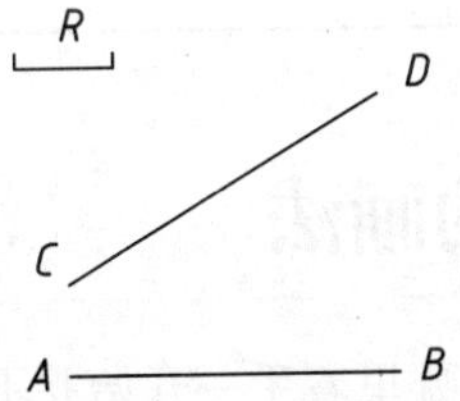	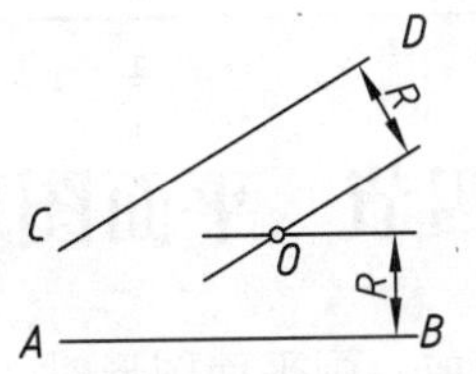	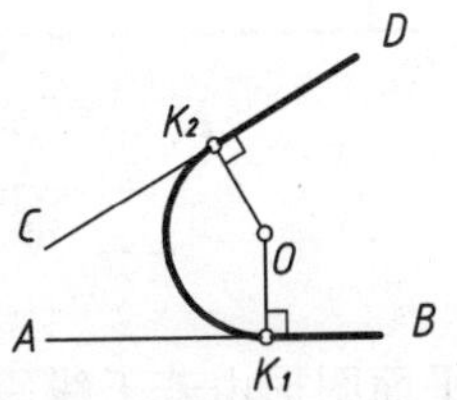
用圆弧连接两已知圆　外连接	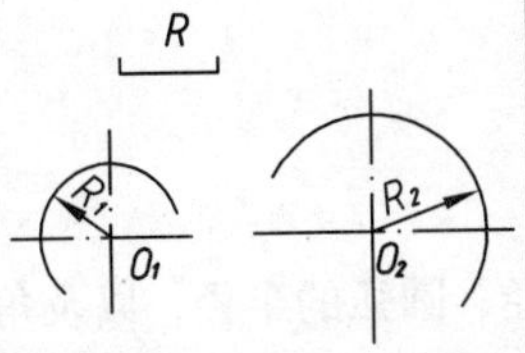	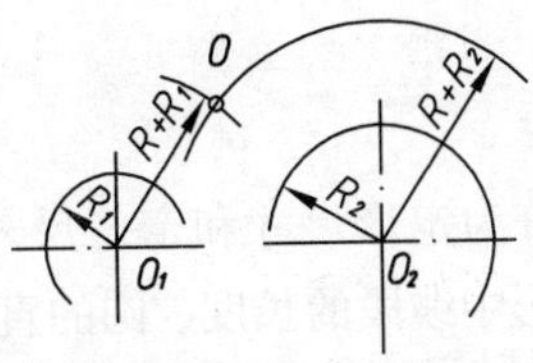	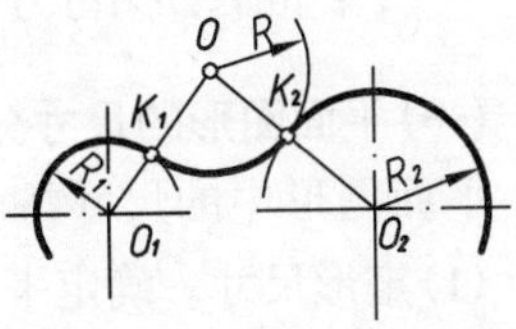

续表 1-14

连接形式		已知条件	作图方法和步骤 求连接圆弧的圆心 O 点	作图方法和步骤 求连接点 K_1、K_2；画连接圆弧
用圆弧连接两已知圆弧	内连接	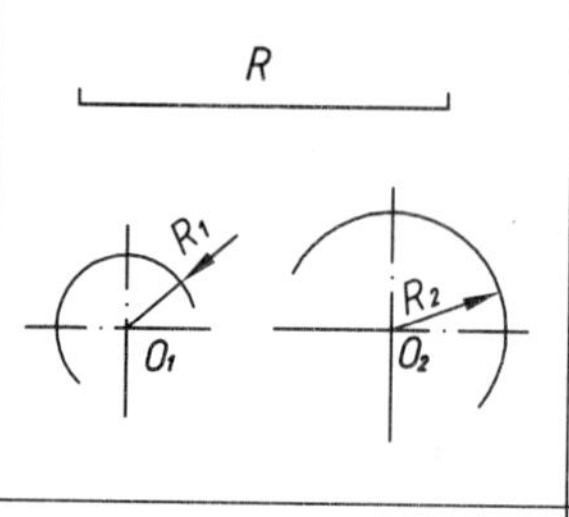	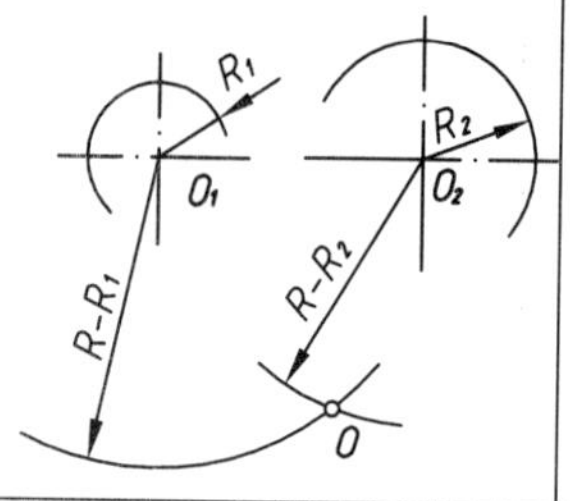	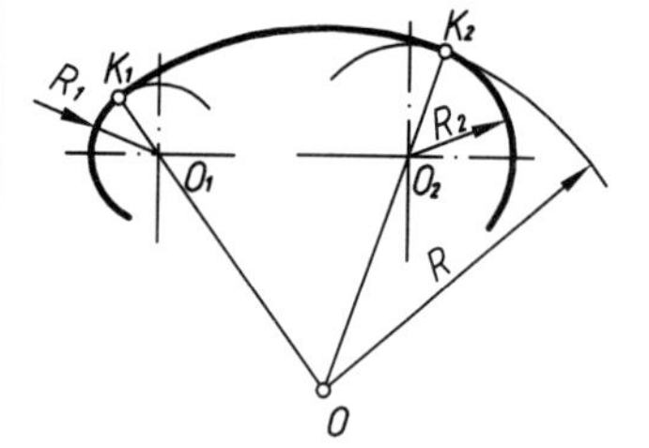
	内外连接	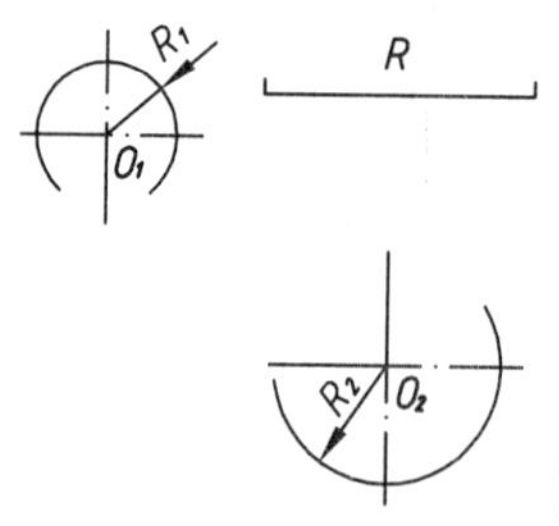	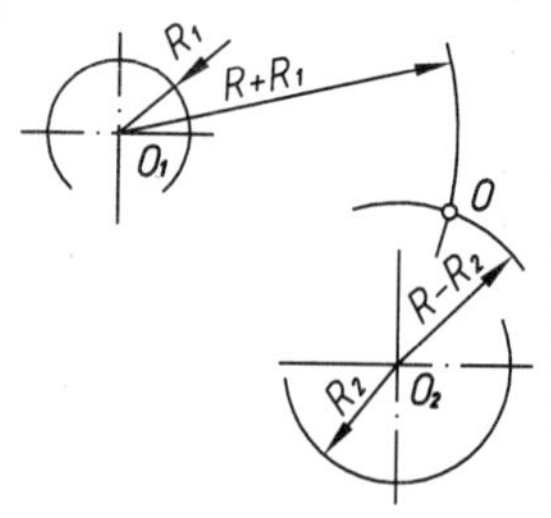	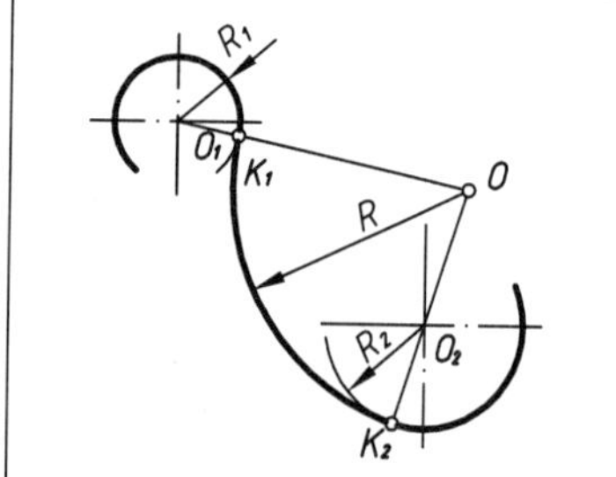
用圆弧连接一直线和一圆弧		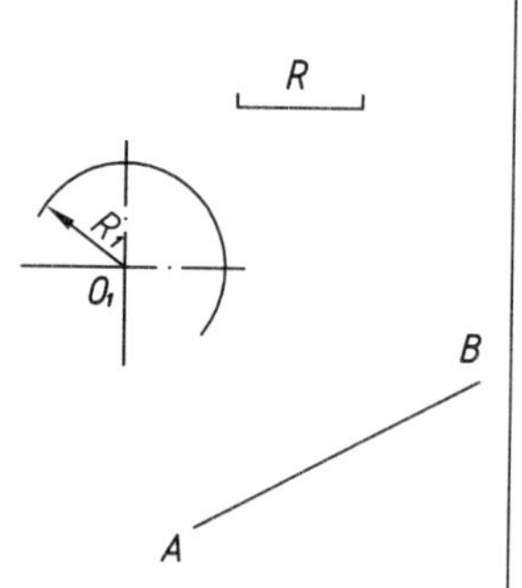	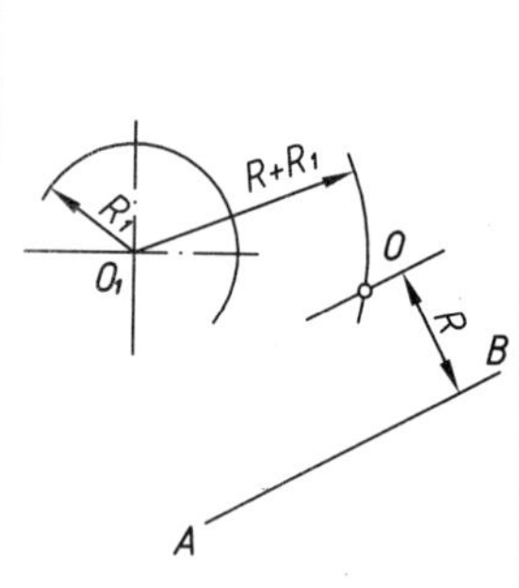	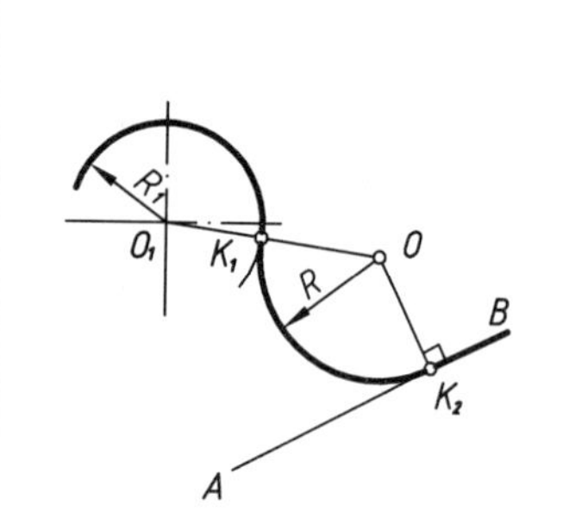

第四节　平面图形的画法

平面图形由若干线段连接而成。画平面图形时，该从哪里着手一开始并不明确，所以要通过对这些线段的尺寸以及线段性质的分析，才能确定平面图形的作图步骤。

一、平面图形的分析

(一) 平面图形的尺寸分析

平面图形中的尺寸按作用分为定形尺寸和定位尺寸。

(1) 定形尺寸。确定平面图形中线段的长度、圆的直径、圆弧的半径，以及角度大小的尺寸称为定形尺寸。图 1-15 中的尺寸Φ20、Φ5、15、R15、R14、R10、R53 都是定形尺寸。

(2) 定位尺寸。确定平面图形中各线段之间相互位置的尺寸称为定位尺寸。图 1-15

中的尺寸 8、75、Φ30 均为定位尺寸。

应当指出，图形中有些尺寸既是定形尺寸，也是定位尺寸，具有双重作用。

测量尺寸的定位点是尺寸基准。一个平面图形应具有上下和左右两个方向的尺寸基准。通常以图形的对称线、较大圆的中心线或较长的直线作为尺寸基准。手柄平面图形的尺寸基准如图 1-15 所示，它们也是该平面图形画图的基准线。

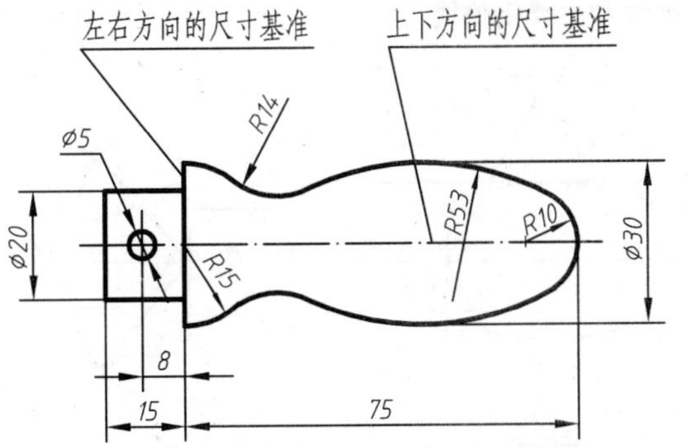

图 1-15　手柄平面图形的尺寸和线段分析

(二) 平面图形的线段分析

平面图形中的线段按所给尺寸的情况可分为已知线段、中间线段、连接线段。

(1) 已知线段。定形尺寸和定位尺寸齐全的线段称为已知线段。已知线段可根据基准线位置和图中所注尺寸直接画出，如图 1-15 中的所有直线段、Φ5 圆、*R*15 和 *R*10 圆弧。

(2) 中间线段。需要依靠与已知线段的一个连接条件才能确定位置的线段(缺少一个定位尺寸)称为中间线段。图 1-15 中 *R*53 圆弧就是中间线段。

(3) 连接线段。需要依靠与两端相邻线段的连接条件才能确定位置的线段(没有定位尺寸)称为连接线段。图 1-15 中 *R*14 圆弧就是连接线段。

由上分析可知，在两已知线段中间，只能有一个连接线段，其余为中间线段。

应当指出，平面图形上不是都同时出现这三种线段，有时只有已知线段，有时只有已知线段和连接线段。

绘制平面图形线段的顺序应是：先画基准线(即搭图架)，再依次画已知线段、中间线段、连接线段。图 1-16 所示是绘制手柄平面轮廓图形线段顺序示例。

二、平面图形的绘图步骤

(一) 准备工作

(1) 准备好绘图工具，将绘图工具擦拭干净，按各种线型的要求削磨好铅笔及铅芯，然后洗净双手。

(2) 根据绘制图形的大小及复杂程度选取比例，确定图纸幅面。

(3) 用橡皮擦拭图纸，以检查图纸的正反面(反面易起毛)。

(4) 用胶带纸将图纸固定在图板的适当位置，图纸要放正，并使图纸下边缘距图板下缘宽于一个丁字尺的尺身。

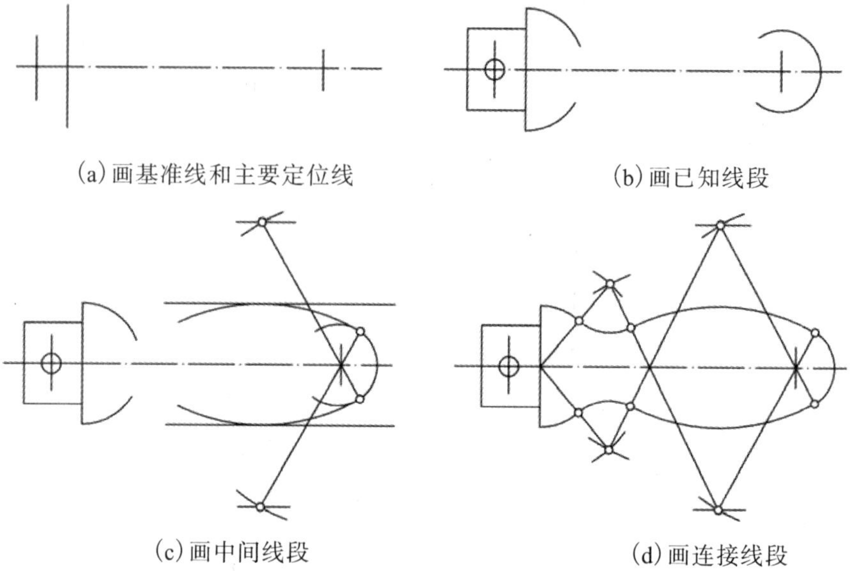

图 1-16　绘制平面图形线段顺序的示例

(二)画底稿

用 H 铅笔，轻、细、准画底稿，具体步骤如下：

(1)画图幅线、图框线及标题栏。首先按国标规定的图纸幅面尺寸画出图幅线，再按国标规定的图纸幅面格式画出图框线，然后按规定画出标题栏。

(2)布图。按图形的大小及标注尺寸所需要的位置，将各图形均匀布置，并画出各图形的基准线(即搭图架)，以确定位置。

(3)画图形。按先已知线段，再中间线段，最后连接线段的步骤，画出各平面图形。

(4)画尺寸界线及尺寸线(此时不画尺寸线的终端符号)。

(5)检查图形。仔细检查图形底稿有无错误、遗漏，擦去多余的作图线，将底稿清理干净。

注意：底稿图中虚线、点画线长短间隔应分别一致，底稿图线应“轻而细”。

(三)加深图线

选用适当的铅笔和铅芯型式，将各种图线按规定的粗细加深。

加深图线的要求是：同类图线的粗细应基本一致，粗实线要“黑”并应尽可能“光、亮”；其他细线应“细而重”。

加深时，为保证一张图纸上同类图线的一致性，图样中所有图形的同一种线型应一起加深。每种线型加深的顺序是：先曲后直，自上而下依次画出水平线，自左而右依次画出铅垂线，最后画斜线。

(四)画尺寸线终端符号

加深图线后，按制图标准依次绘制尺寸线终端符号(可用模板)。同一张图样上尺寸线终端符号大小应一致。

(五)注写文字

最后按制图标准注写尺寸数字、填写标题栏及文字说明等。同一张图样上尺寸数字的大小应一致，其他文字应按主次对应不同的字体大小。

一张高质量的图样，应作图准确、布图匀称、图线规范、尺寸排列整齐、文字书写清晰规范、图面干净整洁。

三、徒手绘图

不用绘图工具，只用手持铅笔，目测尺寸绘制图形的方法称徒手绘图。徒手绘图是工程技术人员应掌握的一项绘图技能，其关键是掌握徒手画线的技巧。

徒手画线时，肘部不要接触纸面，眼睛应多注意要绘制线段的下一个控制点。画直线，小手指可轻触纸面；画短线或小圆时，多用手腕动作；画长线或大圆时多用手臂动作。

常用的徒手画线的方法见表 1-15。

表 1-15　徒手画线示例

项目	说明	图例
徒手画直线	1．画水平线时，自左向右运笔；画铅直线时，自上而下运笔 2．画倾斜线，可以转动图纸，转到要画的线成水平或铅直位置时再画	
徒手画特殊角度线	30°、45°、60° 等常见角度，可根据直角三角形两直角边的近似比例关系定出两端点画线	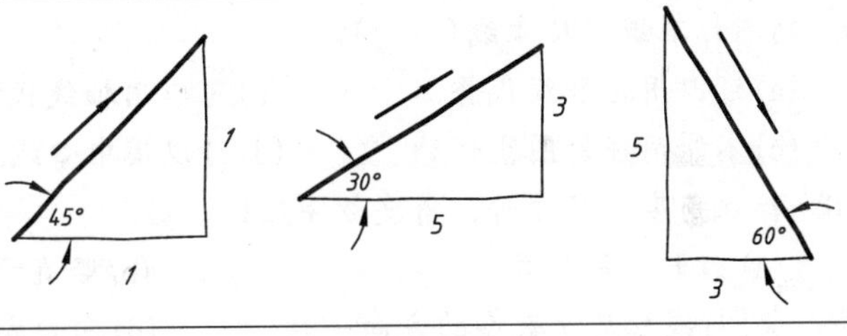
徒手画小圆	先画中心线定出圆心，然后目测在中心线上找出到圆心为半径的四个点：过这四个点画圆弧连成小圆	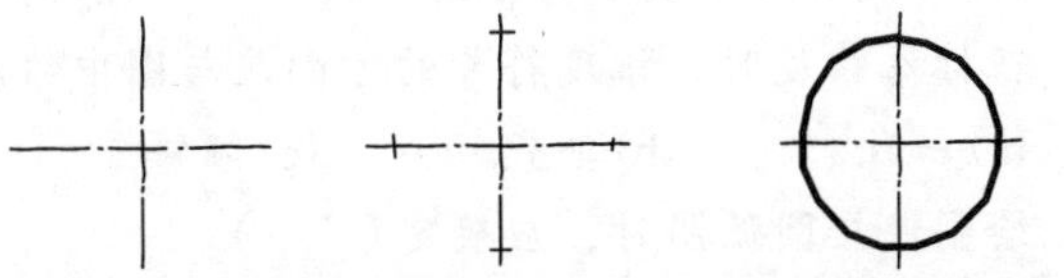
徒手画大圆	先画中心线定出圆心，再通过中心线上的交点，作两条与水平线成 45° 的辅助线，在四条线上定半径点，依次过八个点画圆弧成大圆	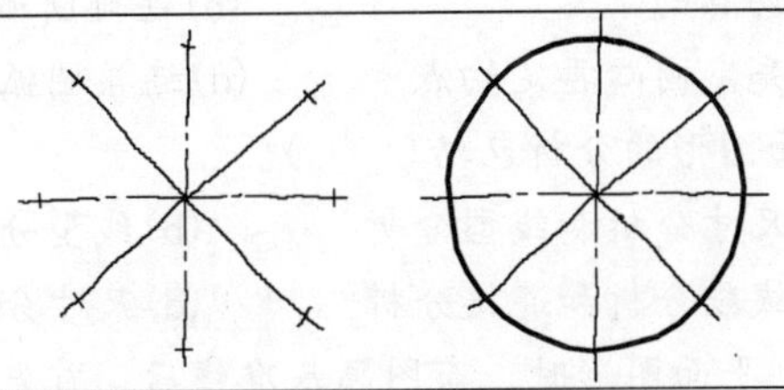
徒手画圆角	根据圆弧与各种矩形相切的特点，作辅助线画圆角	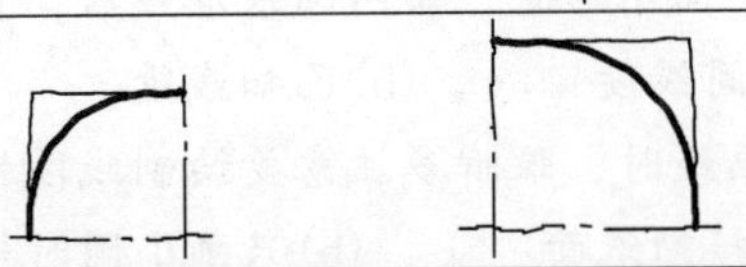

复习思考题(单项选择题)

1. GB 中规定 A1 图幅 $B \times L$ 的尺寸是(   )。
(a)594×841   (b)420×594   (c)841×1 189   (d)297×420
2. A0 图幅是 A3 图幅的(   )。
(a)16 倍   (b)8 倍   (c)4 倍   (d)32 倍
3. A1 图幅中的 e 值是多少毫米(   )。
(a)10   (b)5   (c)20   (d)25
4. GB 中规定标题栏正常情况下应在图框内的(   )。
(a)左下角   (b)右上角   (c)右下角   (d)左上角
5. 分别用下列比例画同一个物体，画出图形最大的比例是(   )。
(a)1 : 1   (b)1 : 5   (c)1 : 2   (d)2 : 1
6. 机械图样中图线有粗线、细线之分，它们的宽度比率为(   )。
(a)1 : 3   (b)2 : 1   (c)1 : 2   (d)1 : 4
7. 图上尺寸数字代表的是(   )。
(a)图上线段的长度   (b)物体的实际大小
(c)随比例变化的尺寸   (d)图线乘比例的长度
8. 标注直线段尺寸时，铅直尺寸线上的尺寸数字字头方向是(   )。
(a)向上   (b)向左   (c)向右   (d)任意
9. 制图标准规定尺寸线(   )。
(a)可以用轮廓线代替   (b)可以用轴线代替
(c)不能用任何图线代替   (d)可以用中心线代替
10. 标注角度的尺寸时，角度数字应(   )。
(a)水平方向书写   (b)竖直方向书写
(c)与线性尺寸数字的方向一致   (d)向心方向书写
11. 在标注锥度时，锥度符号的方向应与图中锥度的方向(   )。
(a)一致   (b)垂直   (c)倾斜   (d)任意
12. 绘制连接圆弧图时，应确定(   )。
(a)切点的位置   (b)连接圆弧的圆心
(c)先定圆心再定切点   (d)连接圆弧的大小
13. 平面图形的分析包括(   )。
(a)尺寸分析和线型分析   (b)线型分析和连接分析
(c)线段分析和连接分析   (d)尺寸分析和线段分析
14. 绘制平面图形时，布图画基准线后，首先绘制(   )。
(a)中间线段   (b)已知线段   (c)连接线段   (d)哪部分都可以
15. 徒手画线时，眼睛多注意要绘制线段的下一个控制点，肘部(   )。
(a)要接触纸面   (b)只画小圆时接触纸面

(c)不要接触纸面　　(d)只画大圆时不接触纸面

16. 绘制草图时，目测绘图比例应(　　)。

(a)尽量准确　　(b)不考虑其准确度

(c)可大可小　　(d)精确

第二章　立体投影基础

学习目标

1．了解投影法，理解并熟记正投影的三个基本性质。

2．理解三视图与空间物体的对应关系，熟记三视图间的投影规律。

3．掌握基本体三视图的画法，熟记基本体三视图的图形特征。能由基本体三视图快速想象出它们的立体形状。

4．掌握组合柱、叠加式和切割式简单体三视图的画法要点。能由简单体三视图想象出它们的立体形状。

第一节　投影法与正投影的基本性质

一、投影法的概念

投影法就是投射线通过物体，向选定的平面投射，并在该平面上获得图形的方法。图 2-1(a)中光源 *S* 点称为投射中心；*SAa*、*SBb*、*SCc* 称为投射线；平面 *H* 称为投影面；通过物体上各顶点的投射线与投影面的交点 *a*、*b*、*c* 称为物体上各顶点 *A*、*B*、*C* 在 *H* 投影面上的投影；△*abc* 图形即为空间物体 *ABC* 在 *H* 投影面上的投影。

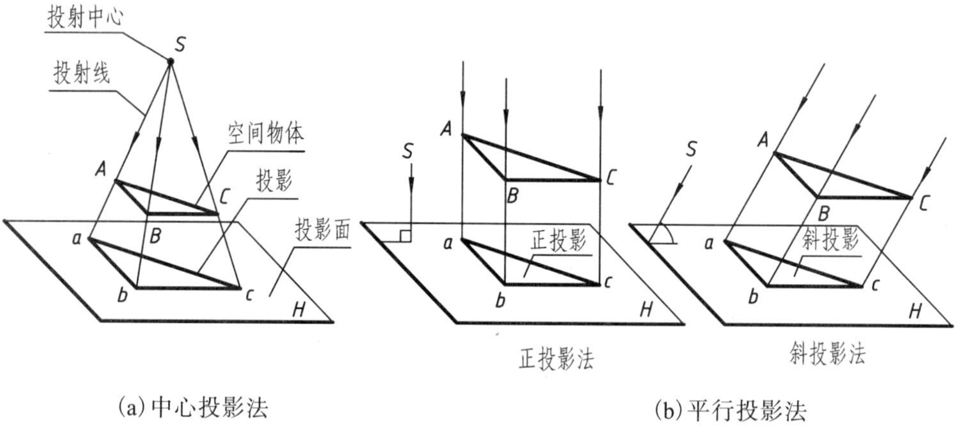

图 2-1　投影法的概念与分类

二、投影法的分类

(1) 中心投影法。投射线汇交于一点的投影法称为中心投影法，如图 2-1(a)所示。

(2)平行投影法。投射线相互平行的投影法称为平行投影法，如图 2-1(b)所示。

在平行投影法中，根据投射线与投影面的角度不同，又分为两种：

正投影法 ——投射线与投影面相垂直的平行投影法。

斜投影法 ——投射线与投影面相倾斜的平行投影法。

正投影能真实地表达物体的形状和大小，并且度量性好、作图简便，工程图样大都是采用正投影法绘制的正投影图。本书主要介绍正投影图。以后各章节中，除特殊说明外，所称投影均指正投影。

应当指出，投影不同于一般的影子，影子是一片漆黑，只反映物体的外轮廓，而物体的投影是将围成这个物体的各面、各棱线进行投影。

三、正投影的基本性质

(一)真实性

直线或平面平行于投影面，投影反映直线的实长或平面的实形，这种投影特性称为真实性，如图 2-2(a)所示。

(二)积聚性

直线或平面垂直于投影面，直线的投影积聚成点，平面的投影积聚成直线，这种投影特性称为积聚性，如图 2-2(b)所示。

(三)类似收缩性

直线或平面倾斜于投影面，直线的投影是小于实长的直线，平面的投影是小于实际大小的平面(且多边形的边数和平行关系不变)，这种投影特性称为类似收缩性，如图 2-2(c)所示。

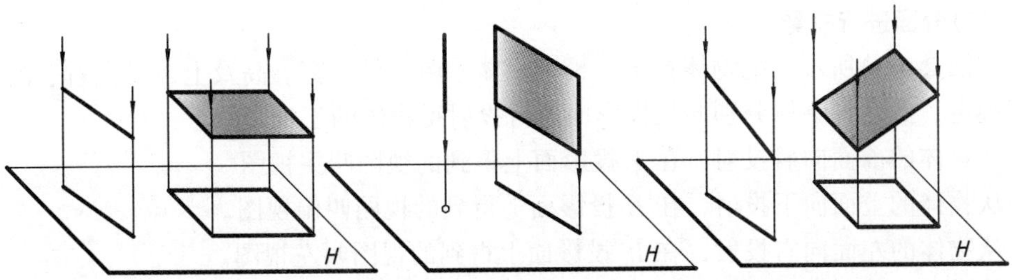

(a)真实性　(b)积聚性　(c)类似收缩性

图 2-2 正投影的基本性质

第二节 三视图的形成与投影规律

要获得投影，必须具备投射线、投影面、物体三个要素。画物体的正投影图，通常是用人的视线代替垂直投影面的投射线，运用线面的正投影性质在图纸上画出物体的正投影，因此正投影又称为视图。

工程图样中常用多面视图来表达物体，基本的表达方法是三视图。

一、三视图的形成

（一）投影面的设立

图 2-3 所示是按国标规定设立的三个相互垂直的投影面，称为三投影面体系。三投影面分别称为正立投影面、水平投影面、侧立投影面，分别用 *V*、*H*、*W* 表示。两投影面之间的交线称为投影轴，相互垂直的三根轴分别用 *OX*、*OY*、*OZ* 表示。三根轴的交点 *O* 称为原点。

为了作图方便，对物体长、宽、高三个方向的尺寸及上、下、左、右、前、后六个方位统一按下述方法确定：*OX* 轴方向为物体的长度方向，表示左、右方位；*OY* 轴方向为物体的宽度方向，表示前、后方位；*OZ* 轴方向为物体的高度方向，表示上、下方位。

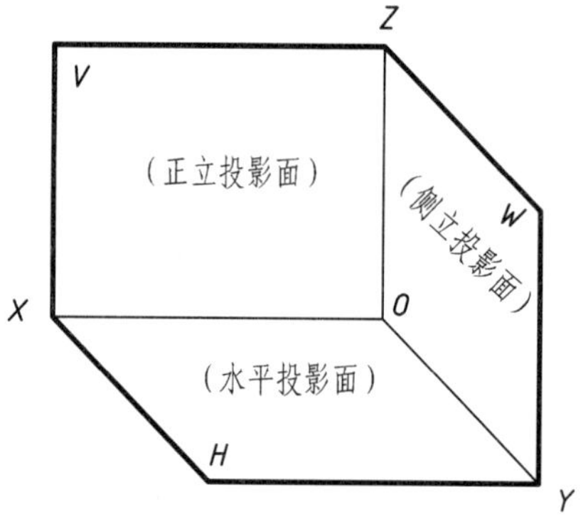

图 2-3　三投影面体系

（二）分面进行投影

如图 2-4（a）所示，把物体置于三投影面体系中，长、宽、高及上下、左右、前后方位即确定，然后将物体分别向三投影面进行投射得物体的三视图：

从物体的前面向后投射，在 *V* 投影面上得到的视图叫主视图。

从物体的上面向下投射，在 *H* 投影面上得到的视图叫俯视图。

从物体的左面向右投射，在 *W* 投影面上得到的视图叫左视图。

从前向后投射，物体上 *A*、*B*、*C* 三个面可见，其中 *A*、*B* 面平行 *V* 投影面，*C* 面倾斜于 *V* 投影面，用粗实线画出 *A*、*B* 面的实形及 *C* 面的类似形即得物体的主视图（其他面的投影均与此重合）；从上向下投射，物体上 *D*、*E*、*F* 三个面可见，其中 *D*、*F* 面平行 *H* 投影面，*E* 面倾斜于 *H* 投影面，用粗实线画出 *D*、*F* 面的实形及 *E* 面的类似形即得物体的俯视图（其他面的投影均与此重合）；从左向右投射，物体上 *C*、*E*、*G* 三个面可见，其中 *G* 面平行 *W* 投影面，*C*、*E* 面倾斜于 *W* 投影面，同理，用粗实线画出 *G* 面的实形及 *C*、*E* 面的类似形，即得物体的左视图。

（三）投影面的展开

要把三视图画在同一张图纸上，就需要把三个投影面展在一个平面中，方法如图 2-4（b）所示：移去空间物体，*V* 投影面不动，将 *H* 投影面与 *W* 投影面沿 *OY* 轴分开，

H 投影面连同俯视图绕 OX 轴向下旋转 90°，W 投影面连同左视图绕 OZ 轴向右旋转 90°，即与 V 投影面成一平面，如图 2-4(c)所示。这时，OY 轴分为两个，随 H 投影面旋转的一个标为 Y_H，随 W 投影面旋转的一个标为 Y_W。展开后三视图的位置是：俯视图在主视图正下方，左视图在主视图正右方。

画物体的三视图时，必须遵守展开后的位置关系，并且不需要标注图名、不需要画投影面的边框线，初学时一般用细实线绘制出反映物体三视图之间关系的辅助线，如图 2-4(d)所示。

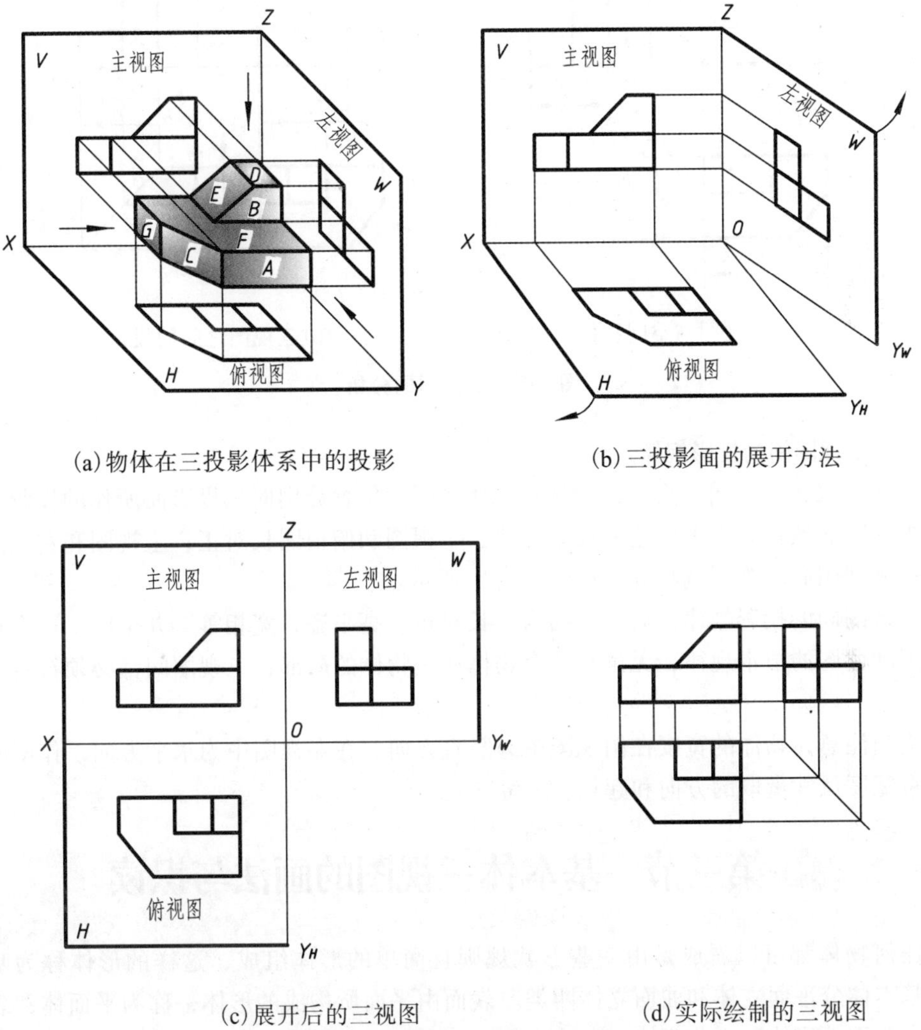

(a)物体在三投影体系中的投影　　(b)三投影面的展开方法

(c)展开后的三视图　　(d)实际绘制的三视图

图 2-4　三视图的形成及投影规律

二、三视图的分析

(一)三视图与空间物体间的关系

由三视图的形成可知，每个视图都表示物体两个方向的尺寸和四个方位，如图 2-5(a)

所示。

主视图反映物体长和高方向的尺寸和上下、左右方位；

俯视图反映物体长和宽方向的尺寸和左右、前后方位；

左视图反映物体高和宽方向的尺寸和上下、前后方位。

应当注意，俯视图和左视图远离主视图的一边是物体的前边，靠近主视图的一边是物体的后边。这一点一定要从三视图展开过程中彻底搞清楚。

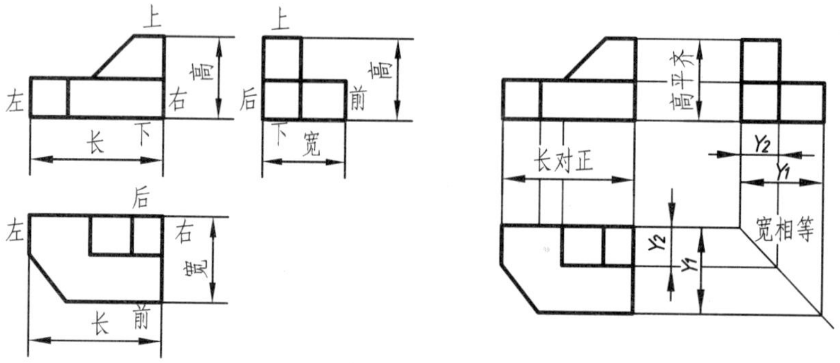

(a) 三视图与空间物体的关系　　(b) 三视图之间的投影规律

图 2-5　三视图的分析

(二) 三视图间的投影规律

三视图表达的是同一物体，而且是物体在同一位置分别向三投影面所作的投影，所以三视图间必然具有以下所述的投影规律：主视图和俯视图长对正；主视图和左视图高平齐；俯视图和左视图宽相等。如图 2-5 (b) 所示。

三视图间的投影规律，通常概括为"长对正、高平齐、宽相等"九个字。这个规律是画图和读图的根本规律，无论是整个物体还是物体的局部，三视图间都必须符合这个规律。

应当注意，物体的宽度在俯视图中为竖直方向，在左视图中为水平方向，作图时，要注意宽度尺寸量取的方向和起点。

第三节　基本体三视图的画法与识读

任何物体都可以看成是由一些形状规则且简单的形体组成，这样的形体称为基本体。基本体分平面立体和曲面立体两类。表面由平面所构成的形体，称为平面体；表面中含有曲面的形体称为曲面体。

一、平面体三视图的画法与识读

(一) 平面体的形体特点

常见的平面体有棱柱、棱锥、棱台。

(1) 棱柱。常见的棱柱是侧棱与底面垂直的直棱柱。直棱柱形体特点如图 2-6 (a)、

(b)所示，两个底面为全等且相互平行的多边形，各侧棱垂直底面并相互平行，各侧面均为矩形。底面是直棱柱的特征面，底面是几边形(或某形状)即为几棱柱(或某形柱)。如图 2-6(a)所示形体为直三棱柱，图 2-6(b)所示形体底面为六边“L”形，称 L 形柱或称直六棱柱。

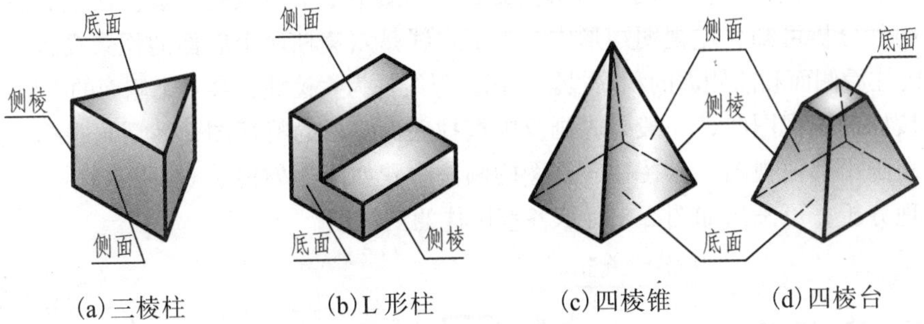

图 2-6　平面体的形体特点

(2)棱锥。棱锥形体特点如图 2-6(c)所示，只有一个底面为多边形，各侧面均为三角形且具有公共顶点。底面是棱锥的特征面，底面是几边形即为几棱锥，图 2-6(c)所示形体为四棱锥。

(3)棱台。棱台形体特点如图 2-6(d)所示，棱台可以看成是由平行于棱锥底面的平面截去锥顶后的部分。两个底面为相互平行的类似多边形，侧面均为梯形，底面是棱台特征面，图 2-6(d)所示形体为四棱台。

(二)平面体三视图的画法与图形特征

1. 棱柱

如图 2-7(a)所示，正六棱柱由 8 个面围成，其中两个底面为全等且平行的正六边形，6 个侧面为矩形。为了利用正投影的真实性和积聚性，把正六棱柱摆平放正于三投影面体系中，即两底面与 H 投影面平行，前后侧面平行 V 投影面。

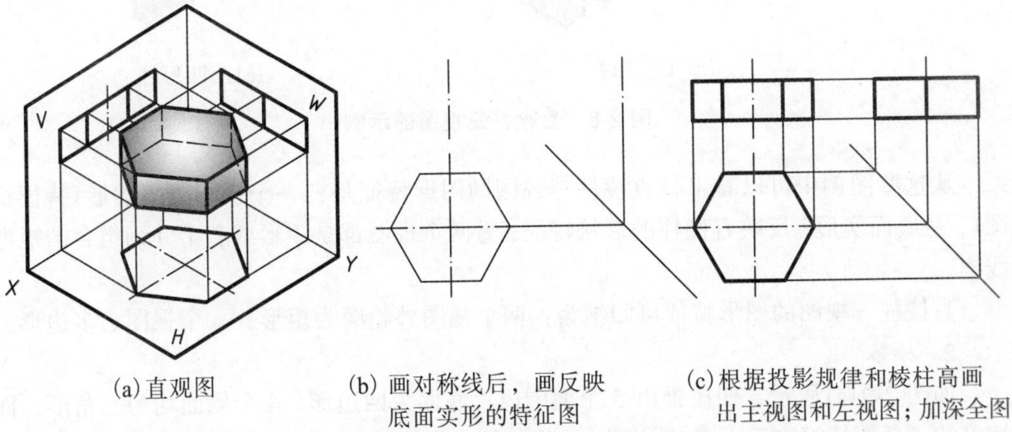

图 2-7　六棱柱三视图的画法

该六棱柱的俯视图为六边形，它是形体上 8 个面的投影，其中六边形面是六棱柱平行 *H* 投影面的上、下底面实形的投影；六边形的边是六棱柱 6 个侧面在 *H* 投影面上的积聚投影。主视图为 3 个矩形线框，它包括形体上 8 个面的投影，主视图中间的矩形线框为六棱柱平行 *V* 投影面的前后两个侧面的投影，反映实形；左右矩形线框为六棱柱其余倾斜于 *V* 投影面的 4 个侧面的类似形投影；主视图中上下边线是六棱柱两个底面的积聚投影。同理分析可知，左视图矩形中，上下边线是六棱柱两个底面的积聚投影，左右边线是六棱柱后侧面和前侧面的积聚投影，两矩形线框为六棱柱其余 4 个侧面的类似形投影。

画棱柱的三视图时，一般是先画反映棱柱底面实形的特征图，然后再根据投影规律和棱柱高画出其他视图。六棱柱三视图的画法步骤如图 2-7(b)、(c)所示。

同理分析，可画出如图 2-8 所示各直棱柱的三视图。

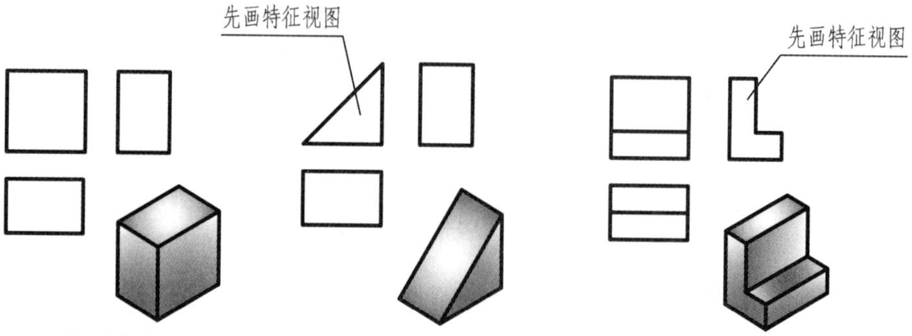

(a)长方体　　(b)三棱柱　　(c)L 形柱

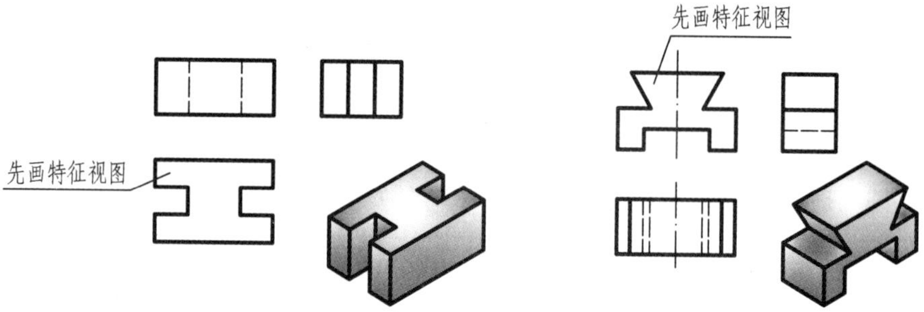

(d)工字形柱　　(e)凸凹形柱

图 2-8　直棱柱三视图的示例

从这些图例中可以看出，直棱柱三视图的图形特征是：一个视图为多边形(特征视图)，是底面实形，反映直棱柱的形状特征；另两个视图都是矩形或若干并列组合的矩形线框。

直棱柱三视图的图形特征可归纳为：两个视图外轮廓为矩形，一个视图为多边形。

2. 棱锥

如图 2-9(a)所示，四棱锥由 5 个面围成，底面为四边形，4 个侧面均为三角形，四棱锥的 4 条侧棱汇交于一点(称锥尖)。把四棱锥摆平放正于三投影面体系中，即底面平行于 *H* 投影面，前后侧面垂直于 *W* 投影面，左右侧面垂直于 *V* 投影面。

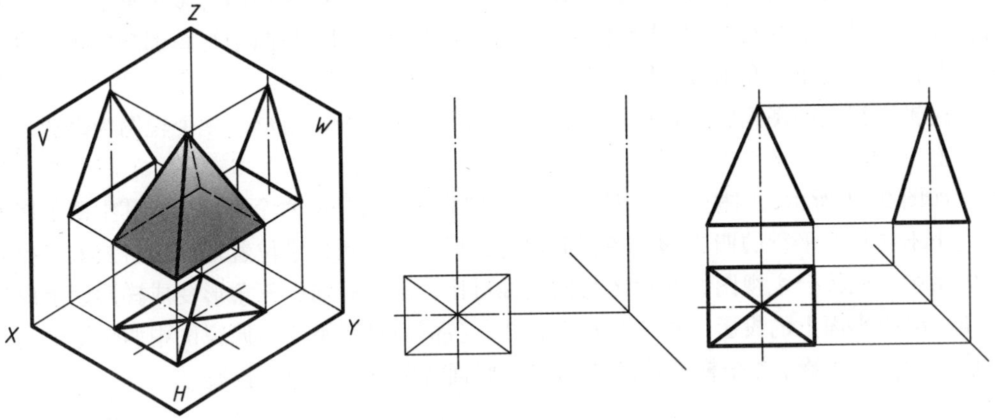

(a) 直观图　　(b) 画对称线后，画反映底面实形的特征图　　(c) 根据投影规律画出主视图和左视图；加深全图

图 2-9　四棱锥三视图的画法

该四棱锥的俯视图为含有 4 个三角形的四边形，它是特征图，特征图的四边形为四棱锥底面实形，四边形内 4 个三角形是四棱锥倾斜于 *H* 投影面各侧面的类似形投影，中点为锥尖的投影。主视图为三角形线框，它包括了形体上 5 个面的投影，主视图中三角形底边为四棱锥底面的积聚投影，两腰为垂直于 *V* 投影面的左右侧面的积聚投影，两腰的交点为锥尖的投影，三角形面为四棱锥倾斜于 *V* 投影面的前后两侧面的类似形投影。同理分析可知，左视图中三角形底边为四棱锥底面的积聚投影，两腰为前后侧面的积聚投影，两腰的交点为锥尖的投影，三角形面为四棱锥左右侧面的类似形投影。

画棱锥的三视图时，一般也是先画反映棱锥底面实形的特征图，然后再根据投影规律和锥高画出其他视图。四棱锥三视图的画法步骤如图 2-9(b)、(c)所示。

同理分析，可画出图 2-10 所示三棱锥的三视图。

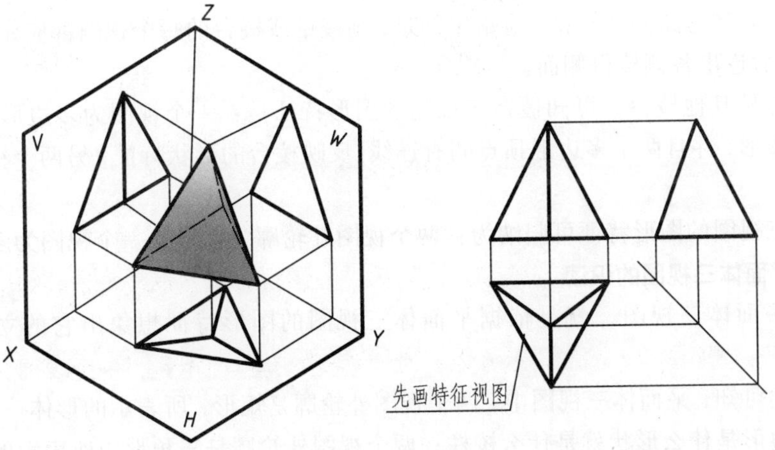

(a) 直观图　　(b) 三视图

图 2-10　三棱锥的三视图

从以上两例中可以看出，棱锥三视图的图形特征是：一个视图为多边形，是底面实形，反映棱锥的形状特征(其内有汇交于一点的数条直线)；另两个视图都是三角形或为有公共顶点的若干三角形线框。

棱锥三视图的图形特征可归纳为：两个视图外轮廓为三角形，一个视图为多边形。

3. 棱台

如图 2-11 所示，四棱台是四棱锥削去尖端后的部分，由六个面围成。其中两个底面为大小不同相互平行的四边形，各侧面均为梯形。同前四棱锥位置把四棱台放入三投影面体系中。四棱台主视图、左视图与四棱锥对比，削尖后均由三角形变成梯形，上底面在 V、W 投影面上的投影均积聚为水平直线，各侧面投影不变。俯视图中两个矩形是上下底面的实形投影，4 个梯形是倾斜于 H 投影面各侧面的类似形投影。

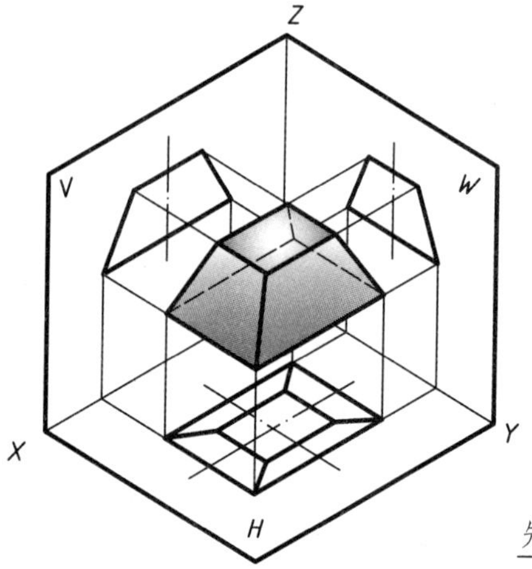

(a) 直观图

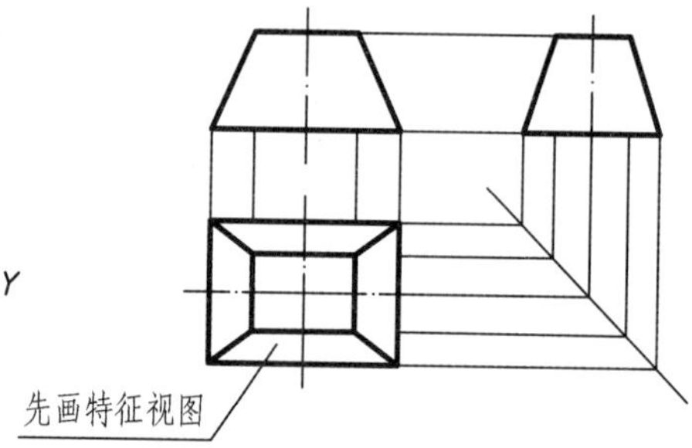

(b) 三视图

图 2-11 四棱台的三视图

棱台的画法思路同四棱锥。应指出的是，画棱锥或棱台的每个视图都应先画底面(或锥尖)，然后连出各侧棱得侧面。

同理分析其他棱台，可知棱台三视图的图形特征是：一个视图为多边形(其内套一个类似多边形，并且两个多边形顶点间有连线)反映棱台的形状特征；另两个视图是梯形线框。

棱台三视图的图形特征可归纳为：两个视图外轮廓为梯形，一个视图为多边形。

(三) 平面体三视图的识读

识读平面体三视图，就是依据平面体三视图的图形特征想象出它的立体形状的过程。

由上述可知，平面体三视图中，两个视图外轮廓是矩形，所表示的形体一定是柱体，对应的多边形是什么形状就是什么棱柱；两个视图外轮廓是三角形，所表示的形体一定是锥体，对应的多边形是几边形就是几棱锥；两个视图外轮廓是梯形，所表示的形体一定是台体，对应的多边形是几边形就是几棱台。无论是完整的还是部分的平面体的三视图都具有此图形特征。

【例 2-1】 逐一分析图 2-12 所示平面体的三视图，想象出它们的立体形状。

分析

图 2-12(a)所示三视图，左视图和俯视图两个视图为矩形，一定是柱体，特征图主视图为凸字形(底面实形)，可知该形体是前后底面为凸字形的凸形柱，立体形状如图 2-13(a)所示。同理可分析图 2-12(b)、(c)所示三视图均为棱柱的三视图，空间形状如图 2-13(b)、(c)所示。

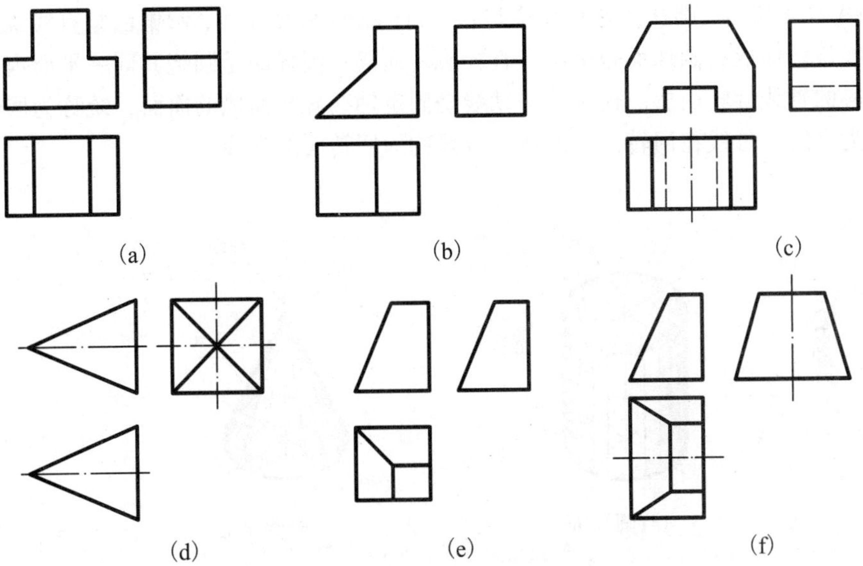

图 2-12　平面体三视图的识读举例

图 2-12(d)所示三视图，主视图和俯视图两个视图都是三角形，一定是锥体，特征图左视图为四边形，可知该形体是锥尖向左、底面平行于 W 投影面的四棱锥，立体形状如图 2-13(d)所示。

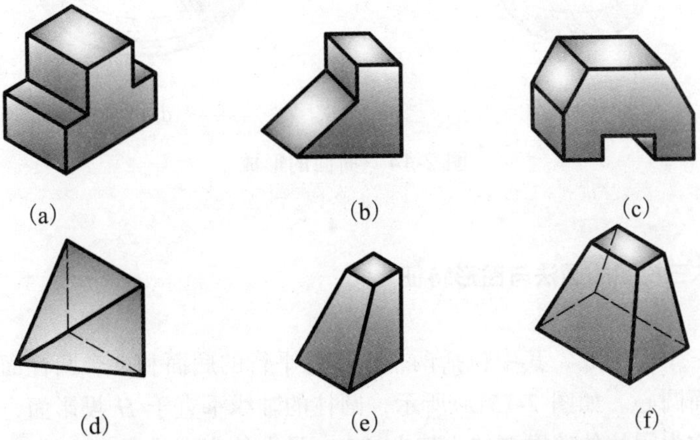

图 2-13　平面体三视图识读示例对应的立体形状

图 2-12(e)所示三视图，有两个视图为梯形，一定是台体，特征图是 1/4 四棱台底面形状，可知该形体为 1/4 四棱台，立体形状如图 2-13(e)所示。同理可分析图 2-12(f)所示三视图是左半四棱台的三视图，立体形状如图 2-13(f)所示。

二、曲面体三视图的画法与识读

(一) 曲面的形成

常见的曲面体有圆柱、圆锥(圆台)、圆球和圆环。

如图 2-14 所示，圆柱面是直线绕与它平行的轴线旋转而成；圆锥面是直线绕与之相交的轴线旋转而成；圆球面是圆绕其直径旋转而成；圆环面是圆绕其同一平面内但又不通过圆心的轴线旋转而成。这种由一动线绕固定轴线旋转而成的曲面，统称为回转面。动线称为母线，母线在回转面上的任一位置称为回转面的素线。

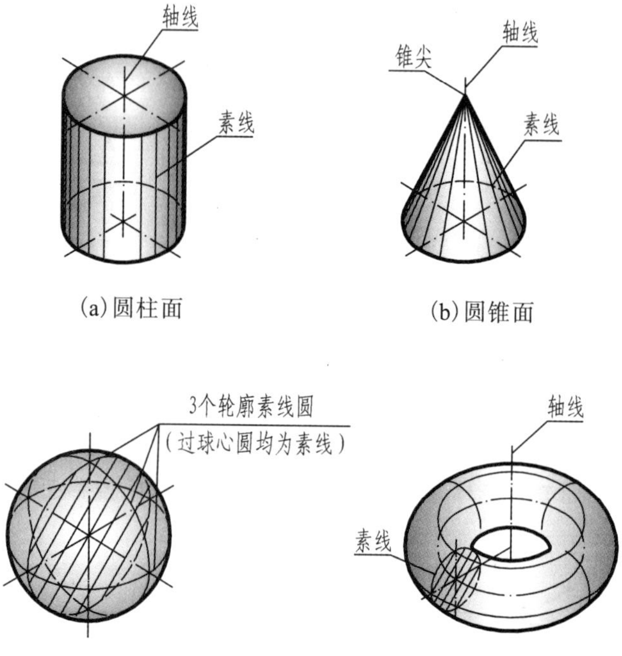

(a)圆柱面　(b)圆锥面

(c)圆球面　(d)圆环面

图 2-14　曲面的形成

(二) 曲面体三视图的画法与图形特征

1. 圆柱

正圆柱由三个面围成，其中包括两个全等且平行的底面和一个圆柱面，轴线与底面垂直且通过底面圆心。如图 2-15(a)所示，圆柱的轴线垂直于 H 投影面，位于圆柱体最外轮廓的素线称为圆柱的轮廓素线，其中最左、最右轮廓素线只在主视图中画出，最前、最后轮廓素线只在左视图中画出。

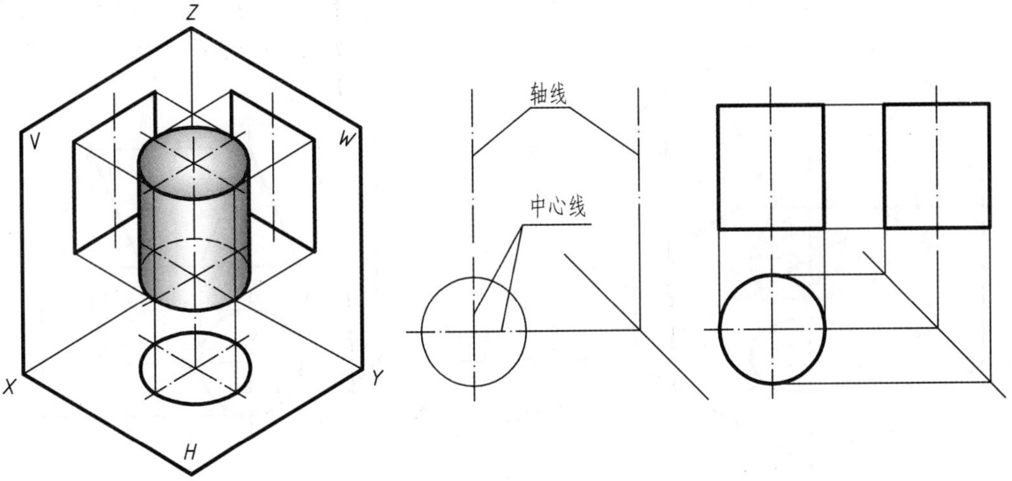

(a) 直观图 (b) 先画中心线、轴线，再画反映底面实形的特征图 (c) 根据投影规律和圆柱高画出主视图和左视图；加深全图

图 2-15 圆柱三视图的画法

该圆柱的俯视图为圆，其圆曲线是圆柱面在 *H* 投影面上的积聚投影，圆面是圆柱上下两个底面的重影，且反映实形。主视图为矩形，矩形的上下边线是圆柱上下底面的积聚投影，矩形的左右边线是最左、最右轮廓素线的投影，点画线表示轴线的位置，矩形面表示前、后两半圆柱面的重影，以最左、最右轮廓素线为界，前半圆柱面可见，后半圆柱面不可见。左视图是与主视图全等的矩形线框，但含义不同，其左右边线是最后、最前轮廓素线的投影，上下边线是圆柱上下底面的积聚投影，矩形面表示左右两半圆柱面的重影，以最前、最后轮廓素线为界，左半圆柱面可见，右半圆柱面不可见，点画线仍表示轴线的位置。

画圆柱的三视图时，应先画出中心线、轴线，再画反映底面实形的特征图圆，然后根据投影规律和圆柱的高度画出其他视图。圆柱三视图的画法步骤如图 2-15(b)、(c)所示。

圆柱三视图的图形特征是：两个视图为矩形，一个视图为圆。

2. 圆锥

如图 2-16(a)所示，正圆锥由两个面围成，其中包括一个底面和一个圆锥面，轴线与底面垂直并通过底面圆心，该圆锥的轴线垂直于 *H* 投影面。

该圆锥的俯视图为圆，圆面是底面与圆锥面的重影，锥面在上为可见，底面在下不可见，锥尖投影与圆心重合，四条轮廓素线投影位置分别在四段中心线处，但不画出。从前看，主视图为三角形线框，三角形下边线是圆底面的积聚投影，三角形两斜边是最左、最右轮廓素线的投影，点画线表示轴线，三角形面表示前后两半圆锥面的重影，以最左、最右轮廓素线为界，前半圆锥面可见，后半圆锥面不可见。左视图是与主视图全等的三角形线框，但含义不同，其三角形两斜边是最前、最后轮廓素线的投影，下边线是圆底面的积聚投影，三角形面表示左、右两半圆锥面的重影，点画线仍表示轴线。

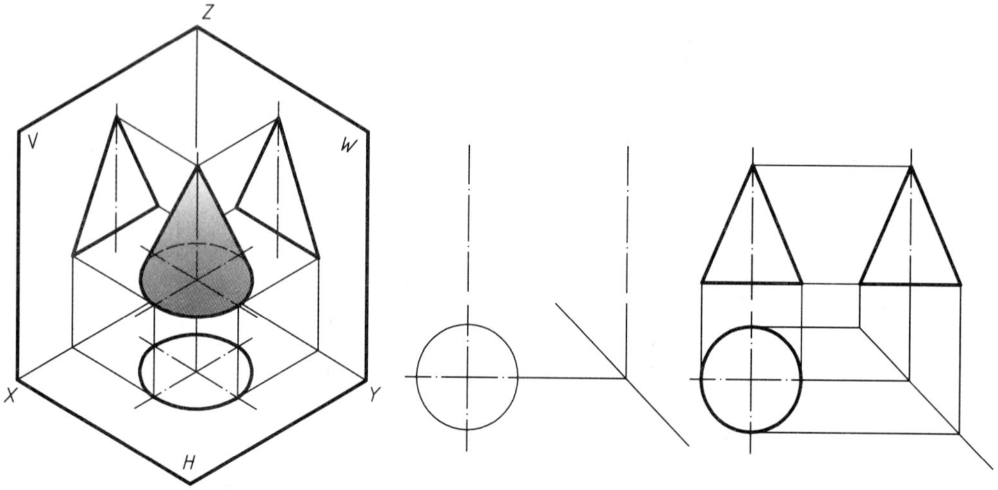

(a) 直观图　(b) 先画中心线、轴线，再画反映底面实形的特征图　(c) 根据投影规律和圆锥高画出主视图和左视图；加深全图

图 2-16　圆锥三视图的画法

画圆锥的三视图时，也应先画出中心线、轴线，再画反映底面实形的特征图圆，然后根据投影规律和圆锥的高度画出其他视图。圆锥三视图的画法步骤如图 2-16(b)、(c) 所示。

圆锥三视图的图形特征是：两个视图为三角形，一个视图为圆。

3. 圆台

圆台是圆锥削去尖端后的部分(平行底面削尖)，圆台的三视图如图 2-17 所示。

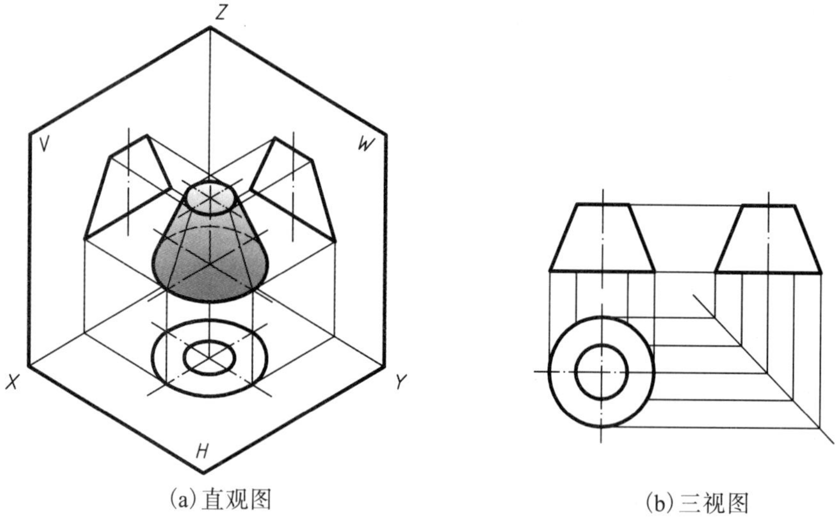

(a) 直观图　(b) 三视图

图 2-17　圆台的三视图

圆台三视图的图形特征是：两个视图为梯形，一个视图为圆。

4. 圆球

如图 2-18 所示，圆球由一个面围成，球面是不可展的曲面。圆球的三视图是三个大小相同的圆，直径等于球的直径。这三个圆分别是球面上三条轮廓素线，即最大正平圆、最大水平圆和最大侧平圆的投影。

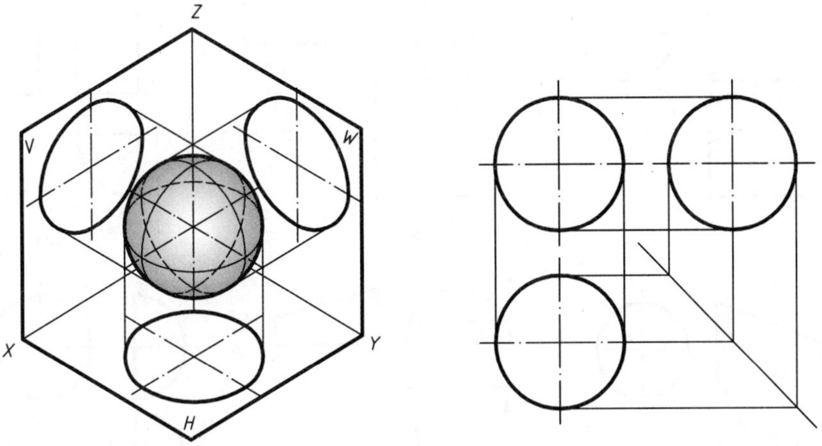

(a) 直观图　(b) 三视图

图 2-18　圆球的三视图

圆球三视图的图形特征是：三个视图均为直径相等的圆。

5. 圆环

如图 2-19 所示，圆环由一个面围成，圆环面也是不可展的曲面。圆环的主视图中，左右两个圆是圆环面最左、最右素线圆的实形投影，上下两条公切线是最高圆与最低圆的积聚投影。圆环的左视图中，左右两个圆是圆环面最后、最前素线圆的实形投影，上下两条公切线也是最高圆与最低圆的积聚投影。圆环俯视图中，两个粗实线圆是垂直于轴线的最大圆与最小圆的实形投影，点画线圆是母线圆心轨迹的投影。

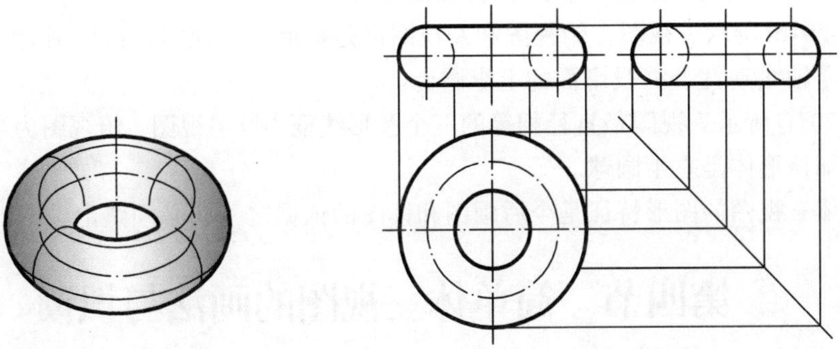

(a) 直观图　(b) 三视图

图 2-19　圆环的三视图

(三) 曲面体三视图的识读

曲面体三视图的读图依据是曲面体三视图的图形特征。无论是完整还是部分曲面体的三视图都具有上述的图形特征。

【例 2-2】 识读图 2-20 所示曲面体的三视图。

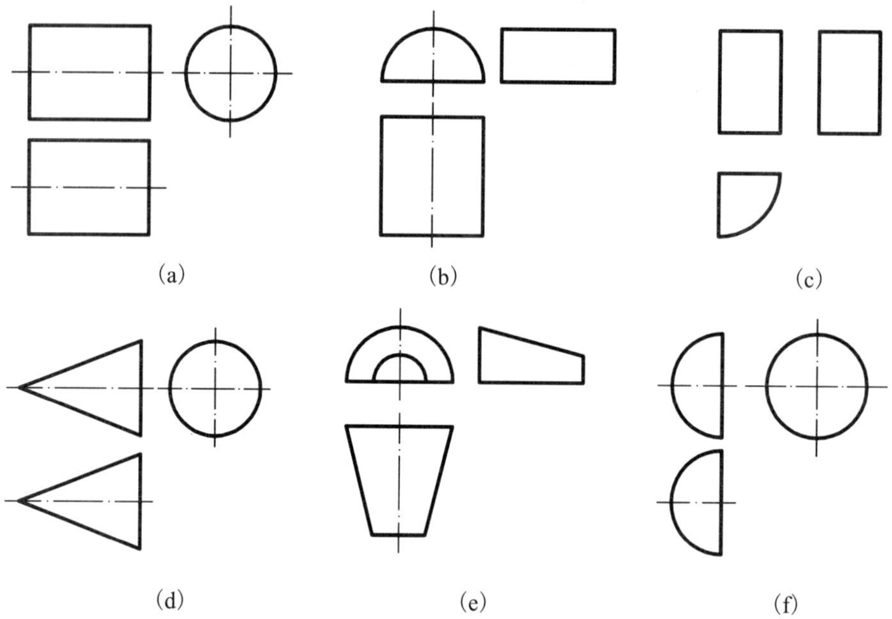

图 2-20 曲面体三视图的识读举例

分析

图 2-20(a)所示三视图，主视图和俯视图两个视图为矩形，是柱体，特征图左视图是圆，可知该形体是轴线垂直于 *W* 投影面的圆柱。同理可分析，图 2-20(b)所示形体是半圆柱，轴线垂直于 *V* 面；图 2-20(c)是 1/4 圆柱，轴线垂直于 *H* 面。

图 2-20(d)所示三视图，主视图和俯视图都是三角形线框，是锥体，再看特征图为圆形线框，可知该形体是轴线垂直于 *W* 面的圆锥。

图 2-20(e)所示三视图，俯视图和左视图都是梯形，主视图是特征图为上半圆，可知该形体是轴线垂直于 *V* 投影面的上半圆台。

图 2-20(f)所示三视图是直径相等的三个圆形线框，但主视图、俯视图为半圆，是左半部，可知该形体是左半圆球。

基本体三视图的图形特征是今后画图和读图的依据之一，必须熟记。

第四节 简单体三视图的画法与识读

由较少的基本体进行简单叠加或切割而形成的立体称简单体。

一、简单体三视图的画法

(一)组合柱

图 2-21(a)所示形体是由两个半圆柱和一个四棱柱相切叠加而成的，它也有两个全等且平行的底面，具有柱体特征，这种简单体称为组合柱。组合柱三视图的画法思路与

圆柱相同，作图步骤如图 2-21(b)、(c)所示。

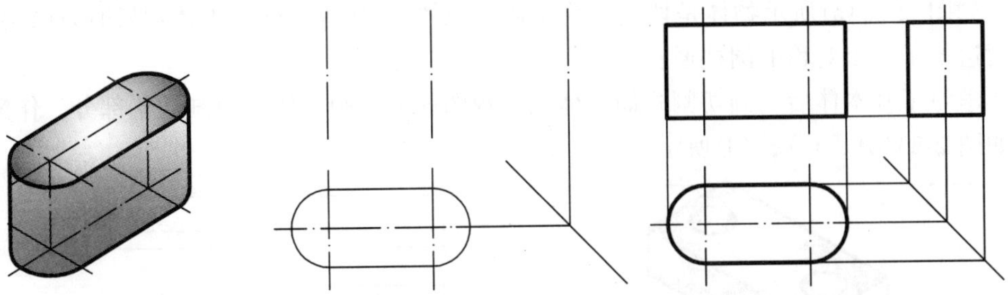

(a)立体图　　(b)先画中心线、轴线，再画底面反映实形的特征图　　(c)根据投影规律画出主视图和左视图，加深全图

图 2-21　组合柱的三视图

组合柱三视图的图形特征可归纳为：两个视图为矩形，一个视图为组合线框。

(二)叠加式简单体

图 2-22(a)所示物体是叠加式简单体，由前、后两部分叠加组成，前边是半圆柱，后边是 U 形组合柱。

学习了基本体后，画叠加式简单体的三视图，就要一个基本体一个基本体地画，作图步骤如图 2-22(b)、(c)、(d)、(e)所示。

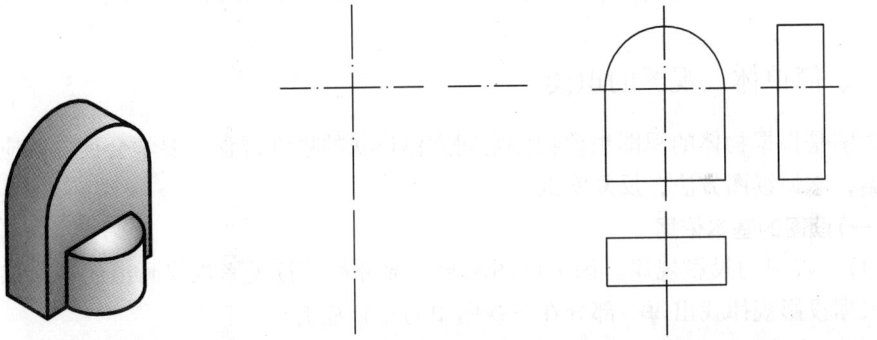

(a)立体图　　(b)先画中心线、轴线　　(c)画 U 形组合柱的三视图

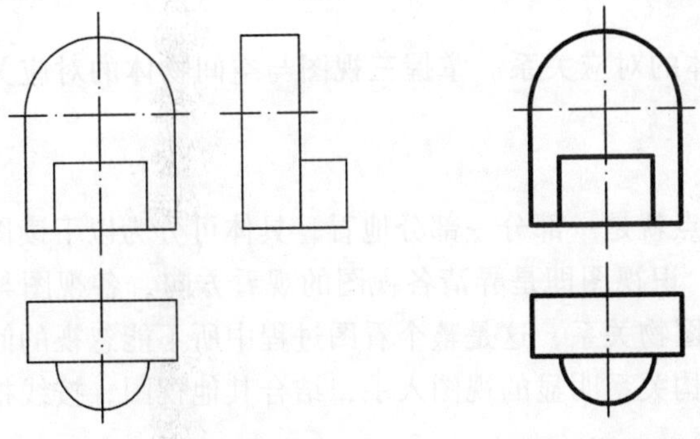

(d)画半圆柱的三视图　　(e)检查并加深全图

图 2-22　叠加式简单体三视图的画法示例

(三)切割式简单体

如图 2-23(a)所示物体是切割式简单体，原体(没切割时的基本体)是凹形柱，在左右两边挖了两个对称的圆柱通孔。

学习了基本体后，画切割式简单体的三视图就要先画原体，再画切割部分，作图步骤如图 2-23(b)、(c)、(d)所示。

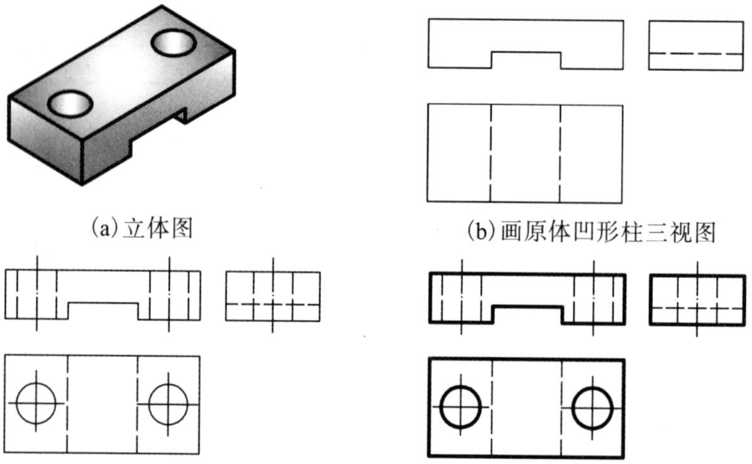

(a)立体图　(b)画原体凹形柱三视图　(c)画圆孔三视图　(d)检查并加深全图

图 2-23　切割式简单体三视图的画法示例

二、简单体三视图的识读

读图是根据物体的视图想象物体空间立体形状的思维过程。要学会读图就应熟悉读图依据，掌握读图方法，反复实践。

(一)读图的基本依据

(1)三视图的投影规律。因为画图时每一部分都是按投影规律画出的，所以读图时就应根据投影规律找出每一部分在三视图中的投影范围。

(2)基本体三视图的图形特征。熟记基本体三视图的图形特征就能迅速看懂每一部分的形状。

(3)三视图与空间物体的对应关系。掌握三视图与空间物体的对应关系就能判定各部分的相对位置。

(二)形体分析读图法

形体分析读图法的要点就是一部分一部分地看，具体可分为以下读图步骤：

(1)识视图、分部分。识视图即是弄清各视图的观看方向、各视图与空间物体之间的方位关系，从而建立起图物关系，这是整个看图过程中所不能忽视的问题；分部分应从一个投影重叠较少、结构关系明显的视图入手，结合其他视图，按线框把视图分解为若干部分。

(2)逐部分对投影、想形状。根据投影规律，逐一找出每个线框在其他视图中的对应投影，然后根据基本体三视图的图形特征，逐一想象出空间形状。

(3)综合起来想整体。判断出各部分的形状之后，按它们的相互位置，综合想象出整体形状。

【例 2-3】 识读图 2-24(a)所示三视图，想象出该物体的立体形状。

分析

①识视图、分部分。先识视图后分部分，看主视图有 3 个线框，对应左视图各线框都是凸出来的部分，可知该物体是由三个基本体叠加形成的，如图 2-24(a)所示。

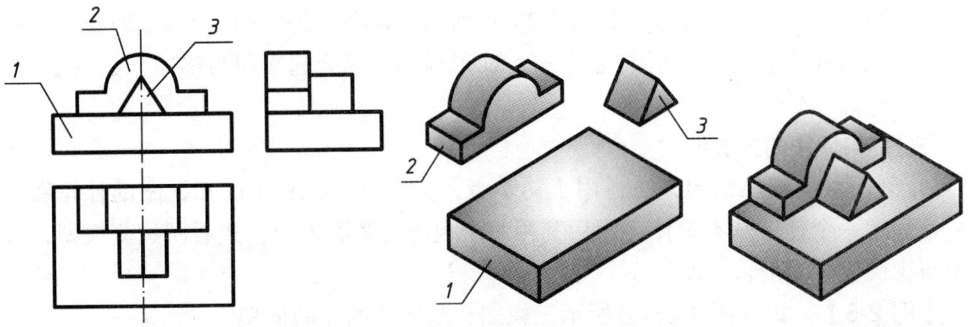

(a)识视图、分部分　(b)逐部分对投影、想形状　(c)综合起来成整体

图 2-24　叠加式简单体三视图的识读示例

②逐部分对投影、想形状。先看主视图第 1 部分矩形线框，根据投影规律对应俯视图和左视图，该部分的投影都是矩形线框，由基本体三视图图形特征可判定该部分形体是长方体；同理分析第 2 部分组合线框，对应两个矩形线框，形体为组合柱；看第 3 部分三角形线框，对应两个矩形线框，形体为三棱柱，如图 2-24(b)所示。

③综合起来想整体。由主视图可看出，组合柱和三棱柱均在长方体之上，并左右居中；由左视图可看出，组合柱在后，三棱柱在前，组合柱与长方体后边靠齐，整体形状如图 2-24(c)所示。

【例 2-4】 识读图 2-25(a)所示三视图，想象出该物体的立体形状。

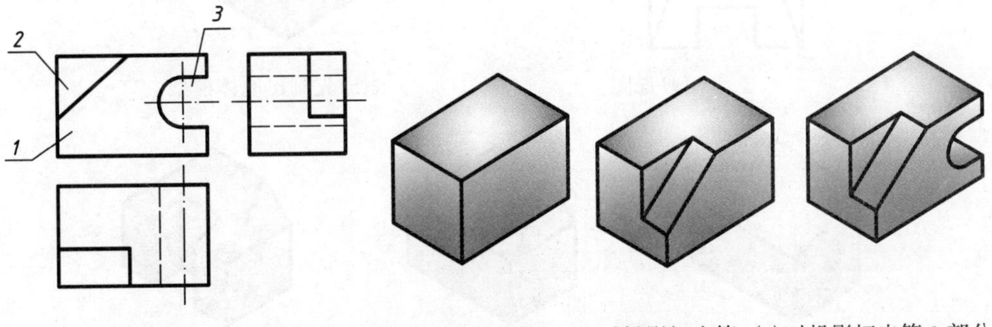

(a)识视图、分部分　(b)对投影想象出第 1 部分原体形状　(c)对投影切出第 2 部分形状　(d)对投影切出第 3 部分，综合起来成整体形状

图 2-25　切割式简单体三视图的识读示例

分析

①识视图、分部分。先识视图后分部分，看三个视图中的小线框都套在大线框内，可以判定该物体是由基本体切割形成的，分部分时，应先把原体分为一部分，然后再分切割处。各视图中大线框就是原体的投影，分为第 1 部分，另有两处切割，共分 3 部分，如图 2-25(a)所示。

②逐部分对投影、想形状；综合起来想整体。先看第 1 部分原体，三视图均为矩形，是长方体，如图 2-25(b)所示；看第 2 部分，三角形线框对应两个矩形线框，即在原体的左上前角切去了一个三棱柱，如图 2-25(c)所示；看第 3 部分，U 形线框对应两个矩形线框，即在原体的右边上下正中挖了一个 U 形通槽，综合起来即为整体，如图 2-25(d)所示。

(三)练习读图的方法

(1)刻模型。刻模型的方法适用于初学者，其要点是：利用已知视图的外轮廓先想出大致表示一个什么基本形体，而后利用每个视图的观看方向，边看图边刻模型，直至模型与视图完全对应。

【例 2-5】　识读图 2-26(a)所示三视图，刻出该物体的模型。

分析

①先刻出原体模型。看物体三视图小线框均在大线框内，可以判定该物体是由基本体切割而成的，原体可视为长方体，如图 2-26(b)所示。

②逐步刻出模型的切割处。看左视图在长方体前上方斜切一刀，如图 2-26(c)所示；看主视图在长方体上方左右角各斜切一刀，如图 2-26(d)所示；看俯视图在前方正中切三刀挖一个槽，如图 2-26(e)所示。

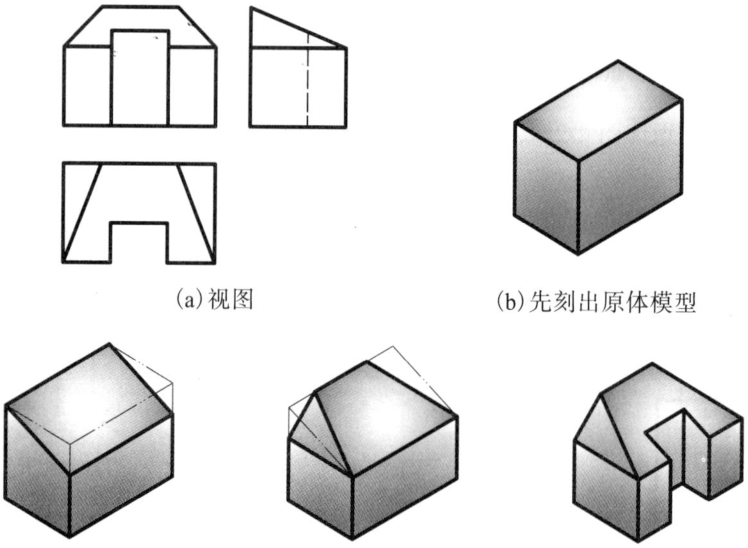

(a)视图　(b)先刻出原体模型

(c)根据左视图切一刀　(d)根据主视图切两刀　(e)根据俯视图切三刀

图 2-26　读图刻模型示例

③将所刻模型与三视图反复对照，直至模型正确。

(2)根据两面视图补画第三视图。该练习简称“补视图”或“二补三”,这是一种最常用的练习读图的方法，它不仅练习读图，同时也练习画图。

【例 2-6】 识读图 2-27(a)所示两面视图，想象出该物体的空间形状并补出第三视图。

分析

补视图前应首先根据已给的两面视图，按照前面所述的读图方法想象出物体的立体形状。该物体由两个长方体和一个 U 形柱三部分叠加，叠加后在前后方向又挖一个圆柱通孔，形状如图 2-27(b)所示。

根据投影规律，按照前面所述的画图思路，补出第三视图，作图步骤如图 2-27(c)所示。

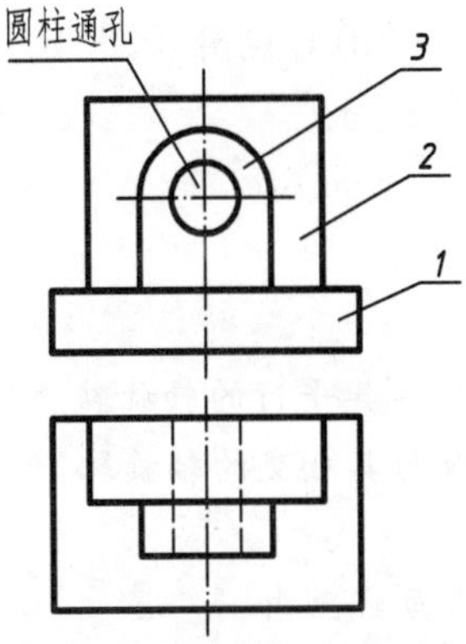

(a)识视图、分部分

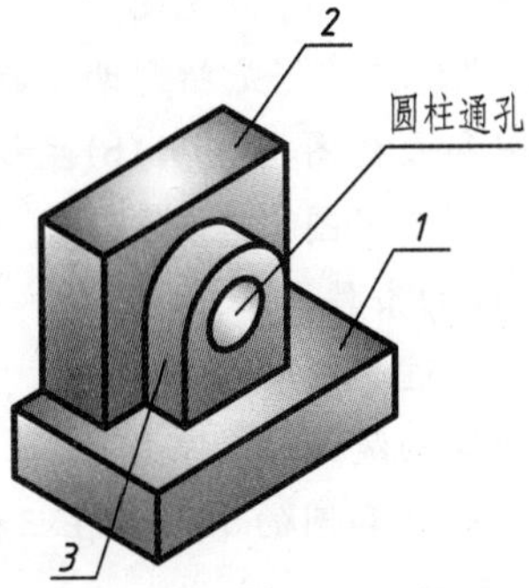

(b)逐部分想出形状

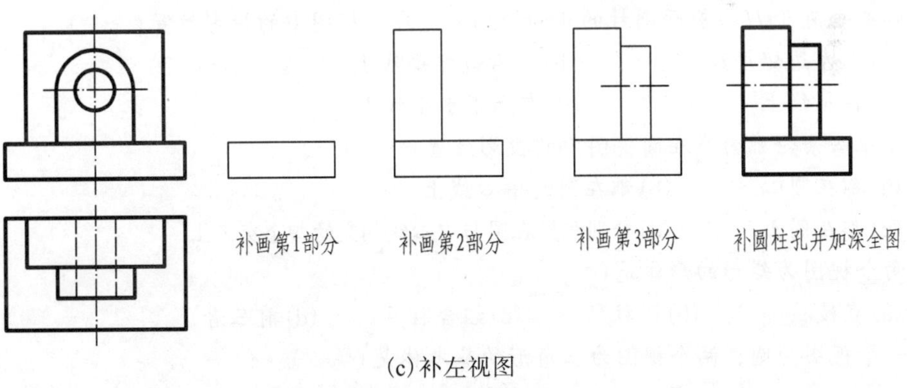

(c)补左视图

图 2-27 补视图示例

复习思考题(单项选择题)

1. 三视图采用的投影方法是(　　)。
   (a)斜投影法　(b)中心投影法　(c)多面正投影法　(d)单面投影法

2. 当直线、平面与投影面平行时，在该投影面上的投影具有(　　)。
(a)积聚性　(b)真实性　(c)类似收缩性　(d)收缩性
3. 正投影法中，投影面、观察者、物体三者相对位置是(　　)。
(a)人—面—物　(b)物—人—面　(c)人—物—面　(d)面—人—物
4. 三投影面体系中，H 投影面展平的方向是(　　)。
(a)H 投影面永不动　(b)H 投影面绕 Y 轴向下转 90°
(c)H 投影面绕 Z 轴向右转 90°　(d)H 投影面绕 X 轴向下转 90°
5. 物体左视图的投影方向是(　　)。
(a)由前向后　(b)由左向右　(c)由右向左　(d)由后向前
6. 左视图反映了物体(　　)。
(a)上下方位　(b)左右方位　(c)上下前后方位　(d)左右前后方位
7. 能反映出物体左右前后方位的视图是(　　)。
(a)左视图　(b)俯视图　(c)主视图　(d)后视图
8. 三视图中“宽相等”是指哪两个视图之间的关系(　　)。
(a)俯视图和左视图　(b)主视图和左视图
(c)主视图和俯视图　(d)任意两视图
9. 圆柱面形成的条件是(　　)。
(a)圆母线绕过其圆心的轴旋转　(b)直母线绕与其平行的轴旋转
(c)曲母线绕轴线旋转　(d)直母线绕与其相交的轴旋转
10. 曲面体的轴线和圆的中心线在三视图中(　　)。
(a)可不表示　(b)必须用点画线画出
(c)当体小于一半时才不画出　(d)体小于等于一半时均不画出
11. 轴线垂直于 H 投影面圆柱的正向轮廓素线在左视图中的投影位置(　　)。
(a)在左边铅垂线上　(b)在右边铅垂线上
(c)在轴线上　(d)在上下水平线上
12. 圆锥四条轮廓素线在圆视图中的投影位置(　　)。
(a)都在圆心　(b)都在圆的中心线上
(c)都在圆上　(d)分别积聚在圆与中心线相交的四个交点上
13. 两个视图为矩形的形体是(　　)。
(a)直棱柱　(b)圆柱　(c)组合柱　(d)前三者
14. 一个视图为圆，两个视图为三角形的基本体是(　　)。
(a)圆台　(b)圆环　(c)圆锥　(d)圆球
15. 四棱台的一个视图反映底面实形，另两视图的图形特征是(　　)。
(a)三角形　(b)圆　(c)矩形　(d)梯形
16. 画叠加式简单体三视图的要点是(　　)。
(a)一个视图一个视图地画　(b)先画主视图
(c)一个基本体一个基本体地画　(d)先画特征图
17. 画切割式简单体三视图的要点是(　　)。

(a)先画特征图　　(b)先画主视图

(c)一个视图一个视图地画　　(d)先画原体再画切割部分

18. 用形体分析读图法读图，分部分时应(　　)。

(a)按线框个数分解　　(b)首先判定是叠加式还是切割式

(c)都按叠加式分解　　(d)都按切割式分解

第三章　轴测图

学习目标

1．了解轴测图的分类，理解轴测图平行性、可量性的基本性质。

2．熟记正等测、斜二测图的轴间角和轴向伸缩系数，明确两者的不同点。

3．掌握基本体、叠加体、切割体轴测图的画法要点，能依据物体的三视图，准确绘制出它们的正等测或斜二测图。帮助构思和读图。

第一节　轴测投影的基本知识

一、轴测图的形成

如图 3-1 所示，将物体连同参考直角坐标系，沿不平行于任一坐标平面的方向，用平行投影法将其投射在单一投影面上所得的具有立体感的图形称为轴测图。投影面 P 称为轴测投影面，参考直角坐标系（O_1X_1、O_1Y_1、O_1Z_1）在轴测投影面上的投影（OX、OY、OZ）称为轴测轴。

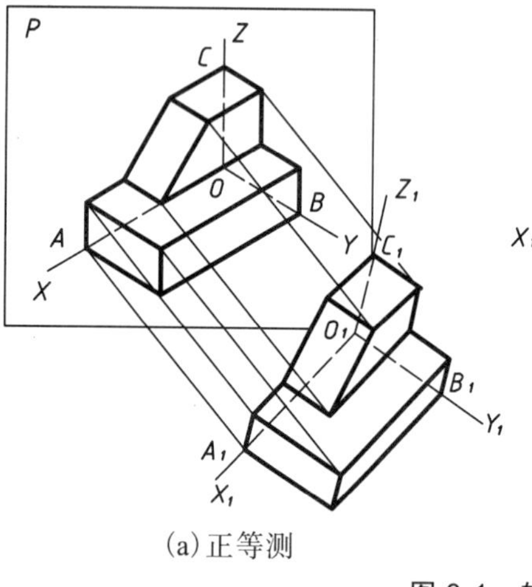

（a）正等测

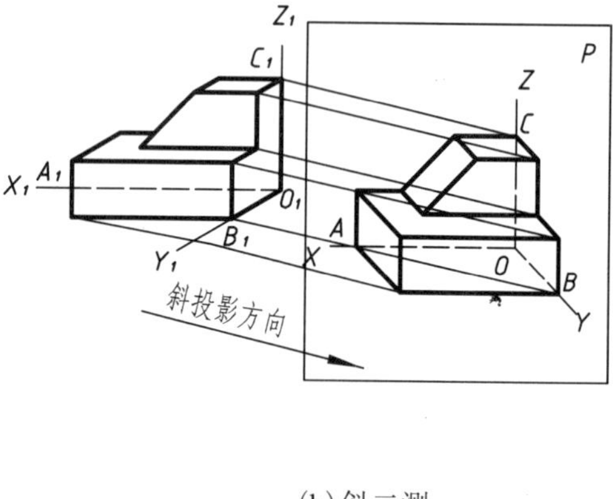

（b）斜二测

图 3-1　轴测图的形成

在轴测图中，相邻两轴测轴间的夹角称为轴间角。轴测轴上的投影长度与原长之比称为轴向伸缩系数，OX、OY、OZ 轴的伸缩系数分别用 p、q、r 表示。如图 3-1 所示：

$$p=\frac{OA}{O_1A_1};\quad q=\frac{OB}{O_1B_1};\quad r=\frac{OC}{O_1C_1}$$

二、轴测图的分类

根据所采用的投影方法，轴测图可分为如下两大类：

(1)正轴测图。用正投影法所得到的轴测图称为正轴测图，如图 3-1(a)所示。

由于物体相对于轴测投影面的相对位置及投射方向不同，轴向伸缩系数也不同，制图标准又将正轴测图具体分为 3 种：

$p=q=r$，称为正等轴测图，可简称正等测。

$p=q\neq r$ 或 $p\neq q=r$ 或 $p=r\neq q$，称为正二等轴测图，可简称正二测。

$p\neq q\neq r$，称为正三轴测图，可简称正三测。

(2)斜轴测图。用斜投影法所得到的轴测图称为斜轴测图，如图 3-1(b)所示。

制图标准同理也将斜轴测图具体分为斜等轴测图、斜二等轴测图和斜三轴测图三种，可相应地简称为斜等测、斜二测和斜三测。

本章介绍常用的正等测和斜二测的画法。

三、轴测图的基本性质

(1)平行性。物体上互相平行的线段，在轴测图中仍然互相平行。物体上平行于坐标轴的线段，在轴测图中平行于相应的轴测轴。

(2)可量性。物体上互相平行的线段，在轴测图中伸缩系数相等。物体上平行于坐标轴的线段，在轴测图中与相应轴的伸缩系数相同。由于轴测图中只有轴测轴的伸缩系数是已知的，所以只有与轴测轴平行的线段，才能按相应轴测轴的轴向伸缩系数量取尺寸。这就是可量性，也是“轴测”二字的含义。

第二节　平面体轴测图的画法

一、平面体正等测的画法

如图 3-2(a)所示，正等测的轴间角 $\angle XOY=\angle YOZ=\angle ZOX=120°$。$OZ$ 轴成垂直位置，OX 轴和 OY 轴可用 30° 三角板配合丁字尺画出。轴间角的大小说明轴测图中长、宽、高方向的画法。

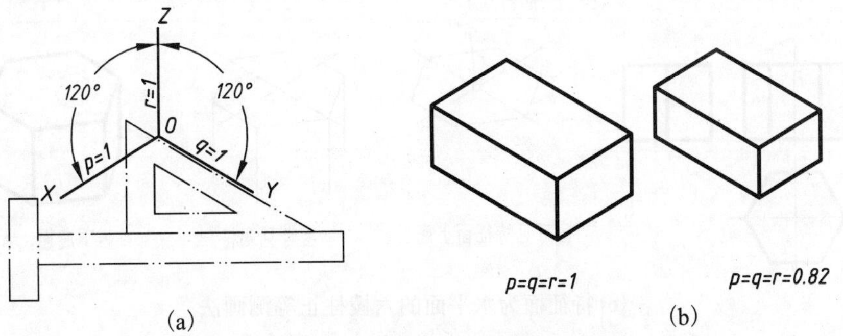

图 3-2　正等测的轴间角和轴向伸缩系数

正等测的轴向伸缩系数 $p=q=r=0.82$，为了画图简便，常采用简化轴向伸缩系数 $p=q=r=1$ 作图，因而正等测图比实际物体的轴测图放大了 $\frac{1}{0.82}$ 倍，即 1.22 倍，如图 3-2(b)所示。轴向伸缩系数说明了绘制轴测图时量取长、宽、高尺寸所采用的比例。

画轴测图常用的方法有特征面法、叠加法、切割法。画轴测图时，轴测图上不必画出轴测轴，可画出参照轴测轴，然后以测量尺寸方便为原则选定起画点，依据“平行性”、“可量性”画出。

(一)特征面法

特征面法用于画基本体轴测图。特征面法画轴测图的思路是：对柱类形体，先画出反映柱体形状特征的可见底面，再画出可见的侧棱，然后画出另一底面的可见轮廓线，如图 3-3 所示；对台(或锥)类形体，先画出两底面(或底面和锥尖)，再画出可见的侧棱，如图 3-4 所示。

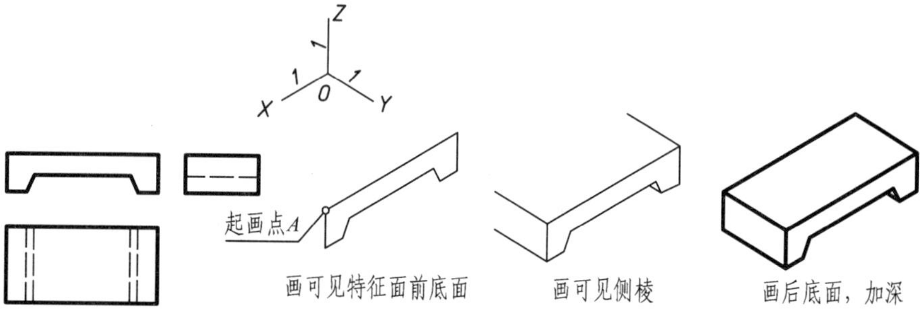

(a)特征面为正平面的凹形柱正等测画法

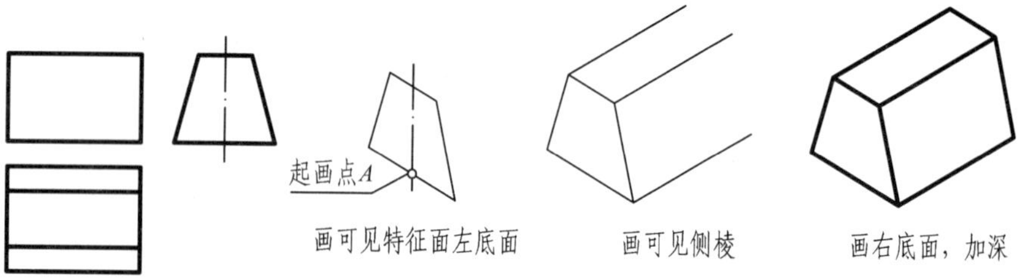

(b)特征面为侧平面的梯形正等测画法

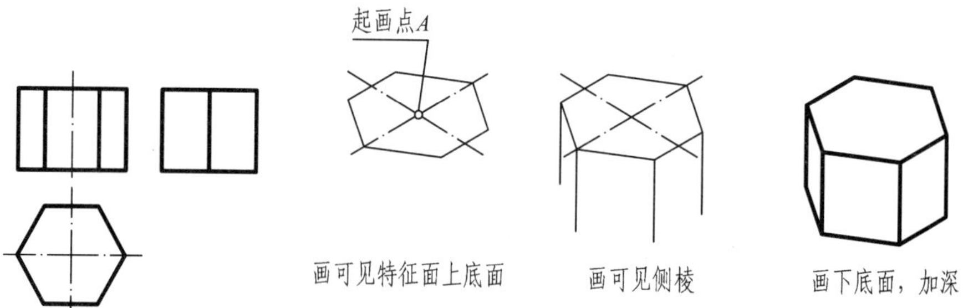

(c)特征面为水平面的六棱柱正等测画法

图 3-3　用特征面法画柱类形体正等测的示例

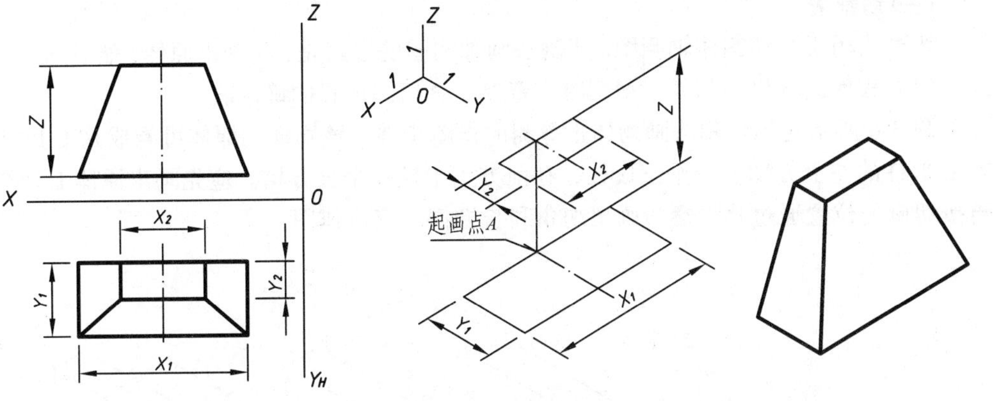

(a) 视图　　(b) 画辅助线准确定位，分别画出下底面和上底面　　(c) 连侧棱，虚线不画；检查，加深

图 3-4　用特征面法画台类形体正等测的示例

(二) 叠加法

叠加法用于画叠加体轴测图。叠加法画轴测图的思路是：从主到次逐个画出各基本体的轴测图，擦去被遮挡的图线。叠加时一定要注意基本体之间的定位。

图 3-5 所示是用叠加法画物体正等测的作图步骤。该物体可看成由一个凸形柱和两个三棱柱组合而成。应先画主体凸形柱，再按三棱柱的位置逐一将两个三棱柱画出，完成作图。

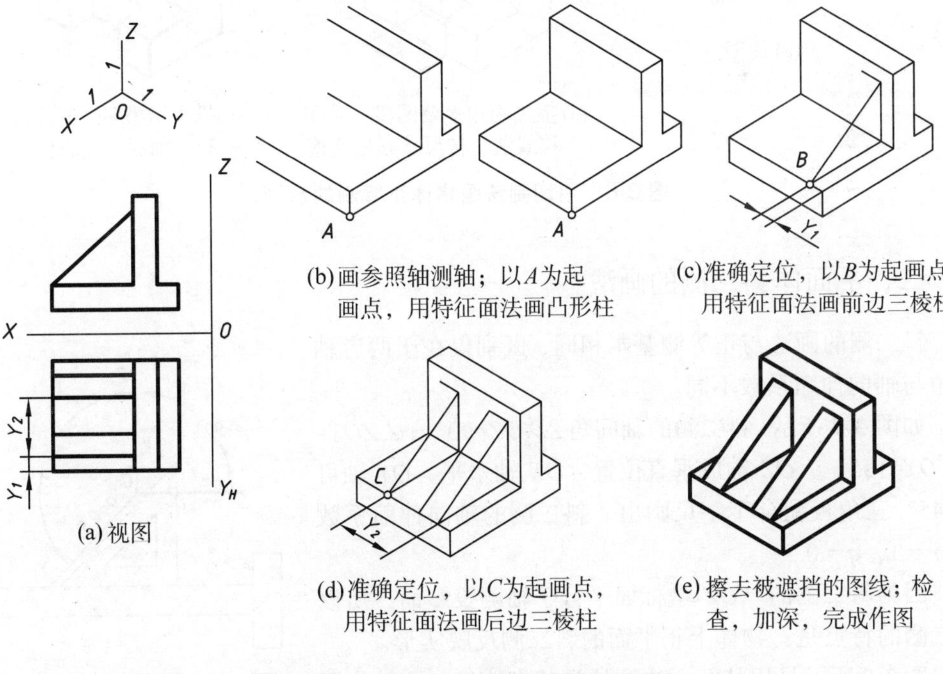

(a) 视图

(b) 画参照轴测轴；以A为起画点，用特征面法画凸形柱

(c) 准确定位，以B为起画点，用特征面法画前边三棱柱

(d) 准确定位，以C为起画点，用特征面法画后边三棱柱

(e) 擦去被遮挡的图线；检查，加深，完成作图

图 3-5　用叠加法画物体正等测的示例

(三)切割法

切割法用于画切割体轴测图。切割法画轴测图的思路是：先画出原体，然后通过“移线”的方法依次画出切割处。切割时一定要注意切割位置的确定。

图 3-6 所示是用切割法画物体正等测的作图步骤。该物体的原体可看成是 L 形柱，在 L 形柱的左上方切去一个三棱柱，在前方正中挖一个长方槽。应先画出原体 L 形柱，再按切割的位置通过移线逐一画出切角和长方槽，完成作图。

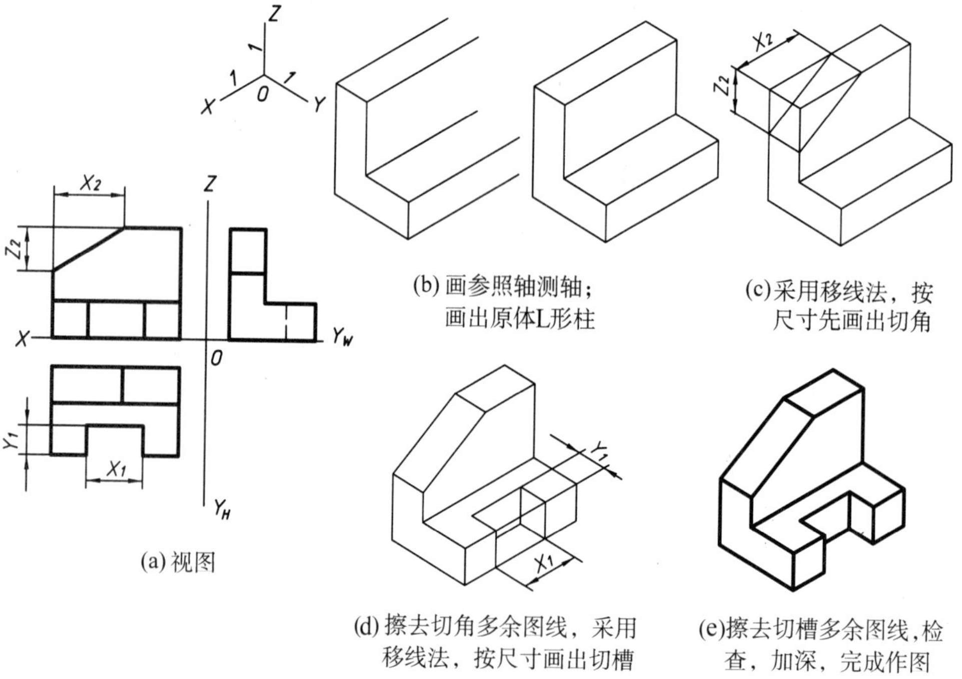

图 3-6　用切割法画物体正等测的示例

二、平面体斜二测的画法

斜二测的画法与正等测基本相同，区别仅在于两者轴间角与轴向伸缩系数不同。

如图 3-7 所示，斜二测的轴间角∠*XOZ*=90°，∠*ZOY*=∠*XOY*=135°。*OZ* 轴成垂直位置，*OX* 轴水平，*OY* 轴可用 45° 三角板配合丁字尺画出。斜二测的轴向伸缩系数 $p = r = 1$，$q = 0.5$。

因为斜二测的 *XOZ* 坐标面平行于轴测投影面，所以斜二测的特点是：物体上正平面的斜二测反映实形。

图 3-8 所示是用特征面法画柱类基本体斜二测的作图步骤。

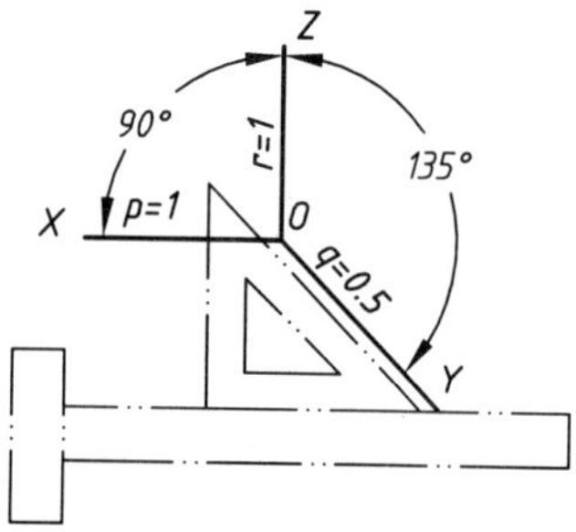

图 3-7　斜二测的轴间角和轴向伸缩系数

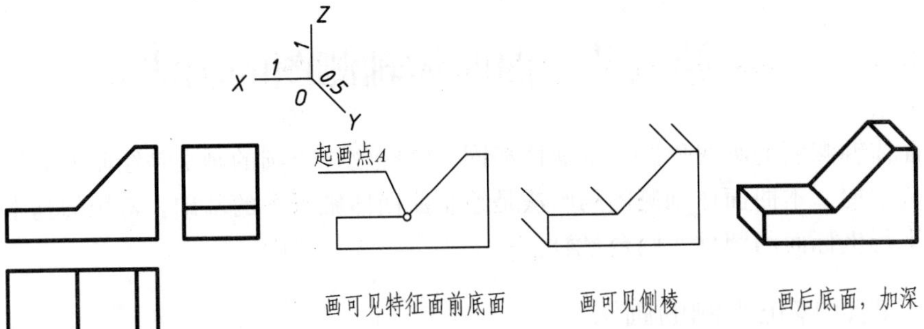

(a) 特征面为正平面的直六棱柱的斜二测画法

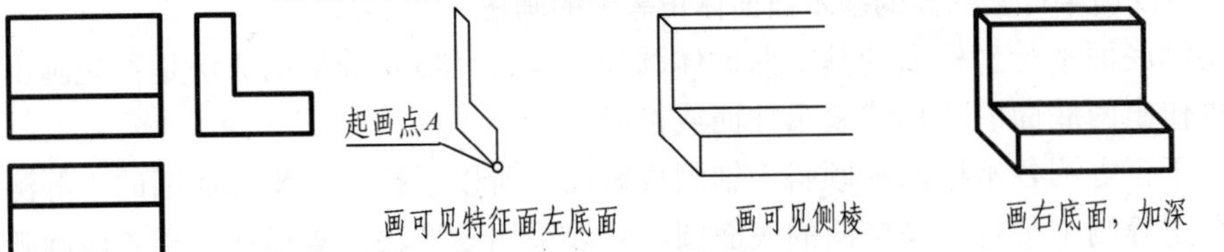

(b) 特征面为侧平面的 L 形柱的斜二测画法

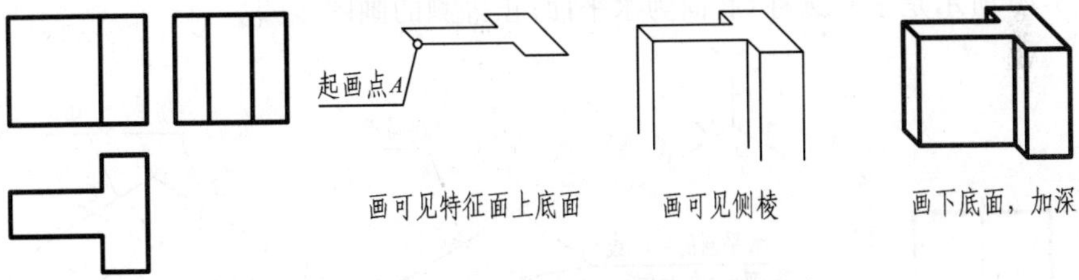

(c) 特征面为水平面的 T 形柱的斜二测画法

图 3-8　用特征面法画柱类基本体斜二测的示例

图 3-9 所示是用叠加法画物体斜二测的作图步骤。

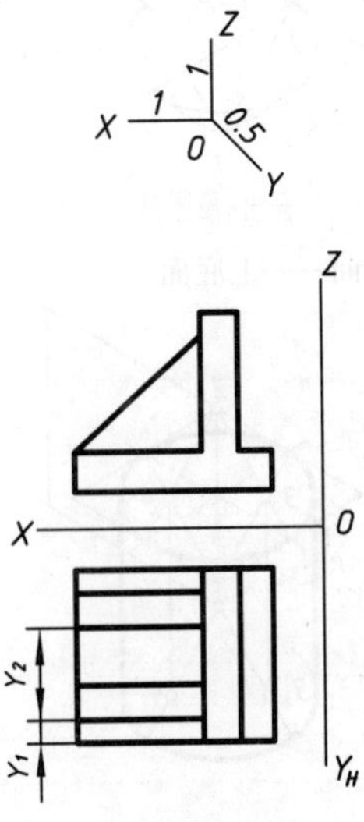

(a) 视图

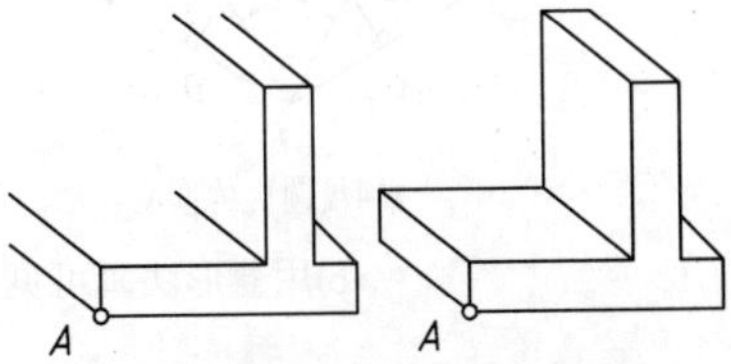

(b) 画参照轴测轴；以A为起画点，用特征面法画凸形柱

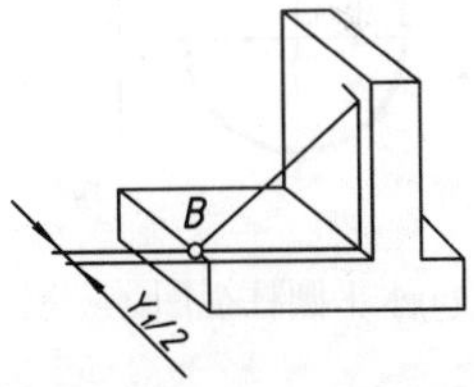

(c) 准确定位，以B为起画点，用特征面法画前边三棱柱

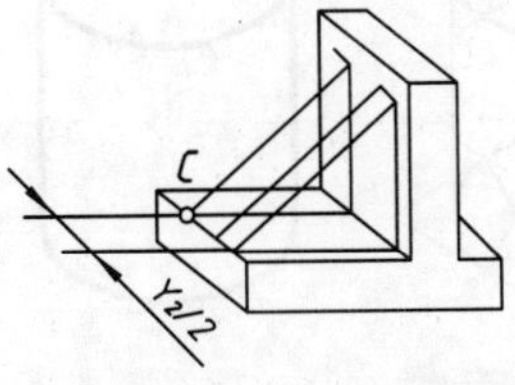

(d) 准确定位，以C为起画点，用特征面法画后边三棱柱

(e) 擦去被遮挡的图线；检查，加深，完成作图

图 3-9　用叠加法画物体斜二测的示例

第三节　曲面体轴测图的画法

曲面体轴测图的画法思路与平面体相同，掌握物体上圆的画法是绘制曲面体轴测图的关键，掌握基本曲面体轴测图的画法是绘制曲面体轴测图的基础。常用的基本曲面体是底面平行坐标面的圆柱、圆台(锥)。

一、曲面体正等测的画法

(一)底面平行坐标面的基本曲面体正等测的画法

绘制底面平行坐标面的基本曲面体圆柱、圆台(锥)正等测的方法是：先画出两底面圆，再作出两底面的公切线表示柱面或锥面。

由于正等测各坐标面都倾斜于轴测投影面，所以平行于各坐标面圆的正等测都是椭圆。画正等测中平行于坐标面的底面圆，一般采用菱形法。菱形法是用 4 段圆弧近似画出椭圆，它只适用于正等测。

图 3-10 所示是水平圆柱(底面为水平面)正等测的画图步骤。

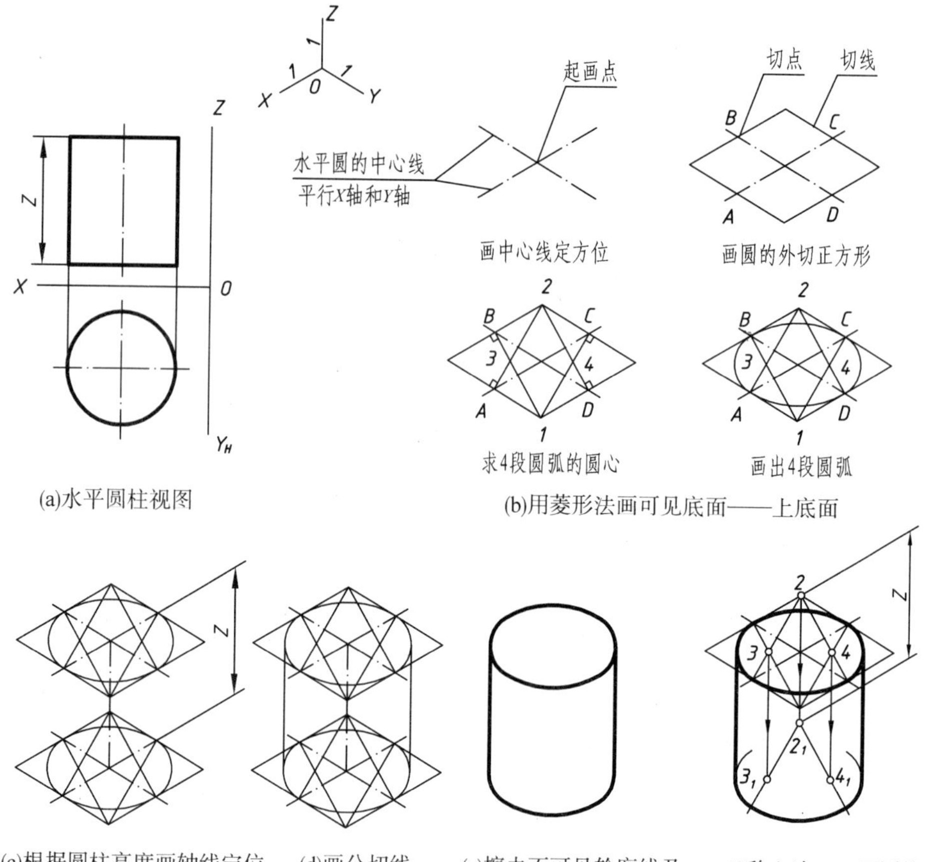

(a)水平圆柱视图　(b)用菱形法画可见底面——上底面

(c)根据圆柱高度画轴线定位，用菱形法画出下底面　(d)画公切线　(e)擦去不可见轮廓线及辅助线，加深，完成　(f)移心法——画圆柱(不可见底面常用的方法)

图 3-10　水平圆柱正等测的画图步骤

先画圆柱的可见底面：以圆底面中心为起画点，根据图 3-10(a)所示圆柱底面的方位，平行相应的轴测轴画圆的中心线；然后根据圆的半径定出一对共轭直径的端点 *A*、*B*、*C*、*D*，过这四个点画圆的外切正方形的正等测菱形，*A*、*B*、*C*、*D* 为椭圆与菱形各边的切点；过切点作菱形各边的垂线得四个交点 1、2、3、4，即为四段圆弧的圆心；分别以 1、2 为圆心、1*B* 为半径，画 *BC*、*AD* 圆弧，再分别以 3、4 为圆心、3*A* 为半径画 *AB*、*CD* 圆弧，完成上底面，如图 3-10(b)所示。

再依次画轴线定出下底面圆心，用菱形法画下底面，作上、下底面公切线，擦去不可见轮廓线及辅助线，加深，完成作图，如图 3-10(c)、(d)、(e)所示。

为了减少作图线，画圆柱下底面三段可见的圆弧时，可以从上底面的各圆弧的圆心(2、3、4)沿轴线方向量取圆柱两底面间的距离，直接得到下底面三段圆弧的圆心，然后用相应的半径画出下底面三段圆弧，这种作图方法称为“移心法”，如图 3-10(f)所示。

图 3-11 所示是正平圆柱(底面为正平面)和侧平圆柱(底面为侧平面)的正等测，画法与上相同，可见底面用菱形法绘制，不可见底面用移心法画出。

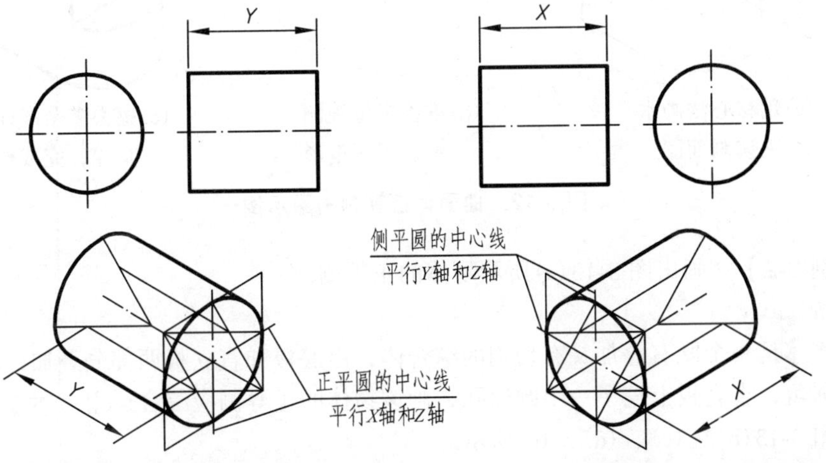

(a)用移心法画正平圆柱　　(b)用移心法画侧平圆柱

图 3-11　正平圆柱和侧平圆柱的正等测图

同上方法可绘制圆台(或圆锥)的正等测，只是两底面大小不同(或一个是锥尖)，但不能应用移心法。

(二)应用举例

【例 3-1】　画出图 3-12(a)所示物体的正等测。

分析

该物体是一个切割体，原体是上下底面为水平面的组合柱，左端用一水平面和一侧平面切去一角。用切割法画该物体的正等测，起画点宜选在组合柱上底面圆的圆心处。作图步骤如图 3-12(b)、(c)、(d)、(e)所示。

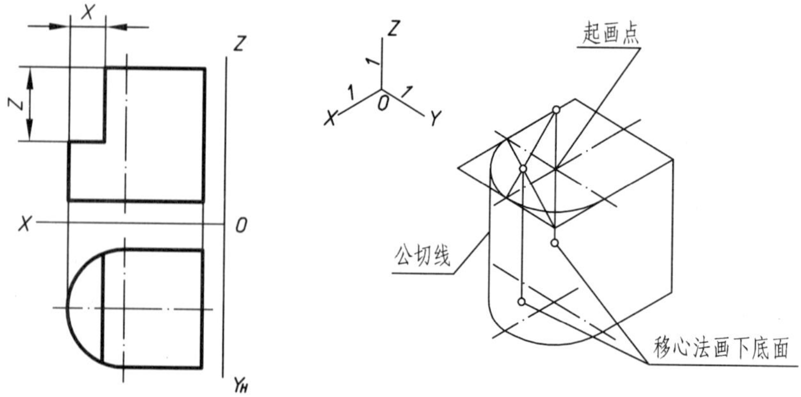

(a) 视图　　(b) 用特征面法画原体（先画上底面圆）

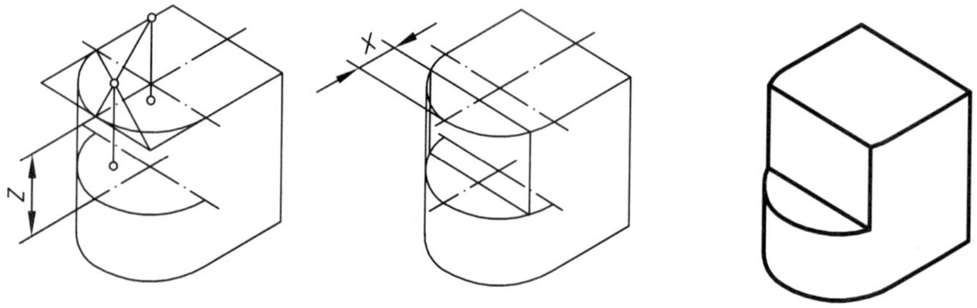

(c) 用移心法画水平切割面圆　　(d) 准确定位画侧平切割面矩形　　(e) 擦去多余图线，加深，完成作图

图 3-12　曲面体正等测画图示例一

【例 3-2】　画出图 3-13(a) 所示物体的正等测。

分析

该物体是一个既有叠加又有切割的综合体，由底板和直立板两部分叠加，底板上倒了两个圆角，直立板上挖了一个圆通孔，画该物体的正等测应综合运用上述方法。作图步骤如图 3-13(b)、(c)、(d)、(e) 所示。

作图时应注意以下两点：

(1) 画底板的圆角时，应在作圆角的边上量取圆角半径 R 得切点，过切点作边线的垂线，然后以两垂线的交点为圆心，以圆心到切点的距离为半径画弧，即为上底面圆角的正等测；可用移心法画出下底面圆角，然后画出上下底面圆角的公切线。

(2) 直立板圆孔后壁的圆是否可见，这将取决于孔径与板厚之间的关系。若直立板厚小于椭圆短轴，则后面的圆可见，反之为不可见。

二、曲面体斜二测的画法

(一) 底面平行坐标面的基本曲面体斜二测的画法

绘制底面平行坐标面的基本曲面体圆柱、圆台（锥）的斜二测的方法思路与正等测相同，但绘制圆的方法不同。

图 3-14 所示是三种位置圆柱的斜二测图。由于斜二测的 XOZ 坐标面平行于轴测投

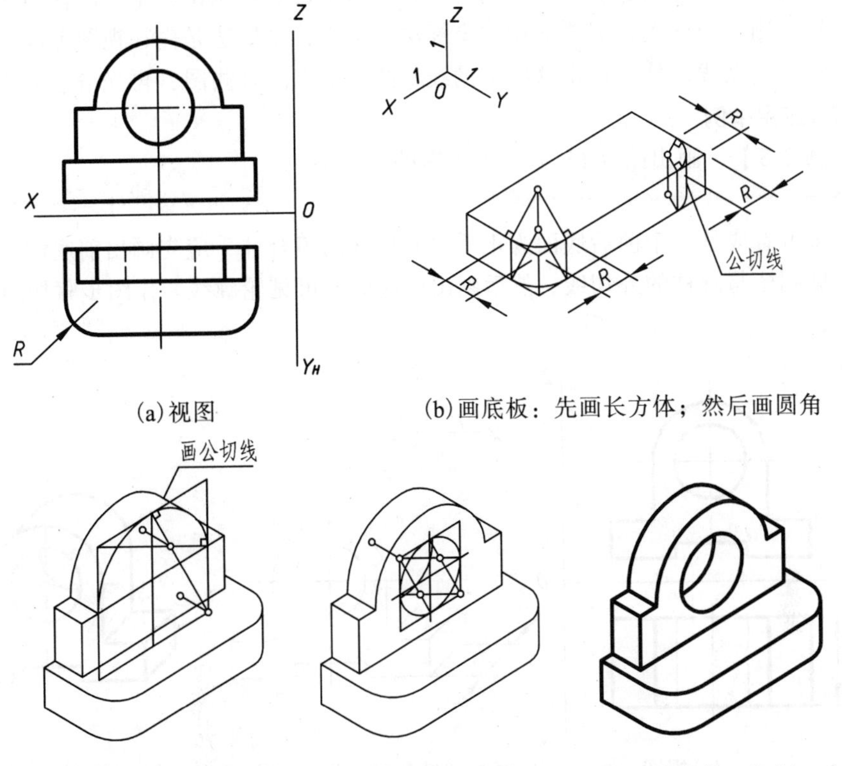

(a)视图　(b)画底板：先画长方体；然后画圆角

(c)准确定位画直立板　(d)画直立板上圆孔　(e)擦去多余线，加深，完成作图

图 3-13　曲面体正等测的画法示例二

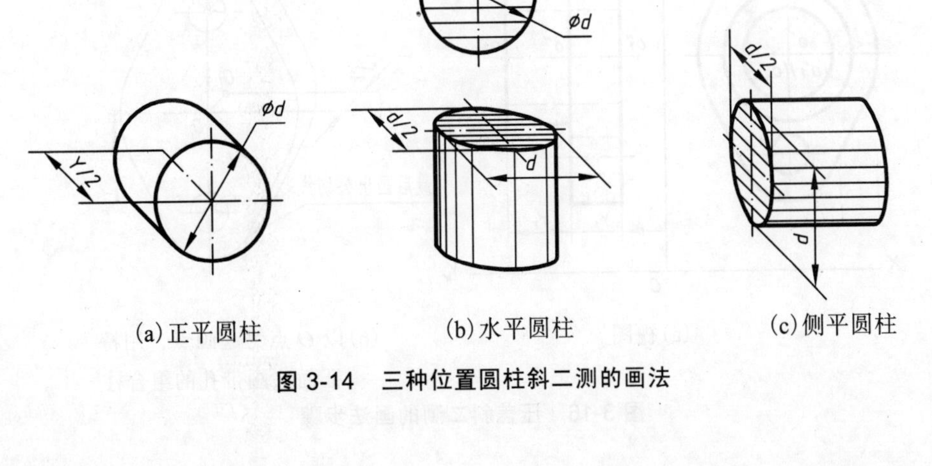

(a)正平圆柱　(b)水平圆柱　(c)侧平圆柱

图 3-14　三种位置圆柱斜二测的画法

影面，所以正平圆柱的底面在斜二测中反映实形，可直接画出。水平圆柱与侧平圆柱的底面在斜二测中为椭圆，需要运用“坐标法”画出，坐标法是先在视图上画出一组平行于坐标轴的辅助线，然后作出这些辅助线与圆周交点的轴测图，再光滑连成椭圆。

(二)应用举例

【例 3-3】 画出图 3-15(a)所示支座的斜二测。

分析

支座可看成是一个前后底面为正平面并挖孔的组合柱，应先画出前底面的实形，再画出可见侧棱与圆柱的外切线，然后画出后底面的可见轮廓线。作图步骤如图 3-15(b)、(c)所示。

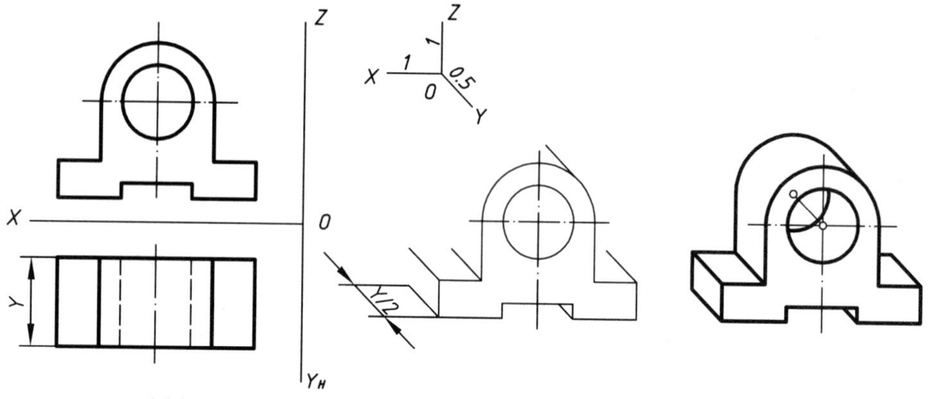

(a)视图　(b)画参照轴测轴；先画前底面，再画可见侧棱与圆柱外切线　(c)画后底面；检查，加深（用移心法求后底面圆心）

图 3-15　支座斜二测的画法步骤

【例 3-4】 画出图 3-16(a)所示压盖的斜二测。

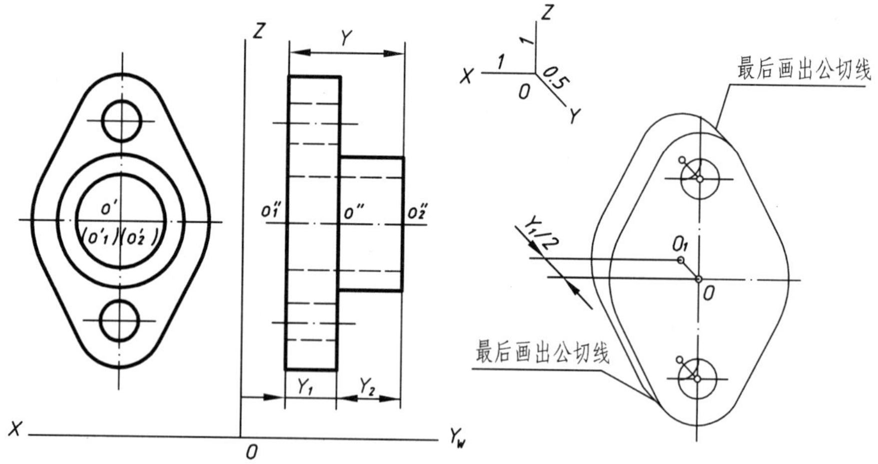

(a)视图　(b)以 O 点为起画点，用特征面法画带孔的组合柱

图 3-16　压盖斜二测的画法步骤

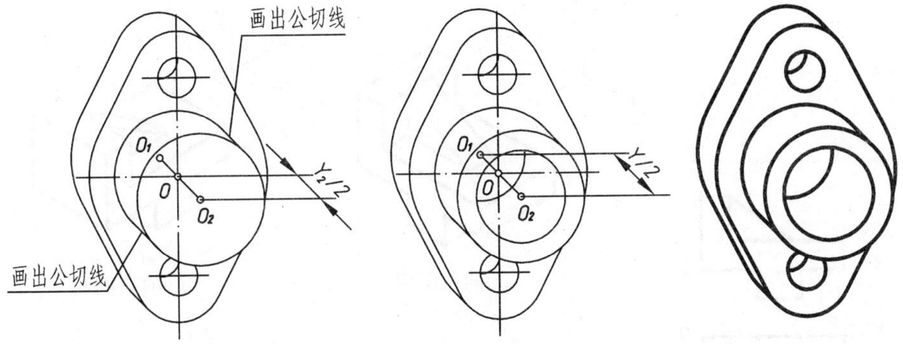

(c)画圆柱：先确定 O_2 点，再分别以 O_2 和 O 为圆心画圆柱底面　(d)分别以 O_1 和 O_2 为圆心，画出压盖中间的大圆柱通孔　(e)擦去多余图线，加深，完成作图

续图 3-16

分析

压盖可看成是一个综合式组合体，由带两小孔的组合柱和圆柱两部分叠加，中间挖了一个前后穿通的大圆柱孔。作图步骤如图 3-16(b)、(c)、(d)、(e)所示。

画斜二测时应注意：

(1) Y 轴的轴向伸缩系数为 0.5，因此宽度方向尺寸要缩短一半。

(2)平行于 XOZ 坐标面的各平面形状，一般应从前向后依次完成。

(3)圆柱不可见底面的圆心，沿轴线方向用移心法求出比较简便。

第四节　轴测图的选择

不同的轴测图或同一种轴测图，选择的投影方向不同，所画出的轴测图表达效果也不同。选择轴测图时，一般从以下两个方面来考虑。

一、作图简便

当物体单一方面具有圆或圆弧及其他复杂形状时，选择斜二测作图比较简便；当物体多个坐标面上有圆或圆弧时，用正等测作图简便。

二、直观性好

要使轴测图直观性好，就应按物体特征选择投影方向，如图 3-17 中列出了 4 种不同方向所画出的物体的正等测，可按主观表达意愿和物体的特征进行选择。

图 3-18 所示的滑块，底部形状复杂，显然选择“前左仰视”投影方向比选择“前左俯视”投影方向的直观性好。

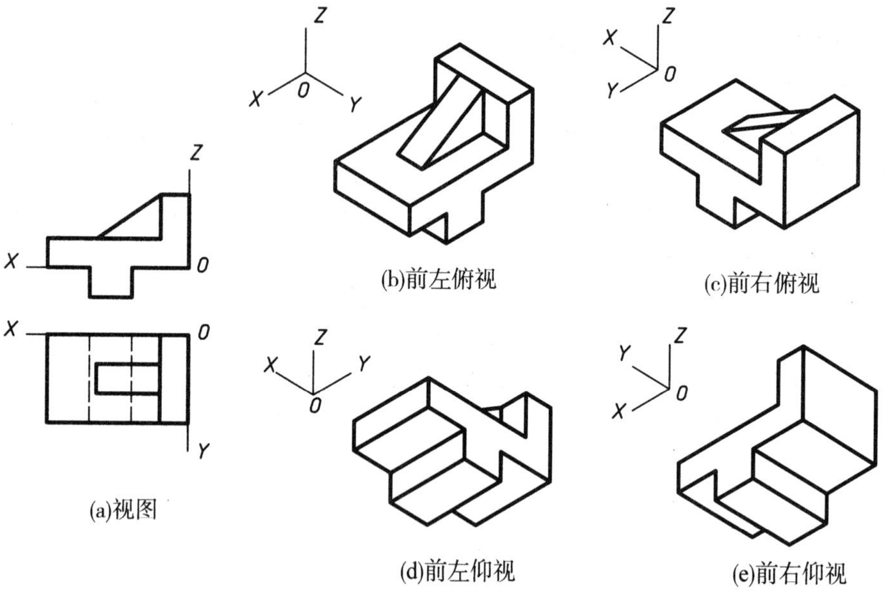

图 3-17　投影方向的选择

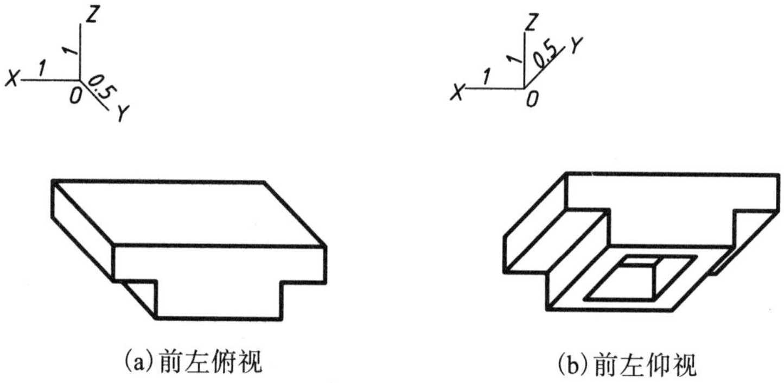

图 3-18　投影方向选择的示例

复习思考题(单项选择题)

1. 获得斜轴测图的投影方法是（　　）。
   (a) 中心投影法　　(b) 正投影法　　(c) 斜投影法　　(d) 平行投影法
2. 获得正轴测图的投影方法是（　　）。
   (a) 中心投影法　　(b) 正投影法　　(c) 斜投影法　　(d) 平行投影法
3. 轴测图具有的基本性质是（　　）。
   (a) 平行性，可量性　　(b) 平行性，收缩性

(c) 可量性，积聚性　　(d) 可量性，收缩性

4. 斜二测的轴间角是(　　)。

(a) 都是 90°　　(b) 都是 120°　　(c) 90°,135°,135°　　(d) 90°,90°,135°

5. 斜二测的轴向伸缩系数是(　　)。

(a) $p=q=r=1$　　(b) $p=q=r=0.82$　　(c) $p=r=1,q=0.5$　　(d) $p=q=1,r=0.5$

6. 画正等测一般采用的轴向伸缩系数是(　　)。

(a) $p=q=r=0.82$　　(b) $p=q=r=1$　　(c) $p=q=r=1.22$　　(d) $p=q=1,r=0.5$

7. 正平面上圆的斜二测是(　　)。

(a) 椭圆　　(b) 放大 1.22 倍的椭圆

(c) 放大 1.22 倍的圆　　(d) 与视图相同的圆

8. 平行于正面的正方形，对角线平行于 X 轴和 Z 轴，它的正等测是(　　)。

(a) 菱形　　(b) 正方形　　(c) 多边形　　(d) 长方形

9. 画正等测，侧平圆柱底面的中心线应平行的轴测轴是(　　)。

(a) X、Y 轴　　(b) X、Z 轴　　(c) Y、Z 轴　　(d) 任意两轴

10. 物体只在正平面上有圆、半圆、圆角时，作图简单的轴测图是(　　)。

(a) 正等测　　(b) 斜二测　　(c) 正二测　　(d) 前三者一样

第四章　点、直线、平面的投影与体表面取点

学习目标

1. 掌握点的三投影规律；理解点的坐标含义；能根据点的投影图，迅速判定出空间位置。

2. 了解直线和平面的分类和定义；能根据坐标或两面已知投影，正确绘制直线和平面的三面投影图。

3. 熟记各种位置直线和平面的投影特征，掌握它们的特点；能根据直线和平面的投影图，迅速判定出空间位置。

4. 理解体表面取点的作图原理；能由体表面上点的一面投影，正确求画出另外两面投影，为解决复杂物体画图与读图打基础。

第一节　点的投影

一、点的三面投影图的形成

空间点的位置，可由它的直角坐标值来确定，一般书写形式为：$A(x, y, z)$。

将相互垂直的三个投影面作为直角坐标系，投影轴作为坐标轴，O 点作为坐标原点，则相应坐标值就是点到各投影面的距离。

如图 4-1(a)所示，将 A 点置于三投影面体系中，过 A 点分别向三投影面作投射线(垂

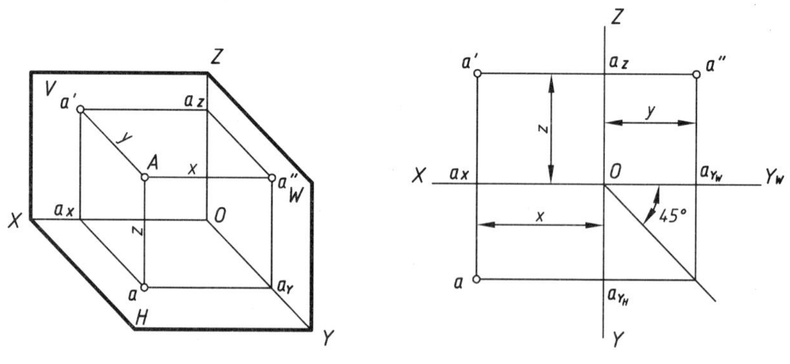

(a)空间情况　　(b)三面投影图

图 4-1　点的三面投影图的形成和投影规律

线)，垂足 a、a'、a''即为点在三个投影面上的投影。

规定：空间点用大写字母标记，如 A、B、…，它们在 H 面上的投影用相应的小写字母标记，如 a、b、…，在 V 面上的投影用相应的小写字母加一撇标记，如 a'、b'、…，在 W 面上的投影用相应的小写字母加两撇标记，如 a''、b''、…。

A 点在 H 面上的投影 a 称为点的水平投影，由坐标值 x、y 所决定，它反映 A 点到 W、V 两个投影面的距离。

A 点在 V 面上的投影 a'称为点的正面投影，由坐标值 x、z 所决定，它反映 A 点到 W、H 两个投影面的距离。

A 点在 W 面上的投影 a''称为点的侧面投影，由坐标值 y、z 所决定，它反映 A 点到 V、H 两个投影面的距离。

移去空间点 A，按照第二章中所规定的投影面展开方法，将三投影面展开，得点 A 的三面投影图，如图 4-1(b)所示。

点的一个投影，只能反映点到两个投影面的距离(两个坐标)，不能确定点的空间位置。点的任意两面投影，即可反映点到三个投影面的距离(三个坐标)，确定点在空间的位置。

二、点的三面投影规律

由图 4-1(a)分析，点的各投影在投影面内向坐标轴所作的垂线与投射线、坐标轴一起组成一个长方体，它们有如下关系：

$Aa''=a'a_Z=aa_Y=x$，x 坐标为空间点 A 到 W 面的距离；

$Aa=a'a_X=a''a_Y=z$，z 坐标为空间点 A 到 H 面的距离；

$Aa'=aa_X=a''a_Z=y$，y 坐标为空间点 A 到 V 面的距离。

由此可得点的三面投影规律，如图 4-1(b)所示：

$a'a\perp OX$，即点的正面投影 a'和水平投影 a 的连线垂直 OX 轴(长对正)；

$a'a''\perp OZ$，即点的正面投影 a'和侧面投影 a''的连线垂直 OZ 轴(高平齐)；

$aa_X=a''a_Z$，即点的水平投影 a 到 OX 轴的距离等于点的侧面投影 a''到 OZ 轴的距离(宽相等)。

在点的三面投影图中，为了便于投影分析，要求用细实线按点的投影规律将点的投影连接起来，点的水平投影和侧面投影一般用 45° 斜线来体现宽相等。

三、点的坐标与空间位置

点的空间位置取决于坐标值的大小。点的三个坐标值都不为零时，点在空间；点的一个坐标值为零时，点在投影面上；点的两个坐标值为零时，点在投影轴上；点的三个坐标值都为零时，点在坐标原点。

四、两点的相对位置和重影点

(一)两点的相对位置

由于点的 x、y、z 坐标反映了空间点相对于 W、V、H三投影面的距离，因此确定两点的相对位置只需要比较两点对应坐标值的大小。x 值大者在左；y 值大者在前；z 值大者在上，如图 4-2 中 $x_A>x_B$、$y_A<y_B$、$z_A>z_B$，可知 A 点在 B 点的左、后、上方。

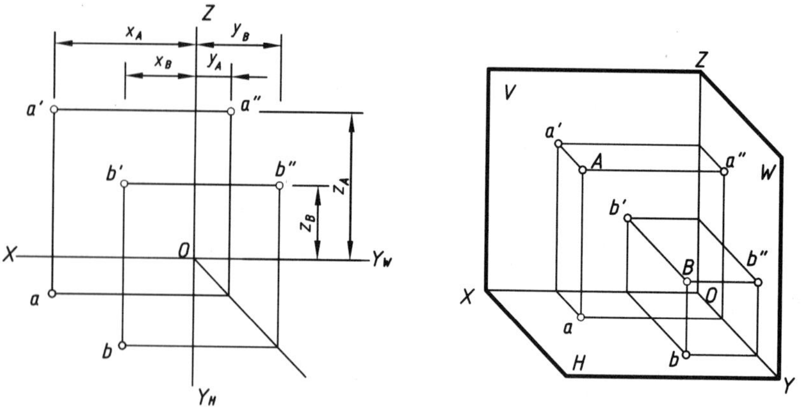

(a) 三面投影图　　(b) 空间情况

图 4-2　两点的相对位置

（二）重影点

处于同一条投射线上的空间两点，它们在投射线垂直的投影面上的投影重合为一点，这两点称为该投影面的重影点。

如图 4-3 中 *A*、*B* 两点是对 *V* 面的重影点。当两点的投影在某一投影面上重合时，必有一点遮住了另一点，这就需要进行可见性判断，判断的方法是：在两点不重合的投影上，比较不相同的坐标值的大小，坐标值大者可见，小者不可见。重影点中不可见点的字母应加括号表示。

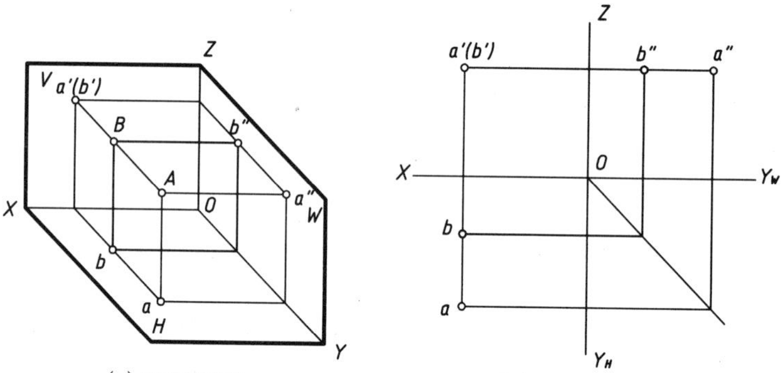

(a) 空间情况　　(b) 三面投影图

图 4-3　重影点

五、点的投影图与直观图的画法

【例 4-1】　已知空间点 *A* 到三个投影面 *V*、*H*、*W* 的距离分别为 15、20、10，画出 *A* 点的三面投影图。

分析

由所给条件可得：*A* 点的 *x* 坐标为 10、*y* 坐标为 15、*z* 坐标为 20，即 *A*(10，15，20)。作图时应先画出投影轴，然后根据点的坐标和投影规律依次画出点的三面投影图，作图步骤如图 4-4 所示。

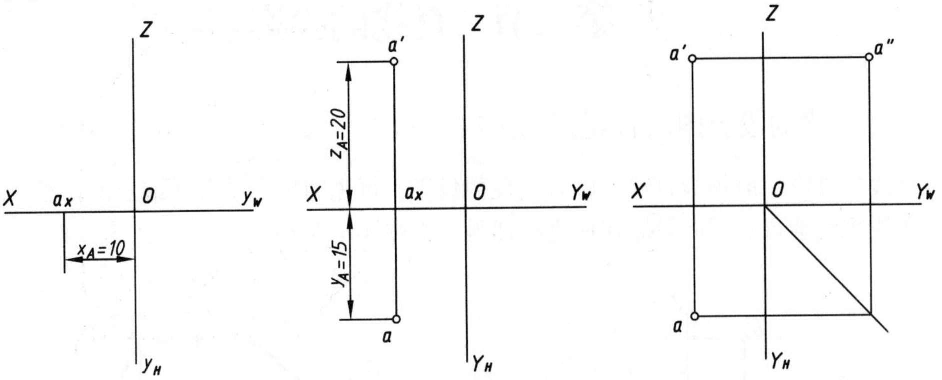

(a)先画出投影轴，然后从原点沿 OX 轴向左量 10 得 a_x　　(b)过点 a_x 作 OX 轴的垂线，从 a_x 向下量 15 得 a，从 a_x 向上量 20 得 a'　　(c)由 a 和 a'根据点的投影规律得 a''

图 4-4　点的三面投影图的作图步骤

【例 4-2】　根据图 4-5(a)所示 B 点的三面投影图，画出 B 点的直观图。

分析

点的直观图中，三投影轴的位置一般画成 OX 轴水平，OZ 轴铅垂，OY 轴与水平线成 45° 。画投影面时，投影面的边框与相应的投影轴平行，也可省略。

B 点直观图的作图步骤如图 4-5(b)、(c)、(d)所示。

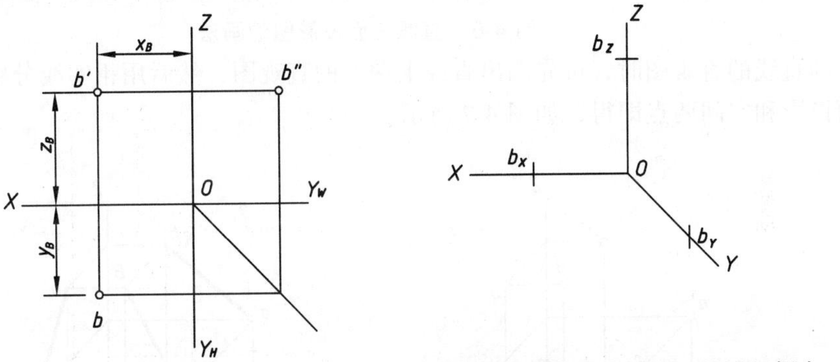

(a)已知　　(b)先画投影轴的直观图，然后根据点的坐标沿轴 1 : 1 截点得 b_x、b_y、b_z

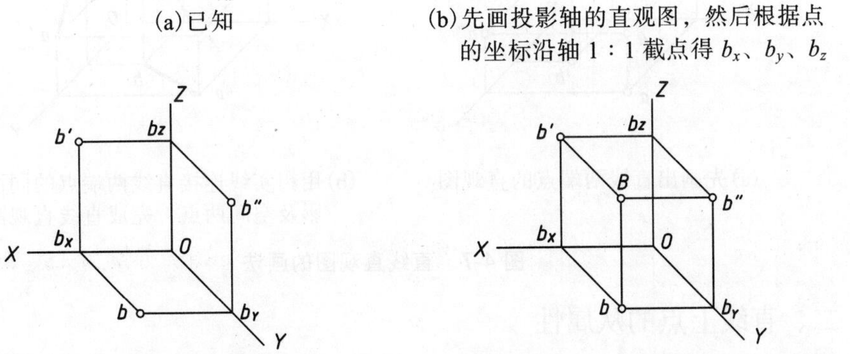

(c)过 b_x、b_y、b_z 作相应轴的平行线，得 B 点的三投影直观图　　(d)过 b、b'、b''分别作 Z、Y、X 轴的平行线，得空间 B 点的直观图

图 4-5　画点的直观图示例

第二节　直线的投影

一、直线的投影图与直观图的画法

直线的投影一般仍为直线。画直线段的投影，可先画出直线段两端点的投影，然后用粗实线将两端点的同面投影连成直线即得，如图 4-6 所示。

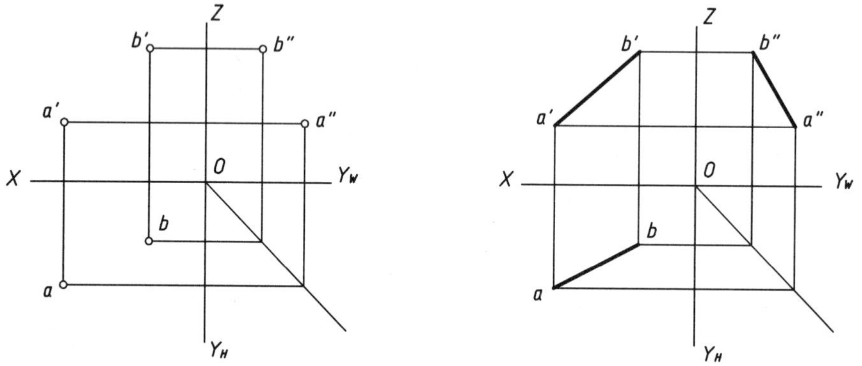

(a) 先画出直线两端点的投影　　(b) 用粗实线连接两端点的同面投影完成直线三投影图

图 4-6　直线三面投影图的画法

画直线的直观图时，可先画出直线上两点的直观图，然后用粗实线分别连接两点的同面投影和空间两点即得，如图 4-7 所示。

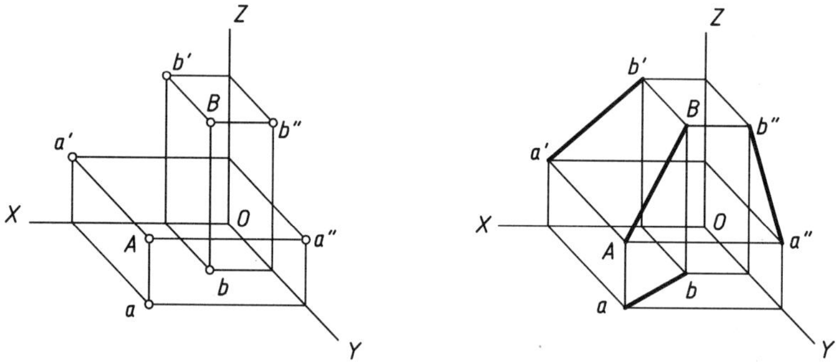

(a) 先画出直线两端点的直观图　　(b) 用粗实线连接直线两端点的同面投影及空间两点，完成直线直观图

图 4-7　直线直观图的画法

二、直线上点的从属性

点在直线上，点的各面投影必在该直线的同面投影上，这个特性称为从属性。反之，点的各面投影只要有一个不在直线的同面投影上，则点就一定不在该直线上。

如图 4-8(a)所示，K 点的三面投影 k、k'、k''分别在直线 AB 的同面投影 ab、$a'b'$、$a''b''$ 上，并且三投影间符合点的投影规律，由此可判定 K 点必在直线 AB 上，如图 4-8(b)所示。

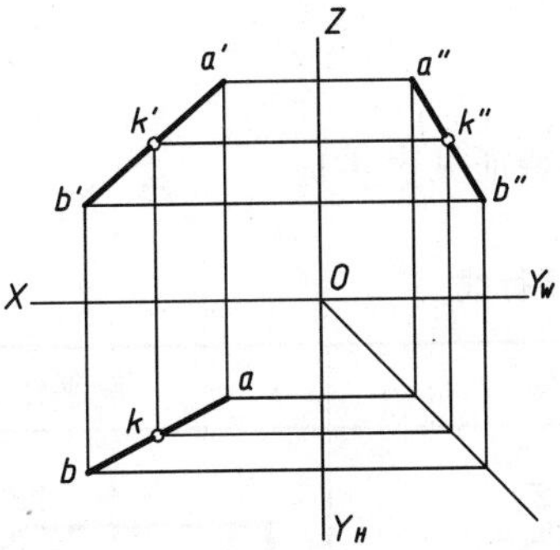

(a)投影图

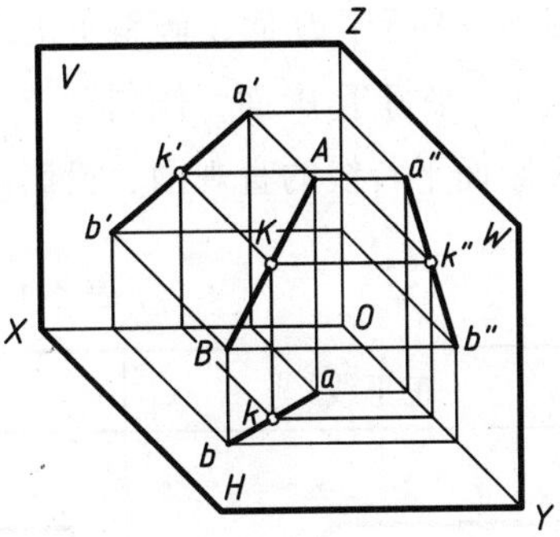

(b)空间情况

图 4-8　直线上点的从属性

三、各种位置直线的投影特征

在三投影面体系中，直线的位置分为 3 类：一般位置直线、投影面平行线、投影面垂直线。后两类统称为特殊位置直线。

(一)一般位置直线

相对三投影面都倾斜的直线称为一般位置直线，直线与 H、V、W 三投影面的倾角分别用α、β、γ表示，如图 4-9 所示。

一般位置直线的投影特征为：三投影均为斜线且小于实长，三投影与投影轴的夹角不反映空间直线与投影面的倾角。

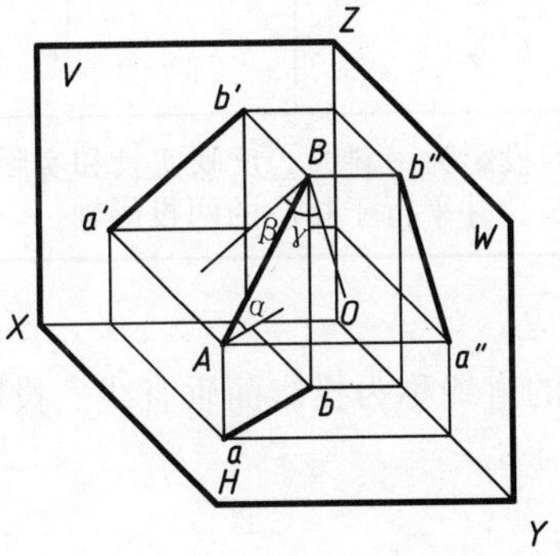

(a)直观图

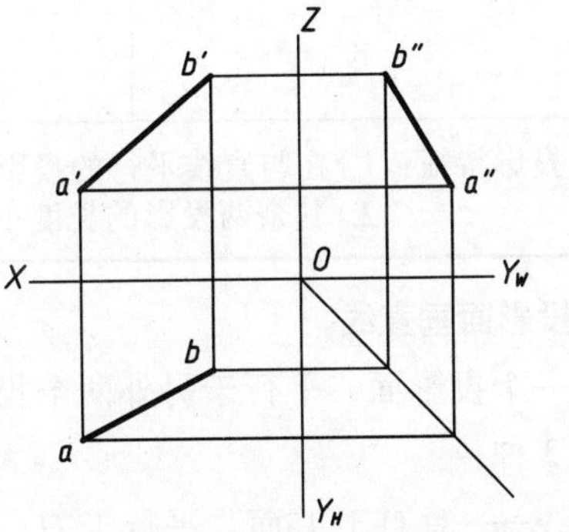

(b)投影图

图 4-9　一般位置直线

(二)投影面平行线

平行一个投影面，倾斜于另外两个投影面的直线称为投影面平行线。投影面平行线分为 3 种：

正平线——平行于 V 面，倾斜于 H、W 面；

水平线——平行于 H 面，倾斜于 V、W 面；

侧平线——平行于 W 面，倾斜于 V、H 面。

各种投影面平行线的直观图、投影图与投影特征见表 4-1。

表 4-1　投影面平行线

<table>
<tr><th>种类</th><th>正平线</th><th>水平线</th><th>侧平线</th></tr>
<tr><td>直观图</td><td>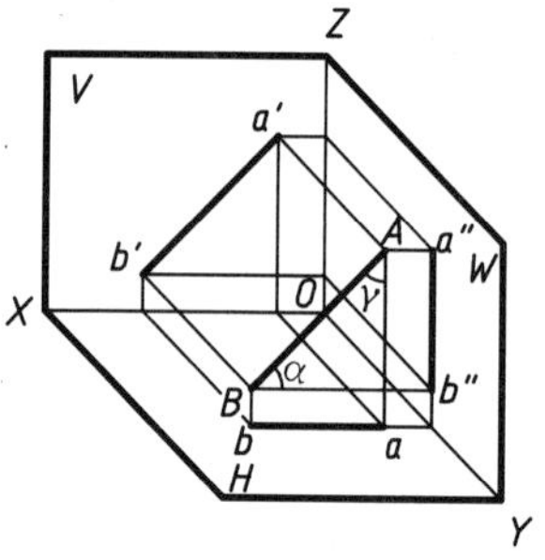
</td><td>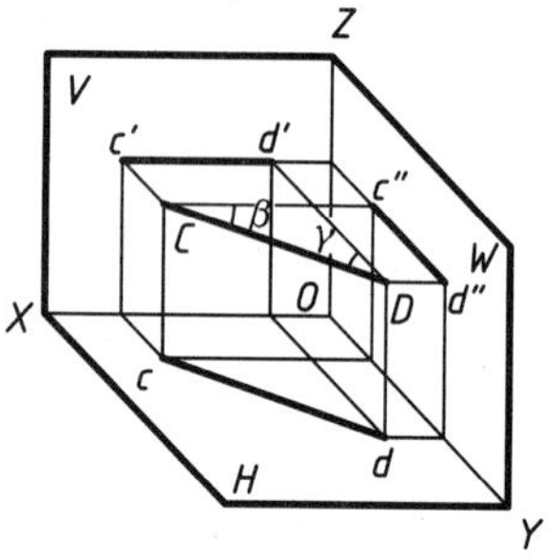
</td><td>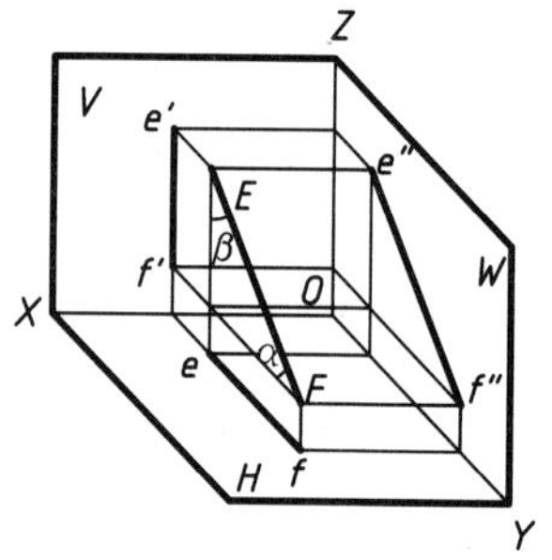
</td></tr>
<tr><td>投影图</td><td>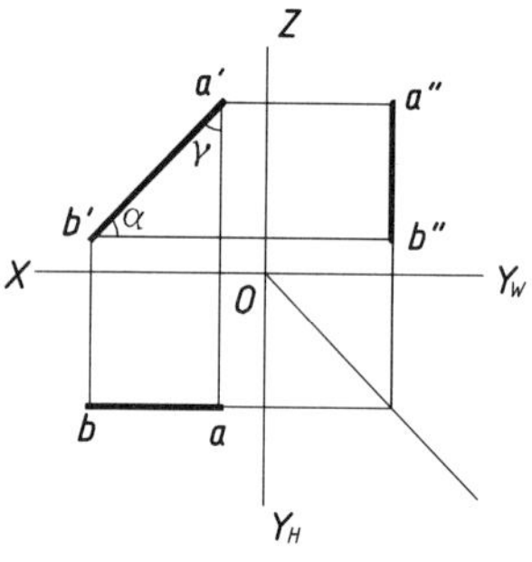
</td><td>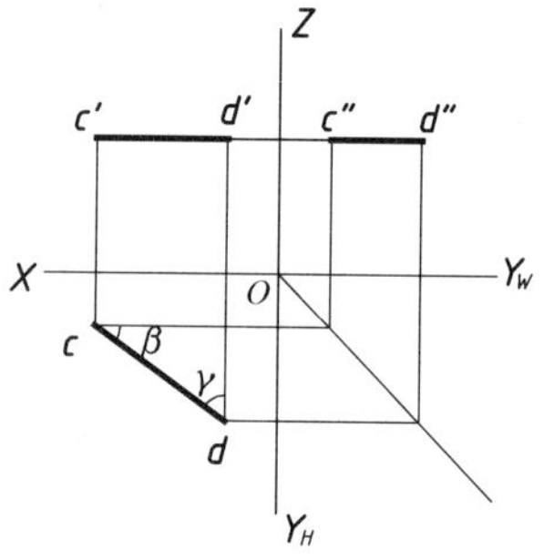
</td><td>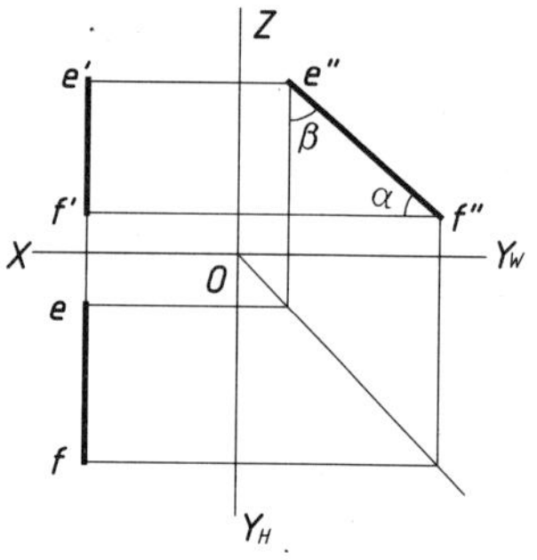
</td></tr>
<tr><td colspan="4">投影特征：1. 在与直线平行的投影面上的投影为一斜线，反映实长和实际倾角。
2. 其余两投影的长度小于实长，并平行于相应的两投影轴。</td></tr>
</table>

(三)投影面垂直线

垂直一个投影面，平行于另外两个投影面的直线称为投影面垂直线。投影面垂直线也可分为 3 种：

正垂线——垂直于 V 面，平行于 H、W 面；

铅垂线——垂直于 H 面，平行于 V、W 面；

侧垂线——垂直于 W 面，平行于 V、H 面。

各种投影面垂直线的直观图、投影图与投影特征见表 4-2。

表 4-2　投影面垂直线

种类	正垂线	铅垂线	侧垂线
直观图	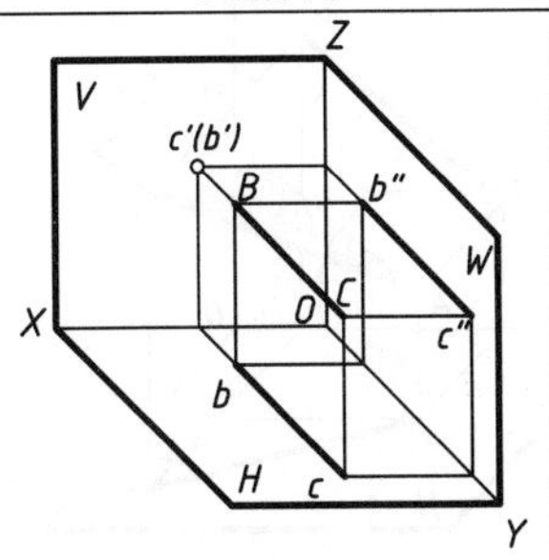	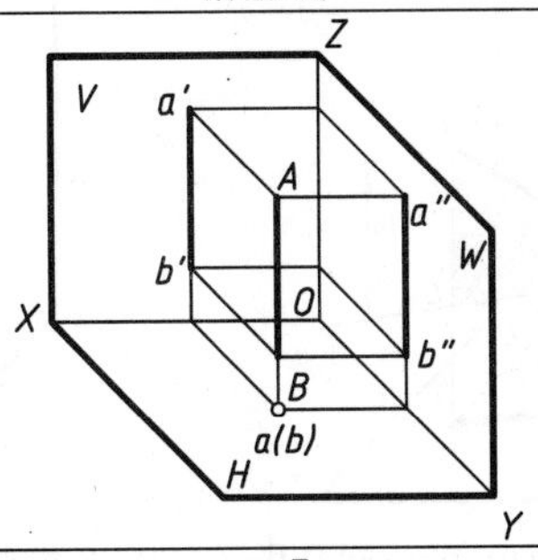	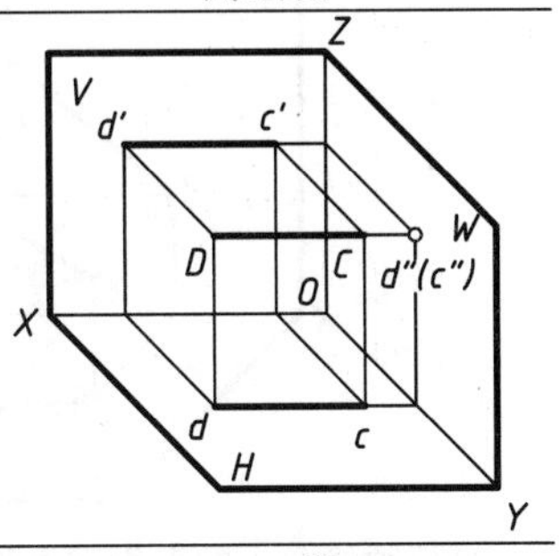
投影图	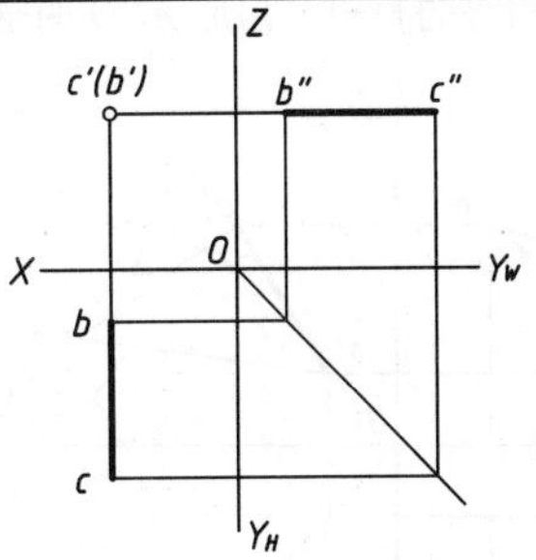	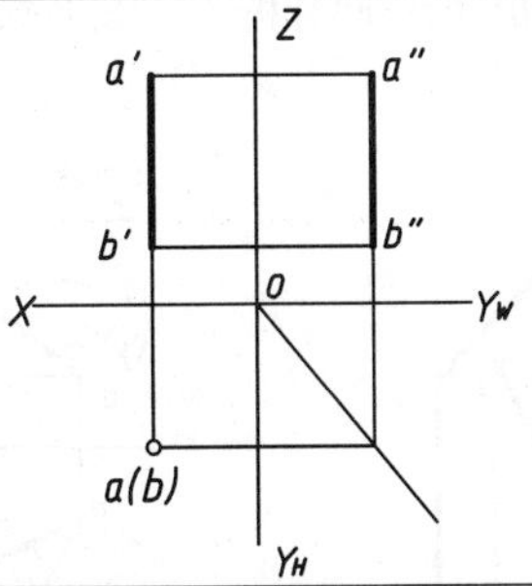	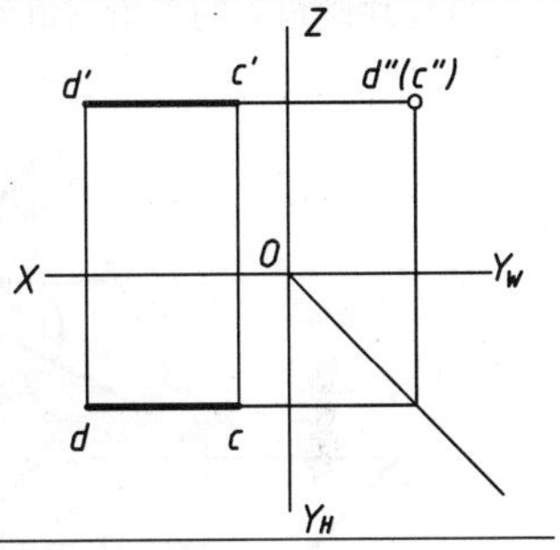
投影特征：1. 在与直线垂直的投影面上的投影积聚为一点。 2. 其余两投影反映实长，并垂直于相应的两投影轴。			

比较三类直线的投影特征可以看出：直线的投影中有一个积聚为点，即为投影面的垂直线；直线的投影中只有一个为倾斜于投影轴的斜线，即为投影面的平行线；直线的三个投影均为倾斜于投影轴的斜线，即为一般位置直线。

四、用直角三角形法求线段的实长和倾角

由前面的分析可知，特殊位置直线可从它们的三面投影中直接反映空间直线的实长和倾角，而一般位置直线的三投影不反映实长和对投影面的倾角。一般位置直线的实长和倾角可在投影图上用图解法求出，本节介绍直角三角形法。

图 4-10(a)所示表示了倾角α的直角三角形的空间几何关系。在直角三角形 ABC 中，斜边 AB 是线段本身，底边 AC 等于线段 AB 的水平投影 ab，对边 BC 等于线段 AB 两端点的 Z 坐标之差($\Delta z = z_B - z_A$)，即等于 $a'b'$两端点到投影轴 OX 轴的距离之差，斜边 AB 与底边 AC 的夹角就是线段 AB 对水平投影面的倾角α。同理可分析另两直角三角形的空间几何关系，如图 4-10(b)、(c)所示。可以看出：α、β、γ分别处在不同的直角三角形中，每个三角形的斜边都是线段 AB 的实长；一条直角边为 AB 在一个投影面上的投影长；另一条直角边为线段两端点至该投影面的坐标差。只要作出这些三角形，便可得到线段实长及倾角，这种图解方法称为直角三角形法。图 4-10(d)集中表达了在一般位置直线的三投影中求α、β、γ及线段实长的作图方法。解题时应有针对性地选作三角形。在这些直角三角形中，每一个直角三角形都包含线段实长、线段的一个投影、线段与该投影所在投影面的倾角以及另一个投影两端点相对该投影的坐标差四个参数，只要已知其中的

两个就可以画出一个直角三角形，从而可求出其他参数。

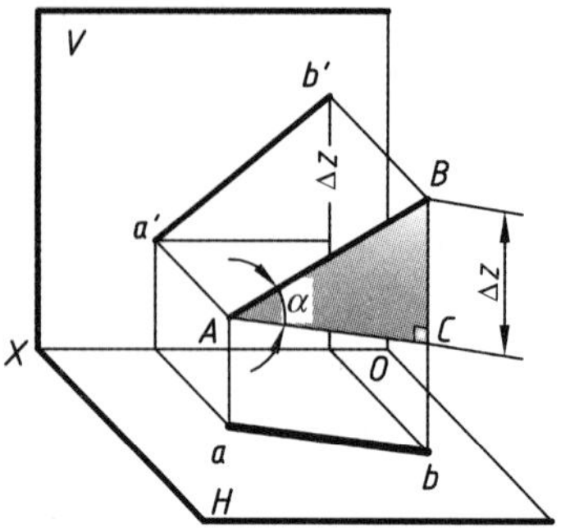

(a) 反映倾角 α 的直角三角形 ABC 的空间分析

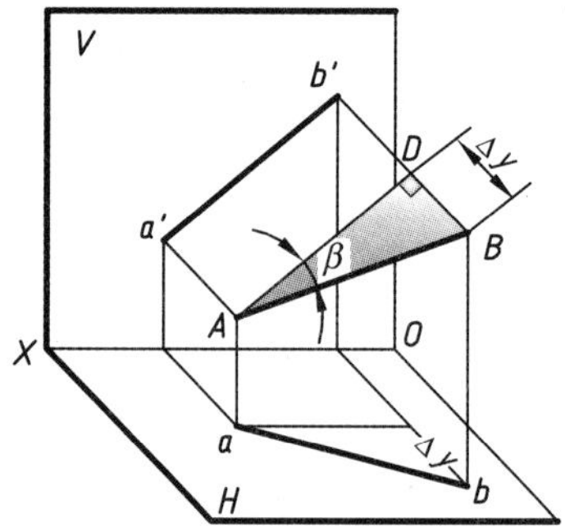

(b) 反映倾角 β 的直角三角形 ABD 的空间分析

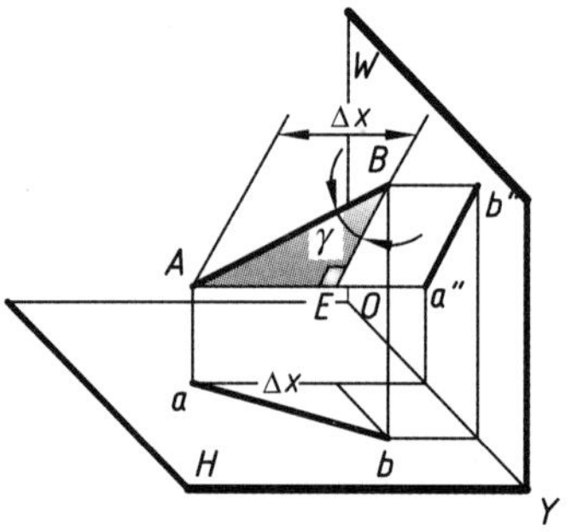

(c) 反映倾角 γ 的直角三角形 ABE 的空间分析

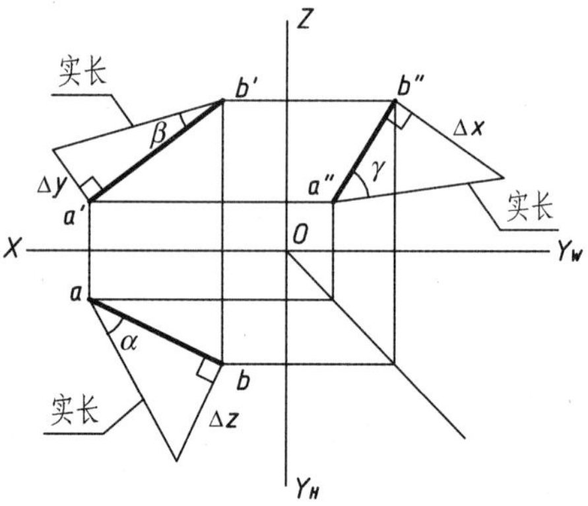

(d) 用直角三角形法解题的方法

图 4-10　直角三角形法的空间分析与作图方法

【例 4-3】　如图 4-11 (a) 所示，已知直线段 AB 的两面投影，求其实长和倾角 α。

分析

求直线的倾角 α，应绘制反映倾角 α 的直角三角形，该三角形的水平投影长 ab 已知，

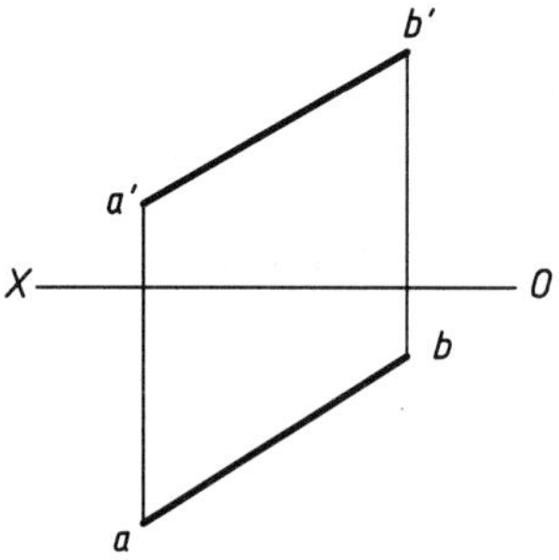

(a) 已知

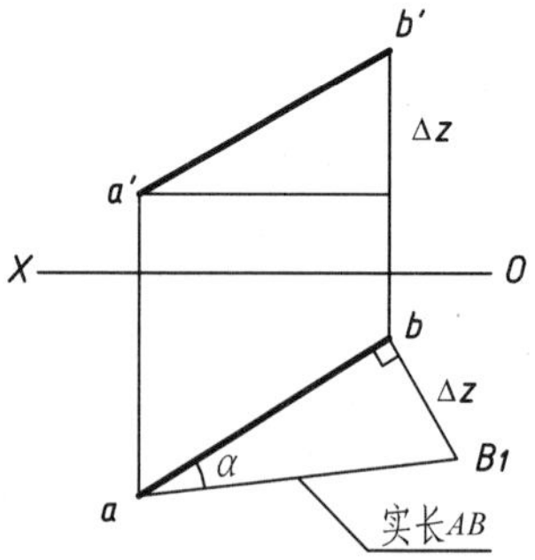

(b) 过 b 作垂线，使 $bB_1=\Delta z$，连接 aB_1 画出直角三角形

图 4-11　求直线 AB 的实长和倾角 α

Δz 可从正投影上求得，两个参数已知即可画出这个直角三角形，由此即可得线段 AB 的实长和倾角 α。用图解法画直角三角形，理论上可以画在任意位置，为了作图简便，作图时常借助线段的已知投影画直角三角形。本题所作直角三角形借助的是水平投影 ab，如图 4-11(b)所示。

五、两直线的相对位置

两直线的相对位置有平行、相交、交叉三种情况，前两种位置直线统称为同面直线，后一种称为异面直线。

(一)两直线平行

如图 4-12 所示，$AB /\!/ CD$，直线与投射线形成的平面 $ABba /\!/ CDdc$，它们与水平投影面的交线互相平行，即 $ab /\!/ cd$。同理可证明 $a'b' /\!/ c'd'$、$a''b'' /\!/ c''d''$。

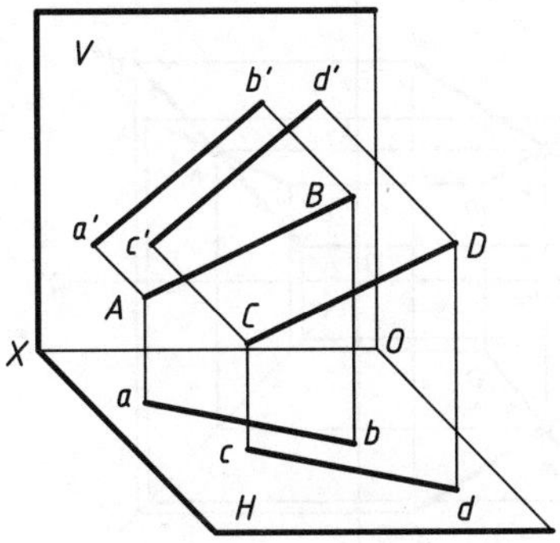

(a)直观图

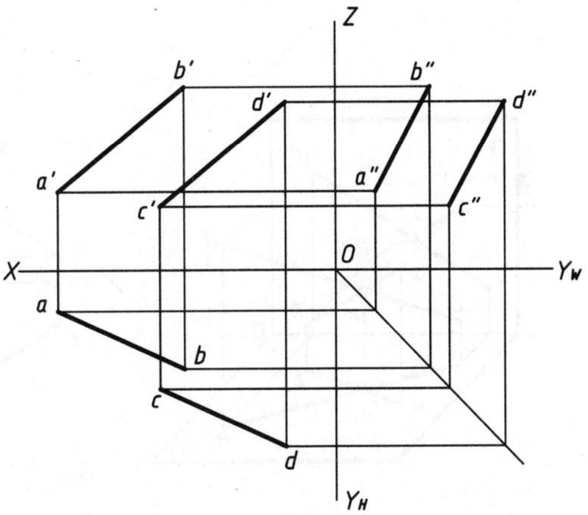

(b)投影图

图 4-12　两直线平行

由此可得平行两直线的投影特征：空间两直线平行，它们的同面投影必定相互平行；反之，各组同面投影都互相平行，两直线在空间必然互相平行。

当两直线是一般位置时，只要有两对同面投影互相平行就可判定两直线在空间平行。

若两直线在空间同时平行某投影面，判定两直线是否平行的关键点，是要看它们在所平行的投影面上的投影是否平行，该投影平行在空间才平行，如图 4-13 所示。

(二)两直线相交

相交两直线必有一个交点，该交点为两直线的共有点。如图 4-14 所示，AB 与 CD 交于 K 点，K 点的三投影必符合点的投影规律，即 $k'k \perp OX$，$k'k'' \perp OZ$，$k\,k_x = k''k_z$；K 点在 AB 上，k'应在 $a'b'$上，k 在 ab 上，k''在 $a''b''$上；K 点也在 CD 上，k'应在 $c'd'$上，k 在 cd 上，k''在 $c''d''$上。

由此可得相交两直线的投影特征：若空间两直线相交，它们的同面投影必定相交，并且交点的投影符合点的投影规律；反之，两直线的各组同面投影都相交，而且交点符合空间点的投影规律，这两直线在空间一定相交。

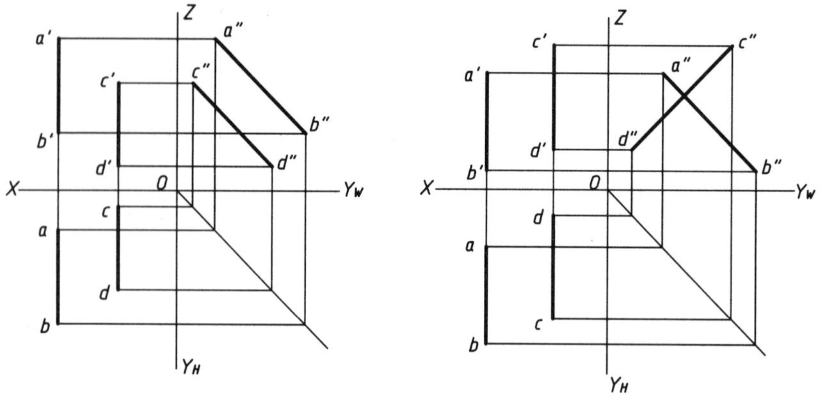

(a) 平行　　(b) 不平行

图 4-13　两直线平行的判定

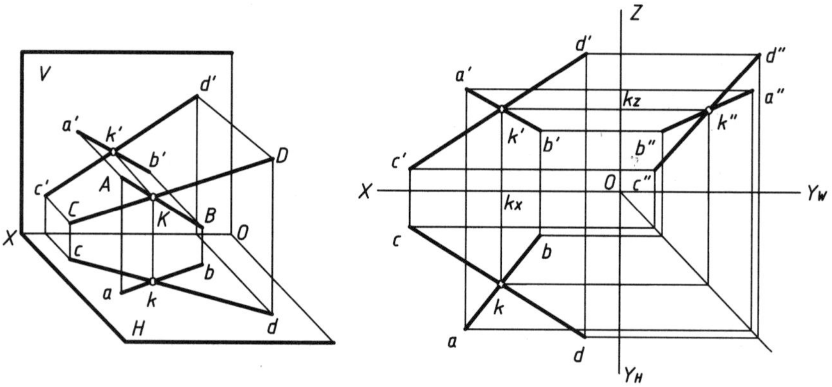

(a) 直观图　　(b) 三面投影图

图 4-14　两直线相交

两直线相交成直角时，称为垂直相交或正交。

如图 4-15(a)所示，已知直线 *AB* 与直线 *BC* 在空间相互垂直，*AB* 平行于 *H* 面。因为 $AB \perp BC$、$AB \perp Bb$，由几何定理可知：*AB* 必垂直 *BC* 和 *Bb* 所决定的平面 *Q* 及 *Q* 面上的任一直线，如：BC_1、BC_2、*bc*、…，又已知 $AB /\!/ ab$，所以 *ab* 也必垂直于 *Q* 面及 *Q* 面上的任一直线，即 $ab \perp cb$，其投影如图 4-15(b)所示。

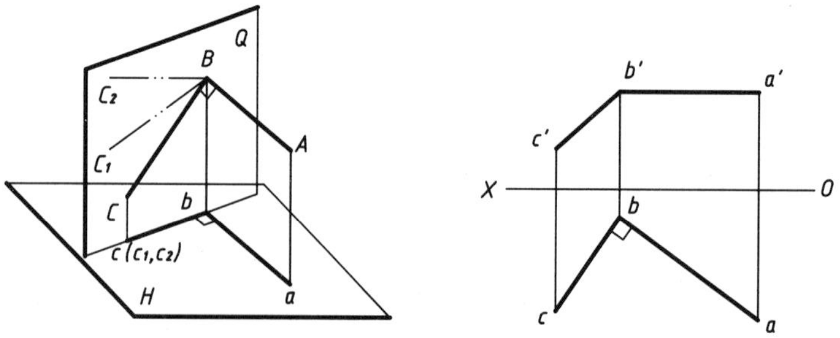

(a) 直观图　　(b) 投影图

图 4-15　两直线垂直相交

由此可得：如果两直线垂直相交，只要其中一条直线为投影面平行线，则在所平行的投影面上两直线的同面投影垂直相交，即交角投影为直角。此特性称为直角投影定理。

应指出的是：两直线的一个投影为直角，在空间不一定垂直，只有符合直角投影定理在空间才是一对垂直的直线。

(三) 两直线交叉

两直线既不平行又不相交称为交叉。

交叉两直线的投影特征是：各面投影既不符合两直线平行的投影特征，也不符合两直线相交的投影特征。如图 4-16 所示。交叉两直线的投影也可能有 1 组、2 组甚至 3 组是相交的，但它们的交点不符合点的投影规律，是重影点的投影。

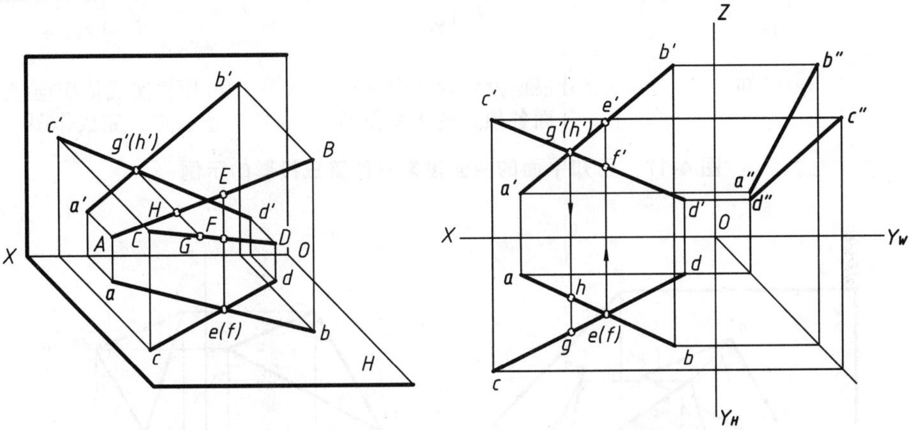

(a) 直观图　　(b) 投影图

图 4-16　两直线交叉

判断交叉两直线重影点可见性的步骤为：从重影点入手，画一根垂直于投影轴的直线到另一个投影，就可以得到重影点不重合的两个投影点，两个点中坐标值大的点为可见点，坐标值小的点为不可见点，不可见点的投影应加括号。

第三节　平面的投影

一、平面投影图的画法

画平面投影图的方法一般是：先画出各顶点的投影，然后将它们的同面投影依次连接。如图 4-17 所示，是已知平面的两面投影求作第三投影的作图过程。

二、各种位置平面的投影特征

在三投影面体系中，平面的位置分为 3 类：一般位置平面、投影平行面、投影面垂直面。后两类统称为特殊位置面。

(一) 一般位置平面

相对三投影面都倾斜的平面称为一般位置平面，如图 4-18 所示。平面对 *H*、*V*、*W*

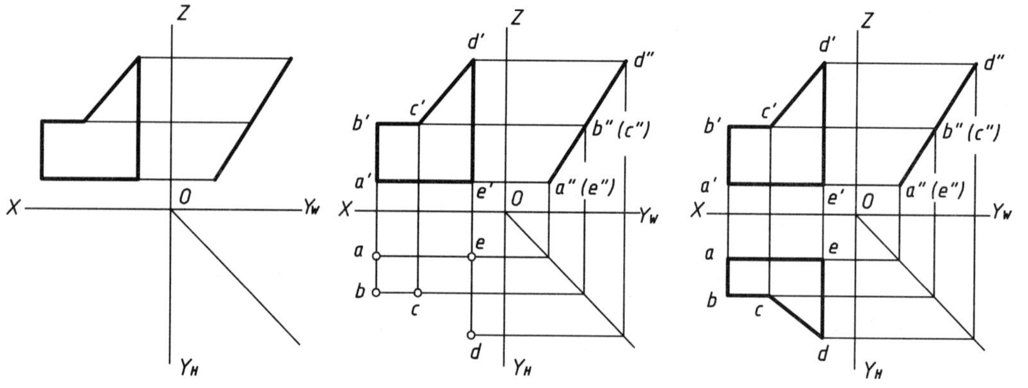

(a) 已知　(b) 根据投影规律求出平面各顶点的水平投影　(c) 用粗实线依次连接各点，完成作图

图 4-17　已知平面的两面投影求作第三投影的示例

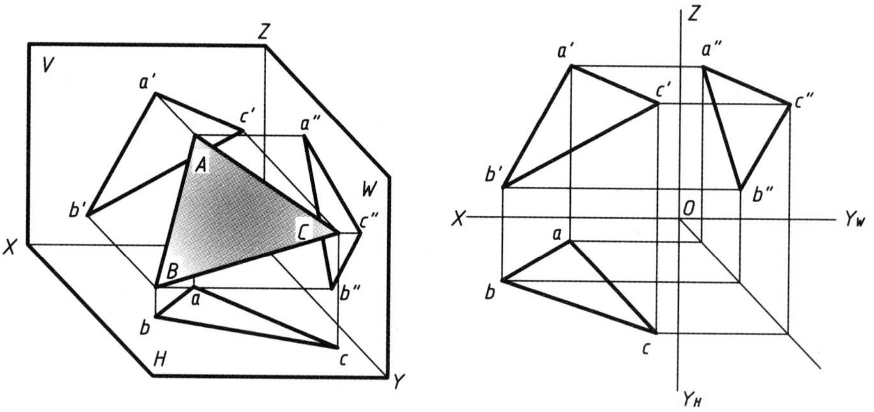

(a) 直观图　(b) 三面投影图

图 4-18　一般位置平面

三投影面的倾角分别用α、β、γ表示。

一般位置平面的投影特征是：三投影均为类似形，而且不反映该平面与投影面的倾角。

(二) 投影面平行面

平行于一个投影面，垂直于另外两个投影面的平面称为投影面平行面。投影面平行面分 3 种：

正平面——平行于 V 面，垂直于 H、W 面；

水平面——平行于 H 面，垂直于 V、W 面；

侧平面——平行于 W 面，垂直于 V、H 面。

各种投影面平行面的直观图、投影图与投影特征见表 4-3。

表 4-3　投影面平行面

种类	正平面	水平面	侧平面
直观图	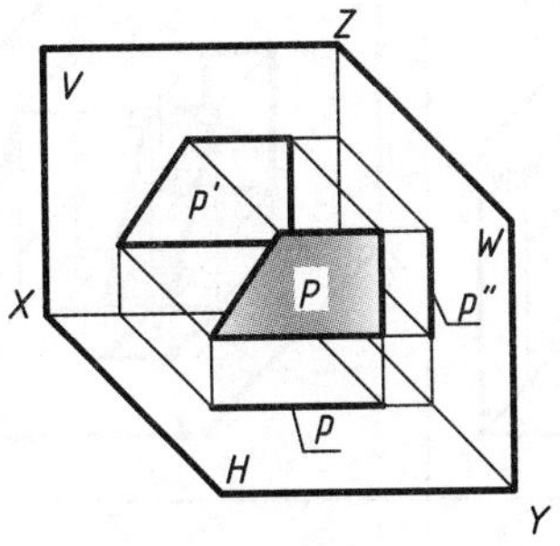	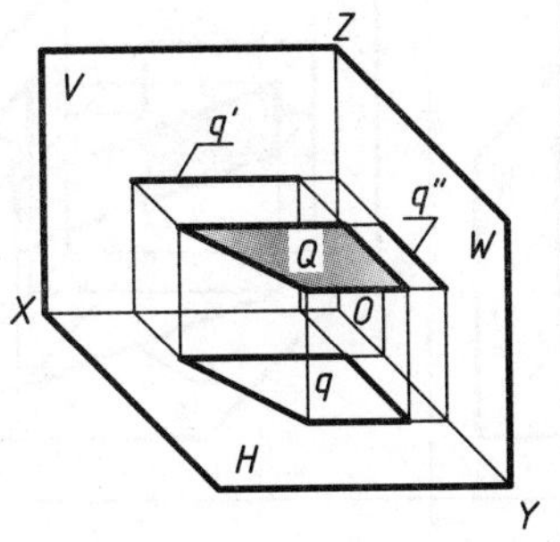	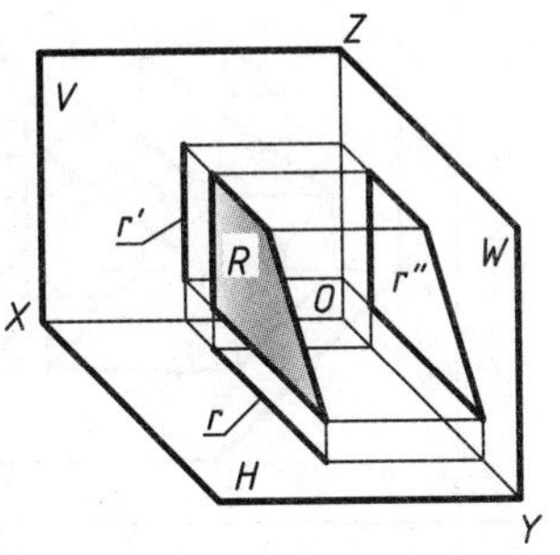
投影图	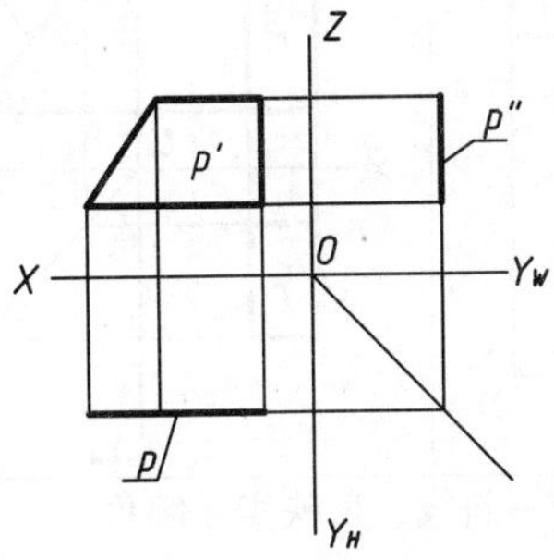	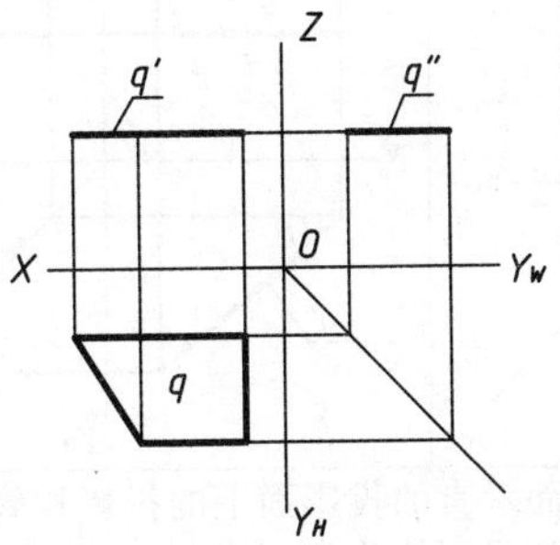	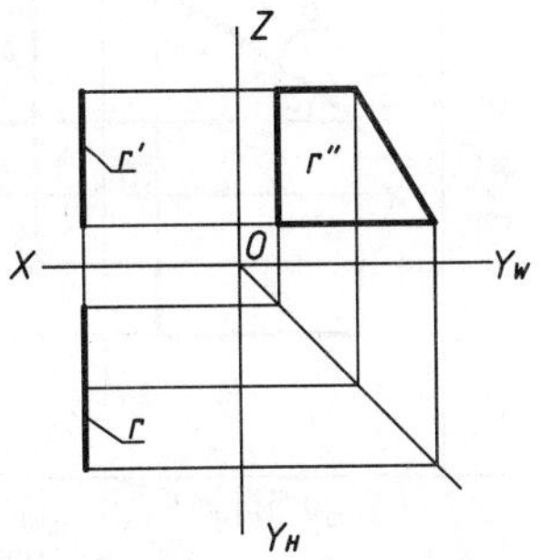
投影特征：1. 与平面平行的投影面上的投影反映实形。 2. 其余两投影均积聚为直线，并平行于相应的两投影轴。			

(三) 投影面垂直面

垂直于一个投影面，倾斜于另外两个投影面的平面称为投影面垂直面。投影面垂直面也分 3 种：

正垂面——垂直于 V 面，倾斜于 H、W 面；

铅垂面——垂直于 H 面，倾斜于 V、W 面；

侧垂面——垂直于 W 面，倾斜于 V、H 面。

各种投影面垂直面的直观图、投影图与投影特征见表 4-4。

比较三类平面的投影特征可以看出：平面的投影中有一个投影积聚为倾斜于投影轴的斜线，即为投影面的垂直面；平面的投影中有一个投影积聚为平行投影轴的直线，即为投影面的平行面；平面的三个投影均为类似图形，为一般位置平面。

三、平面上的直线和点

(一) 平面上的直线

由几何学可知直线在平面上的条件是：如果一直线通过平面上的两点，或者通过平面上的一点且平行于平面上的任一直线，则此直线必在该平面上，如图 4-19 所示。

表 4-4　投影面垂直面

种类	正垂面	铅垂面	侧垂面
直观图	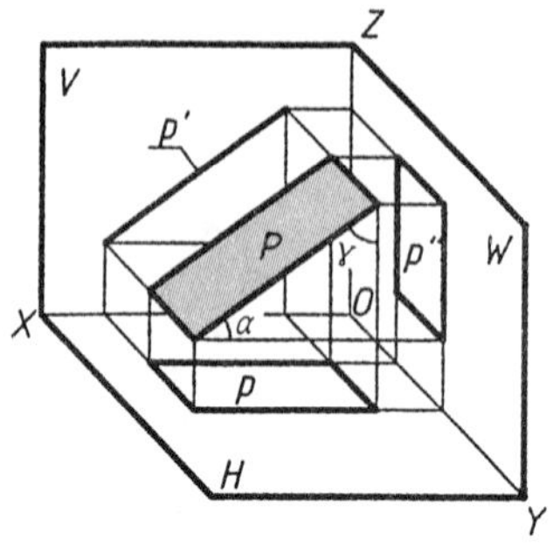	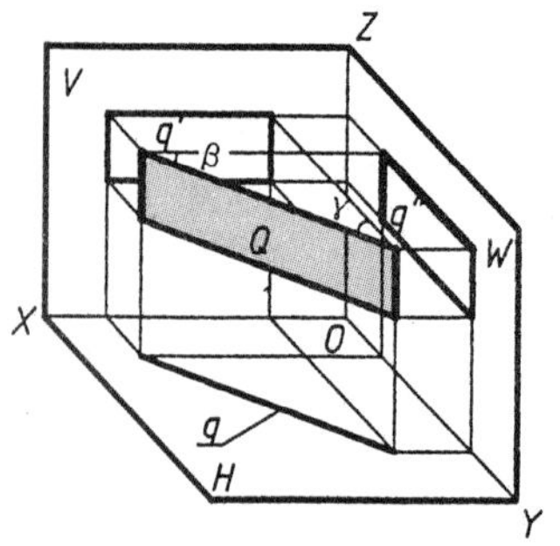	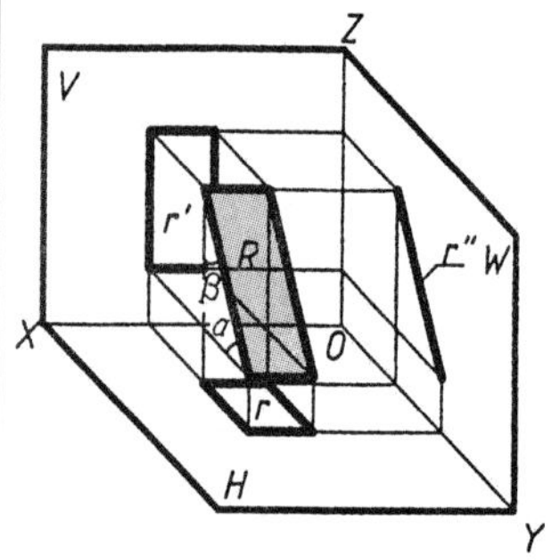
投影图	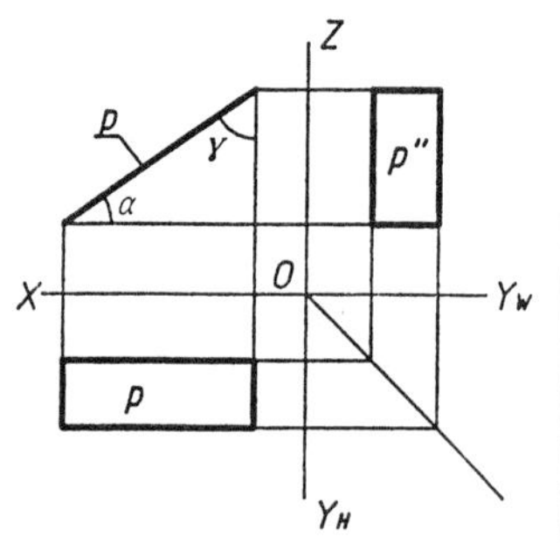	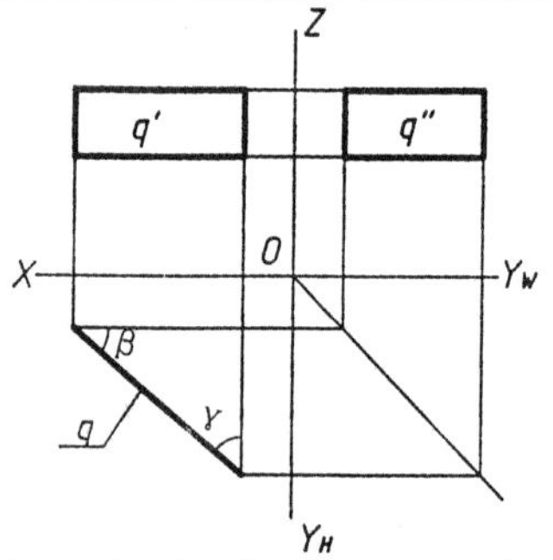	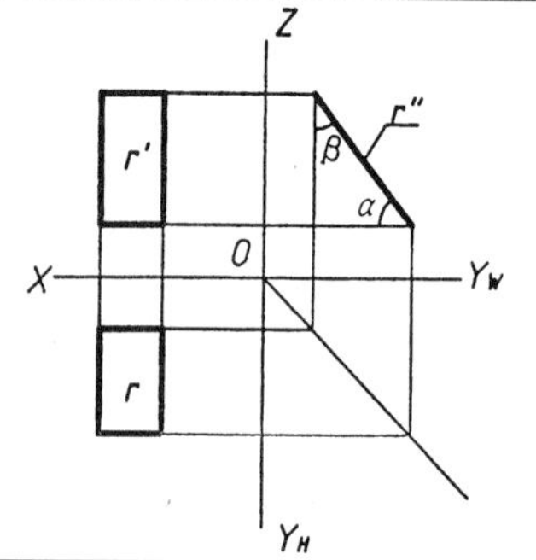

投影特征：1. 与平面垂直的投影面上的投影积聚为一斜线，反映实际倾角。
2. 其余两投影均为类似形。

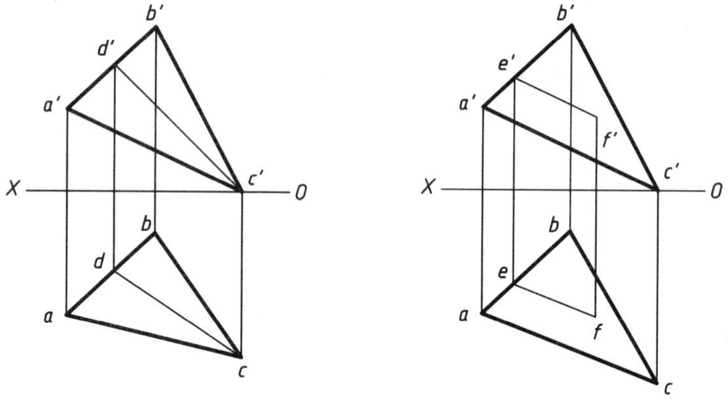

(a) *CD* 过平面上两点，是平面上的直线　　(b) *EF* 过平面上一点并平行 *AC* 边，是平面上的直线

图 4-19　平面上的直线

(二) 平面上的点

点在平面上的几何条件是：点在平面内的任一直线上，则该点必在此平面上。

在平面上取点，特殊位置平面可利用积聚性直接求，一般位置平面应先在平面上作一条辅助直线，然后在辅助直线的投影上取得点的投影，这种作图方法称为辅助直线法。

用辅助直线法在平面上取点的作图步骤如图 4-20 所示。

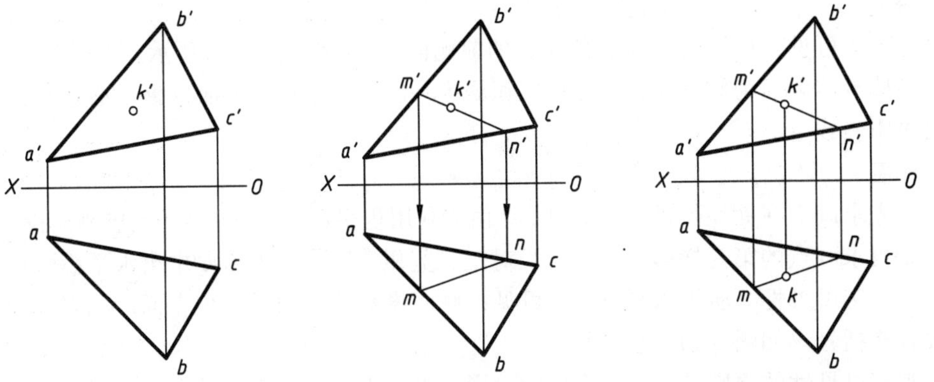

(a)已知平面上 K 点的正面投影 k'　(b)过 K 点作平面内直线 MN 的投影　(c)由 k' 作 OX 轴的垂线，在 mn 上得 k，完成作图

图 4-20 用辅助直线法在平面上取点

第四节 体表面取点

一、平面体表面取点

平面体表面取点，就是在该平面体某表面上取点。平面体表面取点应首先根据已知条件，分析点所在平面的空间位置，然后利用积聚性或作辅助线求出点的其余投影。

(一)积聚性法

当物体表面相对投影面处于特殊位置时，投影具有积聚性，该表面上所有点的投影都在面的积聚投影上。投影面的平行面和垂直面是特殊位置面，求这些面上点的投影，可利用积聚性直接求，这种方法称为积聚性法。

【例 4-4】 如图 4-21(a)所示，已知四棱台侧面上 K 点的正面投影 k'，求 K 点的水平投影和侧面投影。

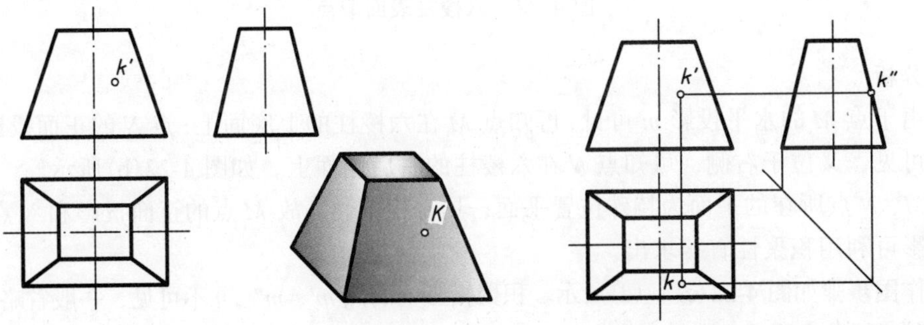

(a)已知　(b)分析　(c)先利用积聚性由 k' 求出 k''，再根据投影规律由 k' 和 k'' 求得 k；k'' 不可见，但省略括号

图 4-21 四棱台表面取点

分析

由于 k'可见，可知 K 点位于四棱台的前侧面上，如图 4-21(b)所示。

四棱台前侧面为侧垂面，侧面投影积聚为一斜线，K 点的侧面投影 k''必定在该面的积聚投影斜线上。

作图

①先求画点在面积聚投影上的投影。由 k'利用积聚性和“高平齐”求出侧面投影 k''。

②再求画点的第三投影。根据“长对正、宽相等”，由 k'和 k''求出水平投影 k。

③判定可见性。所求水平投影 k 可见；侧面投影 k''不可见，但在面的积聚投影上，一般省略括号。如图 4-21(c)所示。

判定可见性的原则是：点所在面的投影可见，点的该投影可见；点所在面的投影不可见，点的该投影也不可见。不可见点的投影标记应加括号，但面的积聚投影上不可见的点，可省略括号。

【例 4-5】 如图 4-22(a)所示，已知六棱柱表面上点 M 的水平投影 m 和点 N 的正面投影 (n')，求它们的其他两面投影。

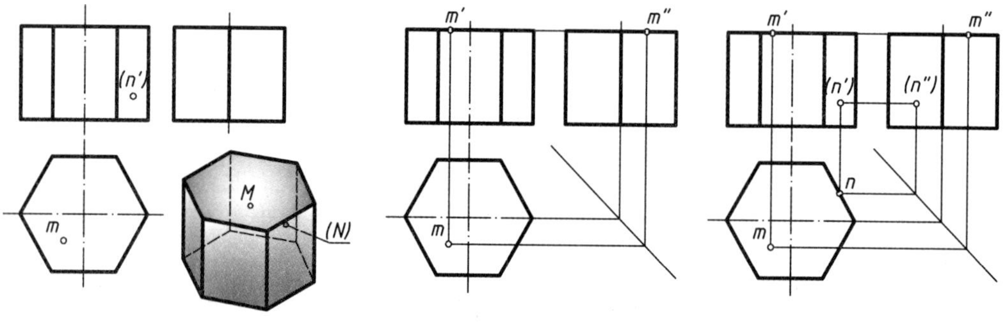

(a)已知　(b)分析　(c)先利用积聚性由 m 求出 m'；再根据投影规律由 m 和 m' 求得 m''；m'和 m''不可见，但省略括号　(d)先利用积聚性由 (n')求出 n；再根据投影规律由 n 和 n' 求得 n''；n'和 n''不可见，n''应加括号

图 4-22　六棱柱表面取点

分析

由于点 M 的水平投影 m 可见，可知点 M 在六棱柱的上底面上；点 N 的正面投影 (n') 为不可见，又位于右侧，可知点 N 在六棱柱的右后侧面上，如图 4-22(b)所示。

M、N 点所在的平面为特殊位置平面，具有积聚性，故 M 点的正面投影和 N 点的水平投影可利用积聚性直接求出。

作图步骤如图 4-22(c)、(d)所示。积聚投影上的点 m'、m''、n 不可见，一般省略括号。

(二)辅助直线法

当物体表面为一般位置面时，它的三面投影都没有积聚性，在这些面上取点应用辅助直线法。

【例 4-6】 如图 4-23(a)所示，已知三棱锥表面上 K 点的正面投影 k'，求 K 点的水平投影和侧面投影。

分析

由于 k″不可见，可判定 K 点在 SAB 侧面上，如图 4-23(b)所示。

SAB 侧面的三投影都是线框无积聚性，为一般位置平面，该面上的点要用辅助直线法求画。

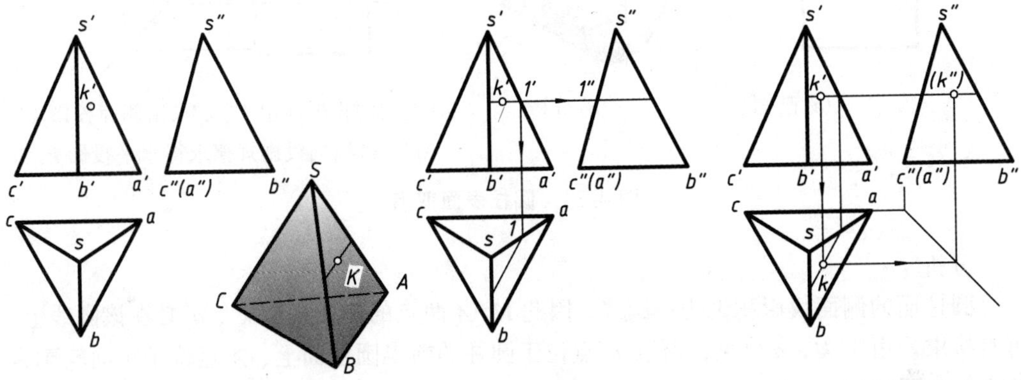

(a)已知　(b)分析　(c)过 k′由面内取线的方法，求画出辅助线的三投影　(d)利用点的从属性和投影规律，求画出 k 和(k″)

图 4-23　三棱锥表面取点

作图

①先求画辅助线的三投影。过已知投影 k′作辅助线平行于 a′b′并与 s′a′交于 1′，依据点在平面内的几何条件求画出辅助线的水平投影和侧面投影，如图 4-23(c)所示。

②求画 K 点的另外两面投影。利用点的从属性和“长对正”由 k′求出水平投影 k，再根据“高平齐、宽相等”由 k 和 k′求出 k″，如图 4-23(d)所示。

③判定可见性。SAB 侧面位于三棱锥的右侧，侧面投影不可见，该面上 K 点的侧面投影 k″也不可见，应标记为(k″)；SAB 侧面的水平投影可见，该面上 K 点的水平投影 k 也可见。

归纳：体表面取点时，首先要判定点所在面的空间位置，看投影是否有积聚性，若有积聚性，可用积聚性法直接求得；若没有积聚性，就要采用辅助线法求得。

应指出的是，平面体各棱线上的点，均可根据投影规律直接求得。

二、曲面体表面取点

在曲面体表面上取点和在平面上取点的基本方法相同，即当曲面体表面的一个投影具有积聚性时，可利用积聚性直接求得点的投影；当各投影都没有积聚性时，则需要用辅助线法来求。

应指出的是，曲面无论有没有积聚性，轮廓素线上的点均可以直接求得。

【例 4-7】　如图 4-24(a)所示，已知圆柱面上 K 和 A 两点的正面投影 k′、a′，求作 K 点和 A 点的水平投影和侧面投影。

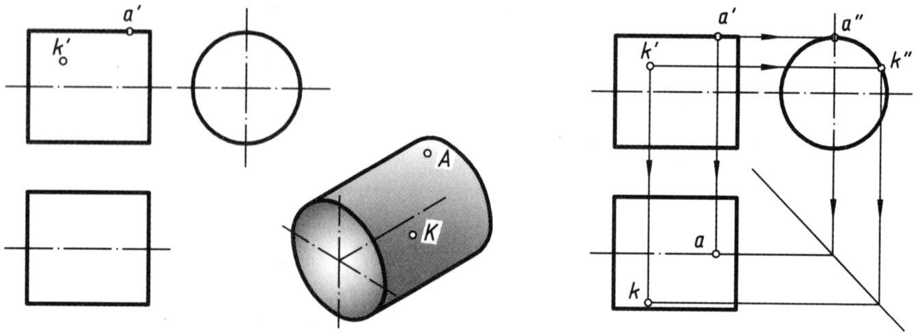

(a)已知　　(b)分析　　(c)先利用积聚性由 k'、a'求出侧面投影 k''、a''，再根据投影规律求得水平投影 k、a

图 4-24　圆柱表面取点

分析

圆柱面的侧面投影积聚为一圆线，因此 K、A 两点的侧面投影 k''、a''必在该圆线上，可直接求。由于 k'、a'可见，所以 K 点位于圆柱的前半圆柱面上，A 点位于正向轮廓素线上，如图 4-24(b)所示。

作图步骤如图 4-24(c)所示。K、A 点均在上半圆柱面上，水平投影 a 和 k 可见，侧面投影 a''和 k''不可见，但在圆柱面的积聚投影上，省略括号。

【例 4-8】　如图 4-25(a)所示，已知圆锥面上 A 点的正面投影 a'，求 A 点的水平投影和侧面投影。

分析

如图 4-25(b)所示，A 点在圆锥面上，圆锥面无积聚性，应用辅助线法求。

圆锥面是直线面，可利用素线作辅助线，称素线法。圆锥面又是轴线为铅垂线的回转面，该面上可作出一系列水平圆，所以又可利用水平圆作辅助线，称辅助圆法。

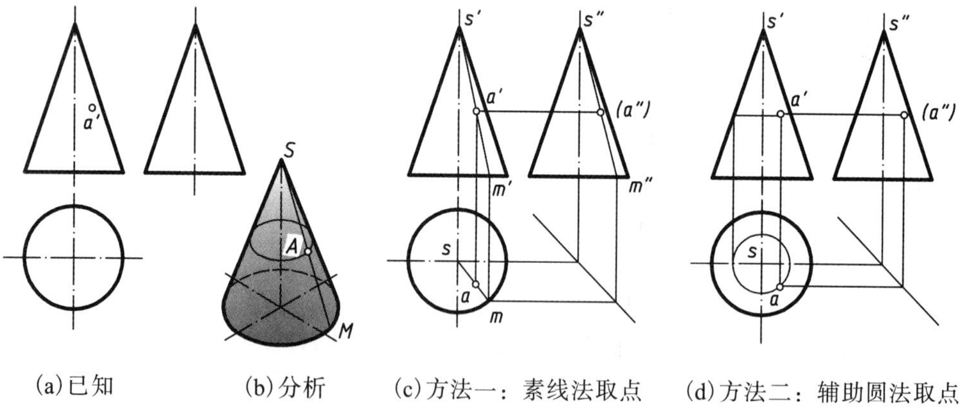

(a)已知　　(b)分析　　(c)方法一：素线法取点　　(d)方法二：辅助圆法取点

图 4-25　圆锥表面取点

作图

方法一：用素线法求 a 和 a''。如图 4-25(c)所示，连接 $s'a'$并延长交圆周于 m'，$s'm'$

即为过点 A 的素线。M 点在底面上，根据投影规律由 m' 可直接求出 m 和 m''，再连接 sm 和 $s''m''$，即得辅助线的水平投影和侧面投影。根据直线上点的从属性和点的投影规律可求画出 a 及 a''，a'' 不可见。

方法二：用辅助圆法求 a 和 a''。如图 4-25(d)所示，过 A 点在圆锥面上作一辅助圆，辅助圆的水平投影是与底面同心的圆，正面投影和侧面投影均为水平直线。过 a' 作一水平线交两侧轮廓素线，长度即为辅助圆的直径，以水平投影中心 s 为圆心、上述长度的一半为半径画圆得辅助圆的水平投影，根据投影规律可求出辅助圆的侧面投影。同理，由直线上点的从属性和点的投影规律可求出 a 及 a''，a'' 不可见。

复习思考题(单项选择题)

1. 空间点 A 的正面投影 a' 到 OX 轴的距离等于空间点 A 到(　　)。
   (a) V 面的距离　(b) H 面的距离
   (c) W 面的距离　(d) H 面和 V 面的距离
2. 空间点 A 只有 y 坐标为零时，空间位置在(　　)。
   (a) 原点处　(b) W 面上　(c) OX 轴上　(d) V 面上
3. 若空间点 B 的坐标值 x、y 已知，其空间位置(　　)。
   (a) 唯一确定　(b) 不能确定　(c) 可能确定　(d) 有两种情况
4. 空间点 A 在点 B 的正左方，这两个点为(　　)。
   (a) H 面的重影点　(b) W 面的重影点
   (c) V 面和 W 面的重影点　(d) V 面的重影点
5. 下列几组点中，哪一组是 W 面上的重影点，并且 A 点为可见(　　)。
   (a) $A(5, 10, 8)$、$B(10, 10, 8)$　(b) $A(10, 10, 8)$、$B(10, 10, 5)$
   (c) $A(10, 30, -5)$、$B(8, 30, -5)$　(d) $A(10, 30, 8)$、$B(10, 20, 8)$
6. 直线 AB 的正面投影与 OX 轴倾斜，水平投影与 OX 轴平行，该直线 AB 是(　　)。
   (a) 水平线　(b) 正平线　(c) 侧垂线　(d) 一般位置线
7. 已知下列一组直线的 V、H 两面投影，不能直接判断其平行的是(　　)。
   (a) 两水平线　(b) 两正平线　(c) 两侧平线　(d) 两侧垂线
8. 已知下列一组直线的 V、H 两面投影，相交的两直线是(　　)。
   (a) 两直线的 V 面投影平行，H 面投影相交
   (b) 两直线的 V、H 面投影都不平行，也不相交
   (c) 两直线的 V、H 面投影都相交，交点连线不垂直于 OX 轴
   (d) 两直线的 V、H 面投影都相交，交点连线垂直于 OX 轴
9. 正垂面在三面体系中，类似形投影在(　　)。
   (a) V、H 面上　(b) V、W 面上　(c) W、H 面上　(d) V、H、W 面上
10. 水平面的三面投影中，反映平面实形的是(　　)。
    (a) V 面投影　(b) H 面投影　(c) W 面投影　(d) V、H、W 面投影
11. 铅垂面的水平投影与 X 轴的夹角反映了铅垂面与(　　)。

(a) V 面的倾角　　(b) H 面的倾角

(c) W 面的倾角　　(d) H 面与 W 面的倾角

12. 一般位置平面内取点的方法是（　　）。

(a) 辅助素线法　　(b) 辅助圆法　　(c) 辅助直线法　　(d) 积聚性法

13. 体表面取点，应（　　）。

(a) 首先判定点所在面的位置　　(b) 直接画出辅助直线

(c) 直接画出辅助圆线　　(d) 直接求点的投影

14. 不能用积聚性法取点的面是（　　）。

(a) 圆锥面　　(b) 特殊位置平面

(c) 圆柱面　　(d) 特殊位置平面和圆柱面

15. 圆锥面上的点（　　）。

(a) 都必须用辅助圆法求　　(b) 都必须用辅助直线法求

(c) 都必须作辅助线求　　(d) 在轮廓素线上时可直接求

第五章　立体的表面交线

学习目标

1．熟记平面体、曲面体截交线的形状和常见两曲面体相贯线的形状。

2．能依据截平面的位置，判定出截交线的空间形状和投影形状；能依据两相交曲面体的形状和位置，判定出相贯线的空间形状和投影形状。

3．能准确判定非圆曲线截交线和相贯线上特殊点的个数。

4．能用体表面取点法，正确画出平面体、圆柱、圆锥与圆球的截交线和两圆柱正交的相贯线。

5．掌握正交两圆柱相贯线的简化画法。

6．熟记相贯线的特殊情况与画法。

立体的表面交线分为截交线和相贯线两大类：平面截切立体所产生的表面交线称为截交线，两立体相交所产生的表面交线称为相贯线，如图 5-1 所示。这些交线在简单体中没有接触到，是较复杂的交线。

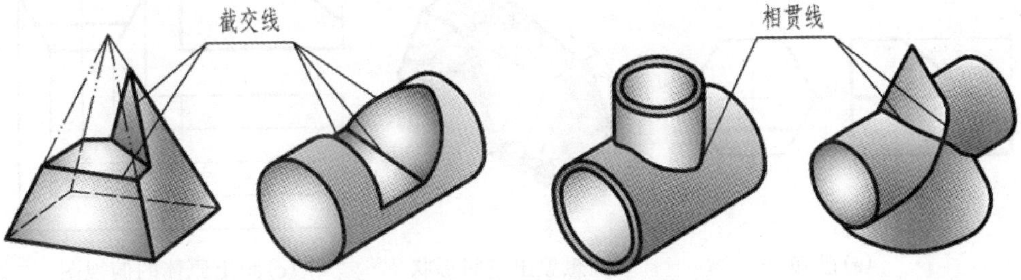

图 5-1　立体表面交线的概念

第一节　平面体的截交线

如图 5-2(a)所示，立体被平面截断后的部分称为截断体，截断立体的平面称截平面，截平面与被切立体表面的交线称为截交线。

一、平面体截交线的形状

平面体的各表面都是平面，所以平面体被平面所截而得的截交线都是平面多边形，对单一截平面而言，多边形的顶点是平面体上各棱线(包括底边线)与截平面的交点，有几个交点即为几边形。如图 5-2(b)所示，三棱柱被截断 4 条棱线，截交线形状为四边形。

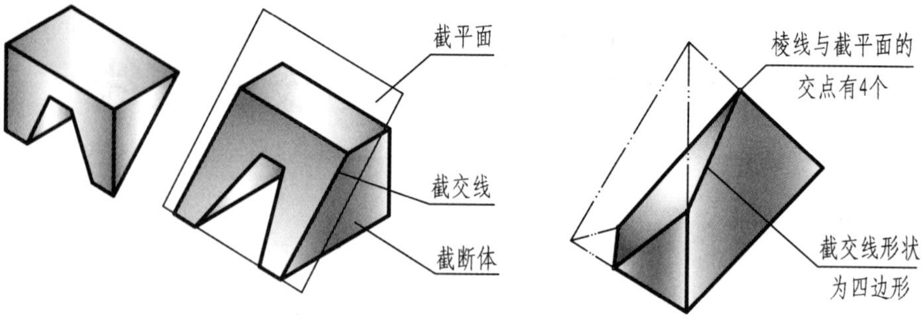

(a)截交线、截平面、截断体的概念　　(b)截交线的形状分析

图 5-2　平面体的截交线

二、平面体截交线的画法

截交线都是截平面与被切立体表面的共有线，因此截交线具有“共有性”。

求画平面体截交线的方法就是先求出截平面与平面体上被截棱线的各交点，然后依次连接成多边形，即得截交线。

【例 5-1】　图 5-3(a)所示为正六棱柱被一个平面截切，补画俯视图。

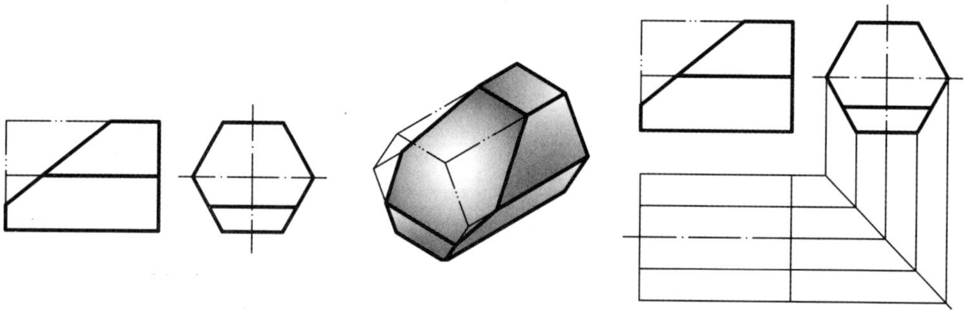

(a)已知　　(b)想象出空间形状　　(c)画出原体的俯视图

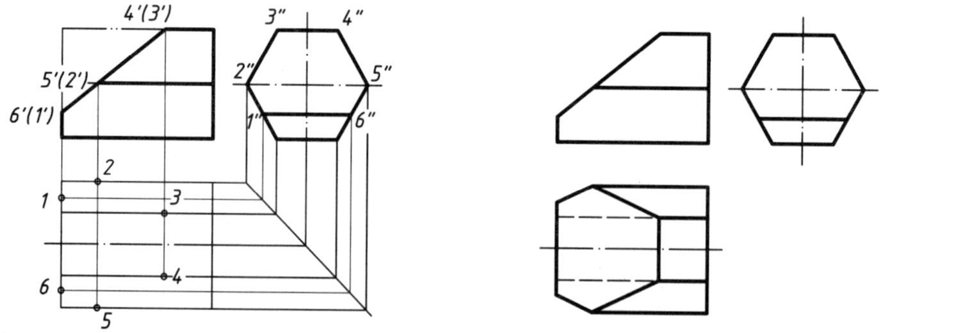

(d)依次在左视图和主视图中标出截交线各顶点的投影，然后根据投影规律求出俯视图中截交线各顶点的投影

(e)依次连接截交线水平投影各点，擦去被切掉的图线，不可见棱画成虚线，加深，完成作图

图 5-3　求画正六棱柱截交线的示例

分析

截平面与六棱柱上 6 条棱线相交，截交线为六边形，如图 5-3(b)所示。截切六棱柱的是正垂面，截交线的正面投影和侧面投影为已知，正面投影积聚成一斜直线，侧面投影为六边形，水平投影应为类似形，需要求画。

作图

作图步骤如图 5-3(c)、(d)、(e)所示。作图时应注意，不可见的棱要画成虚线。

【例 5-2】 图 5-4(a)所示为一四棱锥被两相交平面截切，完成其俯视图和左视图。

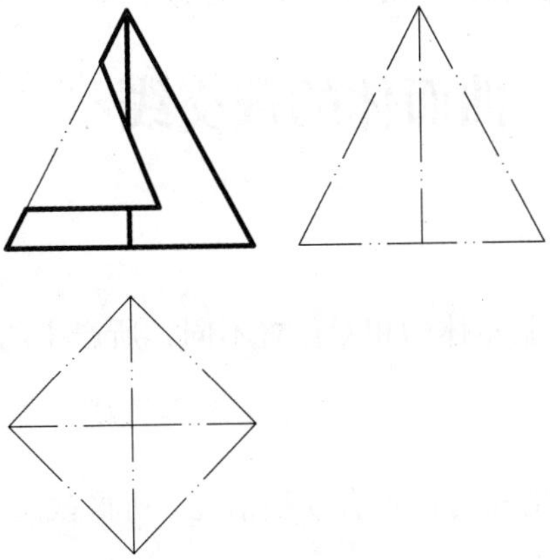

(a)已知

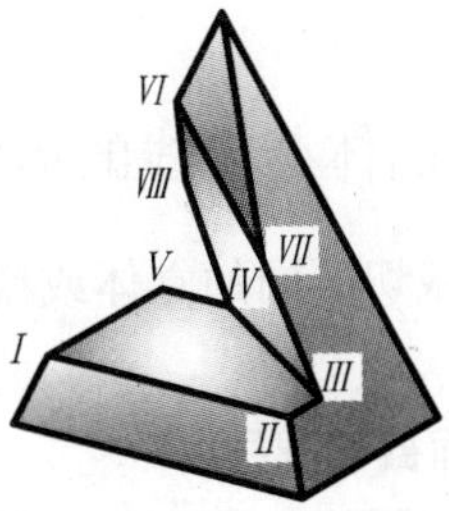

(b)想象出空间形状

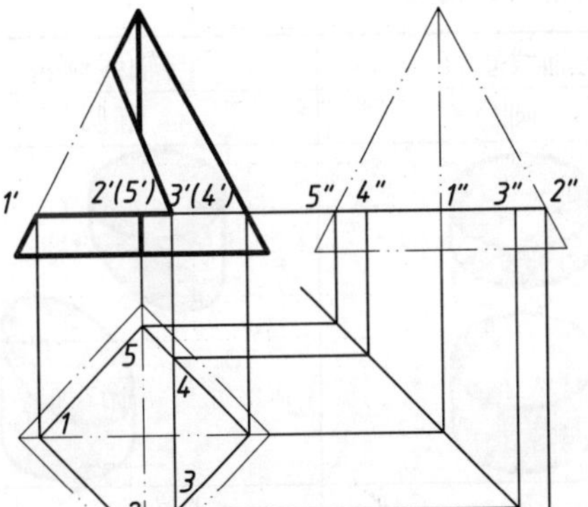

(c)由 V 面投影先求画水平面与四棱锥截交线的投影，然后根据 V 面投影取其所截部分，得截交线 Ⅰ Ⅱ Ⅲ Ⅳ Ⅴ 的水平投影和侧面投影

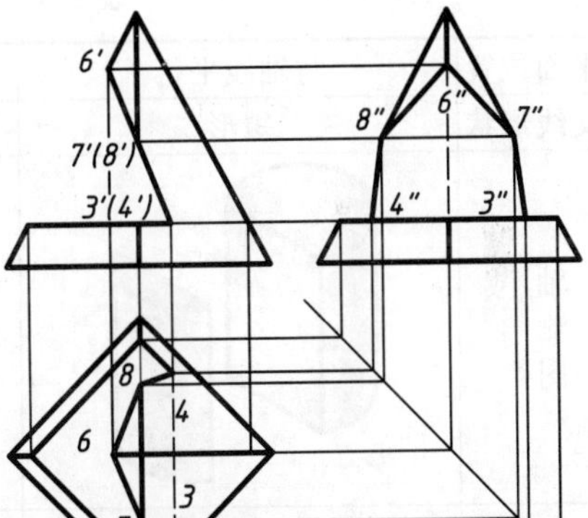

(d)根据 V 面投影求作正垂面与四棱锥截交线的投影 Ⅲ Ⅳ Ⅷ Ⅵ Ⅶ，擦去被切掉的图线，不可见的棱线画成虚线，加深，完成作图

图 5-4 求画四棱锥截交线的示例

分析

四棱锥是被一个水平面和一个正垂面组合起来截切，如图 5-4(b)所示。原体四棱锥的俯视图和左视图在已知中已给出，只需求画两视图中截交线的投影。

四棱锥与水平面的截交线可看做是各边与底边分别平行的正四边形的一部分，水平投影反映实形，正面投影和侧面投影均积聚为直线。四棱锥与正垂面的截交线为五边形，正面投影积聚为一斜直线，水平投影和侧面投影均为类似形。

作图

作图步骤如图 5-4(c)、(d)所示。

应指出，由已知条件补画截断体视图的思路是：

(1)看懂立体。根据截切位置判断出截交线的空间形状。

(2)分析截交线的投影。想象出截交线各面投影的形状，确定已知，找出待求。

(3)画图。首先画出原体，然后将截切处看做面，逐一求画，即“先体后面”。

第二节　曲面体的截交线

一、曲面体截交线的形状

截平面截切不同的立体或截平面与基本体的相对位置不同，所产生的截交线形状也不相同。

(一)平面截切圆柱

平面截切圆柱，截平面与圆柱轴线的相对位置有 3 种情况，所得截交线有矩形、圆、椭圆三种形状，具体见表 5-1。

表 5-1　圆柱截切的三种情况

截平面位置	与轴线平行	与轴线垂直	与轴线倾斜
截交线形状	矩形	圆	椭圆
轴测图	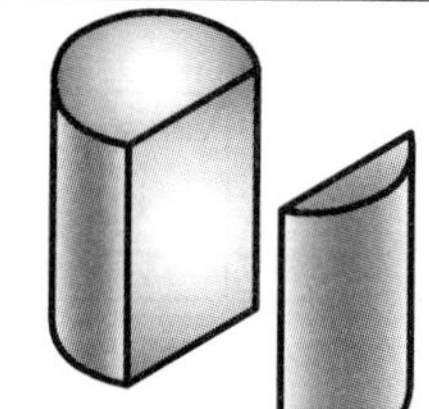	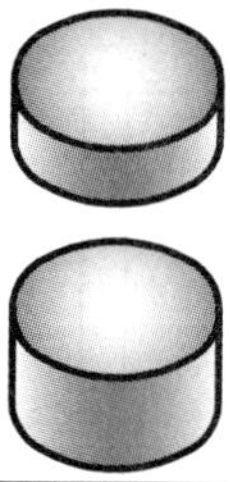	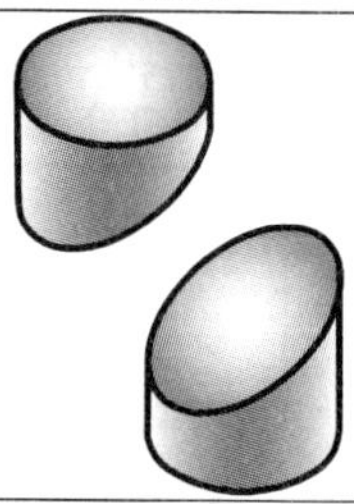
投影图	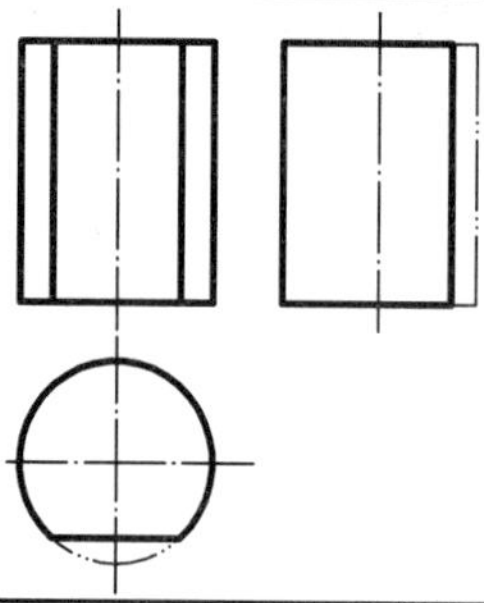	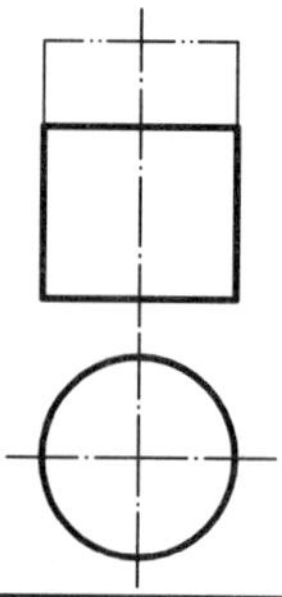	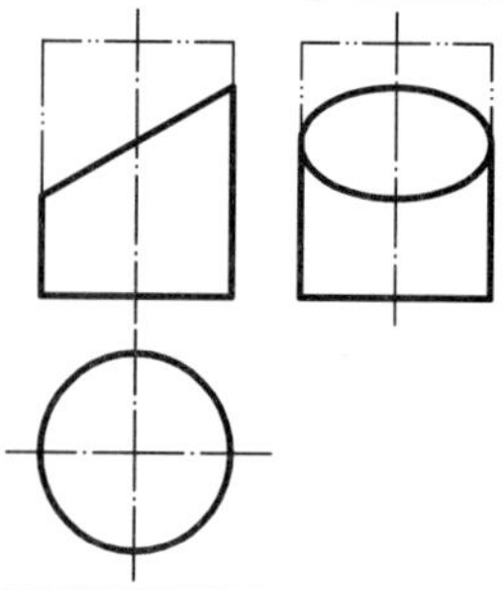

(二)平面截切圆锥

平面截切圆锥，截平面与圆锥轴线的相对位置有 5 种情况，所得截交线有三角形、圆、椭圆、抛物线与直线、双曲线与直线五种形状，具体见表 5-2。

表 5-2 圆锥截切的五种情况

截平面位置	过锥顶	垂直于轴线	倾斜于轴线，与所有素线相交，$\alpha<\theta$	倾斜于轴线，平行于一条素线，$\alpha=\theta$	平行或倾斜于轴线，与两条素线平行，$\alpha>\theta$
截交线形状	三角形	圆	椭圆	抛物线与直线组成	双曲线与直线组成
轴测图	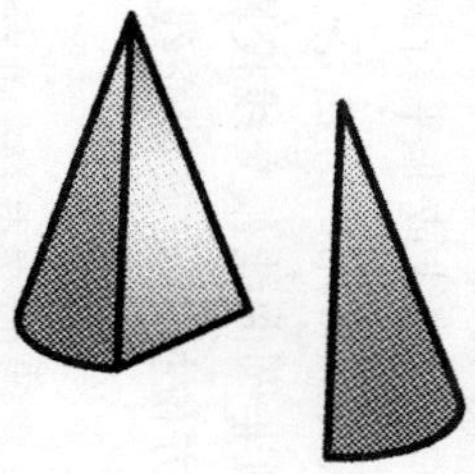	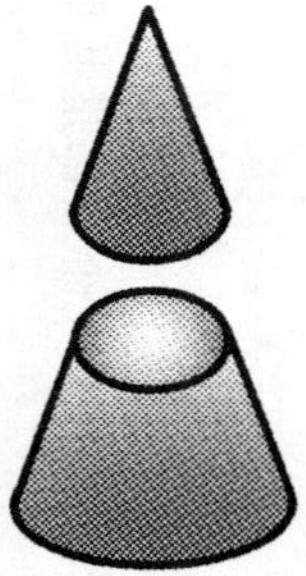	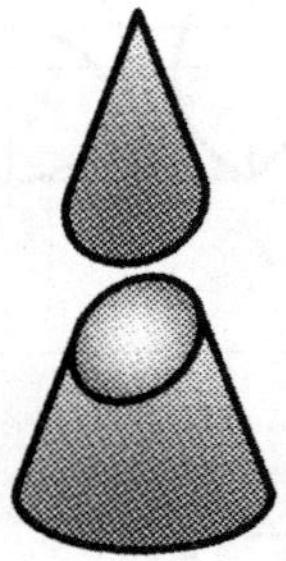	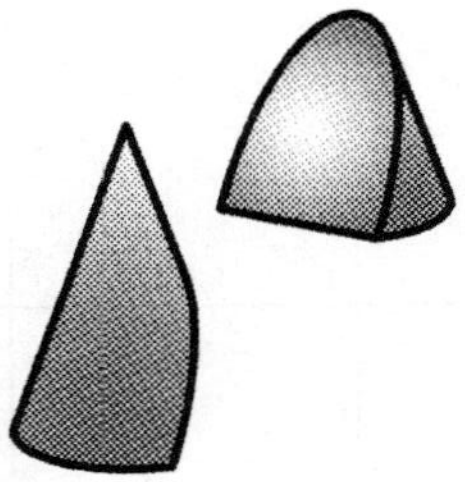	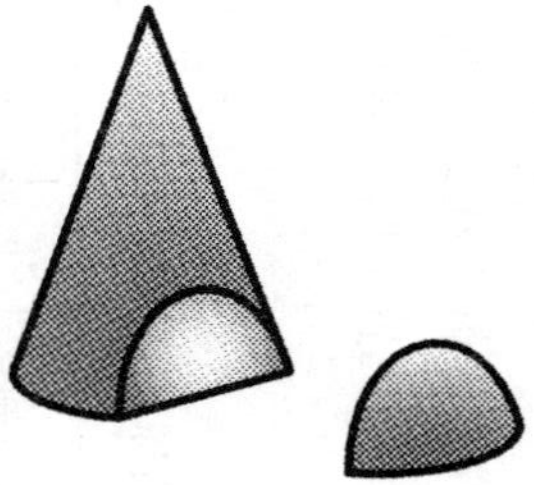
投影图	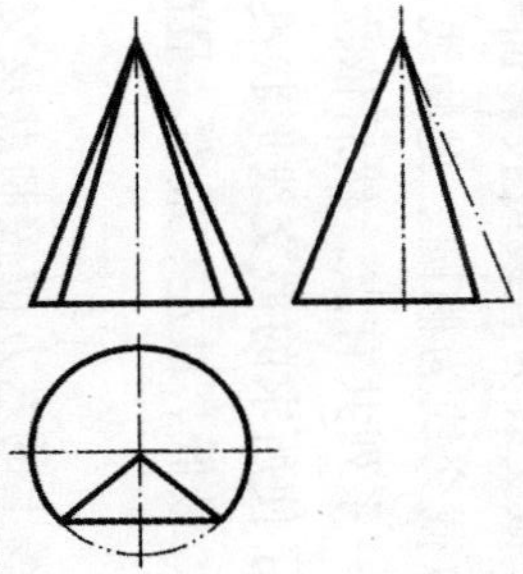	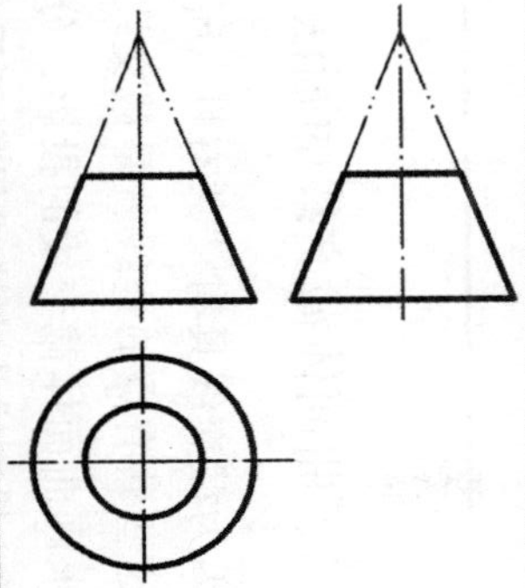	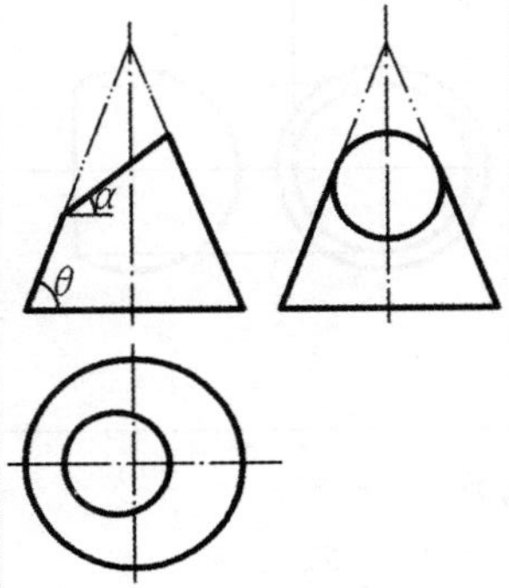	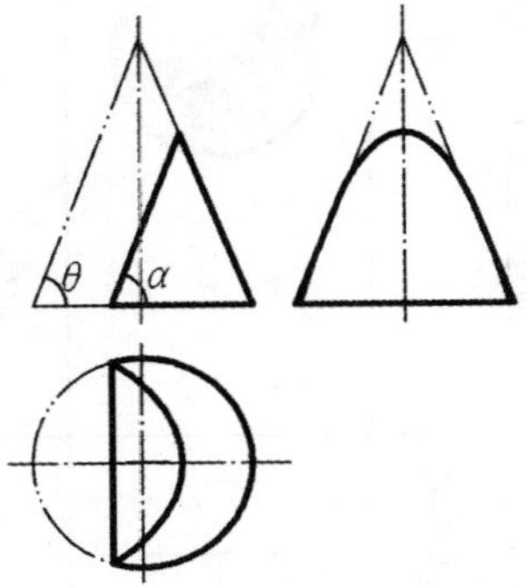	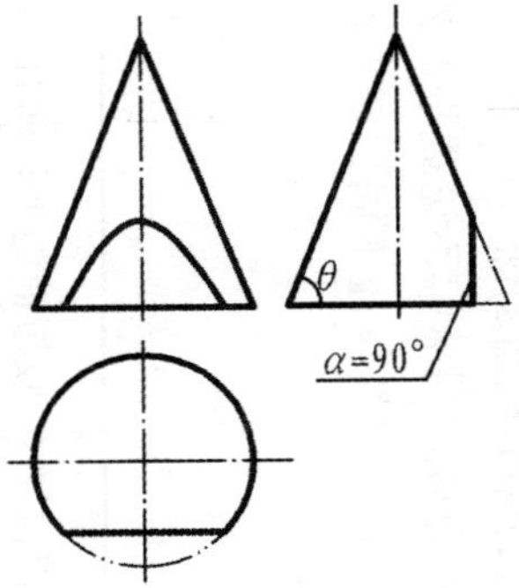

(三)平面截切圆球

平面截切圆球，不论截平面处于何种位置，截交线都是圆。截平面与球心的距离不同，截交线圆的直径不同；截平面对投影面的位置不同，截交线圆的投影也不同，具体见表 5-3。

表 5-3　圆球截切情况

截平面位置	投影面的平行面(以正平面截切为例)	投影面的垂直面(以正垂面截切为例)
截交线形状	圆	圆
轴测图	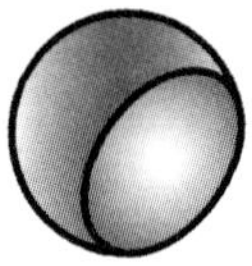	
投影图	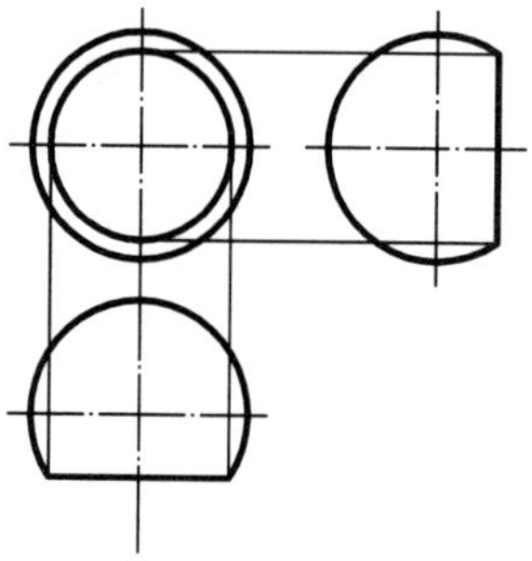	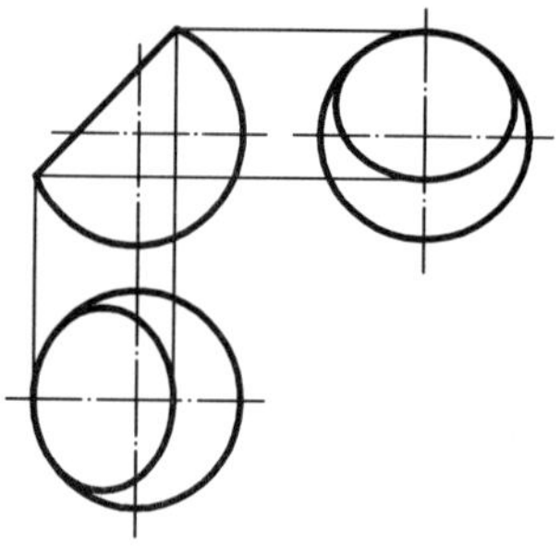

二、曲面体截交线的画法

因为截交线具有“共有性”,所以截交线上的每一个点都是截平面与立体表面的共有点，这些共有点的连线就是截交线。

求画曲面体截交线的投影，分为以下两种情况：

(1)截交线为直线或投影面平行圆时，投影可由已知条件根据投影规律直接画出。

(2)截交线为椭圆、抛物线、双曲线等非圆曲线或非平行圆时，需求出曲面和截平面上的一系列共有点，然后依次连接。求共有点常用的方法是“体表面取点法”。

为了使所求的截交线形状准确，在求画非圆曲线截交线投影时，应首先求出截交线上最高、最低、最左、最右、最前、最后六方位控制点及截交线与体轮廓素线的交点(转向点)。

交线上的六方位控制点及交线与体轮廓素线的交点(转向点)称为交线上的特殊点，其余的点称为交线的中间点。

【例 5-3】　图 5-5(a)所示圆柱被一个正垂面截切，求画截交线的投影，完成三视图。

分析

圆柱被正垂面倾斜于轴线截切，截交线为椭圆。如图 5-5(b)所示，椭圆截交线上有 4 个特殊点 A、B、C、D，这四个特殊点就是截交线上六方位控制点及截交线与体轮廓素线的交点。截交线椭圆是截平面与圆柱面的共有线，所以椭圆的正面投影与截平面的积聚投影重合，侧面投影与圆柱面的积聚投影圆周重合，只需求画截交线的水平投影。

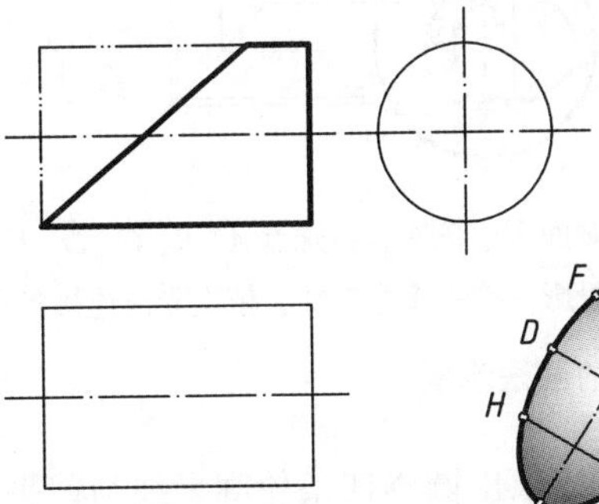

(a)已知

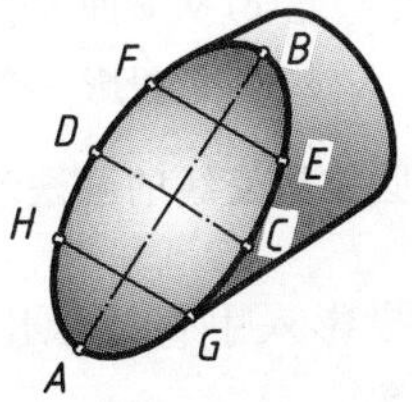

(b)想象出空间形状

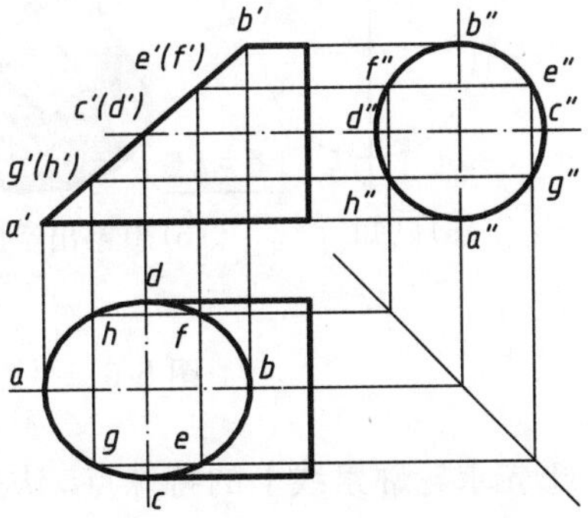

(c)先求特殊点 A、B、C、D 的投影，再求中间点 E、F、G、H 的投影，擦去多余图线，依次光滑连接各点

图 5-5　平面斜切圆柱截交线的画法示例

作图

如图 5-5(c)所示：

①先求截交线上特殊点。在侧面投影圆上标出 a''、b''、c''、d''，再“长对正”在正面投影上标出 a'、b'、$c'(d')$，然后根据投影规律求出水平投影 a、b、c、d。

②求截交线上中间点。中间点可任意取，但为了作图方便，通常是取几个对称点。首先在侧面投影上标出 e''、f''、g''、h''，再“长对正”在正面投影上标出 $e'(f')$、$g'(h')$，然后根据投影规律求出水平投影 e、f、g、h。

③依次光滑连接各点，形成一个椭圆，擦去被切掉的图线，加深全图。

需要指出的是，交线曲率方向已知，中间点可省略不求。若正垂面与水平投影面倾斜为 45°，截交线椭圆的水平投影为一个直径与圆柱直径相等的圆。

【例 5-4】　图 5-6(a)所示圆锥被正垂面截切，求画其截交线的投影，完成三视图。

分析

圆锥被正垂面切断所有素线，截交线为椭圆。如图 5-6(b)所示，该椭圆截交线上有 6 个特殊点 A、B、C、D、E、F，其中 E、F 是椭圆的最前、最后点，位于截交线正面投影的中点。该椭圆的正面投影积聚为一直线，为已知；椭圆的水平投影及侧面投影均为椭圆，需要求画。该截交线上 6 个特殊点相距很近，曲率方向也已知，不需求中间点。

作图

如图 5-6(c)所示：

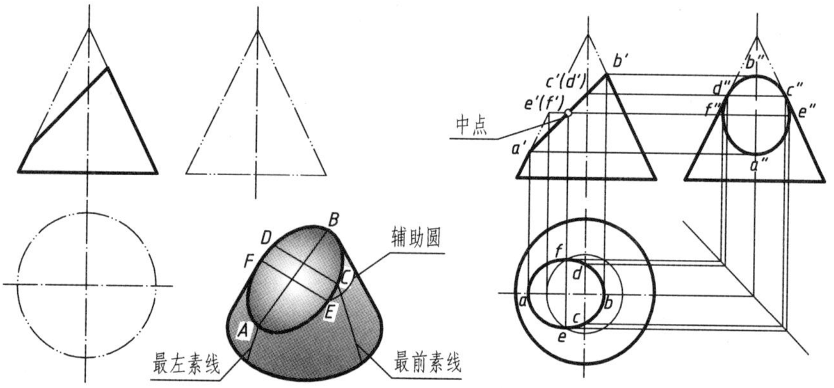

(a)已知 (b)想象出空间形状 (c)从 *V* 面入手依次求特殊点 *A*、*B*、*C*、*D*、*E*、*F* 的投影，擦去多余图线，依次光滑连接各点

图 5-6　平面截切圆锥截交线的画法示例

①先求轮廓素线上的特殊点。从积聚投影入手直接求出圆锥四条轮廓素线与截平面的交点 *A*、*B*、*C*、*D* 的水平投影和侧面投影。

②再求截交线上最前、最后特殊点。从正面投影入手找出截交线的中点(即最前、最后特殊点的正面投影)，用辅助圆法求出最前、最后点 *E*、*F* 的水平投影和侧面投影。

③然后依次光滑连接各点，形成椭圆，加深全图。

【例 5-5】 求画图 5-7(a)所示接头截交线的投影，完成其主视图和俯视图。

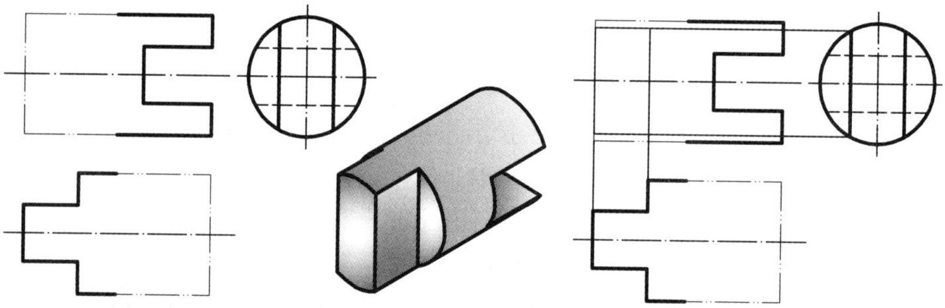

(a)已知 (b)想象出空间形状 (c)求画左边切扁的投影，一个面一个面地分析画出

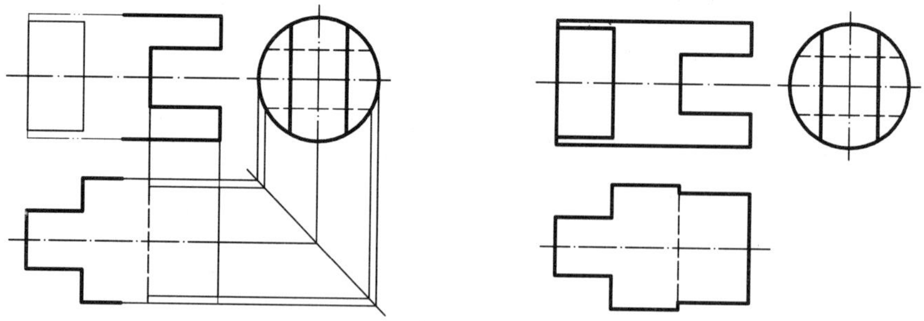

(d)求画右边切槽的投影，不可见处画成虚线 (e)擦去切掉的部分，加深，完成作图

图 5-7　圆柱切扁、切槽截交线的画法示例

分析

该立体的原体是轴线垂直于 *W* 面的圆柱；圆柱左边切扁(即在圆柱外侧截切)，上下各被正平面和侧平面组合截切，正平面平行轴线截切，截交线为矩形，侧平面垂直轴线截切，截交线为圆(因为上下各截切小半部分，故均为小半圆)；圆柱右边切一个前后通槽，被两个水平面和一个侧平面组合截切，两水平面平行轴线截切，截交线为矩形，侧平面垂直轴线截切，截交线为圆的一部分，如图 5-7(b)所示。原体圆柱的主视图和俯视图在已知中已给出，只需求画两视图中截交线的投影。

圆柱左边切扁各截交线的水平投影均与截平面的积聚投影重合，侧面投影为已知，在正面投影中，矩形截交线反映实形，圆截交线积聚为一条直线，需要求画。可先按投影规律画出矩形正面投影，圆截交线的积聚投影与矩形的一个边重合，不必再画。

圆柱右边切槽的截交线的正面投影均与截平面的积聚投影重合，侧面投影为已知，在水平投影中，两矩形截交线均反映实形并重合，圆截交线积聚为一条直线，需要求画。可先按投影规律画出矩形水平投影，再画出圆截交线的投影。圆截交线的水平投影是一条长度与直径相同的直线，并在与矩形截交线重影的部分不可见。

作图步骤如图 5-7(c)、(d)、(e)所示。

【例 5-6】　已知圆球切槽的主视图，如图 5-8(a)所示，完成其俯视图和左视图。

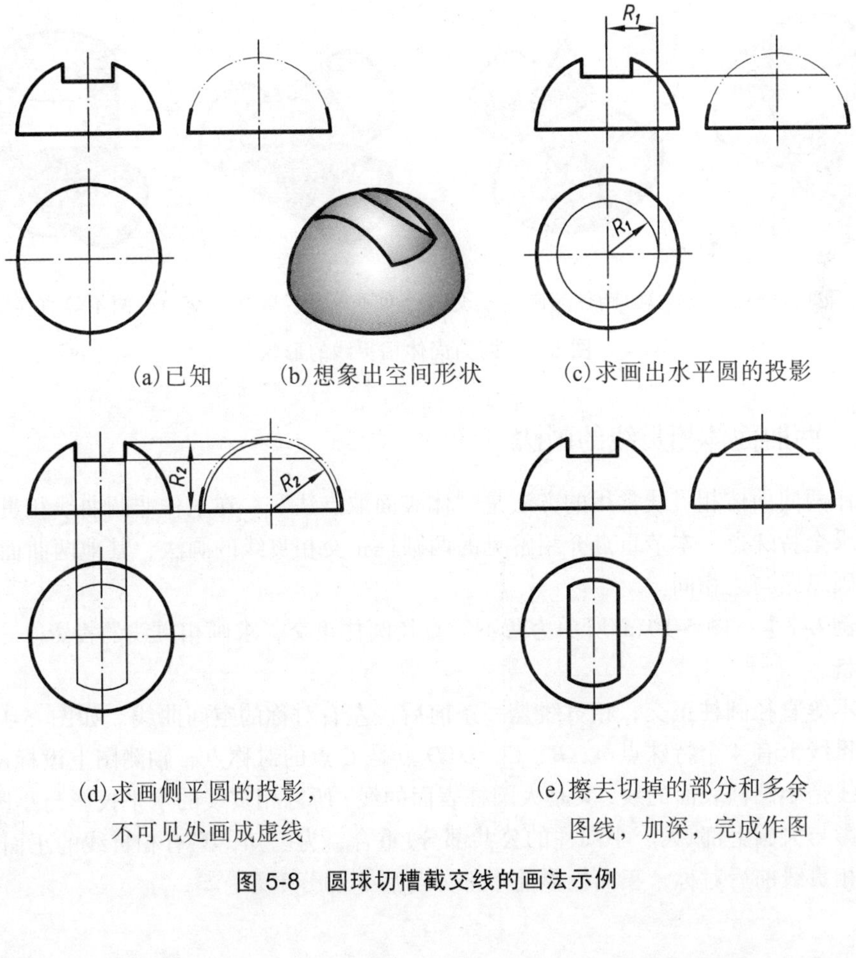

(a)已知　(b)想象出空间形状　(c)求画出水平圆的投影

(d)求画侧平圆的投影，不可见处画成虚线　(e)擦去切掉的部分和多余图线，加深，完成作图

图 5-8　圆球切槽截交线的画法示例

分析

该立体是上半圆球，在半圆球上部正中被两个侧平面和一个水平面组合截切。两个侧平面截切的截交线均为侧平圆的一部分，水平面截切的截交线为水平圆的一部分，如图 5-8(b)所示。圆球的俯视图和左视图在已知中已给出，只需求画两视图中截交线的投影。

圆球切槽的截交线的正面投影均与截平面的积聚投影重合；在水平投影中，水平圆截交线反映实形，两侧平圆截交线均积聚为一条直线；在侧面投影中，两侧平圆截交线反映实形并重合，水平圆截交线积聚为一条直线，并在与侧平圆重影的部分不可见。

作图步骤如图 5-8(c)、(d)、(e)所示。

第三节　两曲面体的相贯线

一、两曲面体相贯线的形状

两曲面体相交所产生的相贯线形状一般为封闭的空间曲线，特殊情况为平面曲线或直线。两曲面体相交时，轴线垂直相交为正交，轴线不垂直为斜交，轴线垂直不相交为偏交，如图 5-9 所示。

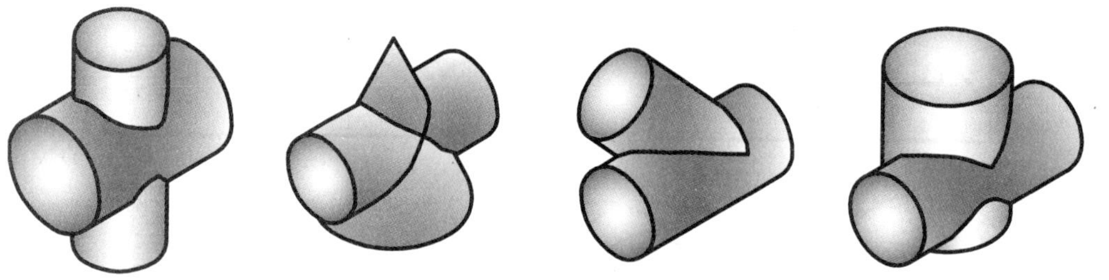

(a)两不等直径圆柱正交　(b)圆柱与圆锥正交　(c)两不等直径圆柱斜交　(d)两不等直径圆柱偏交

图 5-9　两曲面体相贯线的形状

二、两曲面体相贯线的画法

求作两曲面体相贯线常用的方法是“体表面取点法”。在求作非圆曲线相贯线时，关键是求全特殊点。本节重点介绍常见的两圆柱正交相贯线的画法，其他两曲面体相贯线的求画思路与之相同。

【例 5-7】　图 5-10(a)所示为两不等直径圆柱正交，求画相贯线的投影。

分析

两不等直径圆柱正交，相贯线是一条前后、左右对称的空间曲线。如图 5-10(b)所示，相贯线上有 4 个特殊点 A、B、C、D(D 点是 C 点的对称点，轴测图上没标出)。因为相贯线是小圆柱表面的线，又是大圆柱表面的线，所以相贯线的水平投影与小圆重合，侧面投影与大圆上部(大、小圆柱的公共部分)重合，为已知，只有相贯线的正面投影需求画。相贯线前后对称，正面投影前半部分与后半部分重影。

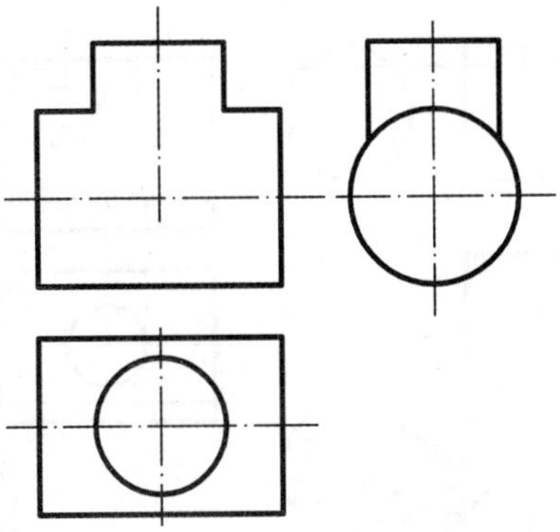

(a)已知

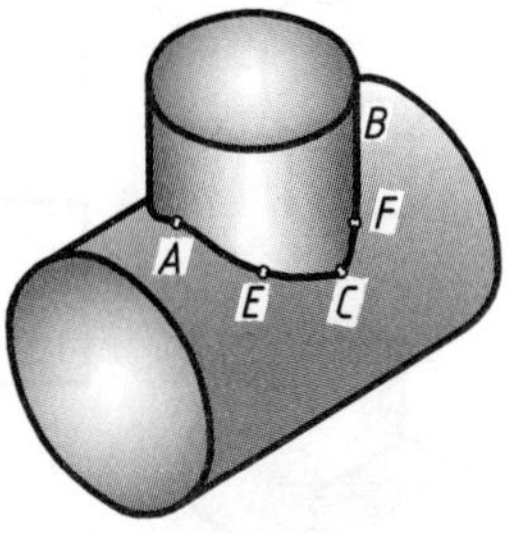

(b)想象出空间形状

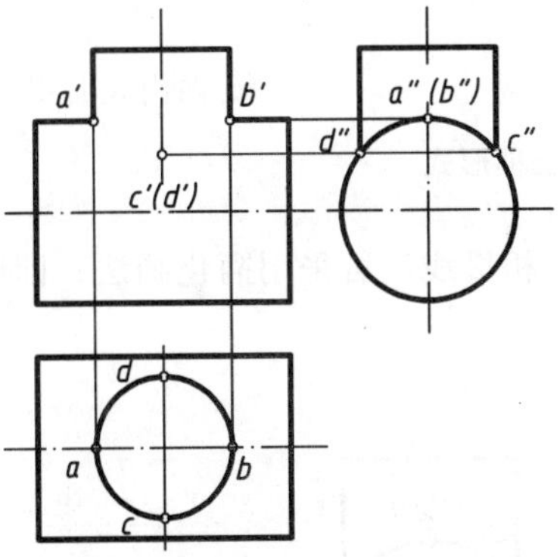

(c)在 H 面和 W 面上标出特殊点 A、B、C、D 投影，根据投影规律求得正面投影 a'、b'、c'、d'

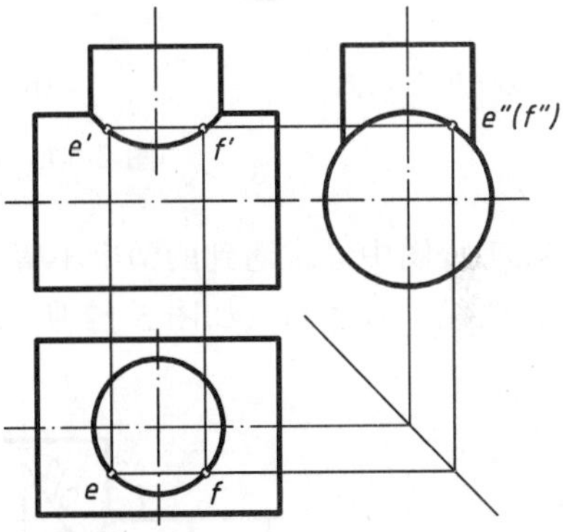

(d)在 H 面和 W 面上标出中间点 E、F 的投影，根据投影规律求得正面投影 e'、f'，然后依次光滑连接各点

图 5-10　两不等直径圆柱正交相贯线的画法

作图

作图步骤如图 5-10(c)、(d)所示。应先求特殊点 A、B、C、D，再求一对中间点 E、F。

应指出，由已知条件补画相贯线视图的思路是：

(1)看懂相交两立体的形状。根据相交两立体的形状和位置判断出相贯线的空间形状。

(2)分析相贯线的投影。想象出相贯线各面投影的形状，确定已知，找出待求。

(3)画图。首先画出相交两立体，然后逐一求画各条相贯线，即“先体后线”。

两不等直径圆柱相交，相交的两曲面无论是外表面还是内表面(孔)，只要两圆柱的轴线垂直相交，它们的相贯线形状和作图方法都是相同的，如图 5-11 所示。

图 5-11(a)表示一个小的圆柱全部贯穿一个大的圆柱(也可看成是上下两个小圆柱分别与一个大圆柱正交)，相贯线是上下对称的两条封闭的空间曲线；图 5-11(b)表示一个水平放置的大圆柱被一个垂直的小圆柱孔全部贯穿，相贯线也是上下对称的两条封闭的空间曲线，即大圆柱表面上下孔口的两条曲线；图 5-11(c)表示一个长方体上开挖两个不等直径的正交圆柱孔，两个圆柱孔表面相交产生相贯线，相贯线同样是上下对称的两条封闭的空间曲线，但不可见，应画成虚线。

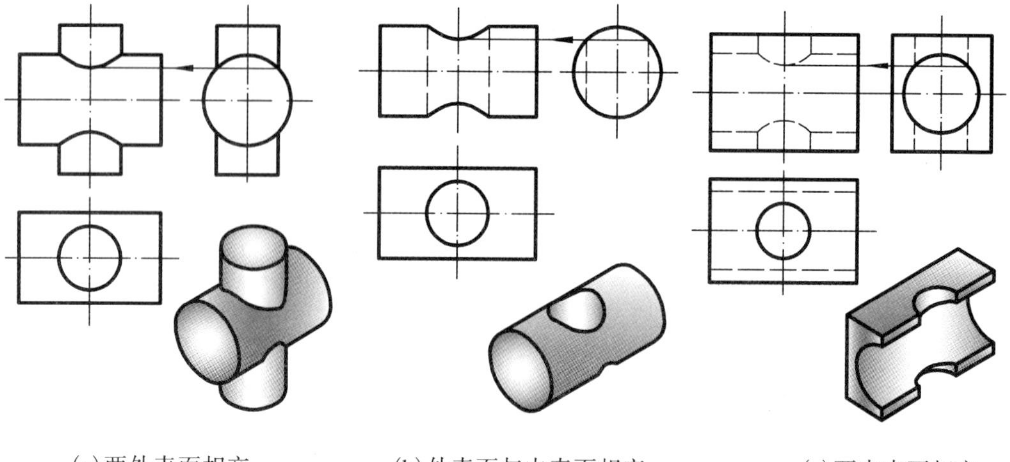

图 5-11　两圆柱面相交的三种形式

在工程图中经常遇到的两个不等直径圆柱正交的相贯线，可采用简化画法，即用圆弧代替曲线，具体画法如图 5-12 所示。

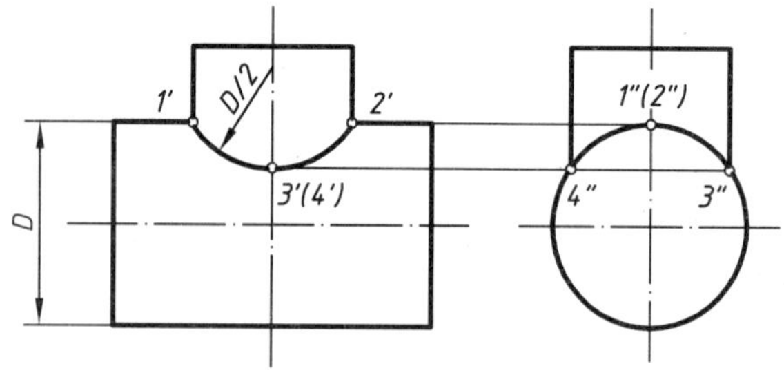

图 5-12　两不等直径圆柱正交相贯线的简化画法

用简化画法绘制不等直径两圆柱正交的相贯线应掌握相贯线的变化规律：在相贯线的非积聚投影上，相贯线的弯曲方向总是弯向较大圆柱的轴线。

两个不等直径圆柱偏交，相贯线空间曲线的形状与正交不同，但求作相贯线的方法不变。如图 5-13 所示，从已知投影入手，先求全特殊点Ⅰ、Ⅱ、Ⅲ、Ⅳ、Ⅴ、Ⅵ的投影，再求中间点 E、F 的投影。

如图 5-14 所示圆柱与圆锥正交，相贯线为空间曲线，求作相贯线的方法思路同上。从已知的侧面投影入手，先求出四个特殊点的水平投影和正面投影，再求中间点 A、B 的投影。

作图时应注意，圆锥面无积聚性，求作不在圆锥轮廓素线上的点时，必须用辅助线法。

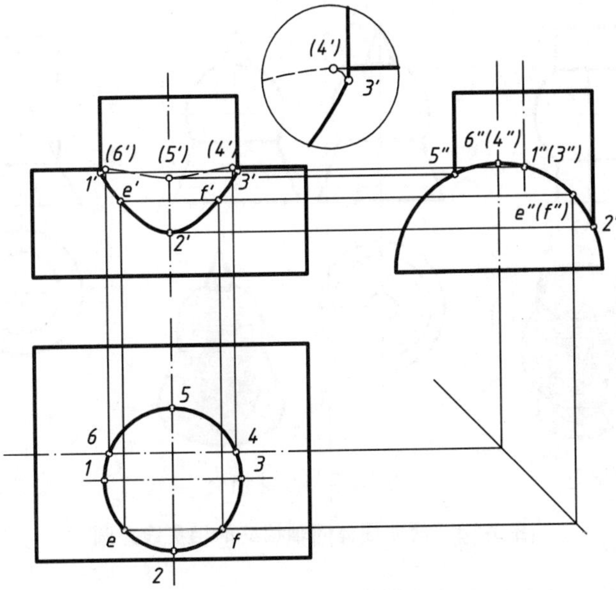

图 5-13 两圆柱偏交

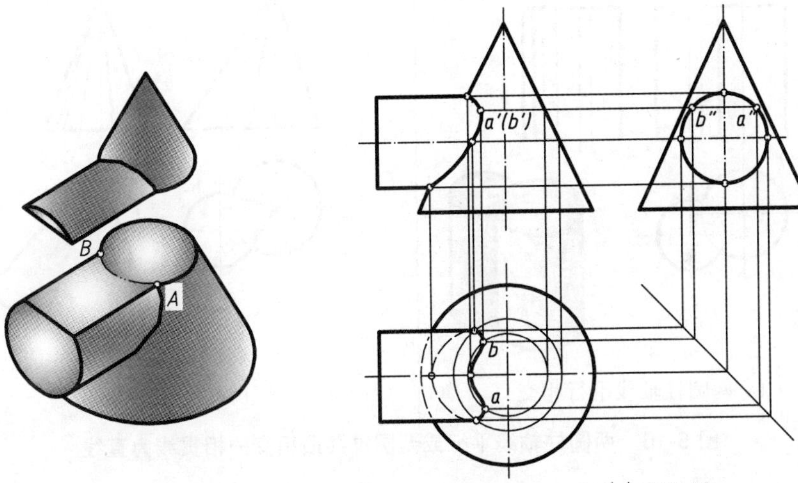

(a)分析 (b)三视图

图 5-14 圆柱与圆锥正交

三、两曲面体相贯线的特殊情况

两曲面体相交，相贯线一般为封闭的空间曲线。但在特殊情况下，相贯线是平面曲线或直线。特殊相贯线可直接画出。

常见的特殊相贯线有以下三种情况：

(1)同轴的两回转体相交，相贯线是垂直于轴线的圆，当轴线平行于某一投影面时，相贯线在该投影面上的投影积聚成一直线，如图 5-15 所示。

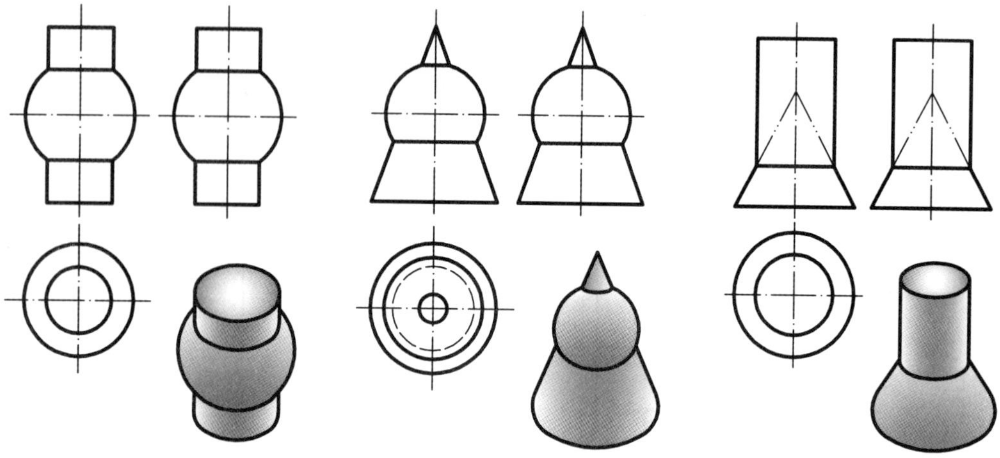

(a) 圆柱与圆球相交　　(b) 圆锥与圆球相交　　(c) 圆柱与圆锥相交

图 5-15　两曲面体同轴相交的相贯线为圆

(2) 两圆柱轴线平行或两圆锥共顶相交，相贯线为直线，如图 5-16 所示。

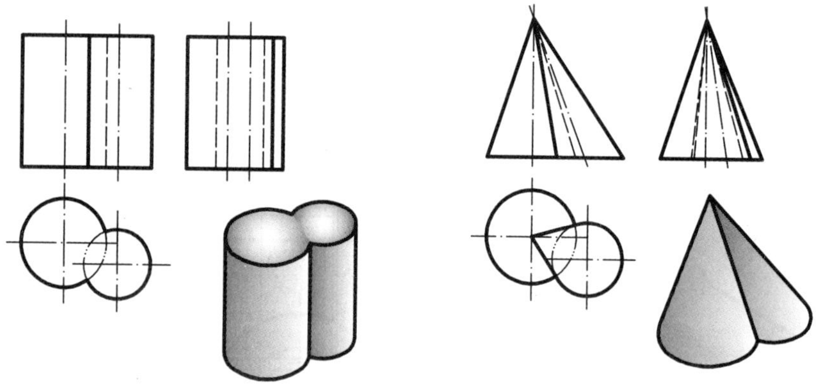

(a) 两圆柱轴线平行相交　　(b) 两圆锥共顶相交

图 5-16　两圆柱轴线平行或两圆锥共顶相交的相贯线为直线

(3) 圆柱与圆柱、圆柱与圆锥轴线相交，并公切于同一个圆球时，相贯线为两条平面椭圆曲线，该椭圆的正面投影为直线，水平投影为椭圆的类似形，如图 5-17 所示。

四、综合相贯

综合相贯在实际生产中更具有一般性，在求作综合相贯线时，常采用分段处理的方法。即将综合相贯体分解为几段，每段都是所学过的相交形式，然后逐段求出。作图时要特别注意各段相贯线的分界点。

如图 5-18 所示，半球与大圆柱相切，小圆柱与大圆柱和圆球同时相交。该相贯体的相贯线可分为两段求作：小圆柱的左半部分与半球相交为第一段，其交线形状为半圆，为特殊相贯线，可直接求作；小圆柱的右半部分与大圆柱正交为第二段，其相贯线形状为空间曲线，可用体表面取点法或简化画法求作。两段相贯线的连接点Ⅰ、Ⅲ是两段相贯线的分界点，在这两点处应光滑过渡。

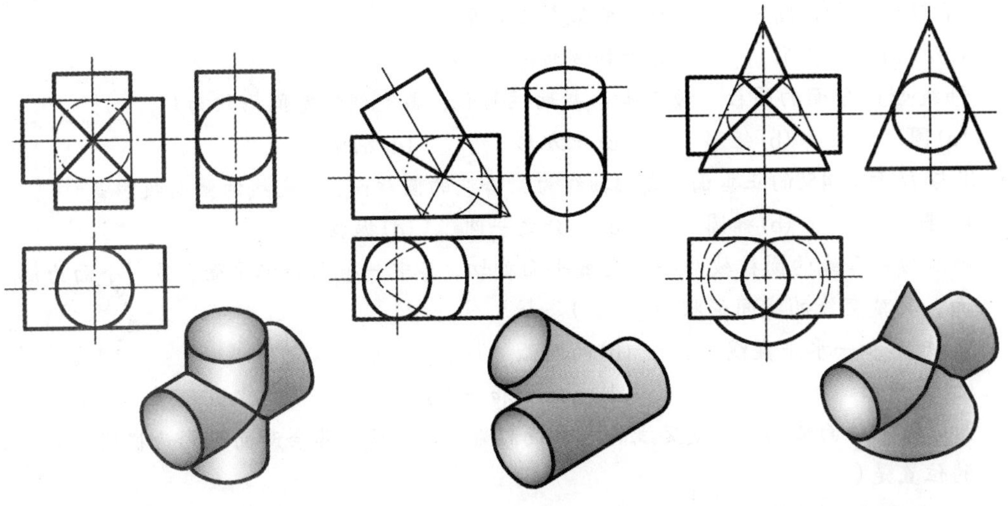

(a)两等直径圆柱正交　(b)两等直径圆柱斜交　(c)圆柱与圆锥正交

图 5-17　两曲面体公切于一圆球相贯线为平面椭圆

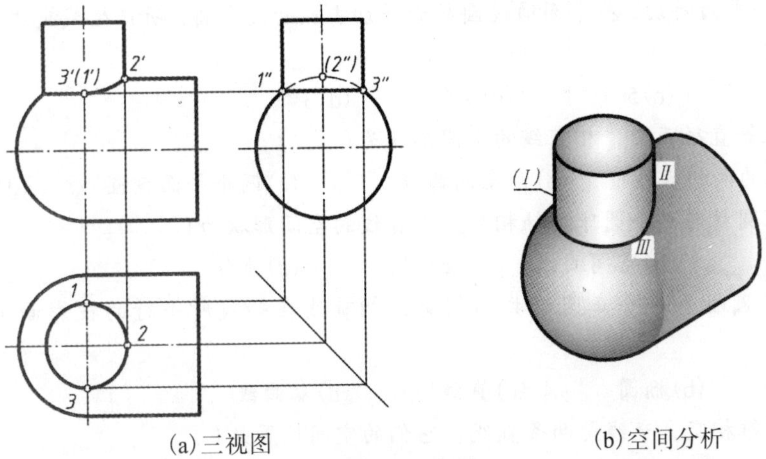

(a)三视图　(b)空间分析

图 5-18　综合相贯示例

复习思考题(单项选择题)

1. 通过锥顶和底平面截切四棱锥，截交线的空间形状为(　　)。
   (a)四边形　(b)底面类似形　(c)三边形　(d)五边形
2. 正圆锥被一截平面截切，要求截交线是抛物线时，α 角(α 为截平面与水平线的夹角)与锥底角 θ 之间的关系是(　　)。
   (a) $\alpha < \theta$　(b) $\alpha = \theta$　(c) $\alpha > \theta$　(d) $\theta = 90°$

3. 用两个相交截平面切正圆锥，一个面过锥顶，一个面的 $\theta < \alpha$，截交线的空间形状为（　　）。

(a) 双曲线与椭圆　　(b) 双曲线与三角形

(c) 椭圆与三角形　　(d) 抛物线与三角形

4. 轴线垂直 H 面的圆柱，被正垂面截切柱曲面，截交线的空间形状为（　　）。

(a) 圆　　(b) 矩形　　(c) 正方形　　(d) 椭圆

5. 用与 H 面成 45°的正垂面，截切轴线为铅垂线的圆柱面，截交线的侧面投影是（　　）。

(a) 圆　　(b) 椭圆　　(c) 二分之一圆　　(d) 抛物线

6. 轴线为铅垂线的圆柱被两个相交截平面截切，其中一个面为水平面，另一个面为侧平面，其截交线的空间形状为（　　）。

(a) 矩形和一水平直线　　(b) 两圆弧

(c) 两矩形　　(d) 一矩形和一圆弧

7. 圆球被一平面截切，其截交线的水平投影为一斜直线，其余两面投影为椭圆，截平面的位置是（　　）。

(a) 正平面　　(b) 正垂面　　(c) 侧垂面　　(d) 铅垂面

8. 用 $\beta = 45°$ 的铅垂面，距球心为 1/3 半径处截切圆球，所产生截交线的特殊点有（　　）。

(a) 4 个　　(b) 6 个　　(c) 8 个　　(d) 10 个

9. 圆柱被一平面斜切，截平面通过圆柱面并切去底面大半圆，所产生截交线的特殊点有（　　）。

(a) 6 个　　(b) 5 个　　(c) 4 个　　(d) 3 个

10. 两圆柱等直径正交，相贯线的空间形状为（　　）。

(a) 相交的两斜直线　　(b) 两空间曲线　　(c) 两个平面椭圆　　(d) 一椭圆

11. 一个正圆柱与一个圆球共轴相交，相贯线的空间形状为（　　）。

(a) 椭圆　　(b) 空间曲线　　(c) 圆　　(d) 直线

12. 一个正圆柱和一个正圆锥共轴相交，相贯线在轴线所平行的投影面上的投影为（　　）。

(a) 圆　　(b) 椭圆　　(c) 直线　　(d) 双曲线

13. 两个圆锥相交，交线是两条直线，它们的空间位置是（　　）。

(a) 共顶　　(b) 轴线垂直不相交　　(c) 轴线平行　　(d) 轴线交叉

14. 空间曲线的三个投影，在（　　）。

(a) V、H、W 面上皆为曲线　　(b) H、V 面上为曲线，W 面上为直线

(c) H、W 面上为曲线，V 面上为直线　　(d) 两面为曲线，一面为直线

第六章　组合体的三视图

学习目标

1. 理解形体分析法与线面分析法，并在画图和读图时能恰当选用。
2. 理解组合体的组合形式与各部分之间的表面连接关系。
3. 能依据组合体轴测图，正确绘制出它的三视图。
4. 能依据组合体三视图，迅速想象出它的空间形状。
5. 能按制图标准，正确、完整、清晰地标注各类组合体的尺寸。

由基本体进行叠加或切割而形成的立体称组合体。前面所学的简单体是简单的组合体，工程形体都可以看做是一个大的组合体或多个组合体。

第一节　组合体的形体分析

一、分析形体的方法

分析形体的常用方法有形体分析法和线面分析法。

(一)形体分析法

形体分析法是假想把组合体分解成若干基本体或简单体，然后逐一想象出它们的形状，再弄清它们之间的相对位置、组合形式及表面连接关系，即是以基本体或简单体为单元，将组合体先分解后综合的一种分析方法。

简单地说，形体分析法就是一个基本体一个基本体(或简单)地分析。

(二)线面分析法

线面分析法是假想把立体分解成若干个面，然后逐一想象出它们的空间位置和形状，再弄清它们之间的相对位置，即是以线面为单元，将立体先分解后综合的一种分析方法。

简单地说，线面分析法就是一个面一个面地分析。

(三)两种分析法的选用

在组合体画图、读图和标注尺寸的过程中，一般是运用形体分析法。

线面分析法一般不独立应用，只有当物体上的某部分形状与基本体相差较大，用形体分析法难以判断形状或画图时，才采用线面分析法来读图或画图。

形体分析法是画图、读图和标注尺寸的主要方法，线面分析法是用于攻难点的辅助方法。

二、组合体的组合形式

组合体的组合形式分为叠加、切割、综合三种形式，如图 6-1 所示。

(a)叠加式　　(b)切割式　　(c)综合式

图 6-1　组合体的组合形式

(1)叠加式。由若干个基本体或简单体叠加而成的组合体称为叠加式组合体，简称叠加体。

(2)切割式。由基本体切割而成的组合体称为切割式组合体，简称切割体。

(3)综合式。既有叠加又有切割的组合体称为综合式组合体，简称综合体。

三、组合体各部分之间的表面连接关系及连接处的画法

组合体各部分间的表面连接关系可分为相贴、相切和相交三种情况。

(一)相贴

相贴是指组合体两部分间的平面相互接触。两部分相贴时，非相贴表面不平齐(即不共面)有分界线，平齐(即共面)无分界线。

如图 6-2 所示物体，可以看成是由凹形柱与梯形柱两部分叠加而成，它们的表面连接关系是相贴，即凹形柱的底面与梯形柱的顶面相贴，两部分的前面平齐，后面及左面均不平齐，因此在主视图相贴处应画出虚线分界线，在左视图相贴处应画出粗实线分界线。

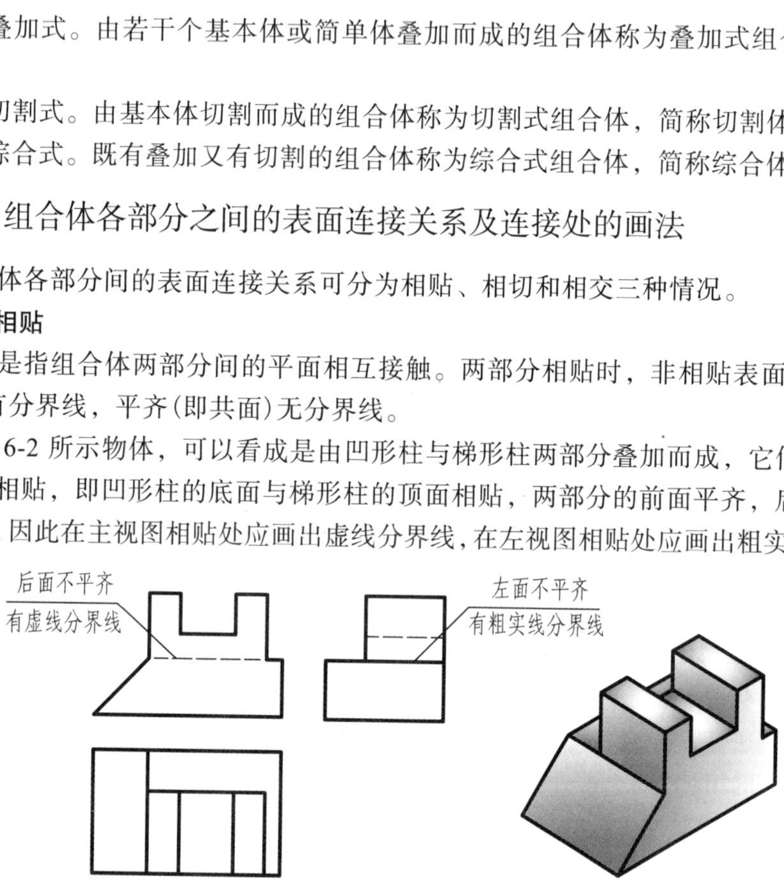

图 6-2　组合体两部分表面相贴

(二)相切

相切是指组合体两部分间平面与曲面或曲面与曲面光滑过渡。平面与曲面、曲面与曲面相切时，在相切处不存在交线。

如图 6-3 所示物体，可以看成是由圆筒与组合柱两部分叠加而成，表面连接关系是相切，即组合柱的前后平面与圆筒的圆柱面相切，在相切处形成了光滑过渡，相切处无

交线，因此在主视图和左视图中相切处不应画线。但应注意两个切点在主视图和左视图中的位置。

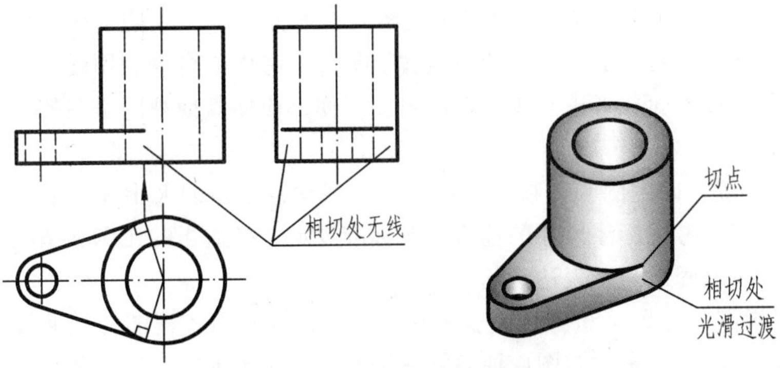

图 6-3　组合体两部分表面相切

(三) 相交

组合体两部分间的表面既不是相贴也不是相切即为相交。两部分相交时，相交处形成相贯线，应按第五章所学准确画出，如图 6-4 所示。

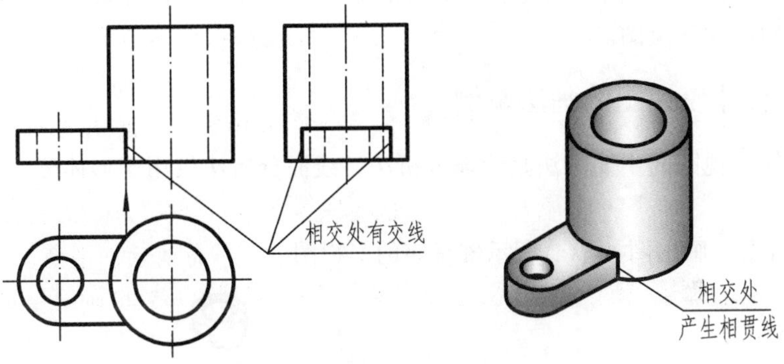

图 6-4　组合体两部分表面相交

第二节　组合体三视图的画法

一、组合体三视图的画法步骤

画组合体三视图，一般按照分析形体、确定主视图、画图三步进行。

(一) 分析形体

画三视图之前，应对组合体进行形体分析。首先分析所要表达的组合体是属于哪一种(切割、叠加、综合)组合形式，由几部分组成；然后分析各部分之间的表面连接关系，从而对所要表达组合体的形体特点有个总体认识，为画图做好准备。

(二) 确定主视图

确定主视图包括确定组合体的放置位置与选择主视图的投射方向两个问题。

(1)确定组合体的放置位置。一般是将组合体的主要表面或主要轴线放置成与投影面平行或垂直的位置。

(2)选择主视图的投射方向。选择主视图的投射方向时，应使主视图尽可能多地反映物体的形状特征及各组成部分的相对位置。另外，考虑到合理利用图纸，应使它的长方向平行于正立投影面；考虑到图形清晰看图方便，应使其他视图呈现的虚线最少。

(三)画图

(1)选定比例、确定图幅。视图选择后，应根据组合体的大小和复杂程度，根据三视图所占的面积，考虑标注尺寸的地方，按标准规定选择适当的比例和图幅。选择原则为：图中的图线疏密适当，表达清楚。

(2)布置视图的位置。布置视图就是在适当的位置画出各视图的基准线，使各视图的位置在图纸上确定下来。布图应使各视图均匀布局，不偏向某边；各视图之间要留有适当的空间，以便于标注尺寸。基准线一般选用对称线、较大的平面或较大圆的中心线和轴线，基准线是画图和量取尺寸的起始线。

(3)画底稿。用形体分析法一部分一部分地画，画图时应注意每部分三视图间都必须符合投影规律，注意各部分之间表面连接处的画法。

(4)检查、加深。底稿图画完后，应对照立体检查各图是否有缺少或多余的图线，改正错处，然后加深全图。

二、组合体三视图的画法举例

画组合体三视图的主要方法是形体分析法，线面分析法仅用于形体分析法难以画出的部分。

【例 6-1】 画出图 6-5(a)所示轴承座的三视图。

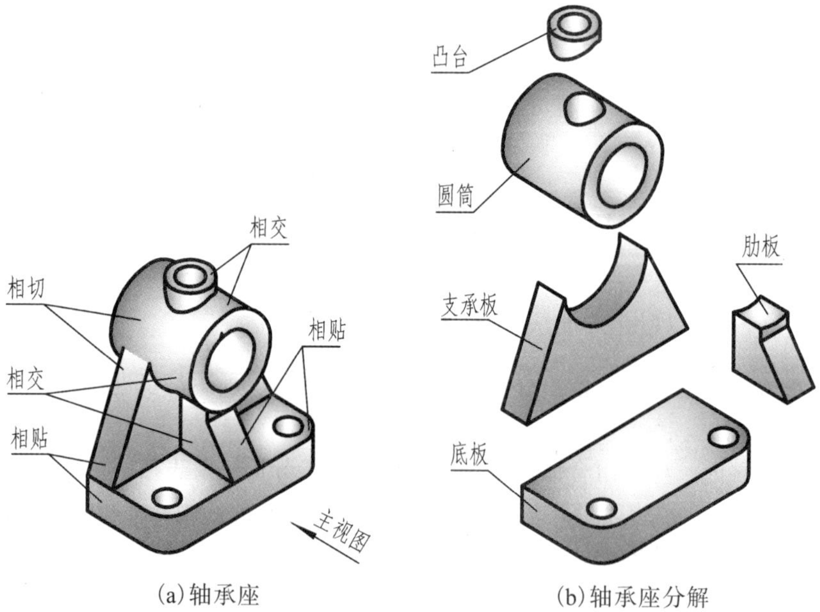

图 6-5　轴承座的形体分析

作图

①分析形体。轴承座是综合式组合体，可以分解为如图 6-5(b)所示的底板、肋板、支承板、圆筒和凸台(小圆筒)五部分。支承板的左右两侧面和圆筒外表面相切，相切处无线；肋板与圆筒外圆柱面相交，相交处有交线；圆筒与凸台相交，产生内、外相贯线；其他各部分间表面连接关系均是相贴，应注意平齐时不画线。

②确定主视图。轴承座放置位置是底面放水平，并使主要轴线垂直投影面；图 6-5(a)中箭头所指投射方向能较多地反映轴承座的形状特征及相对位置，选该方向为主视图的投射方向。

③画图。选定比例、确定图幅。布置视图、画出各图基准线，如图 6-6(a)所示。然后画底稿，先画主要部分(一般为较大形体)，最后检查、加深。具体画图步骤如图 6-6(b)～(f)所示。

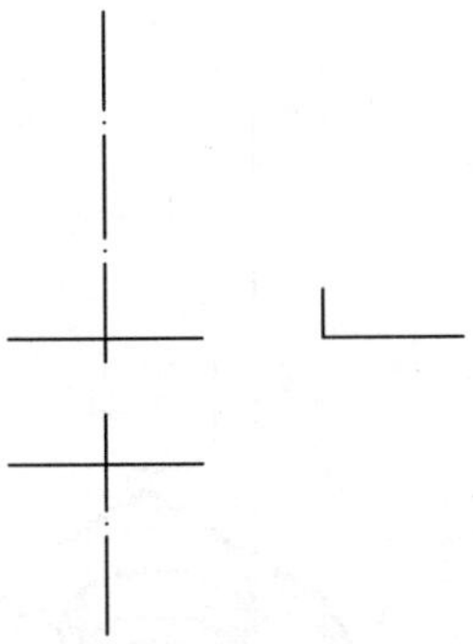

(a)画各图基准线

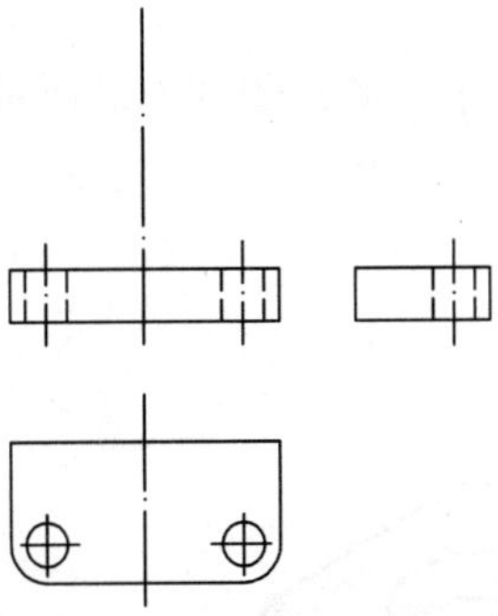

(b)画底板三视图

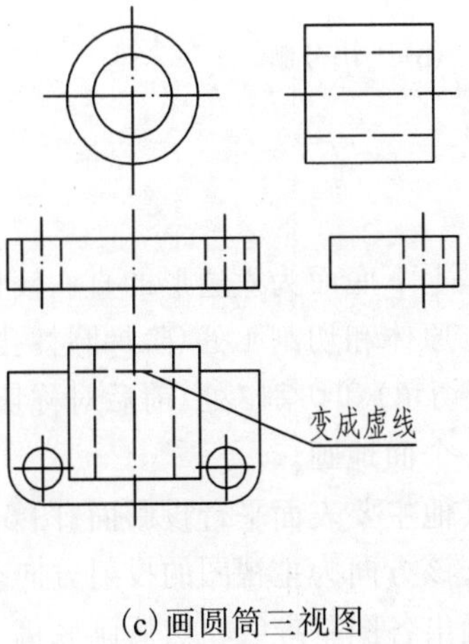

(c)画圆筒三视图

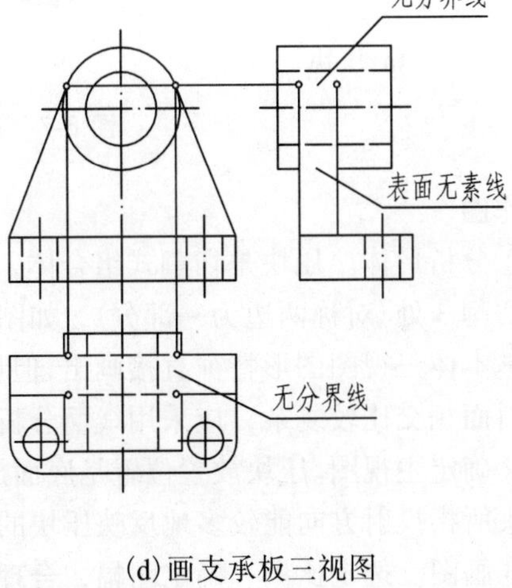

(d)画支承板三视图

图 6-6　轴承座三视图的画图步骤

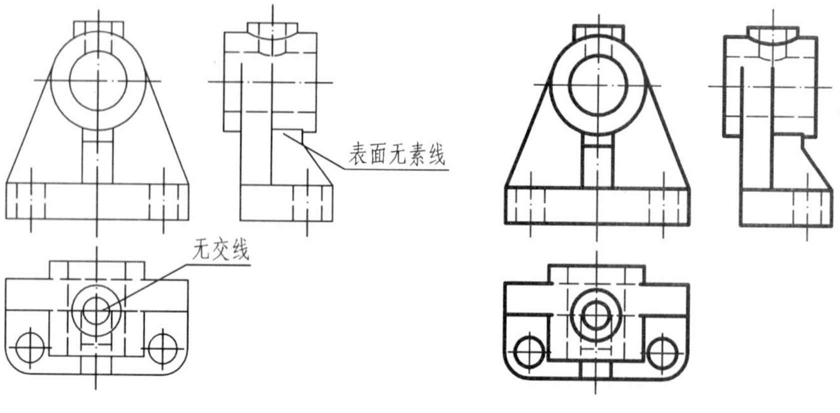

(e)画肋板和凸台三视图　　　　(f)检查并加深全图

续图 6-6

【例 6-2】　画出图 6-7(a)所示压块的三视图。

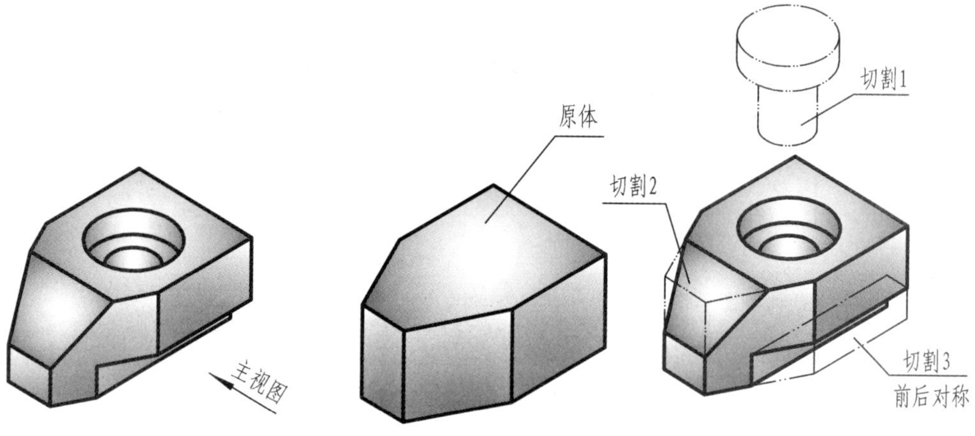

(a)压块　　　　(b)压块分解

图 6-7　压块的形体分析

作图

①分析形体。压块是切割式组合体，原体可看做是上下底面为六边形的直六棱柱，其被切割3处(对称两边为一部分)，如图 6-7(b)所示。原体和切割1处(阶梯圆柱孔)均可由基本体三视图图形特征直接画出,但切割2处(左上切角)和切割3处(前后对称切角)含有斜面相交比较复杂，应采用线面分析法，一个面一个面地画。

②确定主视图。压块放置位置是底面放水平,并使其他主要表面平行投影面;图 6-7(a)中箭头所指投射方向能较多地反映压块的形状特征，选该方向为主视图的投射方向。

③画图。选定比例、确定图幅，合理布置视图，画出各图基准线，然后画底稿。画底稿时,应先画原体三视图,再依次画出各切割处的三视图,最后检查加深,如图 6-8(a)～(d)所示。

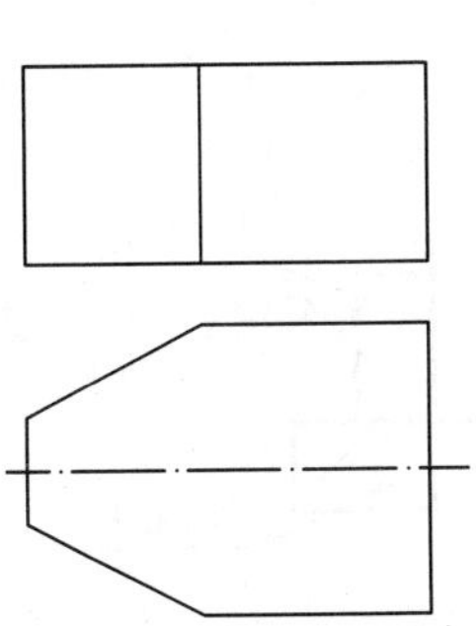

(a)用形体分析法画原体——直六棱柱

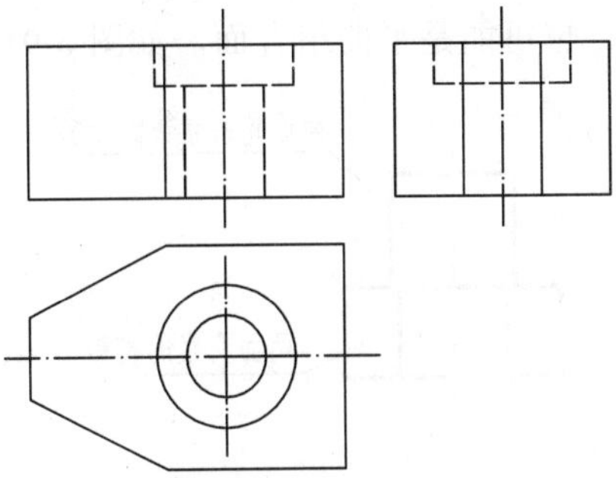

(b)用形体分析法画切割 1 处——阶梯圆柱孔

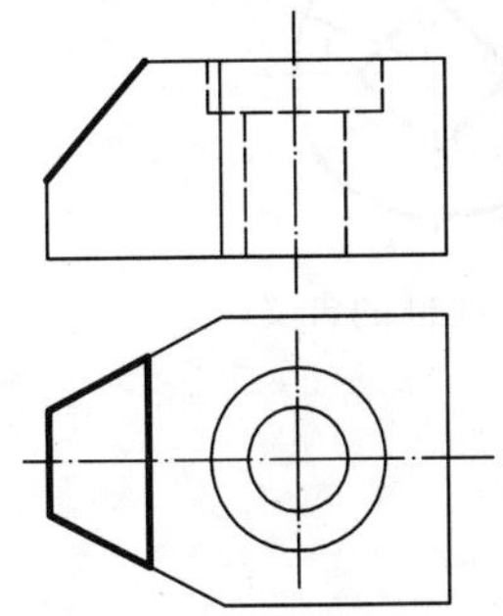

(c)用线面分析法画切割 2 处——正垂面切角；先画切角主视图，再画俯视图，后画左视图；擦去主视图和左视图中被切掉的图线

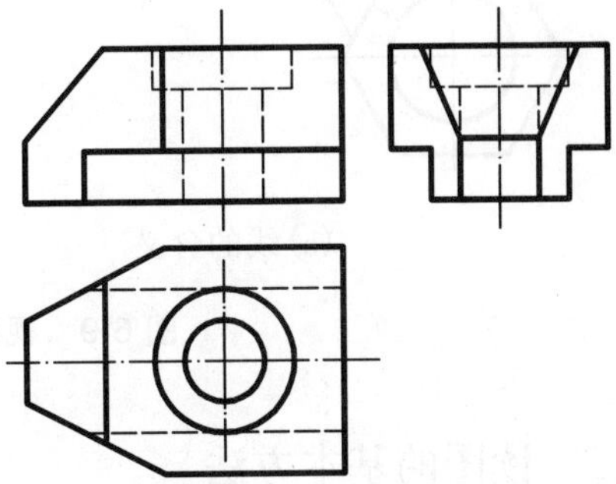

(d)用线面分析法画切割 3 处——正平面和水平面组合切角；先画切角左视图，再画俯视图，后画主视图；擦去左视图和主视图中被切掉的图线；加深全图

图 6-8 压块三视图的画法步骤

第三节 组合体三视图的识读

要正确迅速地读懂图，一要有扎实的读图基础知识，二要掌握读图的方法，三要通过典型题反复进行读图实践。

一、读图的基础知识

(一)掌握读图的准则

由于一个视图不能确定物体的形状，因此看图时应以主视图为中心，将各视图联系起来看，这是读图的准则。

(二)熟记读图的依据

三视图间的投影规律及基本体三视图的图形特征和各种位置直线、平面的投影特征是读图的依据，只有熟练地掌握它们，才能读懂各类组合体的视图。

(三)弄清图中线和线框所代表的含义

(1)视图中的图线可表示：面与面交线的投影；平面或柱面的积聚投影；曲面轮廓素线的投影。如图 6-9(a)所示。

(2)视图中封闭的线框可表示：体的投影；孔洞的投影；面的投影。面可能是平面、曲面，也可能是平曲组合面。如图 6-9(b)所示。

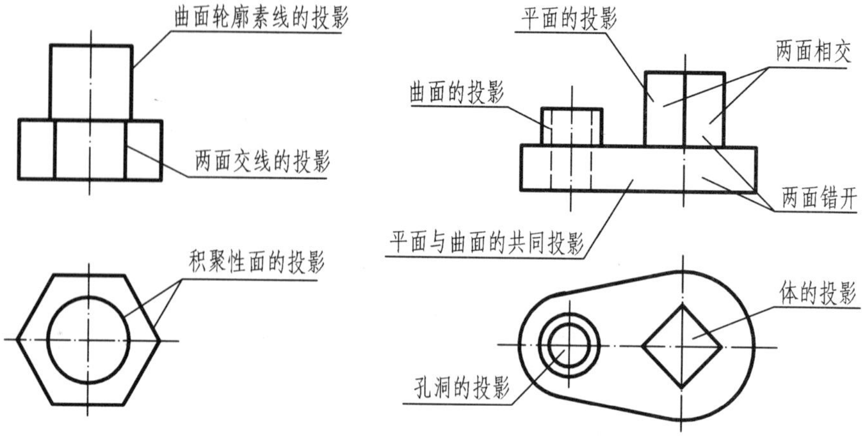

(a)线的含义　　(b)线框的含义

图 6-9　视图中线和线框的含义

二、读图的基本方法

读图是画图的反向思维过程，读图的方法与画图相同，即读图时首先应用形体分析法，遇难点部分应用线面分析法。

应指出的是，组合体视图需用线面分析法画出的难点部分，在读图时一般用形体分析法就可以读懂，所以对有难点部分的组合体，常常仍是用形体分析法读图，在画图时辅以线面分析法。

【例 6-3】 根据图 6-10(a)所示物体的三视图，想象空间形状。

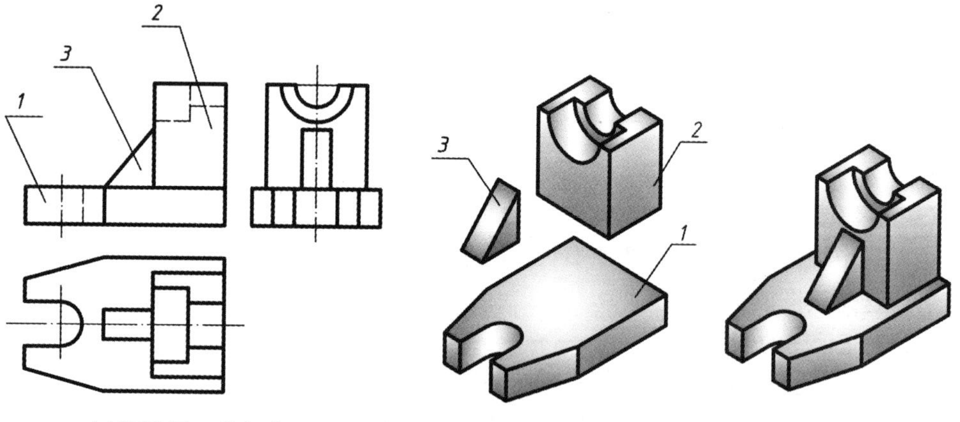

(a)识视图、分部分　　(b)逐部分对投影、想形状　　(c)综合想出整体

图 6-10　组合体读图示例

分析

①识视图、分部分。首先弄清各视图名称、观看方向，建立起图与物之间的关系；

然后分部分，该物体很显然是综合式组合体，从主视图入手，结合其他视图可将其分为3部分，如图6-10(a)所示。

②逐部分对投影、想形状。由主视图按投影规律找出各部分在左视图和俯视图上的对应线框。第1部分三线框为两矩形线框和一组合线框，空间形状为组合柱；第2部分矩形线框对应左视图和俯视图均为矩形线框，空间形状是四棱柱，其内虚线对应三投影可知是在四棱柱上方左右方向挖穿一个阶梯半圆柱孔；第3部分三角形线框对应另两视图都是矩形线框，空间形状是三棱柱。各部分空间形状如图6-10(b)所示。

③综合起来想整体。由三视图可看出，四棱柱、三棱柱在组合柱之上，前后居中对称，四棱柱右边与组合柱靠齐，整体形状如图6-10(c)所示。

【例6-4】 补画图6-11(a)所示组合体的左视图。

分析

根据图6-11(a)所示的两面视图，运用形体分析法读图。该物体是综合式组合体，逐部分对投影想形状，可看出该组合体是由主体、两底板和支板四部分叠加，两底板和支板与主体的叠加方式均为相交，如图6-11(b)所示。应根据空间分析想象形体的过程，运用形体分析法逐一补画出各部分的左视图，具体步骤如图6-11(c)～(e)所示。画图时要注意各部分连接处的线型。

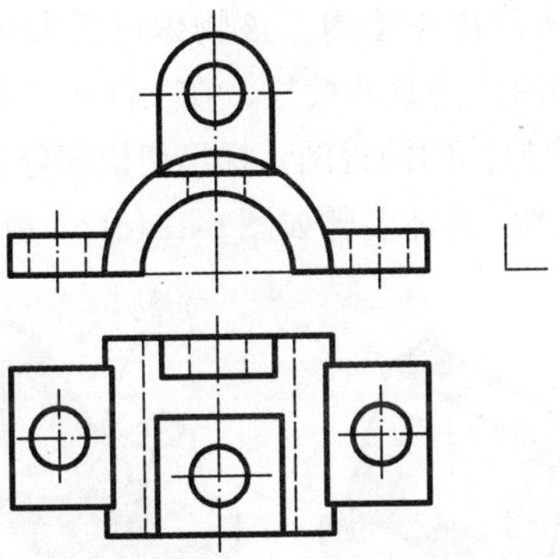

(a)已知

(b)想象空间形状

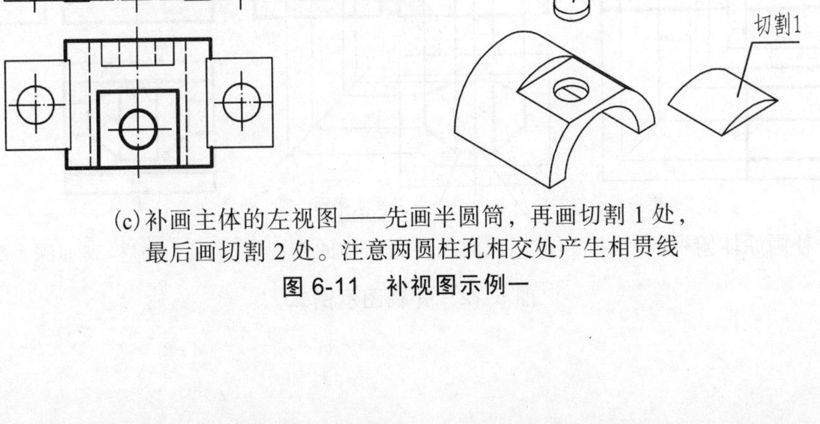

(c)补画主体的左视图——先画半圆筒，再画切割1处，最后画切割2处。注意两圆柱孔相交处产生相贯线

图6-11 补视图示例一

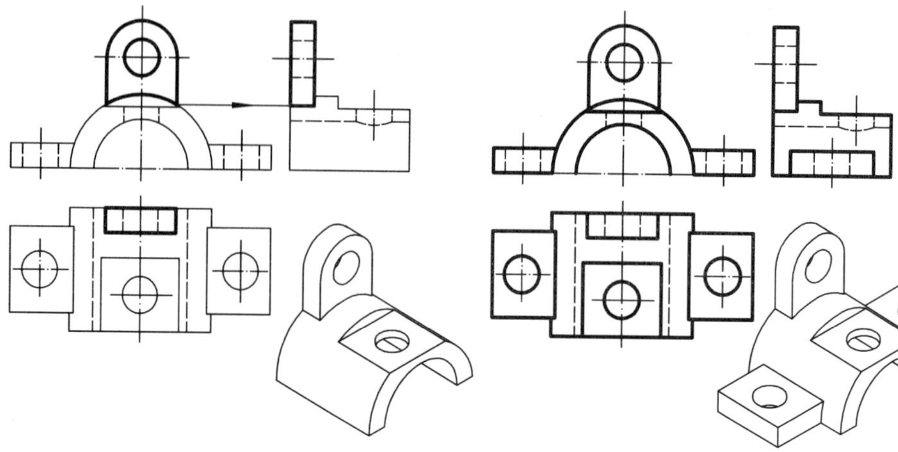

(d)补画立板的左视图。注意在相交处准确画出相贯线，并擦去相交后表面不存在的图线

(e)补画底板的左视图。最后加深全图

续图 6-11

【例 6-5】 补画图 6-12(a)所示组合体的俯视图。

分析

根据图 6-12(a)所示的两面视图，运用形体分析法读图。该物体可看做是切割式组合体，逐部分对投影想形状，可看出该组合体的原体为直八棱柱，在上部正中处切槽——前后的梯形通槽，如图 6-12(b)所示。应先补画出原体的俯视图，梯形切槽部分是通过原体上的斜面切割，比较复杂，应一个面一个面地补画，具体步骤如图 6-12(c)～(e)所示。

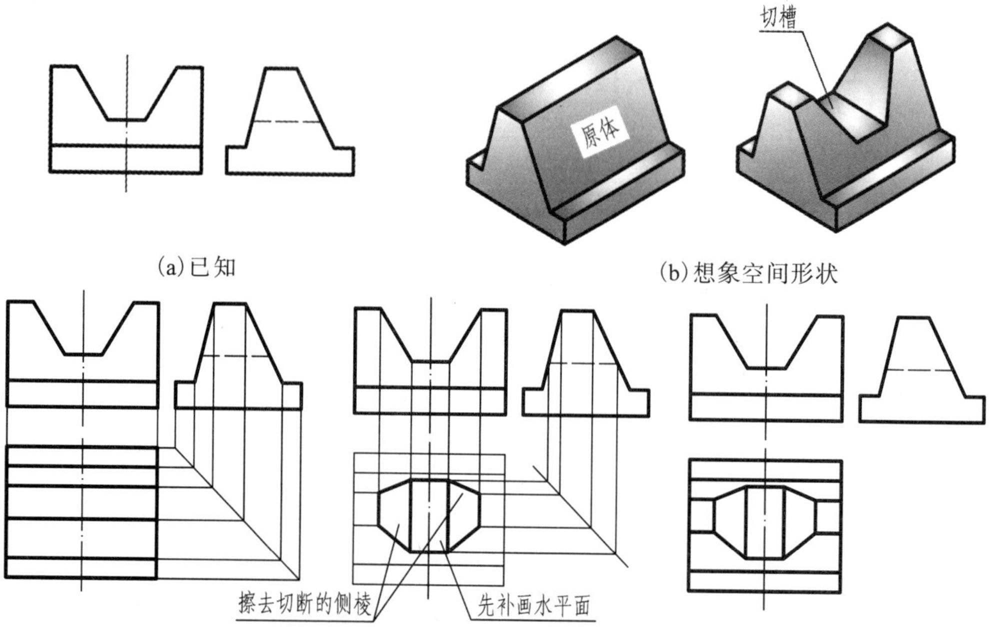

(a)已知

(b)想象空间形状

(c)补画原体俯视图

(d)用线面法补画切槽的俯视图

(e)检查加深，完成作图

图 6-12 补视图示例二

第四节　组合体的尺寸标注

一、标注尺寸的基本要求

（一）正确

正确是指尺寸标注要符合国家和行业制图标准的规定。

（二）完整

完整是指所注尺寸能够完全确定物体的形状和大小。即定形尺寸（确定各部分形体大小的尺寸）、定位尺寸（确定各部分形体之间相对位置的尺寸）、总体尺寸（确定组合体总长、总宽、总高的尺寸）标注齐全。

（三）清晰

清晰是指所注尺寸位置明显、排列整齐，便于读图。

（1）位置要明显。表示同一部分的尺寸应尽量集中在一个或两个视图上标注，并且尽量标注在反映形状特征的视图上，尽量不注在虚线上。

（2）排列要整齐。尺寸尽量放在视图之外，与两视图有关的尺寸最好注在两视图之间；在同一方向的尺寸排在一条线上，不要错开。

综上所述，标注组合体尺寸的基本要求是正确、完整、清晰。“正确、清晰”已在前边章节中介绍，本节重点阐述如何将组合体的尺寸标注“完整”的问题。

二、基本体的尺寸标注

基本体的尺寸应按其形状特点进行标注。图 6-13 是几种常见基本体的尺寸注法。

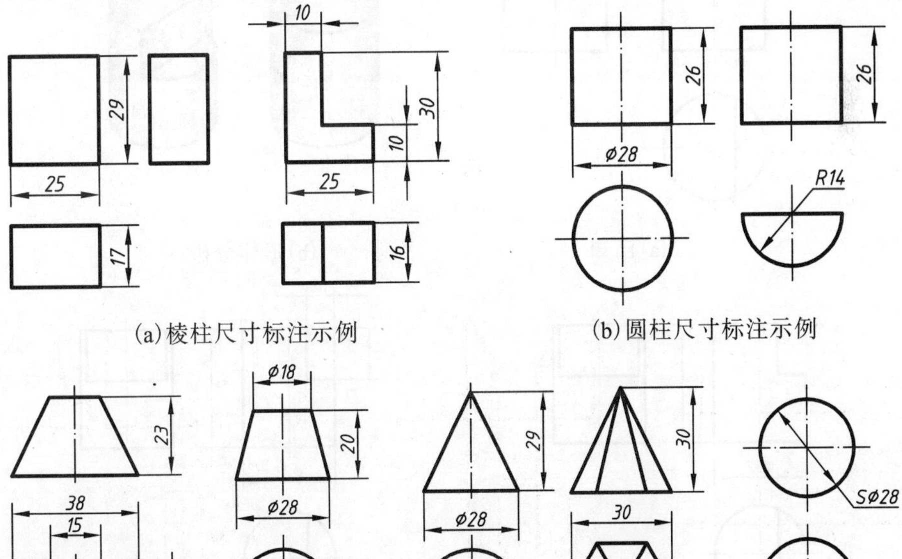

（a）棱柱尺寸标注示例　　（b）圆柱尺寸标注示例

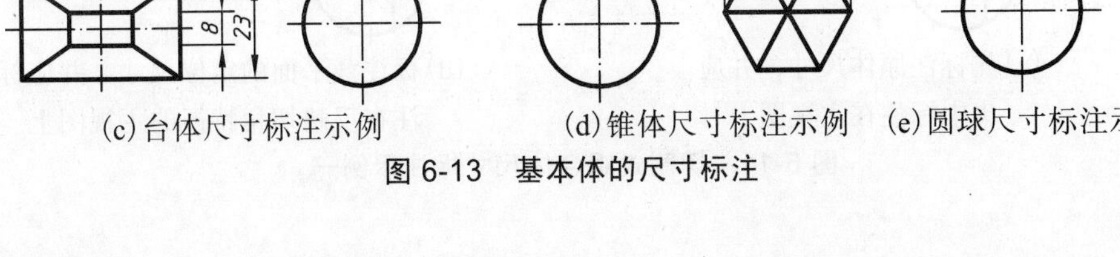

（c）台体尺寸标注示例　　（d）锥体尺寸标注示例　（e）圆球尺寸标注示例

图 6-13　基本体的尺寸标注

(一) 基本体需要标注的尺寸

(1) 柱体、台体需标注的尺寸是底面形状尺寸和两底面之间的距离。

(2) 锥体需要标注的尺寸是底面形状尺寸和底面与锥尖之间的距离。

(3) 圆球体只需标注球面直径。

(二) 标注基本体尺寸需要注意的问题

基本体上同一处的尺寸在视图上只能标注一次。如圆柱底面尺寸φ28 标注在主视图上，俯视图圆上就不能再标注。

平面体确定底面形状的尺寸一般标注在反映底面实形的特征图上；曲面体的底面直径标注在非圆视图上比较清楚，半径应标注在圆视图上。

三、切割式组合体的尺寸标注

标注组合体的尺寸，首先要进行形体分析。标注切割式组合体尺寸应分析该切割体原体是什么形体，如何进行切割，然后再依次进行尺寸标注。

(一) 切割体需要标注的尺寸

切割体需要标注的尺寸是：原体的定形尺寸和截平面的定位尺寸。

(二) 标注切割体尺寸需要注意的问题

截交线的形状不标注尺寸。因为确定了截平面的位置后，截交线自然形成。

【例 6-6】　标注图 6-14 (a) 所示物体的尺寸。

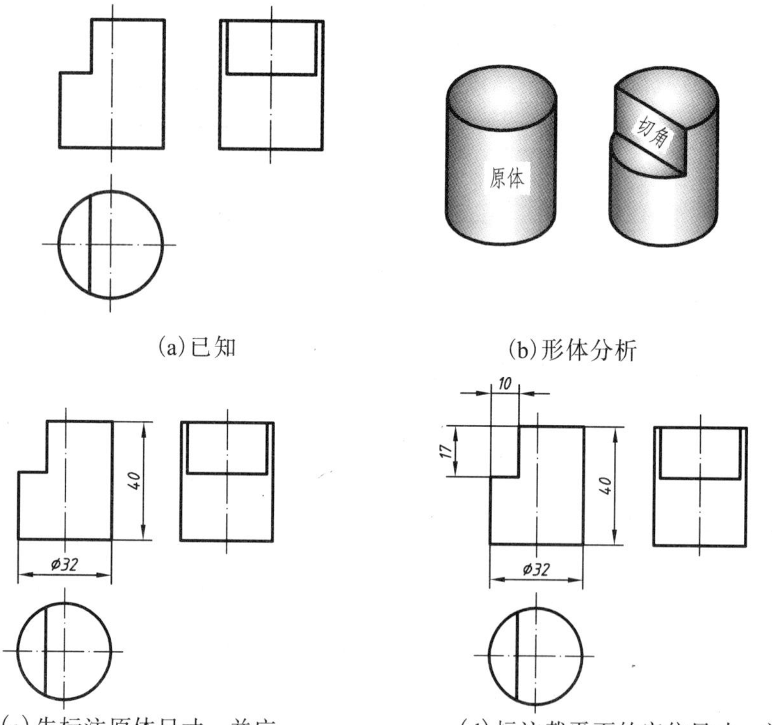

(a) 已知　　(b) 形体分析

(c) 先标注原体尺寸，并应集中标注在主视图上　　(d) 标注截平面的定位尺寸，并应标注在反映切角特征的主视图上

图 6-14　切割式组合体尺寸标注示例一

分析

应用形体分析法可看出，该物体是切割式组合体，原体是圆柱，用两个截平面(一个水平面，一个侧平面)在圆柱左上角切一个缺口，如图 6-14(b)所示。

应先标注原体尺寸，再标注截平面定位尺寸，具体标注如图 6-14(c)、(d)所示。

该组合体由图示四个尺寸就完全确定了它的大小，注意截交线的形状(如左视图中矩形及俯视图中小半圆形)不能再标注尺寸。

【例 6-7】 标注如图 6-15(a)所示物体的尺寸。

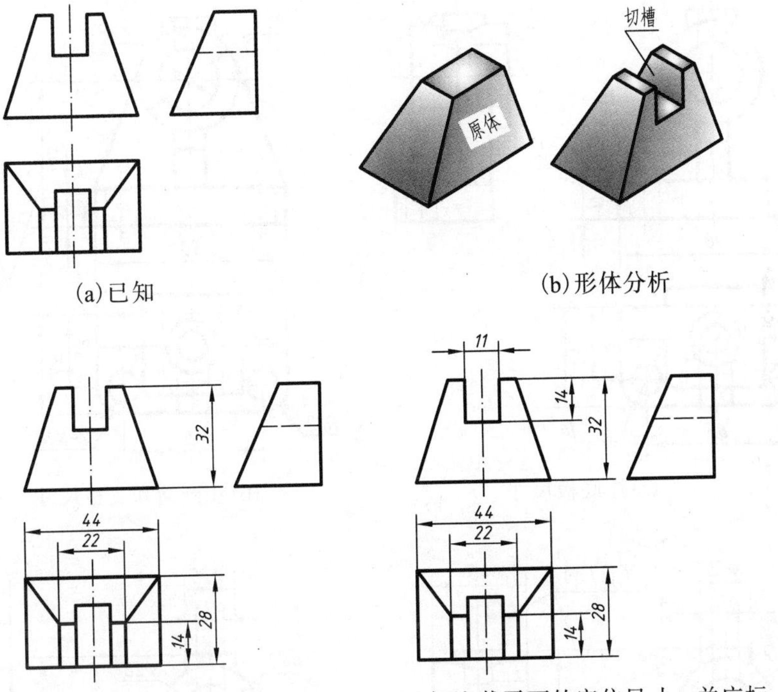

(a)已知　(b)形体分析

(c)先标注原体尺寸，并应集中标注在俯视图和主视图上　(d)标注截平面的定位尺寸，并应标注在反映槽口特征的主视图上

图 6-15　切割体尺寸标注示例二

分析

应用形体分析法可看出，该物体是切割体，原体是后半四棱台，用 3 个截平面(1 个水平面，两个侧平面)在半四棱台上部正中处切了一个前后通槽，如图 6-15(b)所示。

应先标注原体尺寸，再标注截平面定位尺寸，具体标注如图 6-15(c)、(d)所示。

该组合体由图示 7 个尺寸就完全确定大小，注意俯视图和左视图中截交线形状不能再标注尺寸。

四、叠加式(综合式)组合体的尺寸标注

标注叠加式(综合式)组合体的尺寸，应先进行形体分析，分析该叠加体由几部分组成，各部分间的叠加方式及相对位置。

(一)叠加(综合)体需要标注的尺寸

叠加(综合)体需要标注的尺寸是：各部分的定形尺寸和各部分间的定位尺寸及所需要的总体尺寸。

(二)标注叠加(综合)体尺寸需要注意的问题

相贯线形状不标注尺寸。因为确定了两相交部分形状及相对位置后，相贯线自然形成。

【例 6-8】 标注如图 6-16 所示轴承座的尺寸。

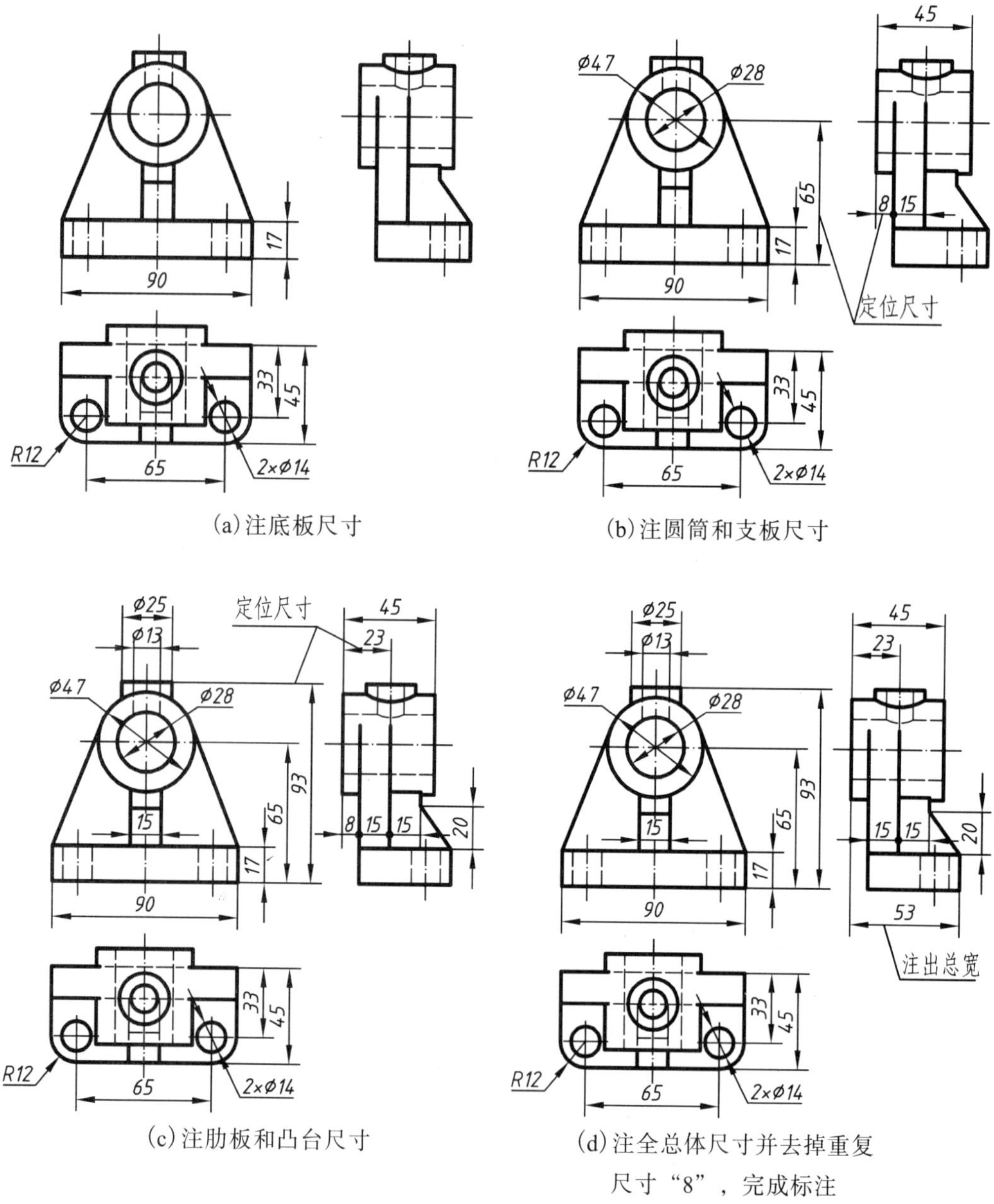

(a)注底板尺寸

(b)注圆筒和支板尺寸

(c)注肋板和凸台尺寸

(d)注全总体尺寸并去掉重复尺寸“8”，完成标注

图 6-16　轴承座的尺寸标注

分析

前边已分析该组合体由 5 部分组成。

应按画图顺序依次标出各部分的定形尺寸和定位尺寸，最后标注齐全总体尺寸。总长和总高已标注，只需再标出总宽“53”，但应同时去掉重复尺寸“8”。具体标注的方法步骤如图 6-16(a)～(d)所示。

复习思考题(单项选择题)

1. 组合体中两部分表面相交，连接处(　　)。
   (a)无分界线　(b)有直线分界线　(c)有圆弧分界线　(d)产生相贯线
2. 组合体中两部分表面相贴，连接处(　　)。
   (a)无分界线　(b)如共面有分界线
   (c)有分界线　(d)如共面无分界线
3. 绘制和识读组合体三视图首先应使用(　　)。
   (a)线面分析法　(b)形体分析法　(c)线型分析法　(d)综合分析法
4. 绘制和识读组合体视图中形状复杂的细部结构应使用(　　)。
   (a)形体分析法　(b)线面分析法　(c)投影分析法　(d)尺寸分析法
5. 柱体需要标注的尺寸是(　　)。
   (a)两个底面形状尺寸和两底面间的距离　(b)所有线段的定形尺寸
   (c)一个底面形状尺寸和两底面间的距离　(d)底面形状尺寸
6. 切割体需要标注的尺寸是(　　)。
   (a)原体尺寸和截平面的形状尺寸　(b)原体尺寸和截平面的位置尺寸
   (c)原体尺寸和截平面的形状与位置尺寸　(d)所有线的定形尺寸及定位尺寸
7. 小半圆柱底面尺寸数字前应标注的符号是(　　)。
   (a) R　(b) ϕ　(c) $S\phi$　(d) SR
8. 大半圆柱应标注的尺寸是(　　)。
   (a)2 个　(b)3 个　(c)4 个　(d)5 个
9. L 形柱应标注的尺寸是(　　)。
   (a)3 个　(b)4 个　(c)5 个　(d)6 个
10. 凹形柱应标注的尺寸是(　　)。
    (a)4 个　(b)5 个　(c)6 个　(d)7 个
11. 半四棱台应标注的尺寸是(　　)。
    (a)3 个　(b)4 个　(c)5 个　(d)6 个
12. U 形组合柱应标注的尺寸是(　　)。
    (a)3 个　(b)4 个　(c)5 个　(d)6 个

第七章　机件常用的表达方法

学习目标

1．掌握视图、剖视图、断面图和局部放大图的定义，熟记它们的名称和标注规定。

2．理解剖视图的形成，掌握剖视图、断面图的画法规定。

3．能熟练绘制机件的全剖视图、半剖视图、断面图和局部放大图。

4．能识读机件常用的各种视图、剖视图、断面图和其他表达方法。

生产实际中机件形状复杂多样，仅用三视图难以进行完整、清晰、简捷地表达。为此，国家标准《技术制图》、《机械制图》对机件制定了一系列的表达方法。本章介绍机件常用的表达方法。

第一节　视　图

机件在投影面上的投影称为视图，视图主要用于表达机件的外形结构。在工程图样中，视图一般只画机件的可见轮廓线，必要时才画出不可见轮廓线。视图包括基本视图、向视图、局部视图、斜视图等。

一、基本视图

制图标准规定：基本视图是物体向基本投影面投射所得的视图。

如图 7-1 所示，用正六面体的六个面作为基本投影面，将机件放在其中向投影面投

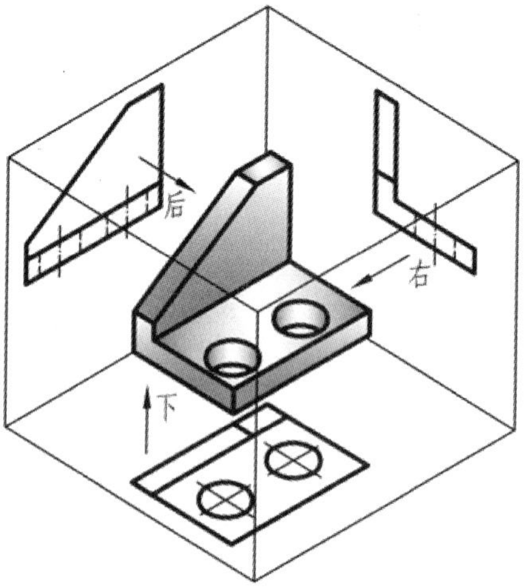

图 7-1　基本视图的概念

射得到六个基本视图。六个基本视图中，除前面所讲过的主视图、俯视图和左视图外，还有三个视图：

右视图——由右向左投射所得的视图。

后视图——由后向前投射所得的视图。

仰视图——由下向上投射所得的视图。

基本投影面的展开方法如图 7-2 所示，规定正投影面不动，其他投影面均按箭头方向旋转展开，展开后各视图的配置如图 7-3 所示。六个基本视图按展开后的位置配置称为按投影关系配置，在同一张图纸内按投影关系配置时一律不标注视图名称。

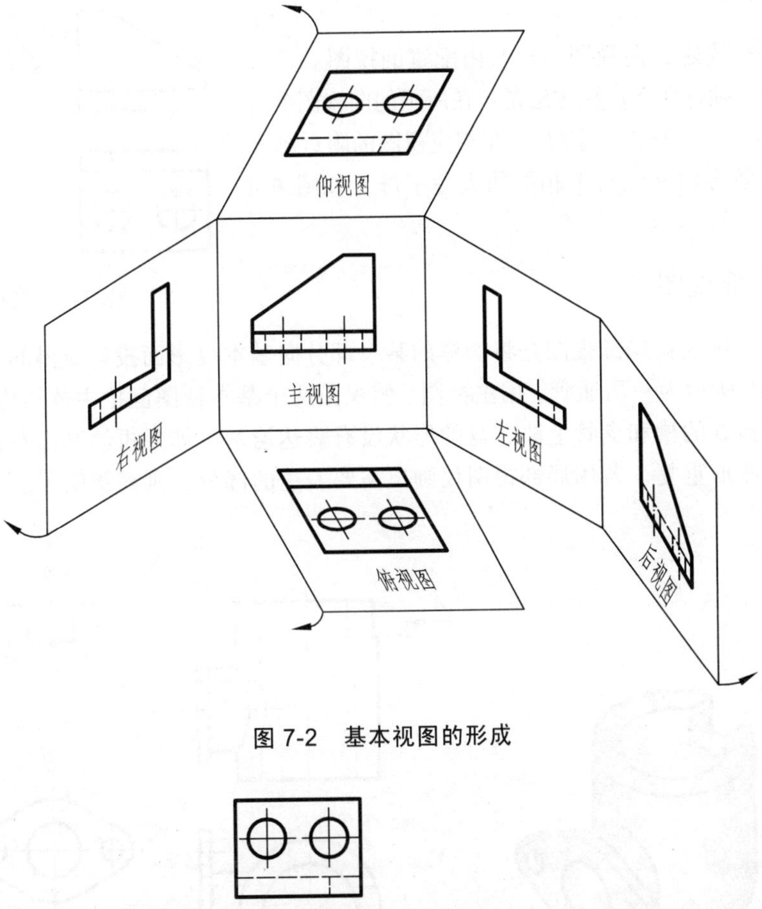

图 7-2　基本视图的形成

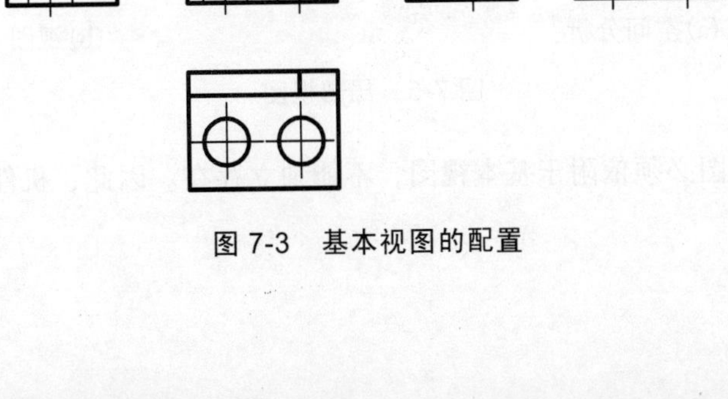

图 7-3　基本视图的配置

六个基本视图之间与三视图一样，仍应符合投影规律，即：主、俯、仰、后视图“长对正”；主、左、右、后视图“高平齐”；俯、左、右、仰视图“宽相等”。由基本视图的展开过程可知，除后视图外，其他视图靠近主视图的一边是机件的后面，远离主视图的一边是机件的前面。应当注意：主视图和后视图反映机件上、下位置关系一致，但左、右位置恰恰相反。

实际绘制视图时，不需要全部画出机件的六个基本视图，而是根据机件的复杂程度，选择所需的基本视图，但其中必须有主视图。

二、向视图

制图标准规定：向视图是可自由配置的视图。

向视图必须标注，标注方法是：在所画的向视图上方标注“×”（×为一大写拉丁字母），在相应视图的附近画出箭头指明投射方向并注写上相同的大写字母，如图 7-4 所示。

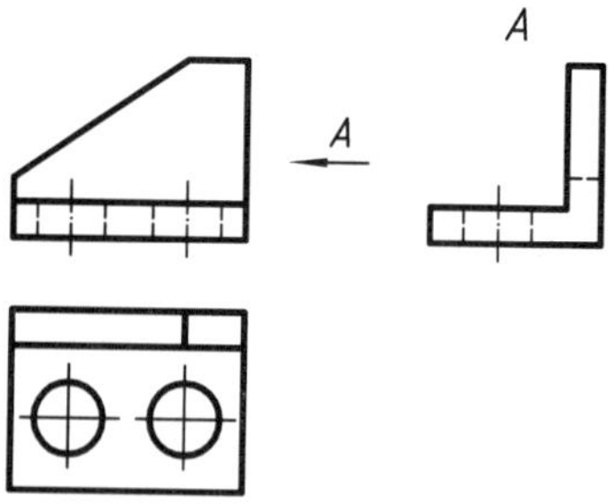

图 7-4　向视图

三、局部视图

制图标准规定：局部视图是将物体的某一部分向基本投影面投射所得的视图。

如图 7-5 所示为一两通管，用主视图、俯视图两个基本视图已把主体结构表达清楚，只有箭头所指处的槽和支管上法兰盘的形状没有表达清楚，如果再绘制出左视图和右视图则大部分图形重复，若用局部视图仅画出需要表达的部分，则简单明了。

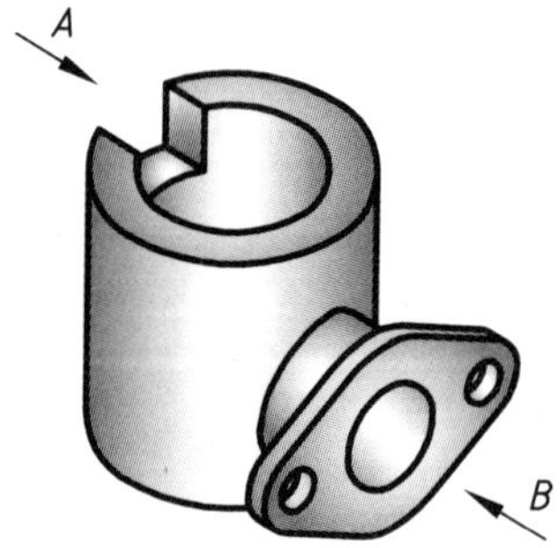

(a)空间分析

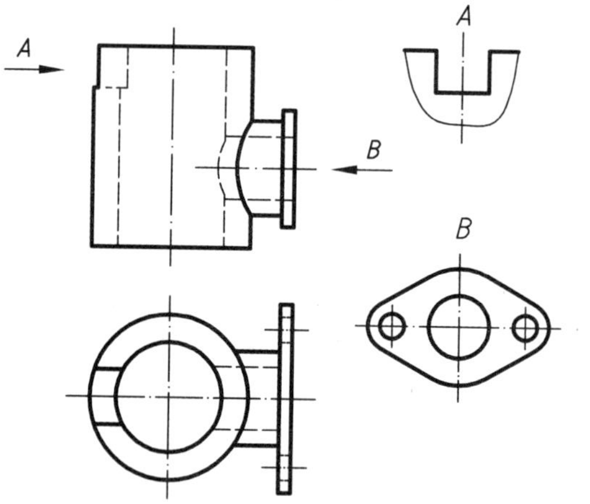

(b)视图

图 7-5　局部视图

注意，局部视图必须依附于基本视图，不能独立存在。因此，机件表达方案中至少应有一个基本视图。

画局部视图时应注意以下几点：

(1)局部视图只绘制出需要表达的局部形状，其范围可自行确定。

(2)局部视图的断裂边界用波浪线表示，如图 7-5 中的 *A* 视图。但当所表达的局部结构是完整的且外轮廓线又封闭时，波浪线可省略不画，如图 7-5 中的 *B* 视图。注意波浪线要画在物体的实体部分。

(3)局部视图应尽量按投影关系配置，如果不便布图，也可配置在其他位置。

(4)局部视图按向视图的配置形式自由配置时，必须进行标注，标注方法同向视图。但按基本视图的配置形式(即按投影关系)配置，中间又没有其他图形隔开时，则不必标注。如图 7-5 中的 *A* 视图允许省略标注。

四、斜视图

制图标准规定：斜视图是物体向不平行于基本投影面的平面投射所得的视图。

如图 7-6 所示为一弯板，其有一个组合形孔的部分与水平投影面平行，有两个圆柱孔的部分与基本投影面倾斜，在基本投影面上就不能得到反映该部分真实形状的视图。若用斜视图，即选用一个平行于倾斜面并垂直于某一个基本投影面的平面为投影面，可表达倾斜部分的真实形状。

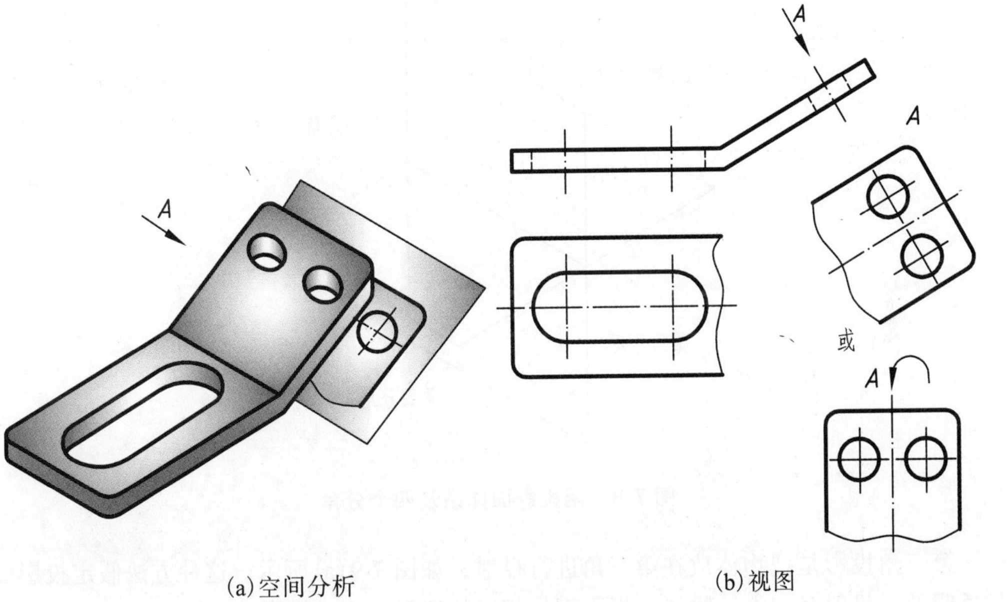

图 7-6　斜视图

画斜视图时应注意以下几点：

(1)斜视图只要求画出倾斜部分的真实形状，其余部分不必画出。斜视图的断裂边界用波浪线表示，波浪线画法与局部视图相同，如图 7-6(b)所示。

(2)斜视图一般按投影关系配置，必要时也可配置在其他适当的位置。在不引起误解时，允许将图形旋转摆正，如图 7-6(b)所示。

(3)画斜视图时，必须进行标注。标注的方法是：当视图不旋转时，标注方法与局部视图相同；如将视图转正，标注时应在图名上标出代表斜视图旋转方向的旋转符号，字母应靠近旋转符号的箭头端，如图 7-6(b)所示。旋转符号的画法如图 7-7 所示。

应注意：斜视图标注中的字母必须水平书写。

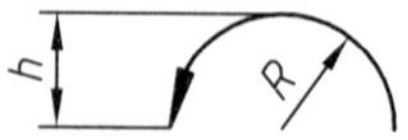

图 7-7　旋转符号的画法

五、第三角投影简介

根据国家标准规定，我国工程图样采用第一角投影(第一角画法)，而有些国家采用第三角投影(第三角画法)。为了便于国际间的技术交流，下面对第三角投影作简要介绍。

如图 7-8 所示，将空间分成 4 个分角，前上方的区域称为第一分角，依次为第二分角、第三分角和第四分角。目前，中国、德国、法国、俄罗斯和捷克等国家都采用第一角画法，而美国、日本、加拿大等国家采用第三角画法。

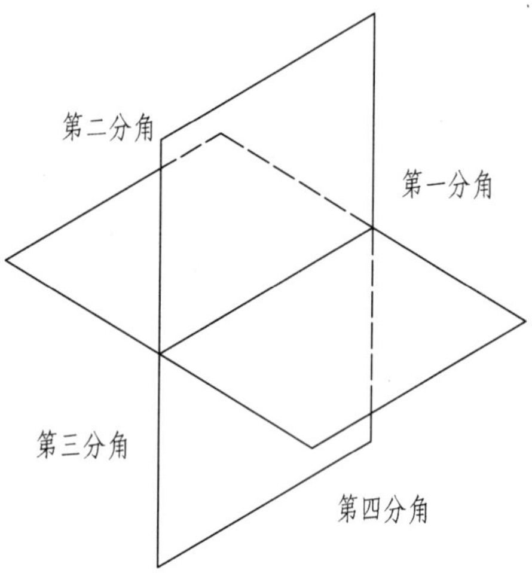

图 7-8　两投影面体系及四个分角

第三角投影是把物体放在第三角进行投射，如图 7-9(a)所示。这种方法假定投影面是透明的，投射时，人、物体、投影面的相对位置是：人—投影面—物体。

按第三角投影所得到的三视图的名称为：

前视图——由前向后投射所得的视图；

顶视图——由上向下投射所得的视图；

右视图——由右向左投射所得的视图。

投影面的展开方法和视图的配置与投影规律如图 7-9(b)、(c)所示。

第三角投影的物体与投影面的位置关系及投影面的展开方法与第一角投影不同，所以在视图上反映出来的视图位置关系和第一角投影也不同，看图时应注意区别。

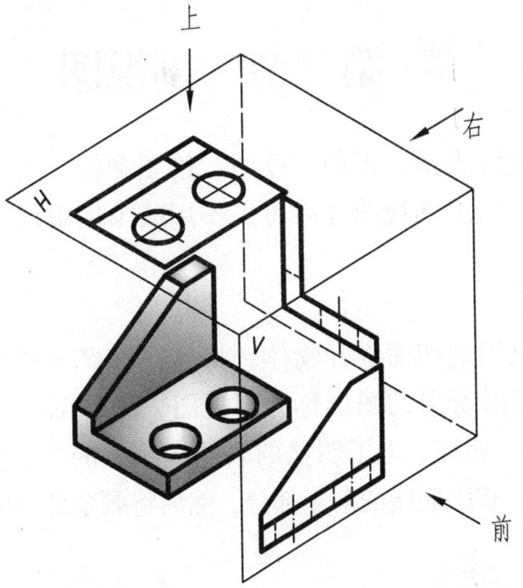

(a)三视图的形成

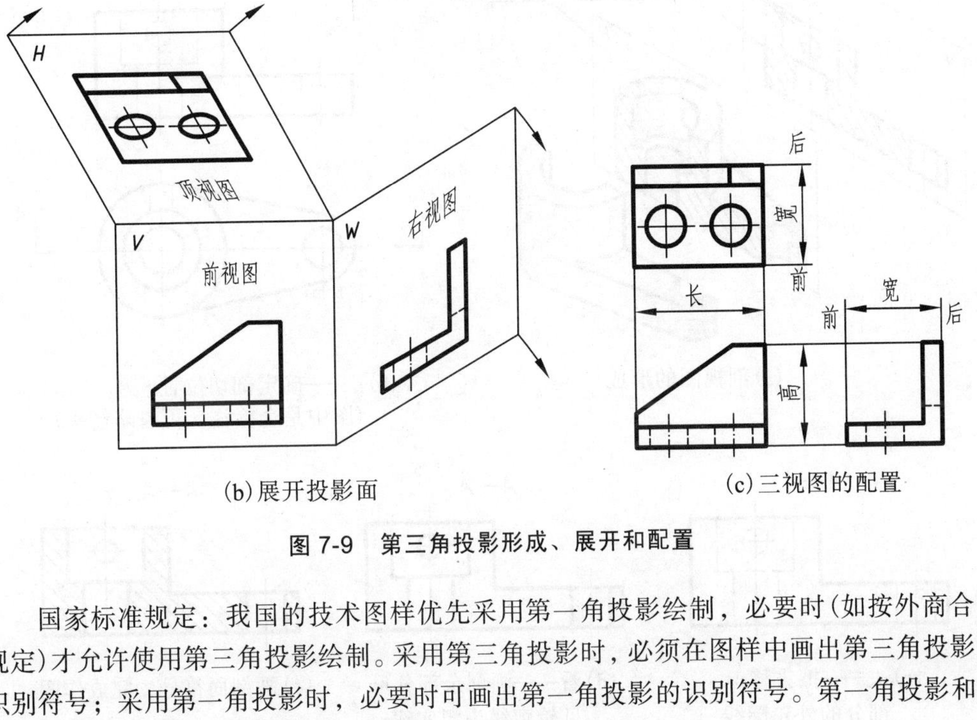

(b)展开投影面　(c)三视图的配置

图 7-9　第三角投影形成、展开和配置

国家标准规定：我国的技术图样优先采用第一角投影绘制，必要时(如按外商合同规定)才允许使用第三角投影绘制。采用第三角投影时，必须在图样中画出第三角投影的识别符号；采用第一角投影时，必要时可画出第一角投影的识别符号。第一角投影和第三角投影的识别符号如图 7-10 所示。

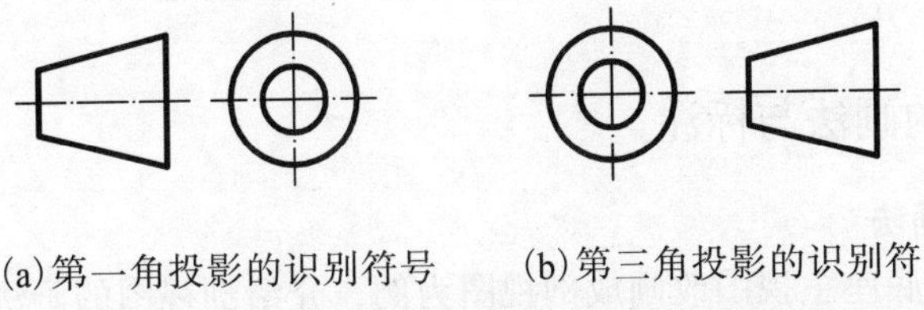

(a)第一角投影的识别符号　(b)第三角投影的识别符号

图 7-10　第一角投影和第三角投影的识别符号

第二节 剖视图

机件的内部结构用虚线表示，不便于读图、绘图和标注尺寸。剖视图主要用于表达机件内部不可见的结构，采用剖视图之后可以不用或少用虚线来表达内部结构。

一、剖视图的概念

制图标准规定：假想用剖切面剖开物体，将处在观察者和剖切面之间的部分移去，而将其余部分向投影面投射所得的图形称为剖视图，简称剖视。

如图 7-11(a)所示是一底座，为了明显的表达底座上的孔，假想通过孔的轴线用一剖切面(正平面)将底座剖开，移去底座的前半部分，然后将剩余部分向投影面投射得剖视图。

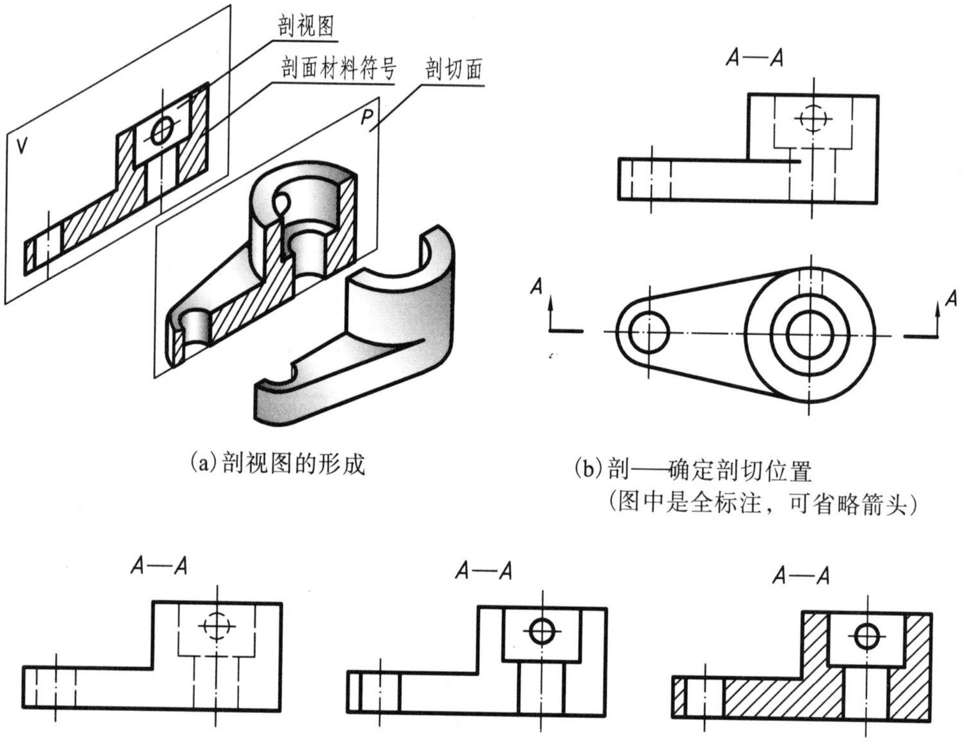

(a)剖视图的形成

(b)剖——确定剖切位置（图中是全标注，可省略箭头）

(c)去——擦去移走部分的外轮廓线

(d)看——画剩余部分可见轮廓线为粗实线

(e)画剖面符号，完成作图

图 7-11　剖视图的形成、画法与标注

二、剖视图的画法与标注

(一)剖视图的画法

以图 7-11 所示底座主视图改画成剖视图为例，介绍剖视图的画法思路。

(1)剖。画剖视图，首先应在视图中确定并标明剖切位置。如图 7-11(b)所示，为了表达底座内部结构的实形，剖切面的位置一般应平行于投影面，且与底座内部结构的对称面或轴线重合。

(2) 去。移去剖切面与观察者之间的部分，在视图中应擦去移去部分的外形轮廓线，如图 7-11(c) 所示。

(3) 看。将剩余部分当成一个立体进行投射，在视图中将可见轮廓线全部画成粗实线，如图 7-11(d) 所示。

(4) 画剖面符号。在剖切面与机件接触的部分画出剖面符号，本例剖面材料为金属，如图 7-11(d) 所示。

剖面材料符号简称剖面符号，常用的剖面符号见表 7-1。

表 7-1　常用的剖面符号

名称	图例	说明	名称	图例	说明
金属	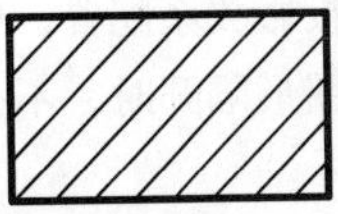	斜线为 45° 细实线，用尺画	线圈绕组元件	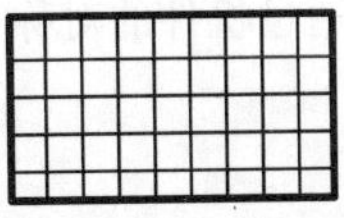	细实线，用尺画
非金属材料		细实线，用尺画	型砂、粉末冶金、陶瓷刀片、硬质合金刀片等	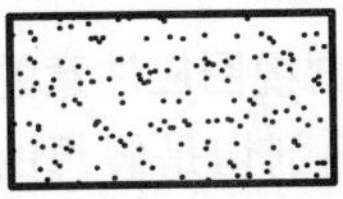	不均匀点，徒手画
液体	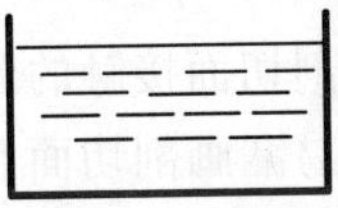	用尺画水平细实线	转子、变压器等的叠钢片	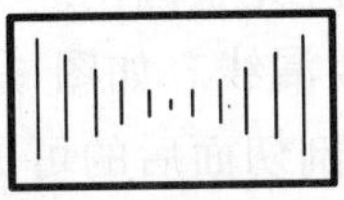	细实线，用尺画
格网(筛网、过滤网等)		用尺画	木材 纵剖面 木材 横剖面		徒手画

(二) 剖视图的标注

为了表达剖视图与有关视图之间的投影关系，便于读图，一般应加以标注。按制图标准规定，剖视图标注中应注明剖切符号(包括剖切位置线、投射方向箭头)、编号字母和剖视图的名称，如图 7-11(b) 所示。

(1) 剖切位置线和投射方向箭头。剖切位置线是标明剖切面的起、止和转折的，用粗实线绘制，长度宜为 5～10 mm。投射方向箭头是指明剖视图观看方向的，垂直地画在剖切位置线的外侧。绘图时，剖切符号不宜与轮廓线接触。

(2) 剖切符号的编号和剖视图的名称。剖切符号的编号采用大写的拉丁字母，若有多个剖视图，应按顺序由左至右、由上至下连续编号，编号应写在投射箭头附近，并一律水平书写。剖视图的名称写在相应剖视图的上方，注出与剖切符号编号相同的两个字母，中间加一条 5 ~ 10 mm 长的细实线，如"*A*—*A*"，图名的字体应大一些。

(3) 省略标注的规定。当剖视图按投影关系配置，中间又没有其他图形隔开时，可以省略箭头，如图 7-11 中 *A*—*A* 剖视图的标注可省略箭头。当单一剖切平面通过机件的对称平面或基本对称平面，且剖视图按投影关系配置，中间又没有其他图形隔开时，不必标注，如图 7-12 所示。

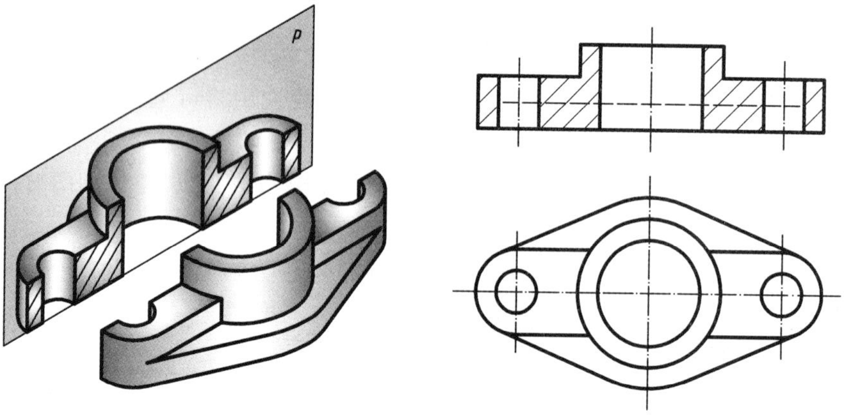

(a)通过机件的对称平面剖切　　(b)剖视图按投影关系配置，中间又没有其他图形隔开时，不必标注

图 7-12　剖视图中省略标注的规定

(三)画剖视图应注意的问题

(1)明确剖切是假想的。剖视图是假想把机件剖切开后所画的图形，除剖视图外，其余视图仍应完整画出。

(2)不要漏线。如图 7-13 所示，剖视图不仅应该画出与剖切面接触的断面形状，而且还要画出剖切面后的可见轮廓线。对初学者而言，往往容易漏画剖切面后的可见轮廓线，应特别注意。

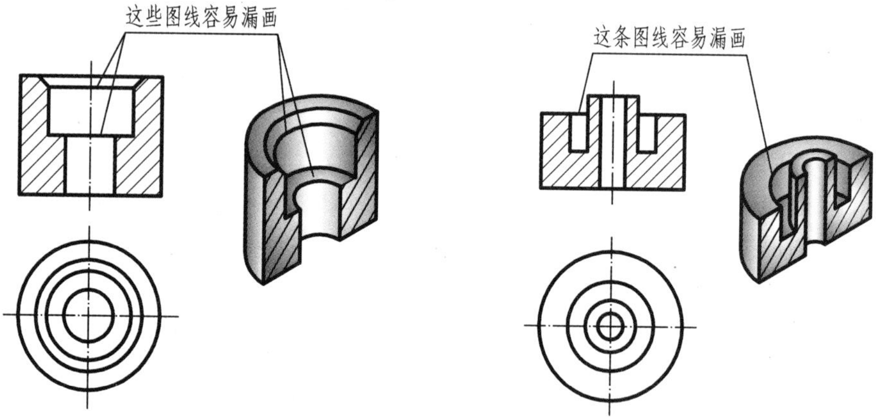

(a)剖切阶梯孔　　(b)剖切圆形凹槽

图 7-13　剖视图中容易漏画的图线

(3)合理地省略虚线。用剖视图配合其他视图表示机件时，图上的虚线一般省略不画。但如果画出少量的虚线可以减少视图数量，而且又不影响视图的清晰时，也可以画出少量的虚线，如图 7-12 所示。

(4)正确绘制剖面符号。画剖面符号时，应注意同一机件各剖视图上的材料符号要一致，即斜线方向一致、间距相等。

三、剖切平面与剖切方法

机件的形状是多种多样的，有时仅用一个剖切面并不能将其内部形状表达清楚。因此，根据机件不同的结构特点，可选用不同的剖切面。由剖切面的数量及不同的位置关系，可以得到不同的剖切方法。

(一)单一的剖切平面——单一剖、斜剖

用一个平行于基本投影面的剖切平面剖开机件的方法称为单一剖，用一个垂直于(但不平行)基本投影面的剖切平面剖开机件的方法称为斜剖，剖切面如图 7-14(a)所示。

(二)几个平行的剖切平面——阶梯剖

用两个或两个以上相互平行且平行于基本投影面的剖切平面剖开机件的方法称为阶梯剖，剖切面如图 7-14(b)所示。

(三)两相交的剖切平面——旋转剖、复合剖

用两个相交的剖切平面剖开机件的方法称为旋转剖，剖切面如图 7-14(c)所示。用多个相交的剖切平面剖开机件的方法称为复合剖。

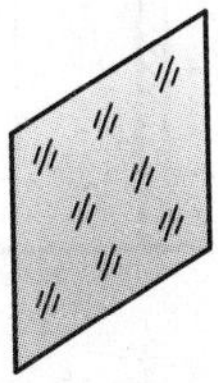

(a)单一剖切面，用于单一剖和斜剖

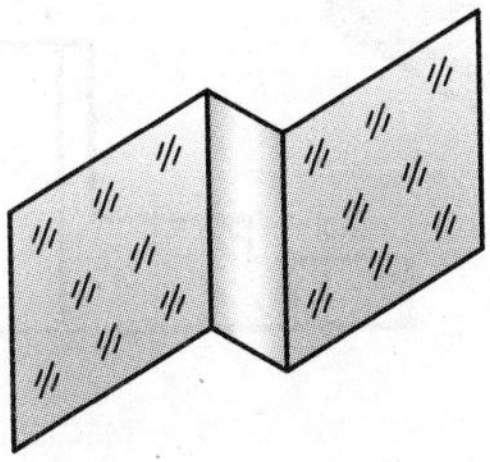

(b)几个相互平行的剖切面，用于阶梯剖

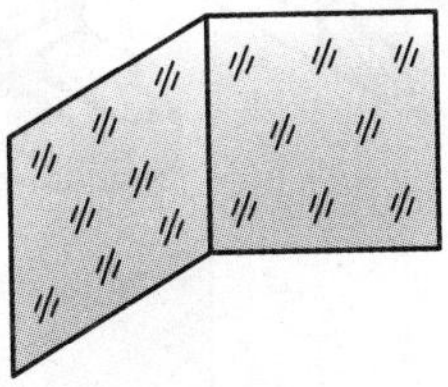

(c)两个相交的剖切面，用于旋转剖

图 7-14 剖切平面的种类

四、剖视图的种类

在画剖视图时，不管选用什么样的剖切平面，所得到的剖视图按剖切范围可分为全剖视图、半剖视图和局部剖视图三大类。

(一)全剖视图

用剖切平面完全地剖开机件所得的剖视图称为全剖视图。

全剖视图一般用于表达外形简单、内部结构比较复杂的机件，或主要为了表达机件内部结构时采用。

(二)半剖视图

当机件具有对称平面时，向垂直于对称面的投影面上投射，以对称线为界，一半绘制成剖视，另一半绘制成视图，这样组合的图形称为半剖视图。

半剖视图主要适用于内外形状均需要表达的对称或基本对称的机件。

（三）局部剖视图

用剖切面剖开机件的局部所得到的剖视图称为局部剖视图。

局部剖视图一般适用于内外形状均需要表达但不对称的机件。

五、常见的几种剖视图

在生产设计中，应根据所表达机件的特点，选择适当的剖切方法和剖切范围来表达其内部结构。这样所绘制出的剖视图实际上是不同的剖切方法与不同种类剖视图的组合。下面介绍几种常见的剖视图。

（一）单一全剖视图（简称全剖视）

用单一剖的方法把机件完全剖开后所得的剖视图称为单一全剖视图，如图 7-15 所示。

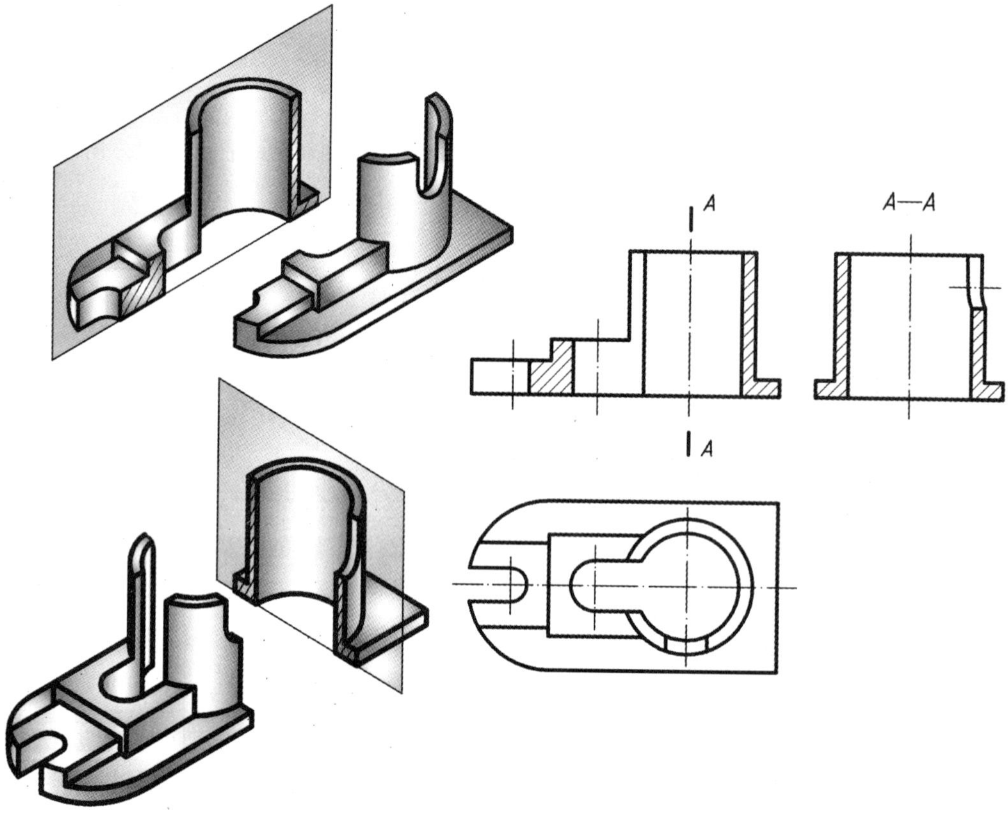

（a）空间分析

（b）主视图和左视图为单一全剖视图；按规定主视图不必标注，左视图可省略箭头

图 7-15　全剖视

图 7-15 所示机件的主视图，是假想用一个平行于正立投影面的剖切平面，通过机件的前后对称中心剖切，移去机件的前半部分，将后半部分向正立投影面投射。剖切前，主视图中前面的 U 形槽和各部分分界线可见，其他孔槽均为虚线，剖切后，前面的 U 形

槽和各部分分界线被剖掉不画，其他孔槽的轮廓线均可见，用粗实线绘制出。后面底板顶面的轮廓线，由于它在左视图和俯视图中已表达清楚，在该剖视图中可省略虚线。最后在断面上绘制出金属剖面符号，就得到了该机件单一全剖的主视图。按制图标准规定该剖视图不必标注。

图 7-15 所示机件的左视图，是假想用一个平行于侧立投影面的剖切平面，通过机件的主孔轴线剖切，移去机件的左边部分，将右边部分向侧立投影面投射得到的 *A—A* 单一全剖视图。按制图标准规定，*A—A* 剖视图的标注中可省略箭头。

(二)单一半剖视图(简称半剖视)

当机件具有对称平面时，用单一剖的方法把机件完全剖开，向垂直于机件对称平面的投影面上投射，以对称中心线为分界，一半画成剖视图，另一半画成视图，这样组合的图形称为单一半剖视图，如图 7-16 所示。

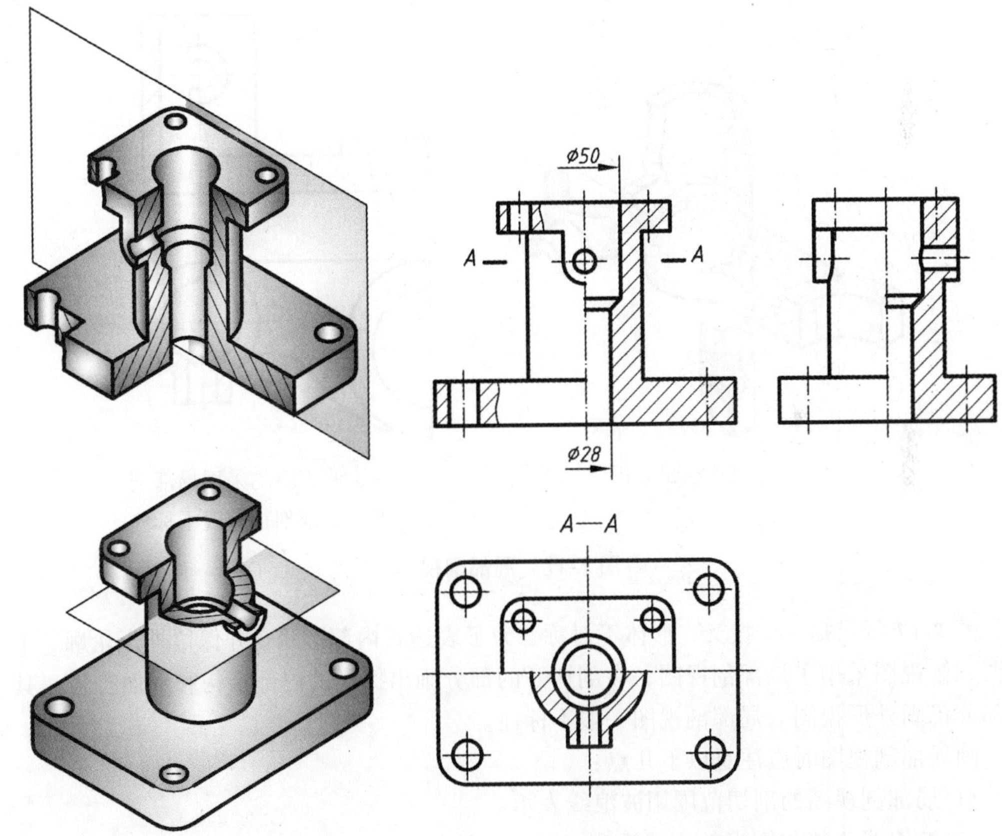

(a)空间分析

(b)三视图均为半剖视图；按规定主、左视图不必标注，俯视图的标注可省略箭头

图 7-16　半剖视

图 7-16 所示是一个泵体，形体前后、左右对称。其内外结构形状都需要表达，因此主、左视图和俯视图均采用了半剖视。主、左半剖视是剖切平面通过对称平面剖切得到

的半剖视图。俯视半剖视是用水平剖切平面通过凸台上圆孔轴线剖切得到的半剖视图。半剖视图的标注方法与全剖视图相同。

画半剖视图时应注意以下几点：

(1) 在半剖视图中，半个剖视图和半个视图的分界线必须用点画线画出，不能与可见轮廓线重合。

(2) 由于所表达的机件是对称的，在半个视图中应全部省略表示内部形状的虚线。

(3) 剖视部分习惯上画在对称线的右边或前面。

(4) 在半剖视图中，由于对称部分视图上省略了虚线，所以注写内部尺寸时，只需画出一端的尺寸界限和尺寸箭头，尺寸线要稍超过对称线，尺寸数字应注写整个结构的尺寸，如图 7-16 中的Φ50、Φ28。

(三) 单一局部剖视图（简称局部剖视）

用单一剖的方法部分地剖开机件所得到的剖视图称为单一局部剖视图，如图 7-17 所示。

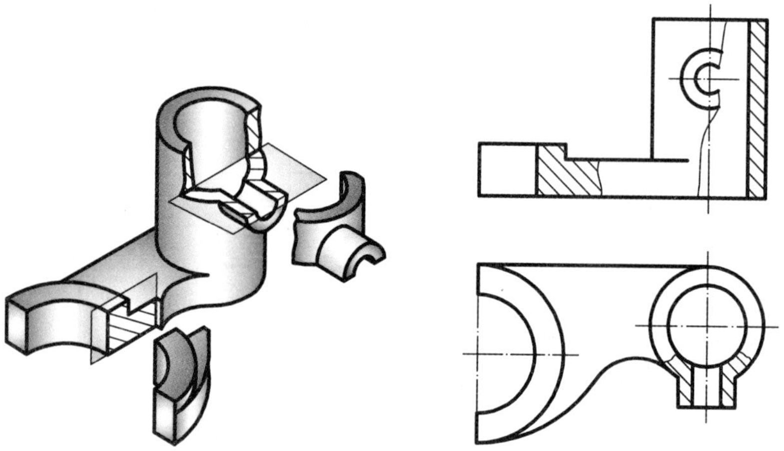

(a) 空间分析　　(b) 主、俯视图均采用局部剖视，局部剖视一般不标注

图 7-17　局部剖视

图 7-17 所示是一个拨叉，形体不对称。为了表达其内部形状，并保留外形轮廓，主视图和俯视图采用了局部剖视图，在剖切开的部分画出拨叉的内部结构和剖面符号，其余部分仍画外形视图。局部剖视图一般不标注。

画局部剖视图时应注意以下几点：

(1) 局部剖视图的剖切范围用波浪线表示。

(2) 波浪线不能与图形轮廓线重合，并且波浪线要画在机件的实体部分，不应画在空心处或超出图形之外，如图 7-18 所示。

(四) 阶梯全剖视图（简称阶梯剖视）

用阶梯剖的方法把机件全部剖开后所得的剖视图，称为阶梯全剖视图。阶梯剖视适用于表达内部结构分布于若干平行平面上的机件，如图 7-19 所示。

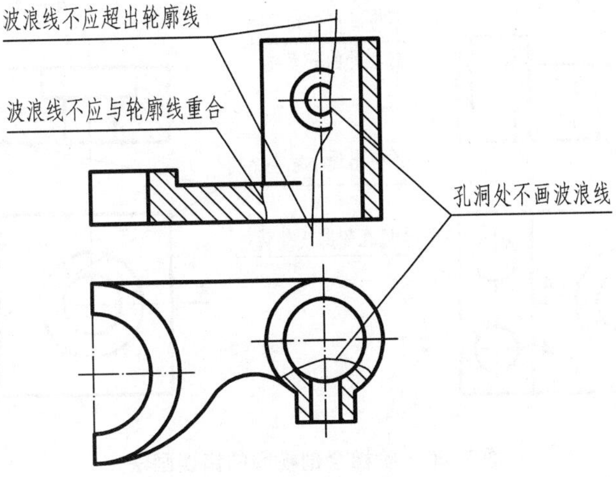

图 7-18 波浪线的错误画法

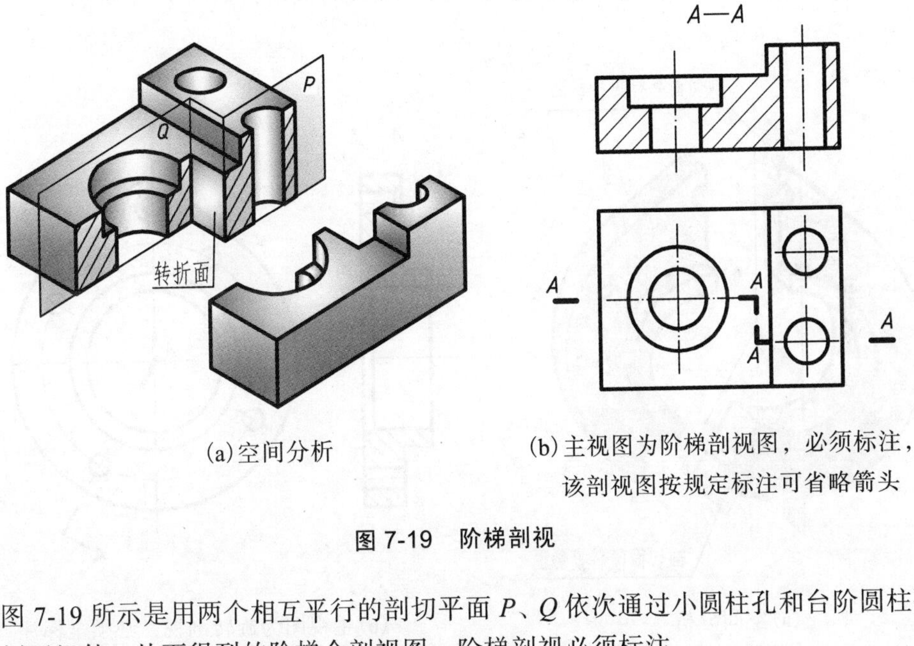

(a)空间分析

(b)主视图为阶梯剖视图，必须标注，该剖视图按规定标注可省略箭头

图 7-19 阶梯剖视

图 7-19 所示是用两个相互平行的剖切平面 P、Q 依次通过小圆柱孔和台阶圆柱孔的轴线剖开机件，从而得到的阶梯全剖视图。阶梯剖视必须标注。

画阶梯剖视图时应注意以下几点(见图 7-20)：

(1)剖视图中不应画出两剖切平面之间转折面的投影，剖切平面的转折处不应与图形轮廓线重合。

(2)剖视图中一般不应出现不完整的结构要素。

(3)标注时在转折处也应注出与剖视名称相同的字母。满足省略箭头条件时，可省略箭头。

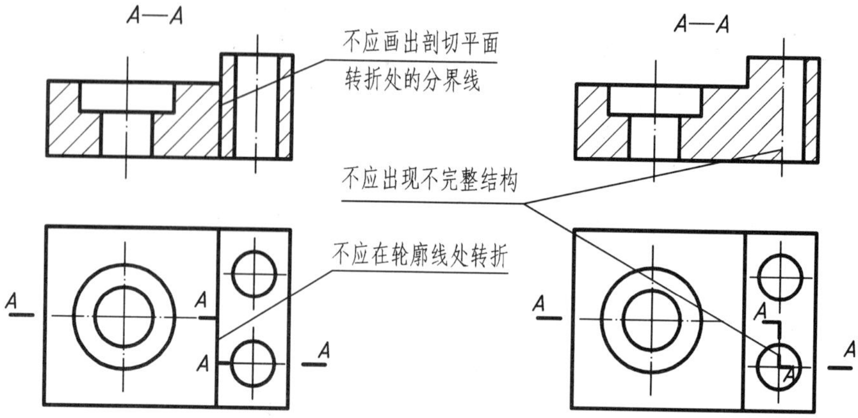

图 7-20 阶梯全剖视图的错误画法

（五）旋转全剖视图（简称旋转剖视）

用旋转剖的方法将机件全部剖开所得的剖视图称为旋转全剖视图。旋转剖视适用于表达内部结构不在同一平面内，且具有明显回转轴线的机件，如图 7-21 所示。

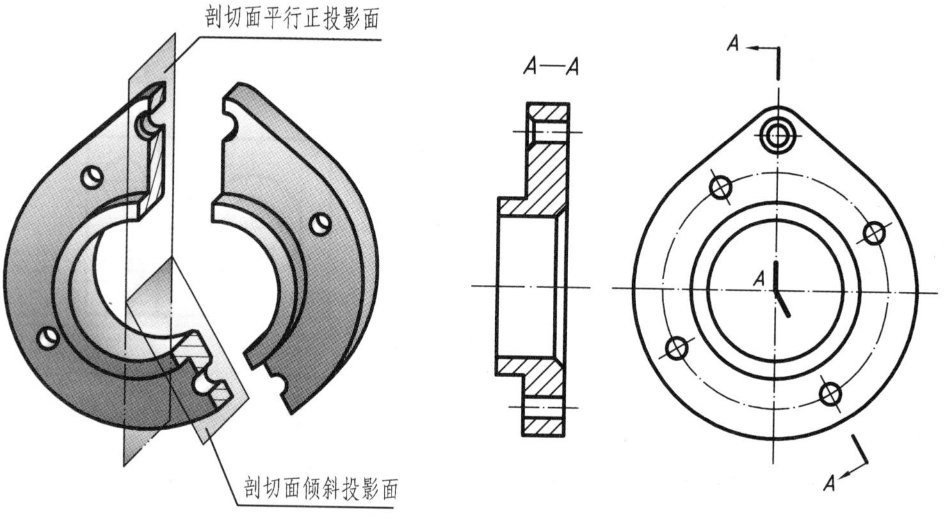

(a)空间分析　　(b)主视图为旋转剖视，必须全标注

图 7-21 旋转剖视

图 7-21 所示是一个端盖，上面有两种孔，用相交的两平面分别通过两种孔的轴线剖开(两平面交线与主孔轴线重合)，然后将被倾斜的剖切平面剖开的结构及其有关部分旋转到与选定的投影面(正立投影面)平行的位置进行投射，得旋转剖视。旋转剖视必须全标注。

画旋转剖视图时应注意以下几点：

(1)两相交的剖切平面其交线应与机件上的公共回转轴重合。

(2)位于两剖切平面之后的结构，一般仍按原位置(即不旋转)直接画出其投影。

(3)标注时在转折处也应注出与剖视名称相同的字母。

(六)斜全剖视图(简称斜剖视)

用斜剖的方法将机件全部剖开所得的剖视图为斜全剖视图。斜剖视适用于表达机件上不平行基本投影面的倾斜部分的结构形状，如图 7-22 所示。

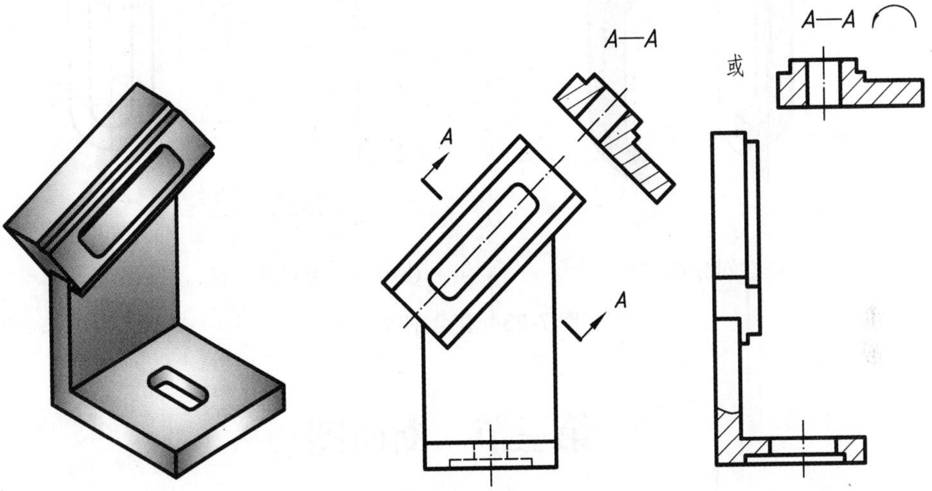

(a)空间分析　(b)托座倾斜部分采用斜全剖，必须全标注

图 7-22　斜剖视

图 7-22 所示是一托座，其倾斜部分为凸形柱，凸形柱中部有一个四角为圆角的长方形通孔。为了表示该倾斜部分的结构形状，用一个通过孔并且平行凸形柱底面的正垂面剖切，然后向新设置的与该剖切平面平行的投影面投射，获得 *A—A* 斜全剖视图。斜剖视必须全标注。

画斜剖视图时应注意以下几点：

(1)斜剖视图一般按投影关系配置在箭头所指方向，如需要也可画在其他适当的地方，必要时还可将其转正画出，如图 7-22(b)所示。

(2)斜剖视标注中字母要水平书写。若将斜剖视图转正后画出，还应同时注出旋转符号(旋转符号的画法与斜视图中的相同)以表明旋转方向，如图 7-22(b)所示。字母应靠近旋转符号的箭头端。

(七)复合全剖视图(简称复合剖视)

用复合剖的方法将机件全部剖开所得的剖视图称为复合全剖视图。当机件的内部结构较多，用阶梯剖或旋转剖仍不能表达清楚时，可采用复合剖。图 7-23 所示的 *A—A* 剖视图是斜剖与旋转剖的复合。复合剖视必须全标注。

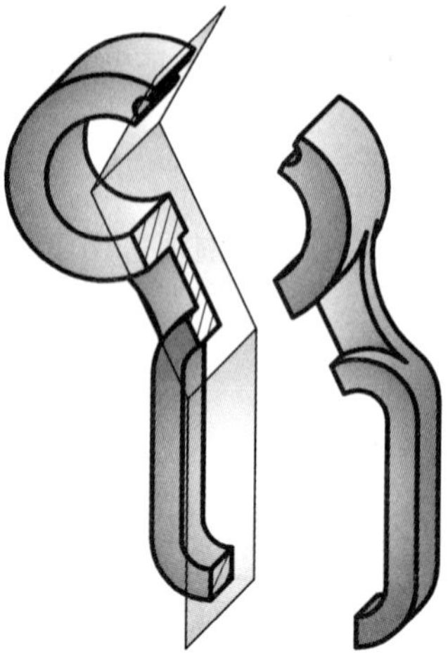

(a)空间分析

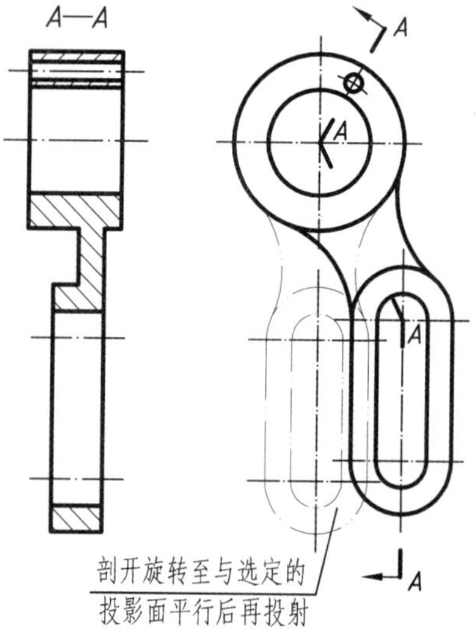

(b)$A—A$ 为复合剖视，必须全标注

图 7-23　复合剖视

第三节　断面图

一、断面图的概念

制图标准规定：假想用剖切面将物体的某处切断，仅画出该剖切面与物体接触部分的图形称为断面图，可简称断面。断面图不包括剖切面后的轮廓，这是它与剖视图的不同点，实质上断面图就是剖视图的一部分，如图 7-24 所示。

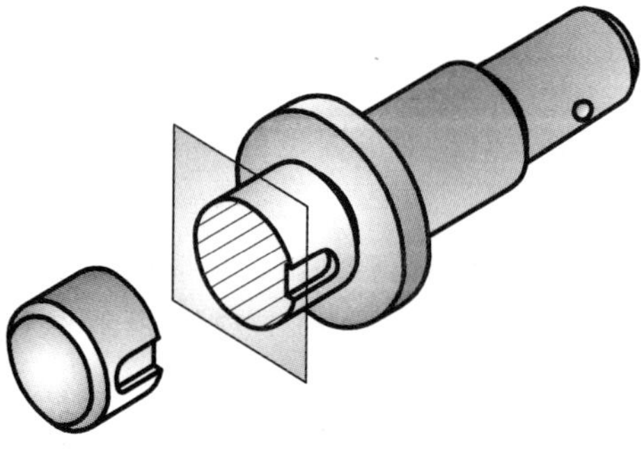

(a)空间分析

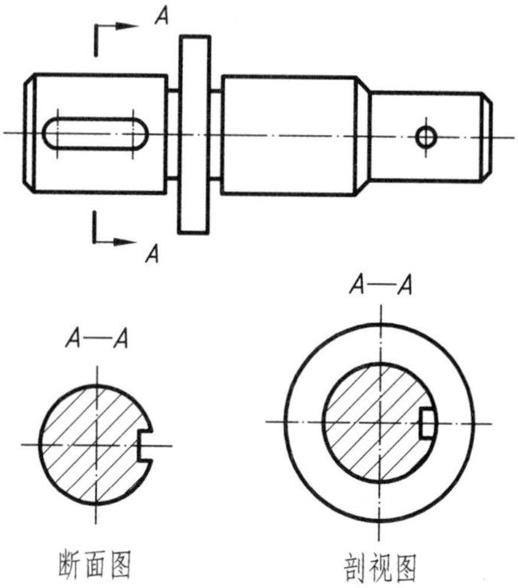

(b)主视图、断面图、剖视图

图 7-24　断面图与剖视图的区别

断面图主要用来表达机件某处断面的形状，如机件上的肋板、轮辐、键槽及杆类零件的断面等。为了表示截断面的真实形状，剖切平面一般应垂直于被表达结构的主要轮廓线。

二、断面图的种类

断面图根据画在图上的位置不同，分为移出断面图和重合断面图两种。

(一)移出断面图

绘制在视图之外的断面图称为移出断面图。

(二)重合断面图

绘制在视图之内的断面图称为重合断面图。

三、移出断面图的画法与标注

(一)移出断面图的画法要点

移出断面图的画法与剖视图相同，只是仅画出断面形状，移出断面是独立存在的图形，轮廓线应用粗实线绘制。

(二)移出断面图的配置与标注

(1)当移出断面图没有按照投影关系配置且断面图形不对称时，应全标注。如图 7-25 中 *A—A* 断面。

(2)如果断面图配置在剖切位置延长线上且断面图形不对称，则不必标注字母。如图 7-25 中左边第二个断面。

(3)如果断面图配置在剖切位置延长线上且断面图形对称，仅需在剖切位置处画出点画线，其他不必标注。如图 7-25 中左边第三个断面。

(4)移出断面也可配置在图纸的其他适当位置，这时如果图形对称或按投影关系配置，可省略箭头，如图 7-25 中 *B—B* 断面。

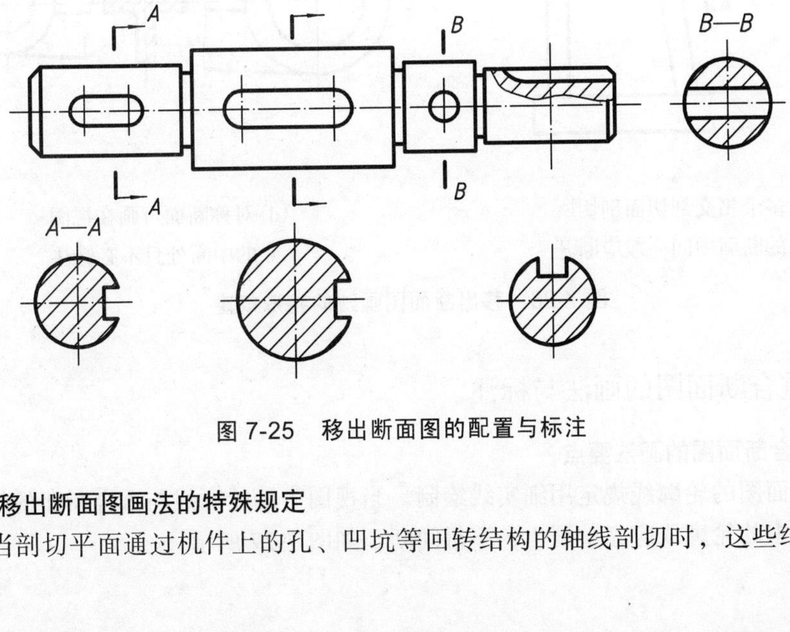

图 7-25　移出断面图的配置与标注

(三)移出断面图画法的特殊规定

(1)当剖切平面通过机件上的孔、凹坑等回转结构的轴线剖切时，这些结构应按剖视绘制，如图 7-26(a)所示。

(2)当剖切平面通过非回转孔，会导致出现完全分离的两部分断面时，则这些结构也应按剖视绘制，如图 7-26(b)所示。

(3)剖切平面可以是多个，当用相交的剖切平面剖切时，移出断面中间一般应断开，如图 7-26(c)所示。

(4)当断面图形对称时，移出剖面也可画在视图的中断处，且不必标注，如图 7-26(d)所示。

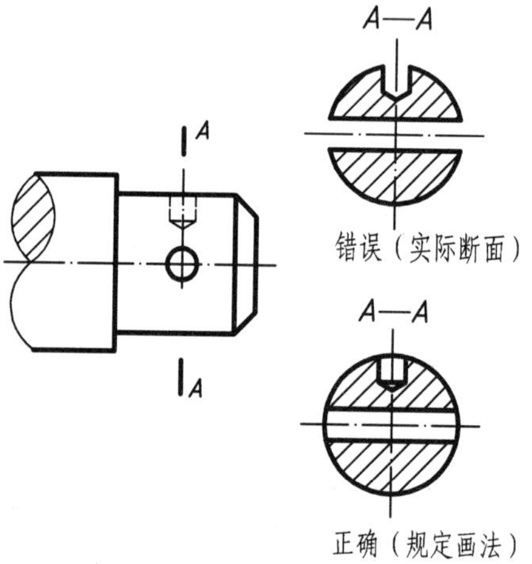

(a)过轴线剖切的回转孔按剖视绘制

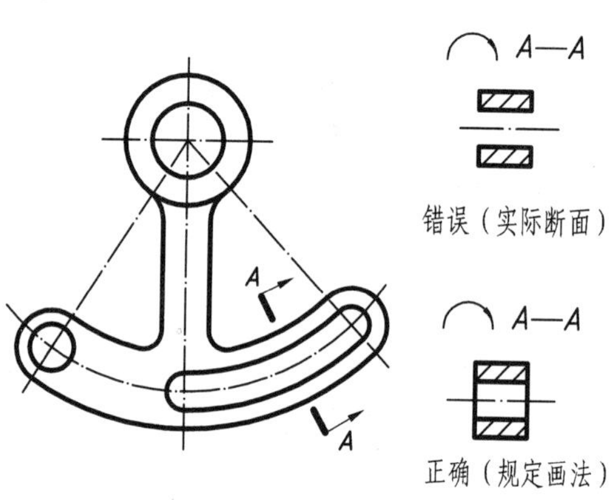

(b)成分离断面的结构按剖视绘制

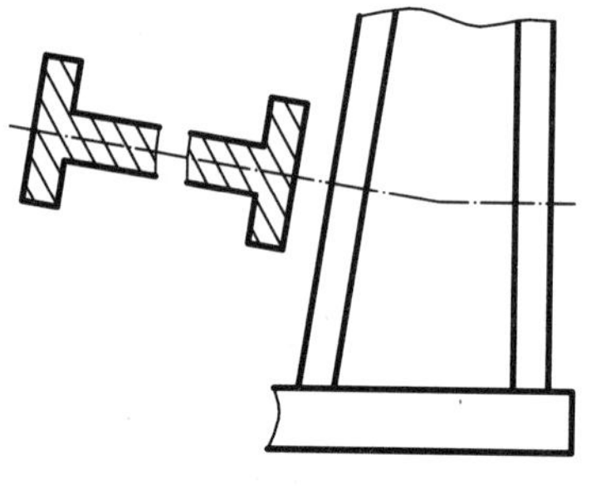

(c)用多个相交剖切面剖切所得的断面中间一般应断开

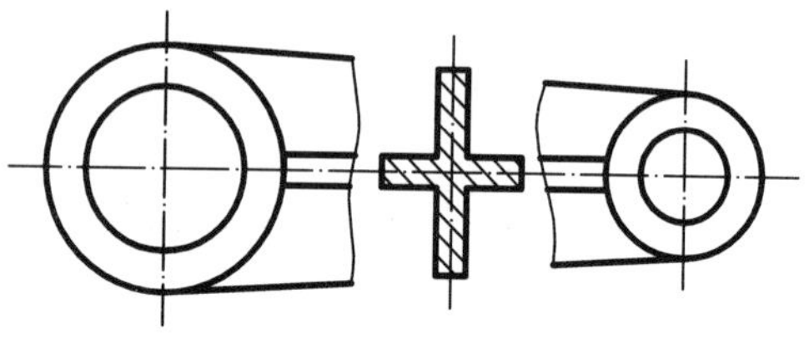

(d)对称断面可画在视图的中断处且不必标注

图 7-26　移出断面图画法的特殊规定

四、重合断面图的画法与标注

(一)重合断面图的画法要点

重合断面图的轮廓线规定用细实线绘制。当视图中的轮廓线与重合断面的轮廓线重合时，视图中的轮廓线应完整画出，不得间断，如图 7-27 所示。

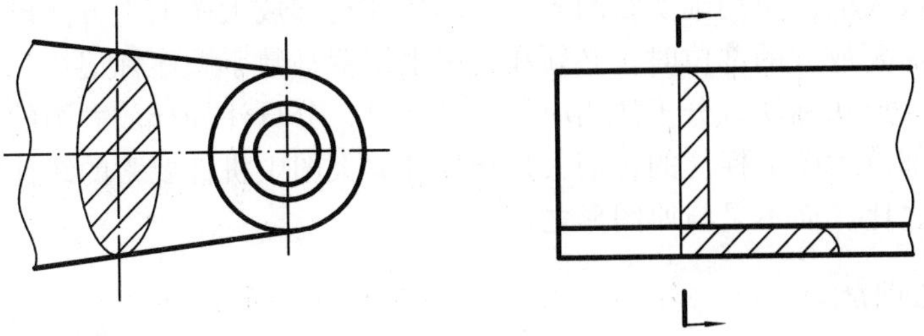

(a)对称的重合断面 (b)不对称的重合断面

图 7-27 重合断面图

(二)重合断面图的配置与标注

对称的重合断面图不必标注，如图 7-27(a)所示；不对称的重合断面图应标注剖切位置线和投射方向(箭头)，不必标注字母，如图 7-27(b)所示。

第四节 其他表达方法

一、局部放大图

当按一定比例画出机件的视图时，其上的细小结构常常会表达不清，并且难以标注尺寸，此时可另行画出这些结构的放大图，如图 7-28 所示。这种将机件上的部分结构，用大于原图形采用的比例所画出的图形称为局部放大图。局部放大图可以画成视图、剖视图、断面图，与被放大部分的表达方法无关。

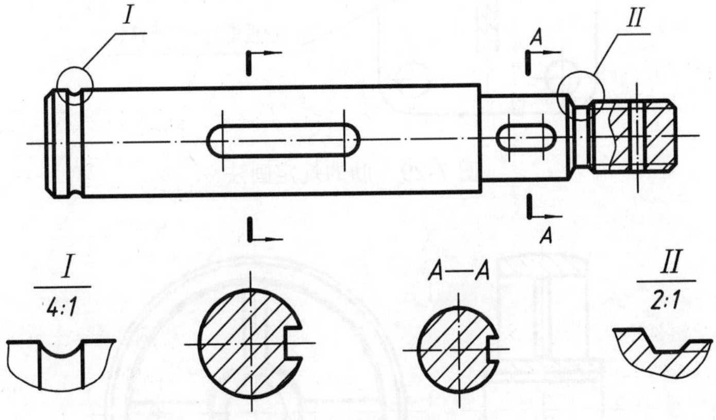

图 7-28 局部放大图

图 7-28 所示是一阶梯轴，轴的左端有一卡槽，右端有一退刀槽，由于结构小，在原图形中表达不清楚，且不便于注尺寸，故采用局部放大图表达。其中，左端卡槽的局部放大图画成视图，右端退刀槽的局部放大画成断面图。

局部放大图应尽量配置在被放大部位的附近。局部放大图必须标注。标注方法是：

在视图中，将放大的部位用细实线圈起来，然后在局部放大图的上方注出绘图比例；当机件上有几个需要放大的部位时，必须在视图上用罗马数字顺序标记，在局部放大图的中上方采用分式形式标注，分子注相应的罗马字母，分母注局部放大图的比例。

注意：局部放大图上标注的比例，是指局部放大图中机件要素的线性尺寸与实际机件的线性尺寸之比，而不是与原图形之比。

二、简化画法

简化画法包括规定画法、省略画法和示意画法等。本节介绍制图标准规定的一些常用的简化画法。

(一)肋和轮辐纵剖的规定画法

画各种剖视图时，对于机件上的肋、轮辐及薄壁等，若按纵向通过这些结构的对称平面剖切，这些结构都不画剖面符号，而用粗实线将它们与邻接部分分开，如图 7-29、图 7-30 所示。

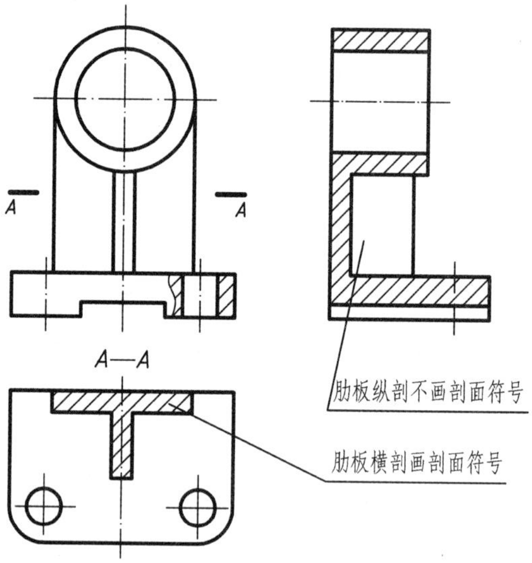

图 7-29　肋的规定画法

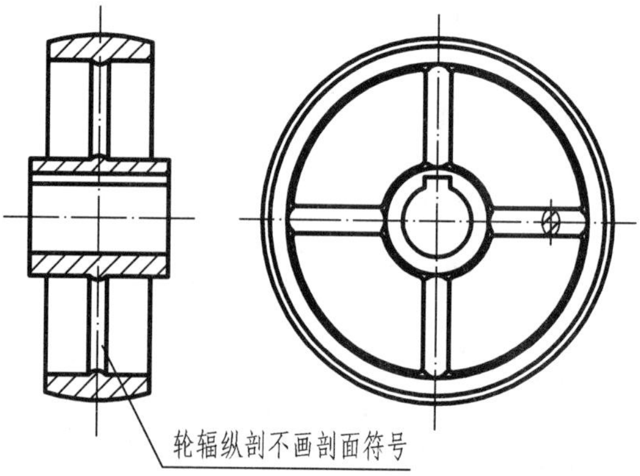

图 7-30　轮辐的规定画法

(二)对称机件的省略画法

为了节省绘图时间和图幅，在不致引起误解时，对称结构的视图可只画一半，并在对称中心线的两端画出两条与其垂直的平行细实线(对称符号)，如图 7-31 中的俯视图。

(三)机件上对称结构局部视图的简化画法

机件上对称结构的局部视图，可按图 7-32 所示方法配置，不需标注。

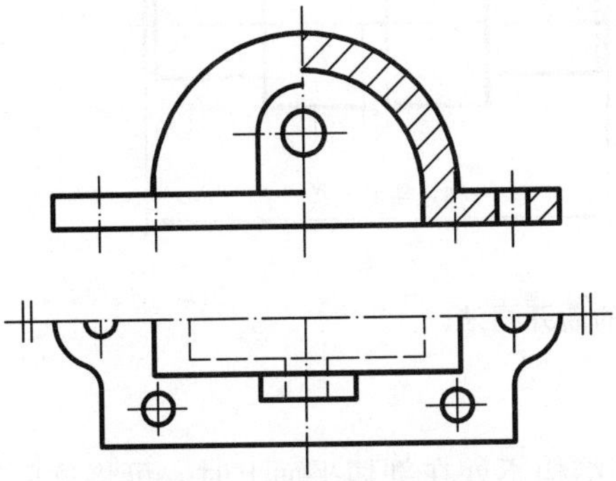

图 7-31　对称机件的省略画法

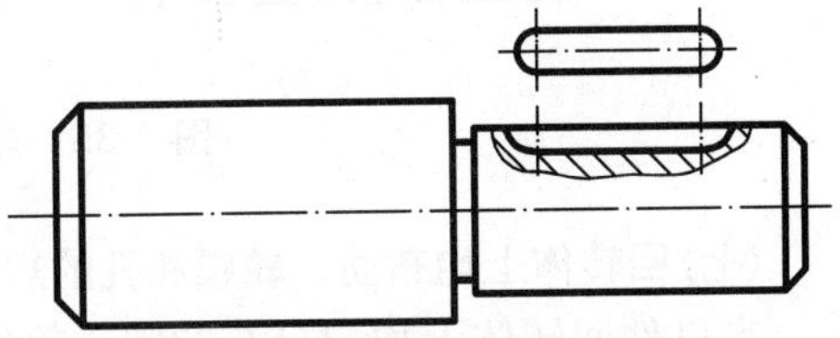

图 7-32　机件对称结构局部视图的简化画法

(四)相同结构的省略画法

当机件具有相同结构(如齿、槽等)并按一定规律分布时，只需画出几个完整的结构，其余用细实线连接，在零件图中必须注明该结构的总数，如图 7-33 所示。

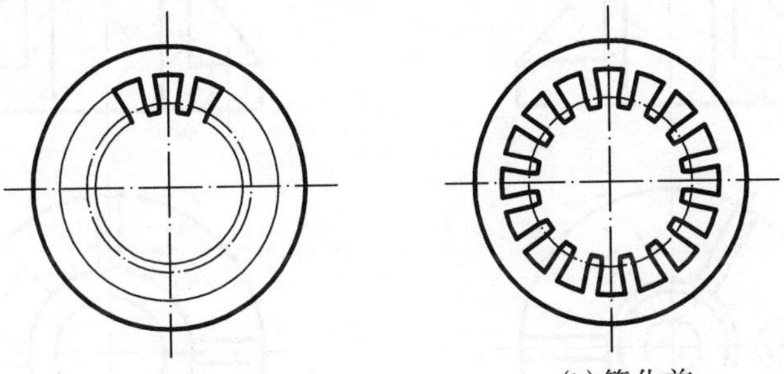

(a)简化后　(b)简化前

图 7-33　相同结构的省略画法

(五)成规律分布孔的省略画法

机件上若干直径相同且成规律分布的孔，可以仅画出一个或少量几个，其余只需用细点画线表示其中心位置，如图 7-34 所示。

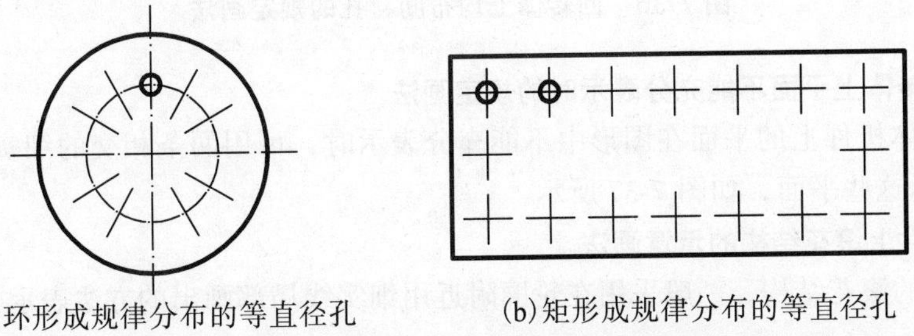

(a)环形成规律分布的等直径孔　(b)矩形成规律分布的等直径孔

图 7-34　按一定规律分布的相同直径孔的简化画法

（六）较长机件的简化画法

较长的机件（如轴、杆、型材、连杆等）沿长度方向的形状不变或按一定规律变化时，可断开后缩短绘制，如图 7-35 所示。

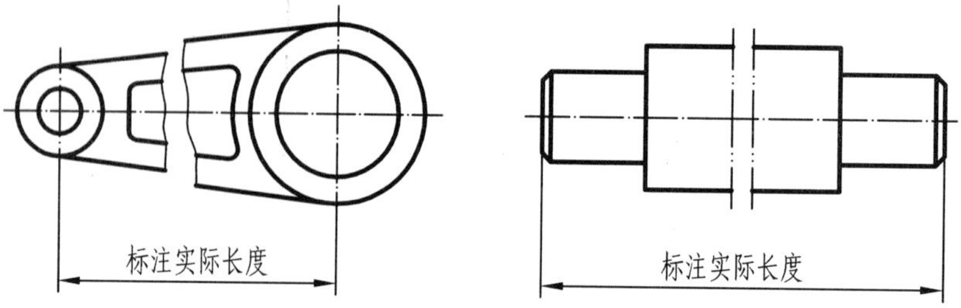

图 7-35　较长机件的断开画法

（七）回转体上均布肋、轮辐和孔的规定画法

当机件回转体上均匀分布的肋、轮辐、孔等结构不处在剖切平面上时，可将这些结构旋转到剖切平面上画出，如图 7-36 所示（图中剖视图均为单一全剖视图）。

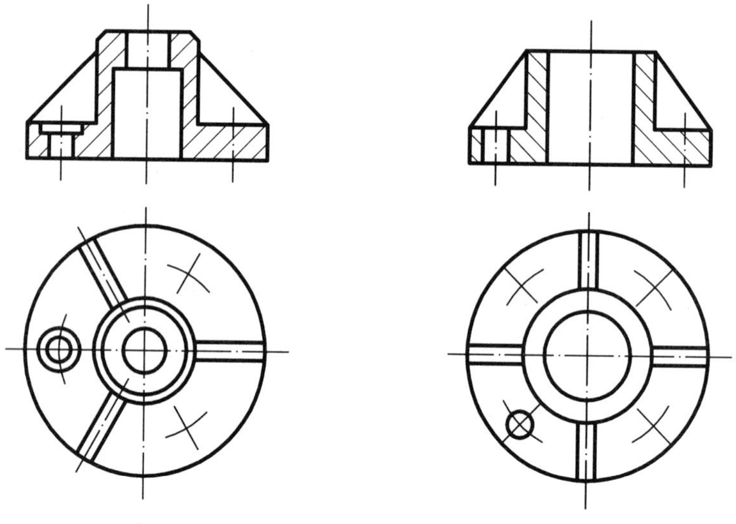

(a) 回转体上均布肋的规定画法　　(b) 回转体上均布孔的规定画法

图 7-36　回转体上均布肋、孔的规定画法

（八）回转体上平面不能充分表示时的规定画法

当回转体机件上的平面在图形中不能充分表示时，可用两条相交的细实线（称为平面符号）表示这些平面，如图 7-37 所示。

（九）机件上滚花结构的示意画法

机件上的滚花结构，一般采用在轮廓附近用细实线局部画出的方法表示，如图 7-38 所示。

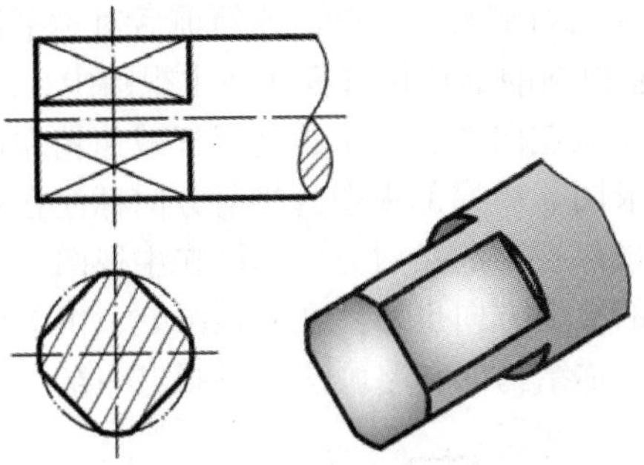

图 7-37　平面不能充分表示时应画平面符号

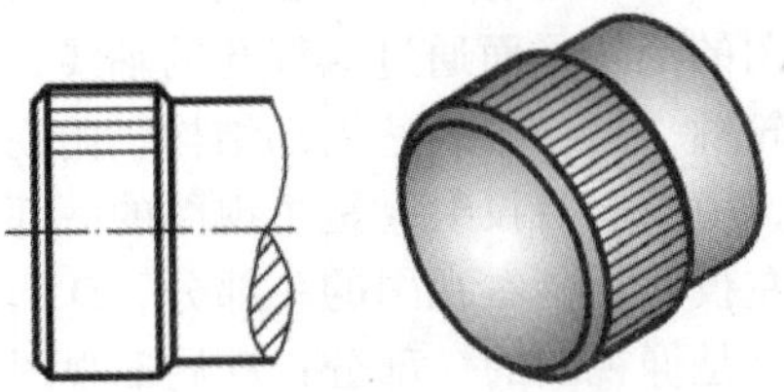

图 7-38　滚花的示意画法

第五节　常用表达方法综合应用实例分析

生产实际中的机械图样，通常是综合运用上述方法表达机件的形状，阅读它们的方法仍然是形体分析法。下面以分析图 7-39 所示蜗杆减速箱的表达方案为例，介绍读图方法。

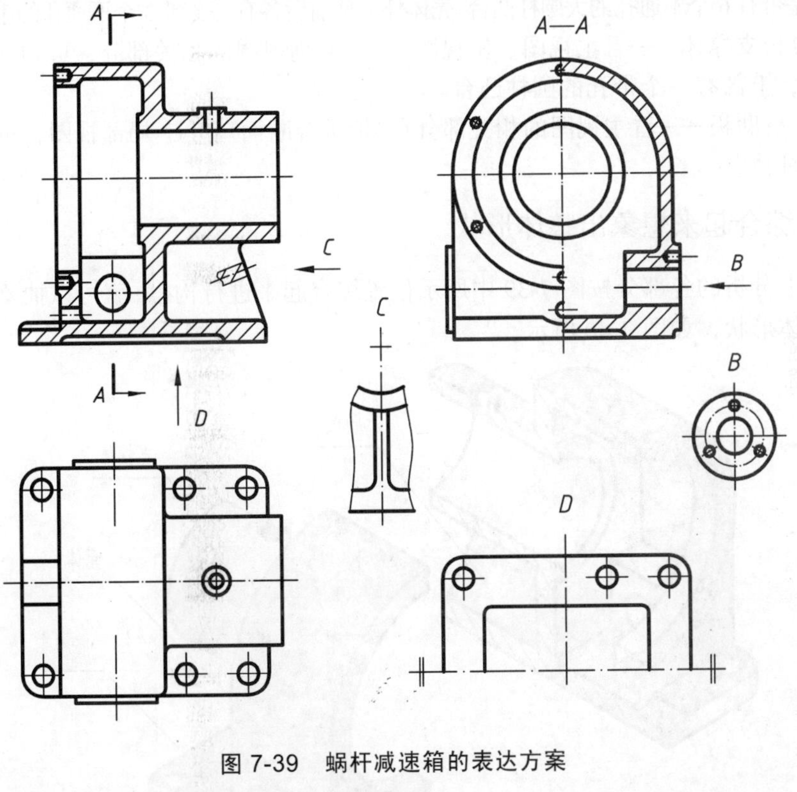

图 7-39　蜗杆减速箱的表达方案

一、分析视图

图 7-39 所示蜗杆减速箱的表达方案中有 6 个图形：单一全剖的主视图、外形俯视图、*A*—*A* 半剖的左视图和 *B*、*C*、*D* 三个局部视图。

其中单一全剖的主视图没有标注，表明它的剖切平面与蜗杆减速箱前后对称平面重合；主视图中还有一个重合断面。*A—A* 半剖左视图的剖切位置标注在主视图中，*A—A* 剖视图的剖切平面通过蜗杆孔的轴线，投射方向从左向右，一半表达蜗杆减速箱左部的外形轮廓，另一半表达内部结构。俯视图是外形图。*B* 局部视图的投射方向标注在左视图上，由前向后投射，是主视图的一部分。*C* 局部视图的投射方向标注在主视图上，由右向左投射，是右视图的一部分。*D* 局部视图的投射方向也标注在主视图上，由下向上投射，是仰视图的一部分；*D* 局部视图采用了对称结构的省略画法，只画出一半。

二、分部分、想形状

从主视图入手，结合其他视图可将蜗杆减速箱分为底板、空箱、支撑体和肋板四大部分。逐部分找投影，用形体分析法想象形状：

(1) 分析底板——看主视图、俯视图、*A—A* 剖视图的相关部分和 *D* 局部视图，可知底板是带圆角的长方体，底板上有 6 个圆柱孔和一个小半圆柱槽，底部有一个矩形凹槽。

(2) 分析空箱——看主视图、俯视图、*A—A* 剖视图的相关部分和 *B* 局部视图，可知空箱主体是 U 形壳体，在蜗杆减速箱的内部下面前后各有一个带圆柱通孔的长方体凸台，壳体外左部是带有 6 个不通孔的大圆柱凸台，壳体外下部前后各有一个带 3 个不通孔的小圆柱凸台。

(3) 分析支撑体——看主视图、俯视图、*A—A* 剖视图的相关部分，可知支撑体的主体是圆筒，上部有一个带孔的圆柱凸台。

(4) 分析肋板——看主视图的相关部分（包括重合断面）和 *C* 局部视图，可知肋板是一个梯形柱体。

三、综合起来想象出整体形状

将以上分析的各部分按图 7-39 中所示位置综合起来进行构思，就可以抽象出蜗杆减速箱的整体形状，如图 7-40 所示。

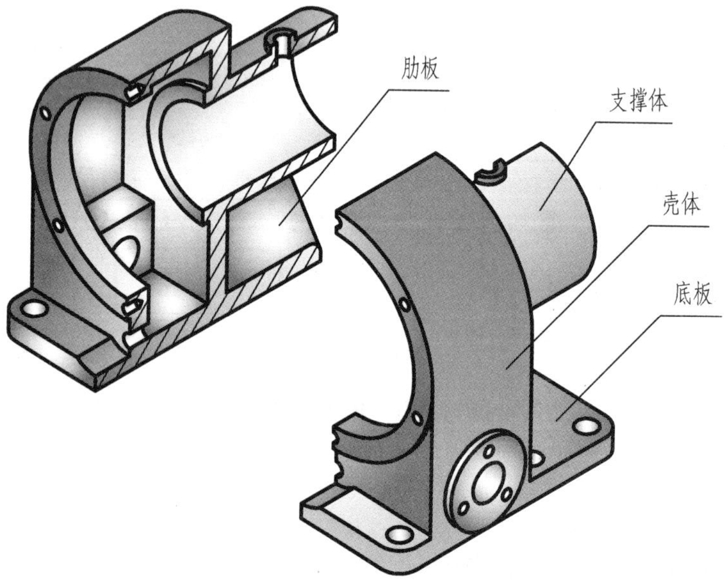

图 7-40　蜗杆减速箱立体图

复习思考题(单项选择题)

1. 六个基本视图按投影关系配置，它们的名称(　　)。
   (a)只标注后视图　(b)只标注右视图　(c)都不标注　(d)不标注主视图
2. 向视图的名称(　　)。
   (a)可标注　(b)必须标注　(c)不能标注　(d)可不标注
3. 基本视图的方位与空间相反的视图是(　　)。
   (a)仰视图　(b)后视图　(c)右视图　(d)后视图和仰视图
4. 画局部视图时，应在基本视图上标注出(　　)。
   (a)投射方向　(b)名称　(c)投射方向和相应字母　(d)不标注
5. 斜视图是(　　)。
   (a)向不平行于任何基本投影面的辅助平面投射
   (b)向基本投影面投射
   (c)向水平投影面投射
   (d)向正投影面投射
6. 斜视图转正画出，标注中的旋转符号的箭头应(　　)。
   (a)背向字母　(b)指向字母　(c)指向图形　(d)没有要求
7. 局部视图与斜视图的实质区别是(　　)。
   (a)投影部位不同　(b)投影面不同　(c)投影方法不同　(d)画法不同
8. 假想用侧平剖切面将物体剖开，移去物体右边的部分，将剩余部分向投影面投射，并画出剖面符号的图形是(　　)。
   (a)左视图作剖视　(b)主视图作剖视
   (c)右视图作剖视　(d)后视图作剖视
9. 若主视图作剖视图，应该在哪个视图上标注剖切位置线和投射箭头(　　)。
   (a)主视图　(b)俯视图
   (c)反映前后方位的视图　(d)任意视图
10. 同一机件各图形中的剖面符号(　　)。
    (a)间距可不一致　(b)无要求
    (c)必须方向一致　(d)方向必须一致并要间隔相同
11. 半剖视图中视图部分与剖视部分的分界线是(　　)。
    (a)点画线　(b)波浪线　(c)粗实线　(d)虚线
12. 局部剖视图中的波浪线表示的是(　　)
    (a)假想机件的断裂痕迹　(b)剖视图的轮廓线
    (c)局部剖视图的标记　(d)剖面符号
13. 阶梯剖视图所用的剖切平面是(　　)。
    (a)一个剖切平面　(b)两个相交的剖切平面
    (c)两个剖切平面　(d)几个平行的剖切平面

14. 旋转剖视图应(　　)。

(a)先将剖面上的结构旋转后投影　　(b)先将剖面后的结构旋转后投影

(c)先将倾斜剖面上的结构旋转后投影　　(d)不旋转直接投影

15. 移出断面图在下列哪种情况下要全标注(　　)。

(a)按投影关系配置的断面

(b)放在任意位置的对称断面

(c)配置在剖切位置延长线上的断面

(d)不按投影关系配置也不配置在剖切位置延长线上的不对称断面

16. 重合断面的轮廓线用(　　)。

(a)粗实线绘制　　(b)虚线绘制　　(c)细实线绘制　　(d)点画线绘制

17. 在剖视图中，被剖切但不画剖面符号，而用粗实线将它们与邻接部分分开的是(　　)。

(a)回转体上均布的肋、轮辐及孔等结构

(b)回转体上纵剖的肋、轮辐等结构

(c)机件上被横剖的肋、轮辐及薄壁等结构

(d)机件上被纵剖的肋、轮辐及薄壁等结构

18. 识读机件综合表达方案的方法是(　　)。

(a)从主视图入手，一个视图一个视图地看

(b)用形体分析法，一部分一部分地看

(c)先看视图，再看断面图和其他视图

(d)先看剖视图，再看断面图和其他视图

第八章　标准件和常用件

学习目标

1．了解所学各种标准件和常用件的使用场合、类型和相关要素。
2．能识读螺纹和螺纹紧固件的标记。掌握各种螺纹连接图的规定画法。
3．掌握键连接和销连接图的规定画法。
4．掌握直齿圆柱齿轮规定画法和齿轮啮合图的规定画法。
5．掌握滚动轴承和圆柱螺旋压缩弹簧的规定画法。

机械设备中常用的螺栓、螺钉、螺母、垫圈、键、销、滚动轴承等零件的结构、尺寸和画法，在国家相关标准中都有统一的规定，该类零件称为标准件；机械设备中常用的齿轮、弹簧等零件的部分结构和参数也有统一的规定，这类零件称为常用件。标准件一般由专业化工厂进行大批量生产，使用时可根据规格、型号等在市场购买。

第一节　螺纹与螺纹紧固件

一、螺纹

在圆柱或圆锥面上，沿着螺旋线所形成的具有相同断面的连续凸起和沟槽，称为螺纹。在零件外表面上形成的螺纹叫外螺纹；在零件内表面上形成的螺纹叫内螺纹。

加工螺纹的方法很多，图 8-1 所示是在车床上加工内、外螺纹时的情况，车床通过三爪卡盘夹紧圆柱形零件，并带动它作等速旋转运动，车床进给机构带动车刀沿圆柱轴线方向作等速直线运动，其合成运动使切入零件的刀尖在零件表面切削出螺纹。图 8-2 所示是用丝锥攻制内螺纹的过程，先用麻花钻头在零件上钻出圆柱孔（又称光孔），然后向光孔内旋入丝锥，就可在圆柱孔内壁上加工出内螺纹。

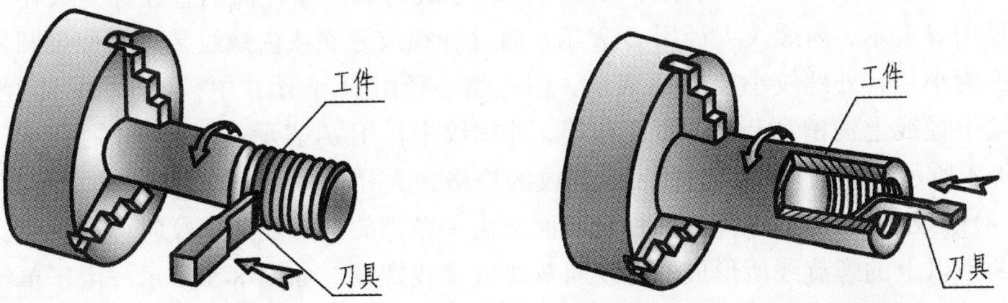

(a)加工外螺纹　　(b)加工内螺纹

图 8-1　车削螺纹

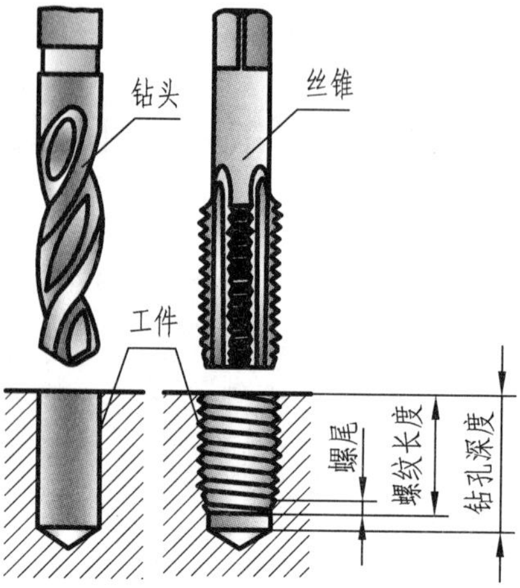

(a)钻孔　(b)攻内螺纹

图 8-2　丝锥攻制内螺纹

(一)螺纹要素

螺纹的结构和尺寸由牙型、直径、线数、螺距和导程、旋向五项要素确定。对内外旋合的螺纹，这五项要素必须相同。

(1)螺纹牙型。在通过螺纹轴线的断面上，螺纹的轮廓形状称为螺纹牙型。常见的螺纹牙型有三角形、梯形、锯齿形等，如图 8-3 所示。三角形螺纹用于连接，梯形螺纹和锯齿形螺纹用于传递动力。

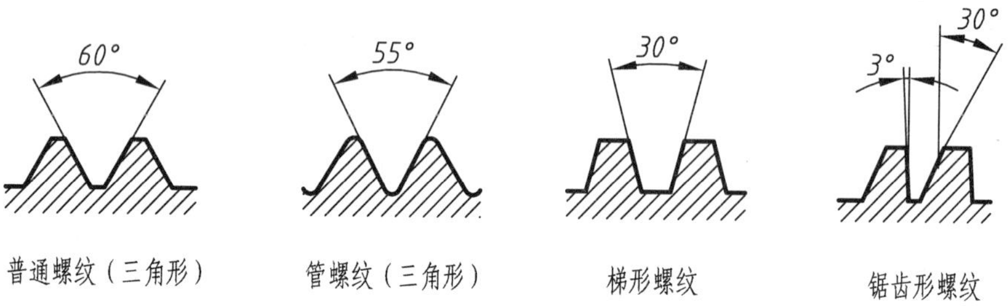

图 8-3　螺纹的牙型

(2)螺纹直径。通过外螺纹牙顶或内螺纹牙底的假想圆柱面的直径称为大径，外螺纹大径用 d 表示，内螺纹大径用 D 表示；通过外螺纹牙底或内螺纹牙顶的假想圆柱面的直径称为小径，外螺纹小径用 d_1 表示，内螺纹小径用 D_1 表示；中径处于大、小径之间，在螺纹中径线上沟槽和凸起的宽度相等，外螺纹中径用 d_2 表示，内螺纹中径用 D_2 表示。如图 8-4 所示。一般用螺纹大径表示螺纹的规格，大径又称为公称直径。

(3)螺纹线数(n)。在同一圆柱(锥)面上由一条螺旋线形成的螺纹叫单线螺纹，由两条或两条以上的螺旋线所形成的螺纹叫双线或多线螺纹，如图 8-5 所示。由于单线螺纹的锁紧性能较好，且加工方便，所以连接螺纹多采用单线螺纹，而多线螺纹效率较高，但加工困难。当传动效率成为不可忽视的问题时，传动螺纹就要考虑采用多线螺纹。

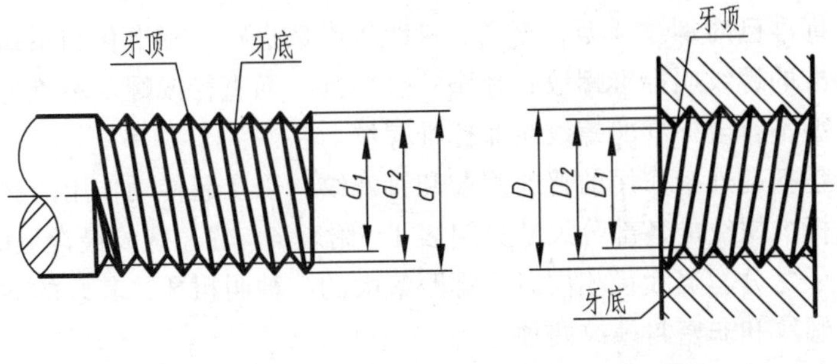

(a) 外螺纹　　(b) 内螺纹

图 8-4　螺纹的直径

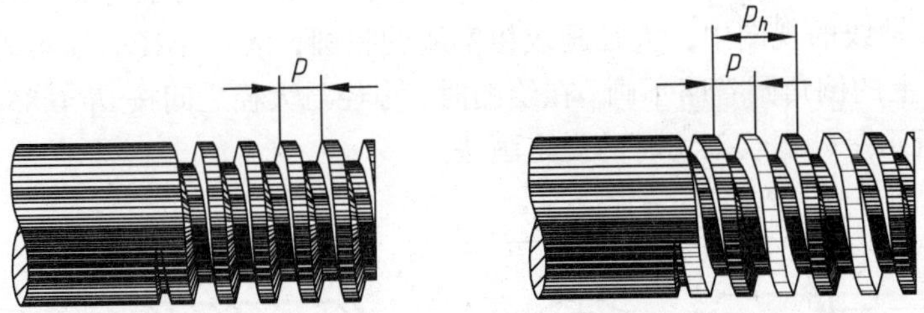

(a) 单线螺纹　　(b) 多线螺纹

图 8-5　螺纹的线数

(4) 螺距 (P) 和导程 (P_h)。螺纹上相邻两牙在中径线上对应两点间的轴向距离称为螺距，用 P 表示；同一条螺旋线上相邻两牙在中径线上对应两点间的轴向距离称为导程，用 P_h 表示。如图 8-5 所示。对单线螺纹而言，导程等于螺距 ($P_h=P$)；对多线螺纹而言，导程等于线数乘以螺距 ($P_h=nP$)。

(5) 螺纹旋向。螺纹旋向分为右旋和左旋两种，当顺时针方向旋转时旋入的螺纹称为右旋螺纹；当逆时针方向旋转时旋入的螺纹称为左旋螺纹。图 8-6 为判别螺纹左、右旋的方法。一般采用右旋螺纹。

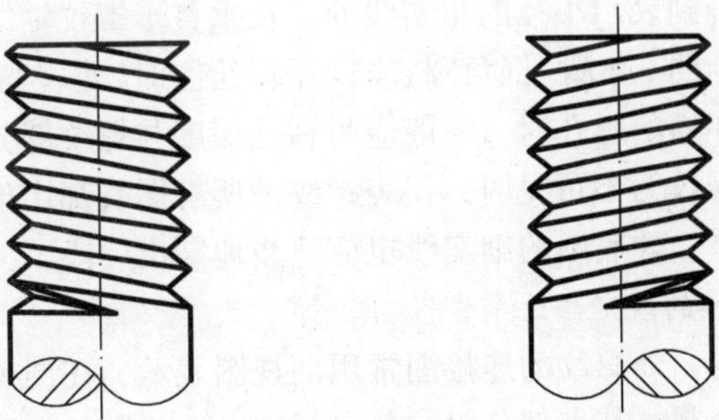

(a) 左旋　　(b) 右旋

轴线竖放，螺纹向左上角斜　　轴线竖放，螺纹向右上角斜

图 8-6　螺纹的旋向

(二)螺纹的分类

国家相关标准已对螺纹牙型、直径、螺距等参数进行了标准化和系列化。凡是这三个要素符合标准的螺纹叫标准螺纹；牙型符合标准，而直径或螺距不符合标准的螺纹叫特殊螺纹；牙型不符合标准的螺纹叫非标准螺纹。

标准螺纹包括起连接作用的普通螺纹和管螺纹，以及起传动作用的梯形螺纹和锯齿形螺纹。常见标准螺纹的各部分尺寸见附表 1～附表 4。普通螺纹最常见的是连接螺纹，又有细牙和粗牙之分。当大径相同时，螺距最大的一种叫粗牙，其余的均叫细牙。管螺纹又分为密封螺纹和非密封螺纹两种。

(三)螺纹的规定画法

1. 外螺纹的规定画法

如图 8-7(a)所示，在平行于螺纹轴线的视图中，外螺纹的大径用粗实线表示，小径用细实线表示，螺杆的倒角或倒圆部分牙底线也应画出，并用粗实线画出螺纹终止线。在垂直于螺纹轴线的视图中，大径画成粗实线的整圆，表示小径的细实线圆只画约 3/4 圈，此时螺纹上的倒角圆省略不画。在绘图时，小径与大径之间按 $d_1=0.85d$ 的关系画出。如图 8-7(b)所示是外螺纹剖切时的规定画法。

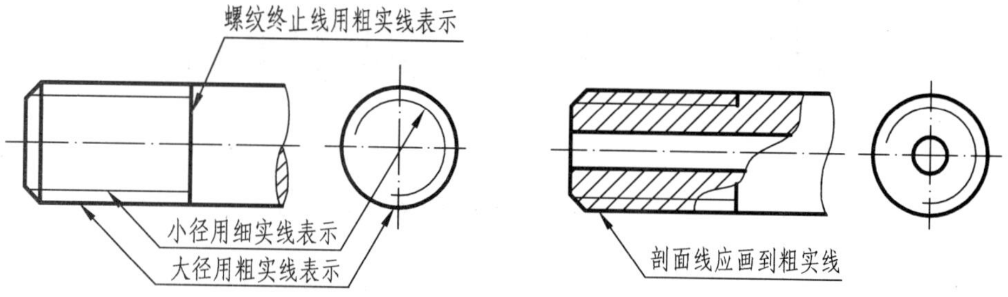

(a)不剖时的画法

(b)剖切时的画法

图 8-7 外螺纹的规定画法

2. 内螺纹的规定画法

如图 8-8(a)所示，在平行于螺纹轴线投影面的视图中，内螺纹通常画成剖视图。在剖视图中内螺纹牙顶(小径)用粗实线表示，牙底(大径)用细实线表示，螺纹终止线用粗实线表示，剖面线应画到表示小径的粗实线处。在垂直于螺纹轴线的视图中，表示内螺纹大径的细实线圆只画约 3/4 圈，倒角圆省略不画。绘图时，小径与大径之间按 $D_1=0.85D$ 的关系画出。绘制不穿通的螺孔时，一般应将钻孔深度与螺纹部分的深度分别画出。如图 8-8(b)所示，当内螺纹为不可见时，代表螺纹的所有图线都用虚线画出。如图 8-8(c)所示，表示部分螺纹时，牙底圆的细实线也应适当地空出一段。

3. 内、外螺纹连接的规定画法

如图 8-9 所示，内、外螺纹的连接图常用剖视图表示，在剖视图中，内、外螺纹旋合部分按外螺纹画法绘制，其余部分仍按各自规定画法绘制。由于旋合的内、外螺纹的大、小径是相同的，所以螺纹连接图中表示大、小径的粗、细实线应分别对齐，它们与倒角的大小无关。

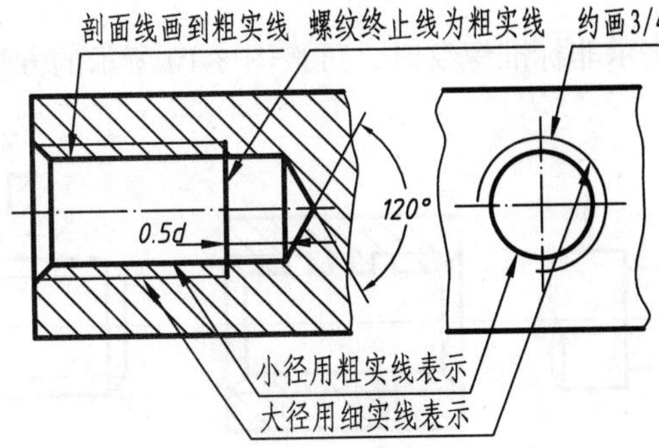

(a)剖切时的画法

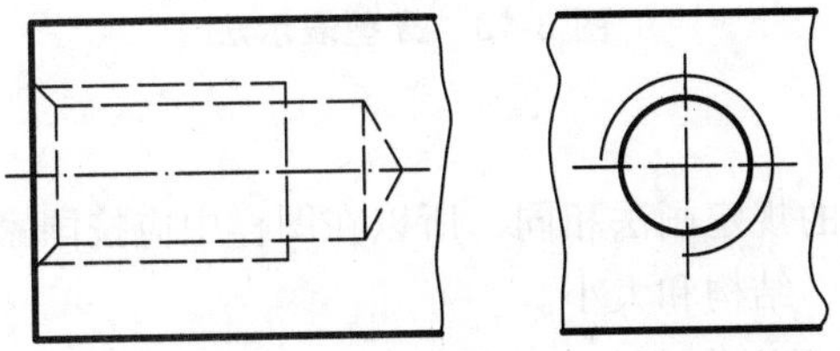

(b)不剖时的画法

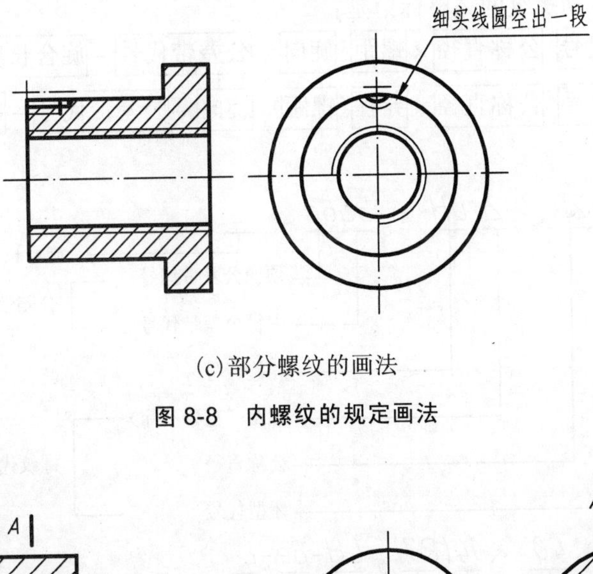

(c)部分螺纹的画法

图 8-8　内螺纹的规定画法

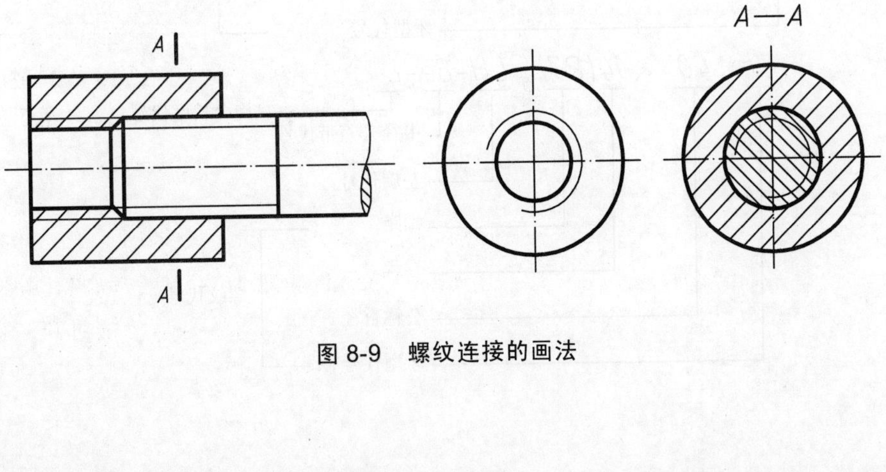

图 8-9　螺纹连接的画法

4. 螺纹牙型表示法

当需要画出牙型或表示非标准螺纹时，可按图 8-10 所示的方法之一绘制。

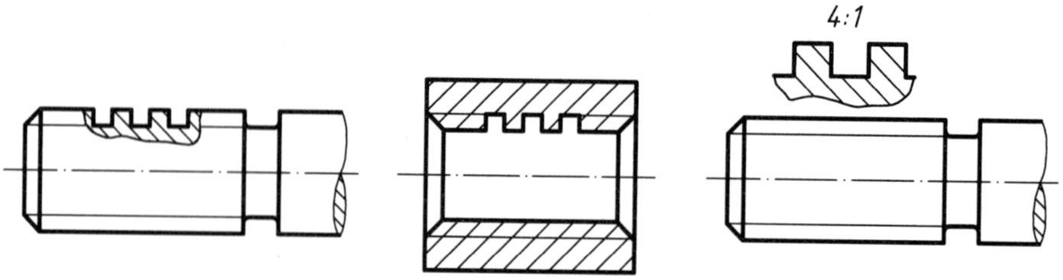

(a)用局部剖视表示牙型　(b)用剖视表示牙型　(c)用局部放大图表示牙型

图 8-10　牙型表示法

(四)螺纹的标注

由于不同类型螺纹的规定画法相同，所以在图样中应按国家标准规定标注螺纹的标记，以反映螺纹的种类、结构和大小。

1. 普通螺纹和传动螺纹的标记

普通螺纹的牙型代号是 M，梯形螺纹的牙型代号是 Tr。锯齿形螺纹的牙型代号是 B。

普通螺纹和传动螺纹的完整标记是：

单线：[牙型代号] [公称直径]×[螺距] [旋向]－[公差带代号]－[旋合长度代号]

多线：[牙型代号] [公称直径]×[导程]([螺距]) [旋向]－[公差带代号]－[旋合长度代号]

例：

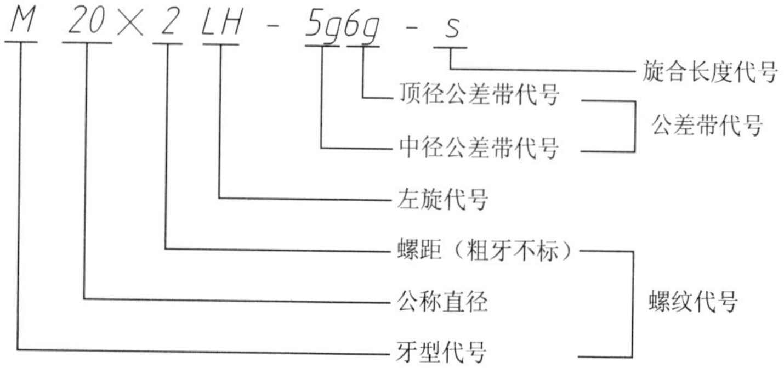

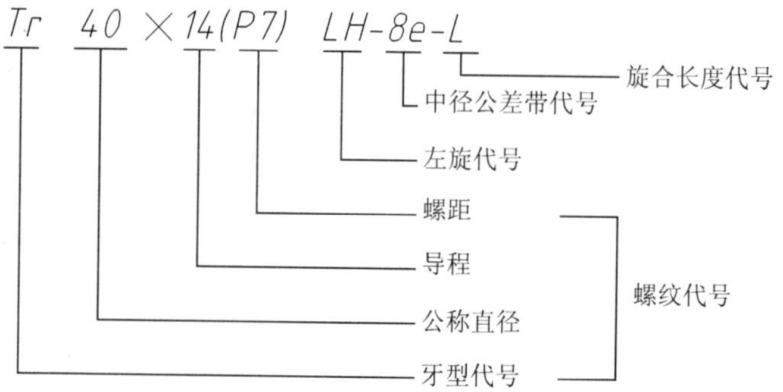

标注螺纹标记时，如符合下列情况，应省略有关标注内容：

(1)粗牙普通螺纹的螺距不标注，因为粗牙螺纹的螺距只有 1 种。

(2)右旋螺纹不注旋向，左旋螺纹注符号“LH”。

(3)普通螺纹中径和顶径公差带代号相同，只标注 1 次。梯形螺纹、锯齿形螺纹只注中径公差带代号。

(4)旋合长度为中型(代号 N)时不注，长型旋合长度代号为 L，短型代号为 S。

2. 管螺纹的标记

非密封螺纹的螺纹特征代号为 G，在非密封螺纹的管螺纹连接中，内、外螺纹都是圆柱螺纹，装配后没有密封性。

密封管螺纹有 3 种：螺纹特征代号 R_c 表示圆锥内螺纹；R 表示圆锥外螺纹；R_p 表示圆柱内螺纹。密封螺纹包括圆锥内螺纹与圆锥外螺纹和圆柱内螺纹与圆锥外螺纹等两种连接形式，旋合在一起时，由于内、外螺纹的挤压作用而具有密封性。

管螺纹的标记是：

非密封：螺纹特征代号 尺寸代号 公差等级代号 – 旋向代号

密　封：螺纹特征代号 尺寸代号 旋向代号

例：

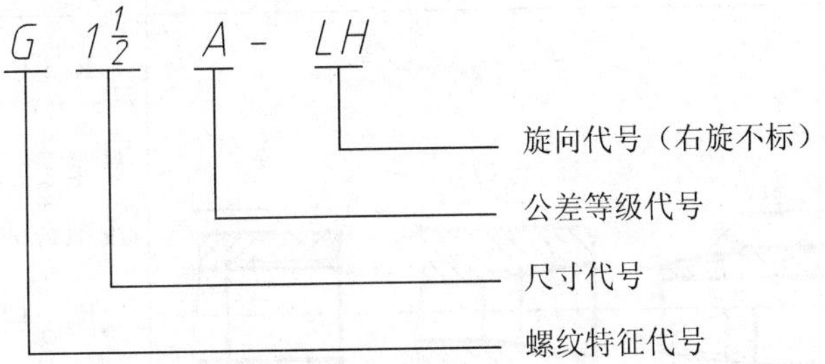

注意：管螺纹标注所用尺寸代号的单位是英寸(1 英寸=25.4 mm)。管螺纹所注尺寸不是螺纹的大径，而是管子的通径(内径)。

3. 螺纹标记在图样中的注写形式

普通螺纹和传动螺纹的标记应注在螺纹大径尺寸线上；管螺纹的标记应用指引线标注，指引线必须指向大径。常见螺纹标记的注写形式见表 8-1。

4. 特殊螺纹和非标准螺纹的标注

对于特殊螺纹，应在牙型符号前加注“特”字，如图 8-11(a)所示。

对于非标准螺纹，则应画出牙型，并逐一注出所需的尺寸，如图 8-11(b)所示。

二、常用螺纹紧固件

通过螺纹起连接作用的专用件为螺纹紧固件。螺纹连接是工程上使用最广泛的可拆卸连接方式。

表 8-1 常用标准螺纹标记的注写形式

螺纹类别			特征代号	标注示例	说明
连接螺纹	普通螺纹		M	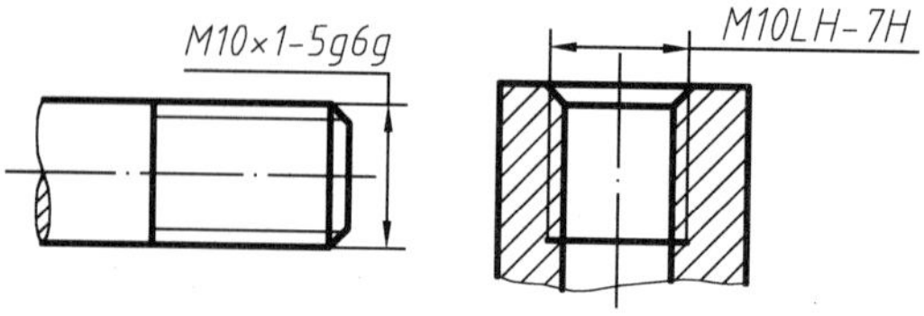	M10 × 1–5g6g：表示细牙普通外螺纹，公称直径是 10，螺距是 1，右旋，中径公差带代号 5g，顶径公差带代号 6g，中型旋合长度； M10LH–7H：表示粗牙普通内螺纹，公称直径是 10，螺距为 1.5，左旋，中径、顶径公差带代号都是 7H，中型旋合长度
连接螺纹	管螺纹	非密封管螺纹	G	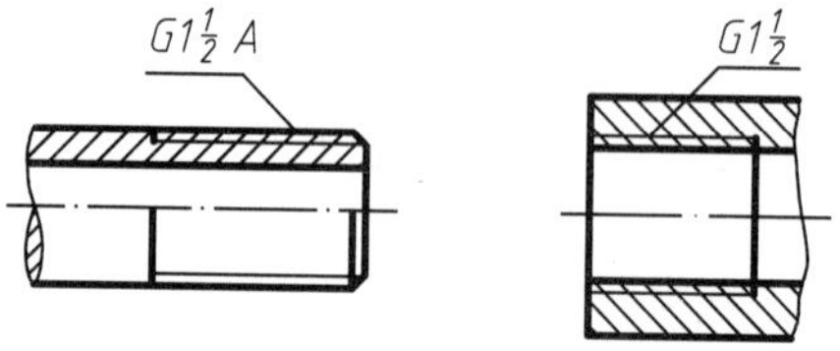	$G1\frac{1}{2}A$：表示尺寸代号是 $1\frac{1}{2}$，A 级的外管螺纹、右旋； $G1\frac{1}{2}$：表示尺寸代号是 $1\frac{1}{2}$ 的内管螺纹
连接螺纹	管螺纹	密封管螺纹	R_1 R_2 R_c R_p	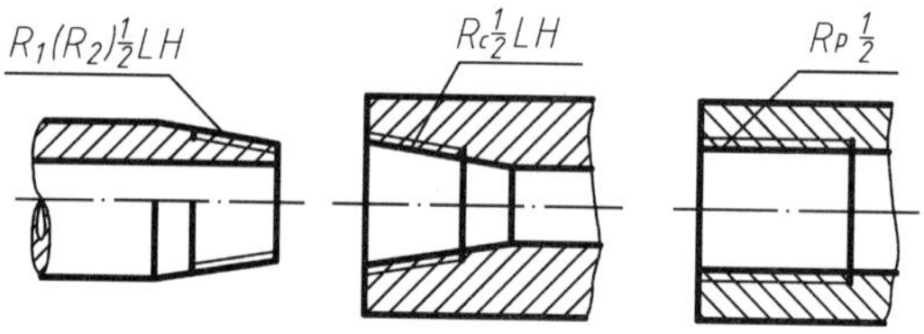	R_1（R_2）$\frac{1}{2}$LH：表示尺寸代号是 $\frac{1}{2}$，与圆柱（圆锥）内螺纹配合的圆锥外螺纹，左旋； $R_c\frac{1}{2}$LH：表示尺寸代号是 $\frac{1}{2}$ 的圆锥内螺纹，左旋； $R_p\frac{1}{2}$：表示尺寸代号是 $\frac{1}{2}$ 的圆柱内螺纹，右旋
传动螺纹	梯形螺纹		Tr	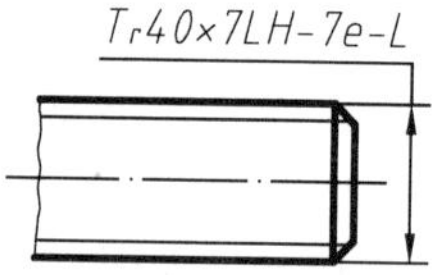	Tr40 × 7LH–7e–L：表示公称直径 40、螺距为 7 的单线左旋梯形螺纹，中径公差带代号是 7e，长型旋合长度
传动螺纹	锯齿螺纹		B	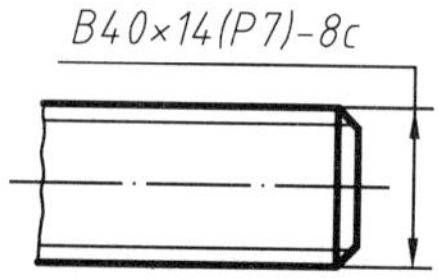	B40 × 14（P7）–8c：表示公称直径 40、导程是 14、螺距为 7 的双线右旋锯齿形螺纹（外螺纹），中径公差带代号是 8c，中型旋合长度

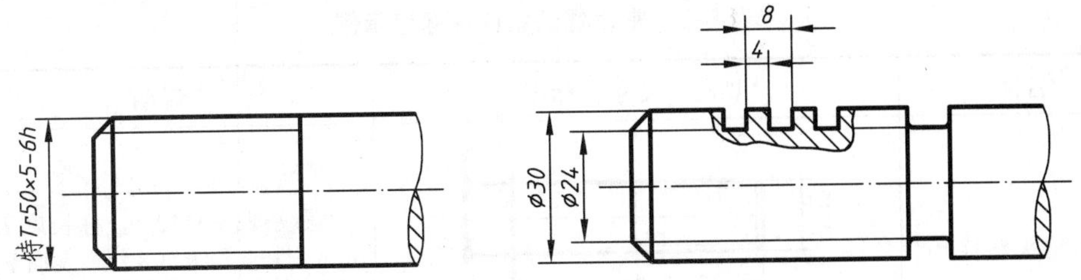

(a) 特殊螺纹标注方法　　(b) 非标准螺纹标注方法

图 8-11　特殊螺纹与非标准螺纹的标注方法

(一) 螺纹紧固件的种类及标记

(1) 螺纹紧固件的种类。螺纹紧固件的种类很多，常用的有螺栓、螺柱、螺钉、螺母、垫圈等，如图 8-12 所示。这类零件一般都是标准件，它们的结构、尺寸及规格等都可根据标记从相关国标中查出（见附表 5～附表 13）。

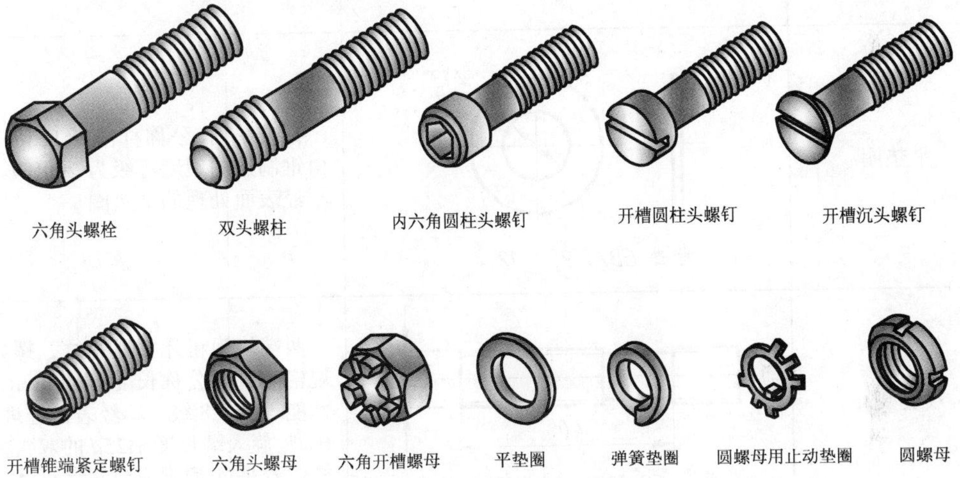

图 8-12　常见的螺纹紧固件

(2) 螺纹紧固件的标记。常用螺纹紧固件的标记格式一般为：

名称	标准代号	螺纹规格 × 公称长度

常用螺纹紧固件的标记示例见表 8-2。

(二) 螺纹紧固件的比例画法

标准的螺纹紧固件，在画图时不必画出详细结构，螺纹紧固件一般采用以公称直径为依据的比例画法近似画出。常见螺纹紧固件的比例画法见表 8-3。

六角头螺母和表 8-3 中六角头螺栓头部的比例画法类同，只是厚度不同。

(三) 螺纹紧固件连接图的画法

常见的螺纹紧固件连接的方式有螺栓连接、双头螺柱连接和螺钉连接三种。按国家标准规定，在画螺纹紧固件连接图时，应遵循以下规定：

表 8-2　常用螺纹紧固件标记示例

名称	型式、尺寸及标记	说明
六角头螺栓	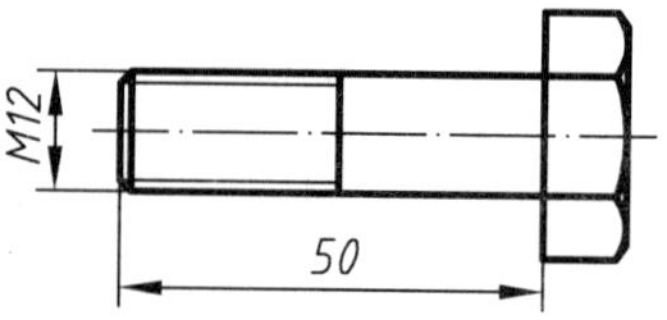 螺栓 GB/T 5782　M12×50	螺纹规格 M12，公称长度 L=50 mm，性能等级 8.8 级，表面氧化、A 级的六角头螺栓
六角头螺母	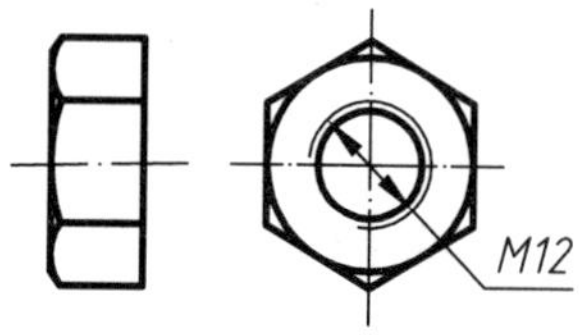 螺母 GB/T 6170 M12	螺纹规格 M12，性能等级为 10 级、不经表面处理、A 级的 Ⅰ 型六角头螺母
平垫圈	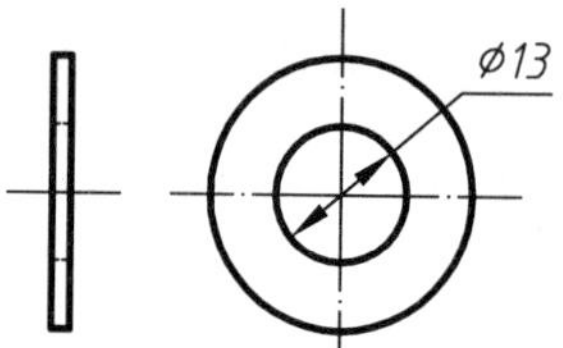 垫圈 GB/T 97.1　12	标准系列，公称直径 d=12 mm，由钢制造的硬度等级为 200HV、不经表面处理的平垫圈
双头螺柱	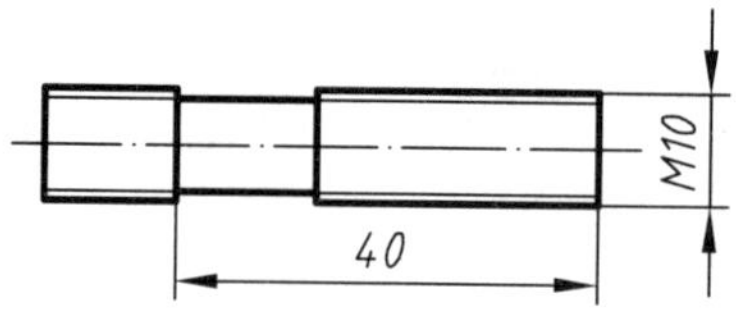 螺柱 GB 897—88 M10×40	两端均为粗牙普通螺纹，螺纹规格 M10，公称长度 L=40 mm，性能等级 4.8 级、不经表面处理、B 型、旋入端长度 1.25d 的双头螺柱。若是 A 型则应注写字母 A
开槽圆柱头螺钉	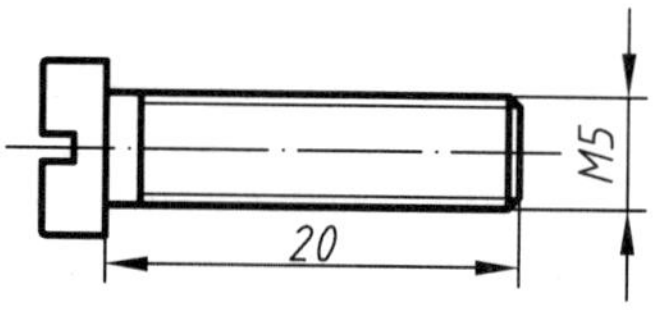 螺钉 GB/T 65 M5×20	螺纹规格 M5，公称长度 L=20 mm，性能等级为 4.8 级、不经表面处理的开槽圆柱头螺钉
开槽沉头螺钉	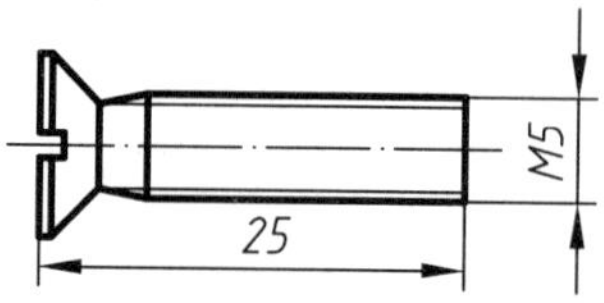 螺钉 GB/T 68 M5×25	螺纹规格 M5，公称长度 L=25 mm，性能等级为 4.8 级、不经表面处理的开槽沉头螺钉

表 8-3　常见紧固件的比例画法

名称	比例画法
六角头螺栓	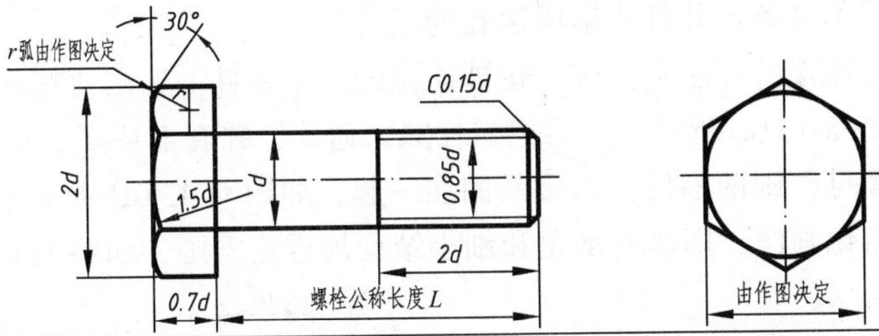
螺母、垫圈	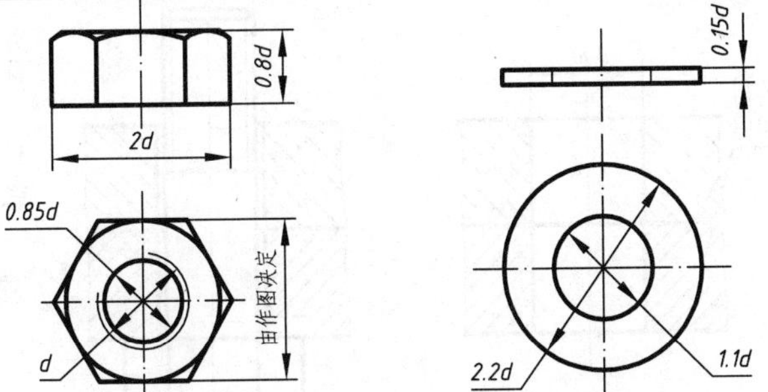
双头螺柱	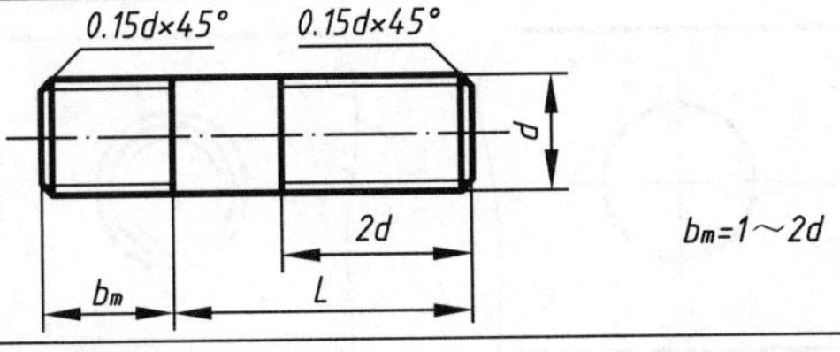
螺钉(简化画法)	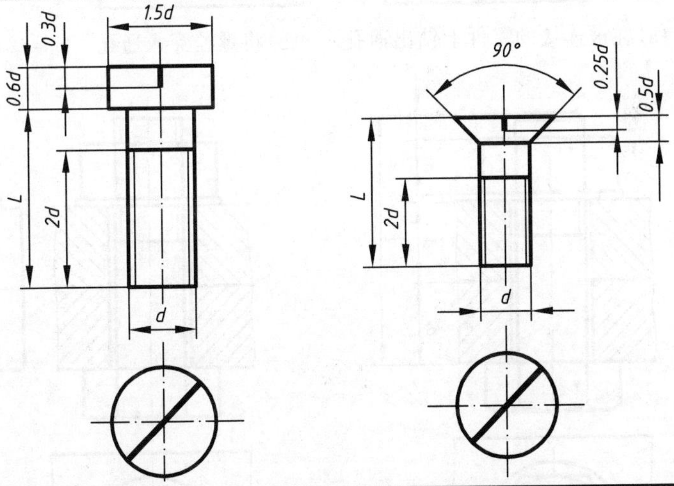

(1) 两个零件的接触面只画一条线，不接触面为表示其间隙，画两条线。

(2) 在剖视图中，相邻零件的剖面线方向应相反或间隔不同，同一零件在各剖视图中剖面线方向应相同、间隔大致相等。

(3) 当剖切平面通过螺杆的轴线时，对于螺柱、螺栓、螺钉、螺母及垫圈均按未剖切绘制。

(4) 被遮住的轮廓线不画。

1. 螺栓连接

螺栓连接是用螺栓、螺母、垫圈把两个以上的零件连接起来。螺栓连接一般用于被连接件都不太厚，并且能钻成通孔的场合。

螺栓连接的方法是：首先在被连接的两个零件上钻出比螺栓直径稍大(约 1.1*d*)的通孔，如图 8-13(a)所示；然后把螺栓穿入通孔，并套上垫圈，如图 8-13(b)、(c)所示；再拧上螺母，则两零件被连接紧固在一起，如图 8-13(d)所示为螺栓连接。螺栓连接图常采用简化画法，即所有倒角和细小结构均省略不画，如图 8-13(e)所示。

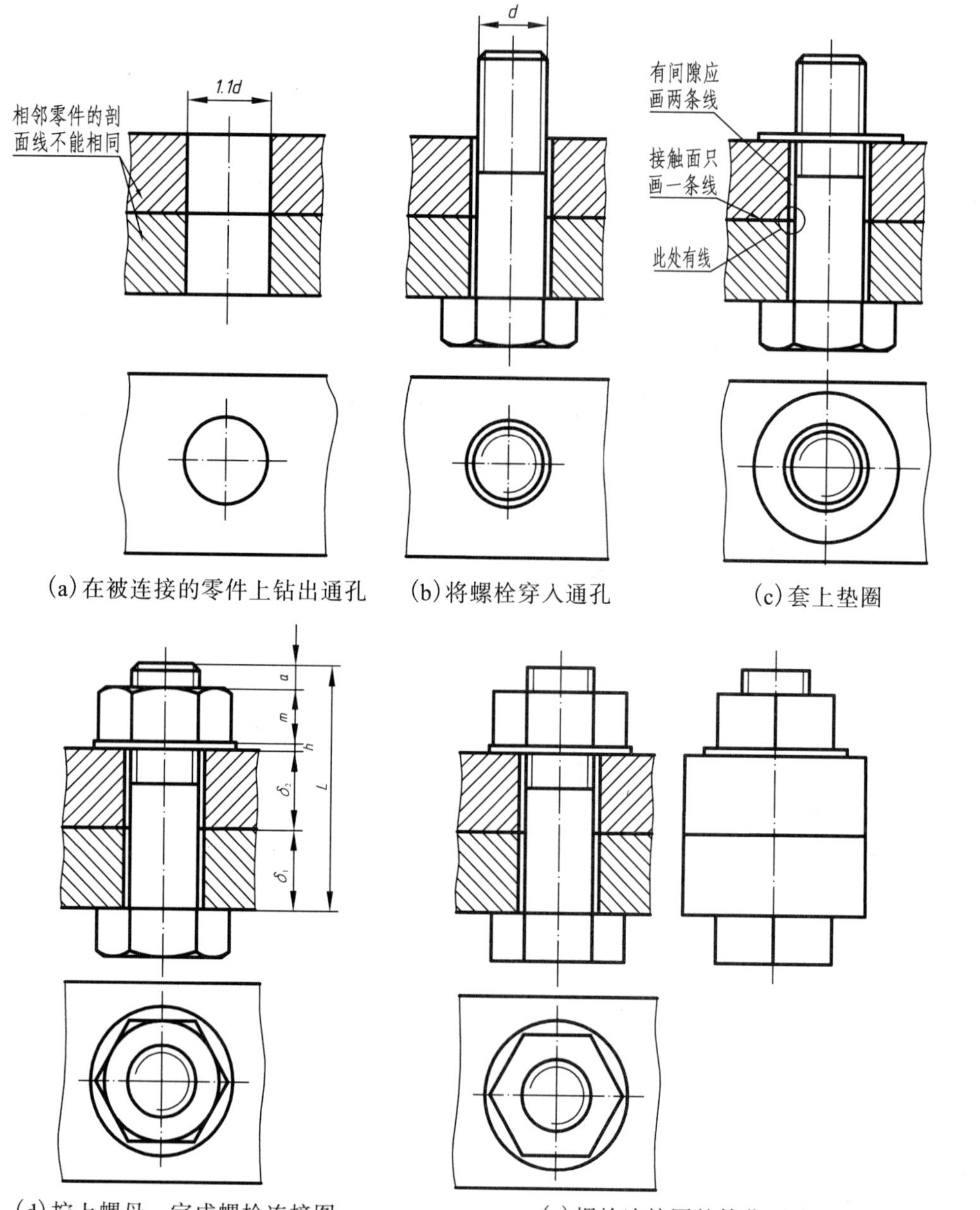

(a)在被连接的零件上钻出通孔　(b)将螺栓穿入通孔　(c)套上垫圈

(d)拧上螺母，完成螺栓连接图　(e)螺栓连接图的简化画法

图 8-13　螺栓连接图的画法

螺栓的公称长度 L 应先按下面公式进行计算，然后查表取标准值。

$$L=\delta_1+\delta_2+h+m+a \tag{8-1}$$

式中　δ_1、δ_2——被连接件的厚度；

h——垫圈厚度，约 $0.15d$；

m——螺母厚度，约 $0.8d$；

a——螺栓超出螺母的长度，一般取 $0.25d$。

因此，$L\approx\delta_1+\delta_2+1.2d$。

例：若 $\delta_1=\delta_2=15$，$d=12$，则可计算出 $L\approx 44.4$，然后从附表 5 中的标准长度尺寸系列中选取与 L 相近的标准值 45 即为公称长度。

2. 双头螺柱连接

双头螺柱连接是用螺柱、螺母、垫圈把两个零件连接起来。双头螺柱连接一般用于被连接件一厚一薄，并且需要经常拆卸的场合。

双头螺柱连接的方法是：在较薄的零件上钻出通孔(比螺柱直径略大，约 1.1d)，在较厚的零件上加工螺孔，如图 8-14(a)所示。连接时将双头螺柱较短的一端(旋入端)旋入

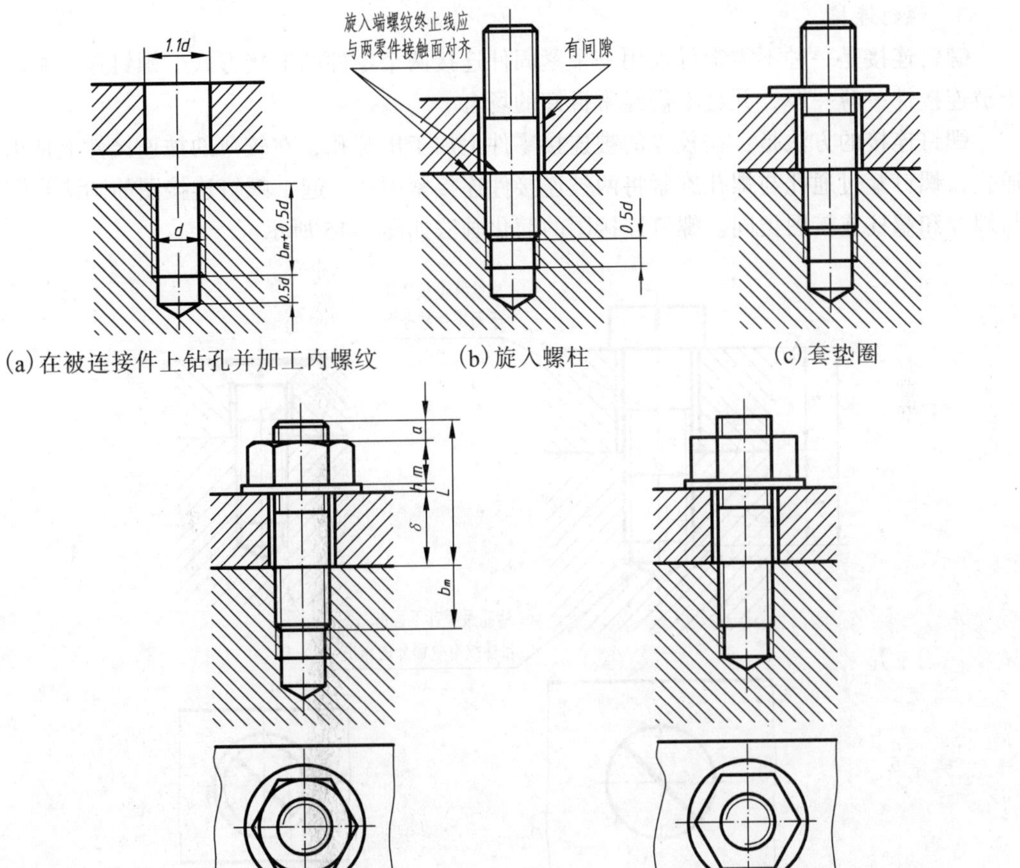

(a)在被连接件上钻孔并加工内螺纹　(b)旋入螺柱　(c)套垫圈

(d)拧上螺母，完成螺柱连接　(e)螺柱连接图的简化画法

图 8-14　双头螺柱连接图的画法

零件的螺孔，双头螺纹较长的一端(紧固端)穿过上部零件的通孔，然后套上垫圈，如图 8-14(b)、(c)所示，再拧上螺母，就可把两个零件连接紧固在一起，如图 8-14(d)所示为双头螺柱连接图。螺柱连接图常采用简化画法，即省略所有倒角和不穿通螺孔的钻孔深度，如图 8-14(e)所示。

旋入端的螺纹长度 b_m 与被连接件的材料有关，按国家标准规定，其螺纹长度 b_m 为：

钢、青铜被连接件：$b_m=1d$；

铸铁被连接件：$b_m=1.25d$ 或 $b_m=1.5d$；

铝合金被连接件：$b_m=2d$。

双头螺柱的公称长度 L 应先按下面公式计算，然后在附表 6 中查表取相近的标准值。

$$L=\delta+h+m+a \tag{8-2}$$

式中　δ——有通孔的被连接件厚度；

h——垫圈厚度；

m——螺母厚度 d；

a——螺柱超出螺母的长度(同螺栓连接取值)。

3. 螺钉连接

螺钉连接是一种不需螺母仅用一个紧固件连接两个零件的连接方式。螺钉连接常用于被连接件一薄一厚，并且不需经常拆卸的场合。

螺钉连接的方法是：在较厚的被连接零件上加工出螺孔，在较薄的被连接件上钻出通孔，螺钉穿过通孔与螺孔旋紧将两被连接件连接紧固在一起，螺钉连接图的画法步骤与螺栓和螺柱连接图类同。螺钉连接图的简化画法如图 8-15 所示。

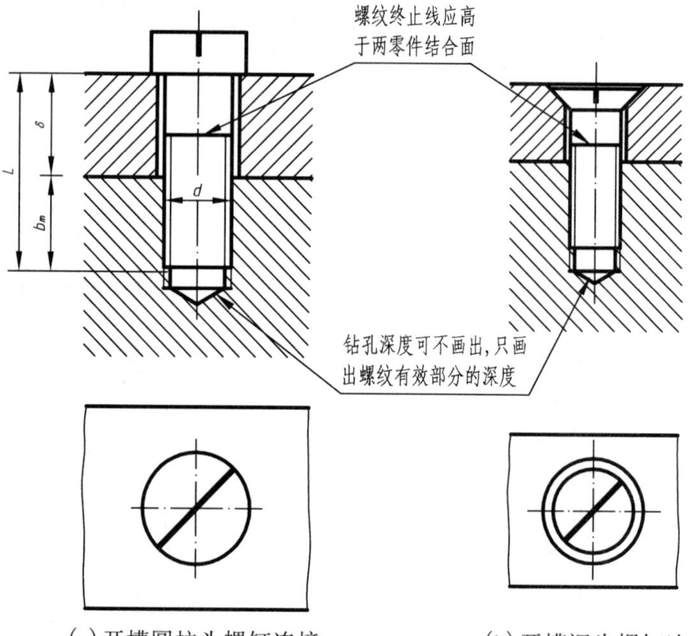

(a)开槽圆柱头螺钉连接　　(b)开槽沉头螺钉连接

图 8-15　螺钉连接图的简化画法

为了保证旋紧，螺钉的螺纹长度必须大于旋入长度 b_m。螺钉头部槽口在平行螺钉轴线的视图上，应画成与该投影面垂直的位置，在圆视图上应画成与水平线成 45° 倾斜位置(向右上角倾斜)，在简化画法中一字槽通常涂黑处理。

螺钉的公称长度 L 应先按公式 $L=b_m+\delta$(式中，b_m 由螺纹大径和螺孔的零件材料决定(参考双头螺柱的 b_m 选用)，δ 为通孔零件的厚度)计算，然后在附表 7 或附表 8 中查取相近的标准值。

第二节　键连接与销连接

一、单键连接

单键(简称键)主要用于传递扭矩，轴与轴上的轮、盘类零件之间通常采用键连接来传递扭矩。如图 8-16 所示，在实际应用中，通常在轴和与轴结合的轮、盘类零件的内孔表面分别加工出键槽。装配时先将键放在轴的键槽内，然后把带键的轴装入具有贯通键槽的轮孔中，以实现轮、盘与轴的一起转动。这种连接称为键连接。

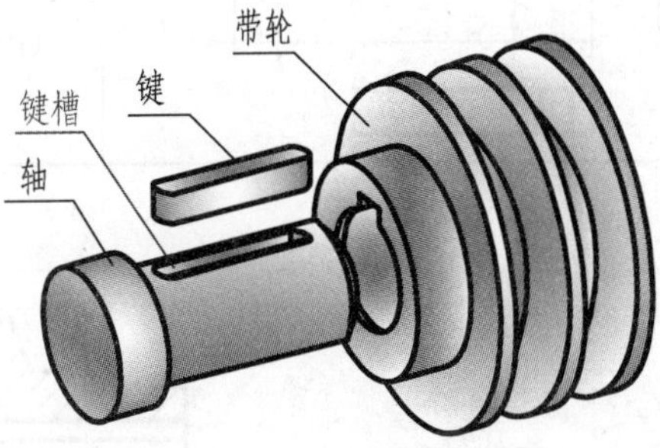

图 8-16　键与键槽

(一)常用键的标记与画法

键是标准件，常用的有普通平键、半圆键和钩头楔键，它们的实际画法见附表 14 和附表 15，其简化画法与标记见表 8-4。键的结构和尺寸可根据标记从相关标准中查出。

(二)普通平键连接

普通平键是通过键的两侧面受剪切力从而在轴和轴上零件间传递动力，所以两个侧面是工作面，上、下底面是非工作面。连接时键的两侧面与轴和轮毂的键槽两侧面相接触，上底面与轮毂键槽的顶面之间则留有一定间隙。

画普通平键连接图时，应首先根据轴的直径 d 从相关标准中(见附表 14)查出键、轴上键槽和轮毂上键槽的尺寸。普通平键连接图的画法如图 8-17 所示，图中剖切面通过轴线，轴本应和键一样按不剖切处理，但为了表达键与轴的关系，通常采用局部剖。

表 8-4　键的画法与标记示例

名　称	简化画法(省去倒角与倒圆)	标记示例
普通平键(A 型) 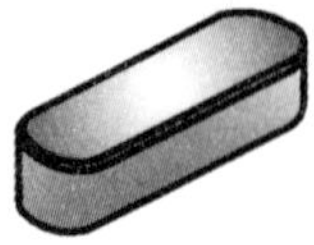	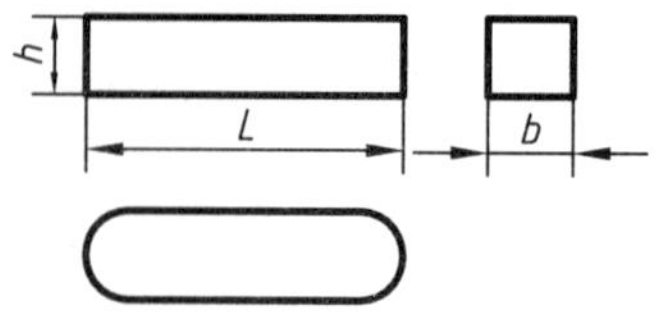	b=8，h=7，L=40 的普通平键(A 型)的标记： GB/T 1096　键 8×7×40 (B、C 型应在键宽 b 值前加注型号字母)
普通型半圆键 	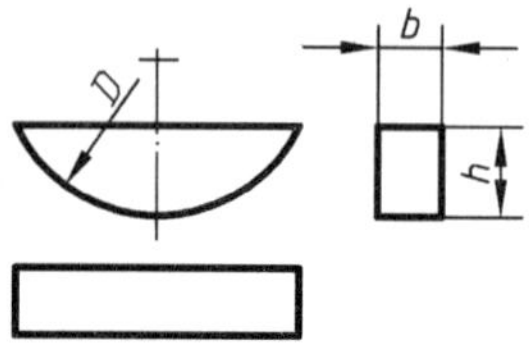	b=6、h=10、D=25 的普通型半圆键的标记： GB/T 1099.1　键 6×10×25
钩头型楔键 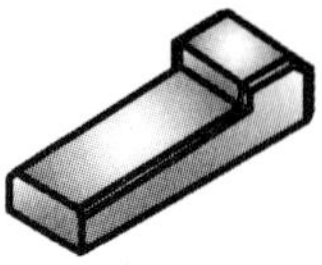	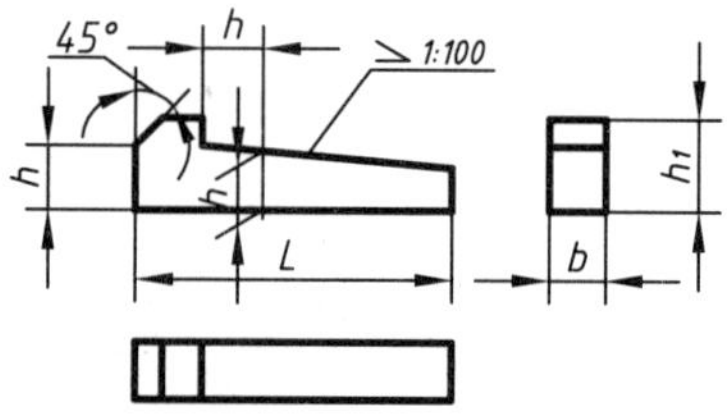	b=18、h=11、L=100 的钩头型楔键的标记： GB/T 1565　键 18×100

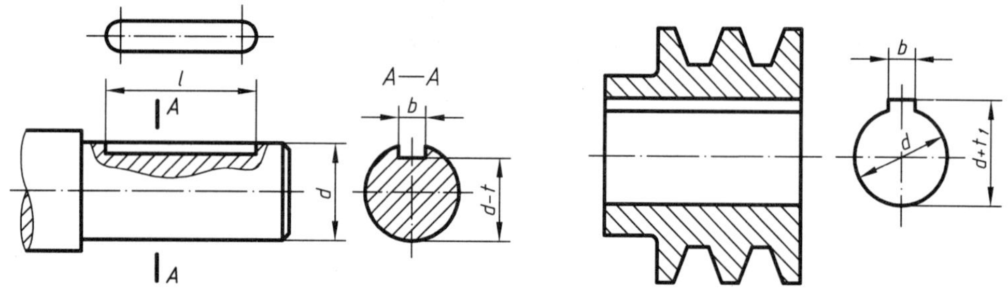

(a) 连接前

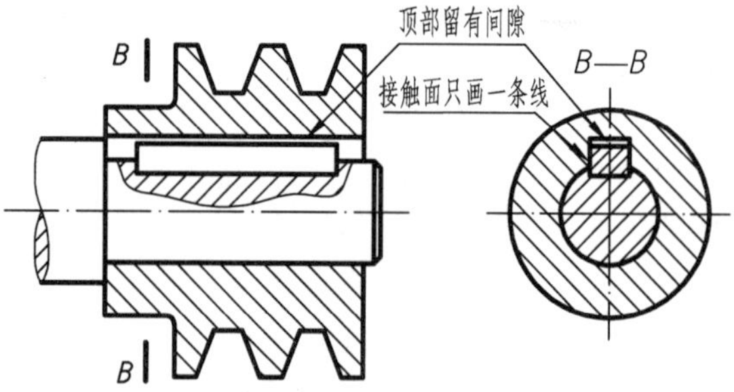

(b) 连接后

图 8-17　普通平键连接图的画法

(三) 半圆键连接

半圆键与平键相比，具有自动调位的优点，但轴上的键槽加工困难，生产效率不高，其主要用于轻载或锥形轴的键连接。它也是通过两侧面受剪切力从而在轴和轴上零件间传递动力，所以两个侧面是工作面，上、下底面是非工作面。

画半圆键连接图时，确定键、键槽尺寸的方法与普通平键基本相同，也应根据轴径 d 从相关标准中查得。半圆键连接图的画法如图 8-18 所示。

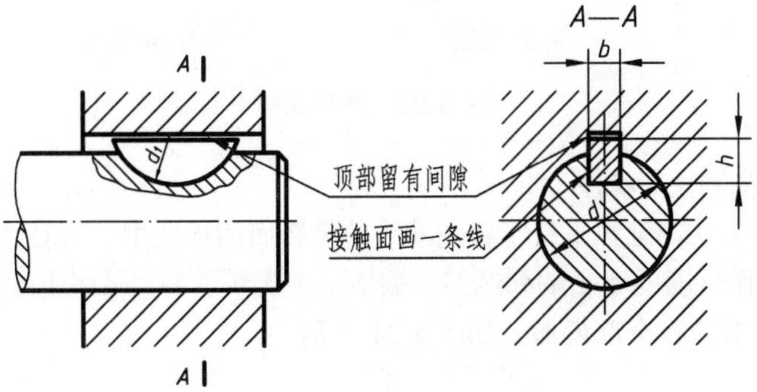

图 8-18　半圆键连接图

(四) 钩头楔键连接

钩头楔键的上底面有 1∶100 的斜度，连接时沿轴向把楔键打入键槽，直至打紧。因此，钩头楔键上、下底面是工作面，两侧面是非工作表面。画连接图时，上、下底面与键槽相接触应画成一条线，键两侧面与键槽不接触，应画成两条线，如图 8-19 所示。

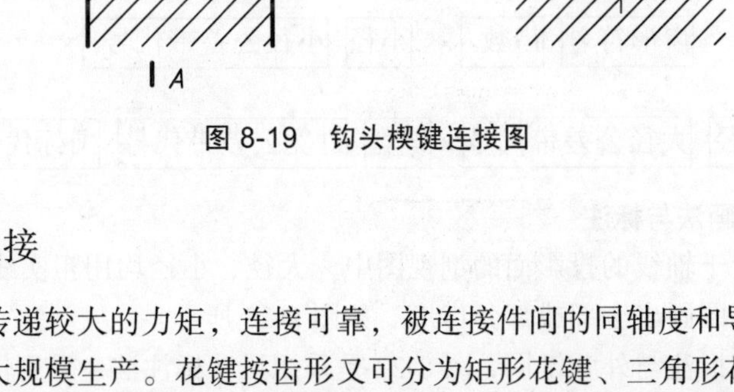

图 8-19　钩头楔键连接图

二、花键连接

花键连接能传递较大的力矩，连接可靠，被连接件间的同轴度和导向性好，且加工效率高，适用于大规模生产。花键按齿形又可分为矩形花键、三角形花键和渐开线花键等。图 8-20 所示是应用最普遍的矩形花键。本节主要介绍矩形花键的画法与标记。

(a) 外花键 (b) 内花键

图 8-20 矩形花键

(一) 外花键的画法与标注

国家标准规定外花键在平行于花键轴线的投影面的视图中，大径用粗实线、小径用细实线绘制，工作长度的终止端和尾部末端均用细实线绘制，尾部应画成与轴线成 30°；另用断面画出一部分或全部齿形。如图 8-21 所示。

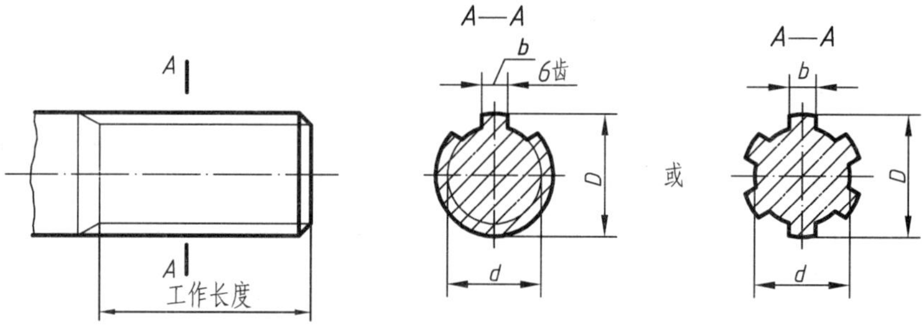

图 8-21 外花键的规定画法和尺寸注法

外花键的标注可采用尺寸标注法或代号标注法两种。尺寸标注法应标出大径 D、小径 d、键宽 b、齿数 z、工作长度，如图 8-21 所示。用代号标注时，指引线应从大径引出，代号组成为：

齿形符号 齿数 × 小径 小径公差带代号 ×

大径 大径公差带代号 × 键宽 键宽公差带代号 国标代号

(二) 内花键的画法与标注

内花键在平行于轴线的投影面的剖视图中，大径、小径均用粗实线绘制，齿按不剖处理；另用局部视图画出全部或部分齿形。如图 8-22 所示。

内花键的尺寸标注与外花键同，图 8-22 是采用尺寸标注法，采用代号标注时，指引线也应从大径引出。

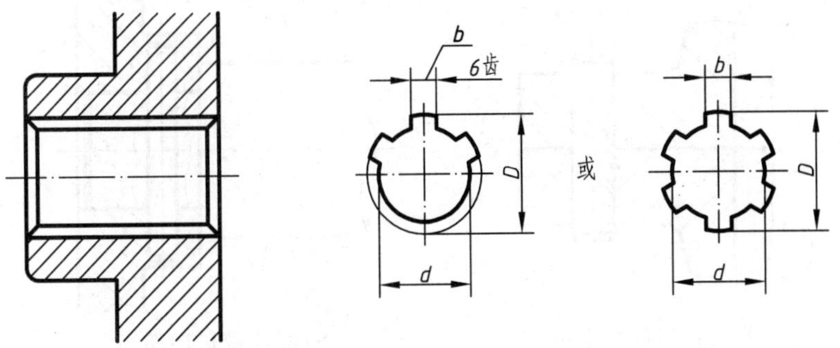

图 8-22 内花键的规定画法和尺寸标注法

(三) 花键连接图的画法

花键连接画法如图 8-23 所示，连接部分按外花键画法绘制，不重合部分按各自的规定画法绘制。图中是用代号形式标注花键尺寸，连接图中的代号以分数形式同时注出内、外花键各要素的公差带。

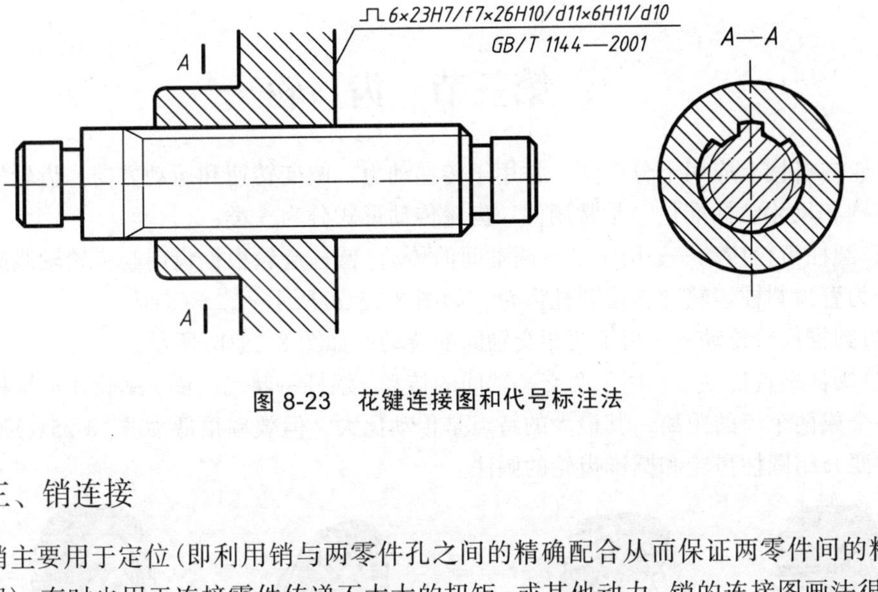

图 8-23 花键连接图和代号标注法

三、销连接

销主要用于定位(即利用销与两零件孔之间的精确配合从而保证两零件间的精确相对位置)，有时也用于连接零件传递不太大的扭矩，或其他动力。销的连接图画法很简单，如图 8-24(a)所示是用圆柱销来定位的销连接图，图 8-24(b)是利用圆柱销传递扭矩的销连接图，图 8-24(c)所示连接图是左部利用圆锥销定位保证两连接零件的相对位置，右部是利用螺栓紧固两零件。

销是标准件，常用的有圆柱销、圆锥销和开口销。销的形状、结构、尺寸均可从有关标准中查出(见附表 16～附表 18)。销的标记格式为：

名称 标准代号 型号 公称直径×长度

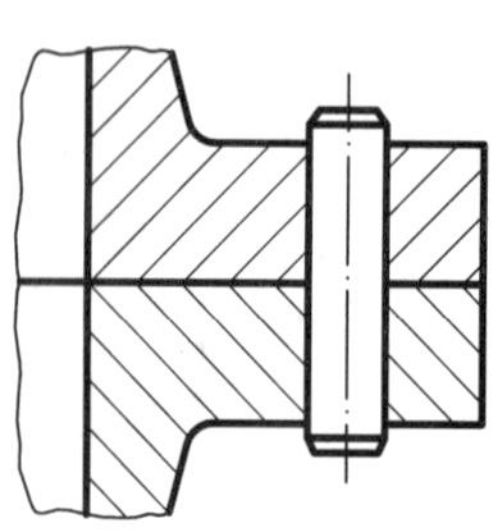

(a) 圆柱销定位

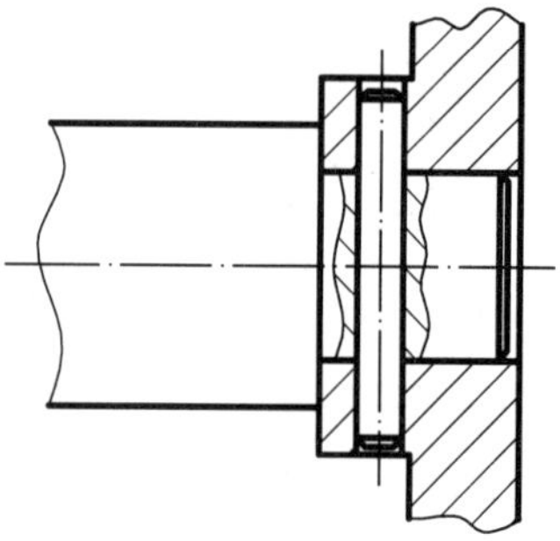

(b) 圆柱销传递扭矩

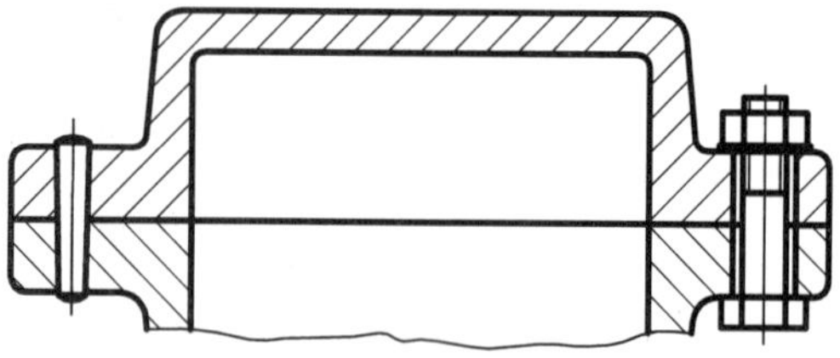

(c) 左部用圆锥销定位

图 8-24　销连接图画法示例

第三节　齿　轮

齿轮在机械上应用十分广泛，常用于传递动力、改变转速和运动方向。齿轮轮齿部分的结构和尺寸已标准化，是常用件。齿轮传动形式分为 3 类：

(1) 圆柱齿轮传动——用于平行两轴间的传动，圆柱齿轮根据齿向与齿轮轴线间的关系又分为直齿圆柱齿轮和斜齿圆柱齿轮，如图 8-25 (a) 所示。

(2) 圆锥齿轮传动——用于两相交轴间的传动，如图 8-25 (b) 所示。

(3) 蜗杆蜗轮传动——用于两交叉轴间的传动，蜗杆每转动一圈，蜗轮才沿蜗杆轴向转过一个或两个齿的距离，其最大的特点是传动比大，但效率很低,如图 8-25 (c) 所示。本节主要介绍圆柱齿轮和圆锥齿轮的画法。

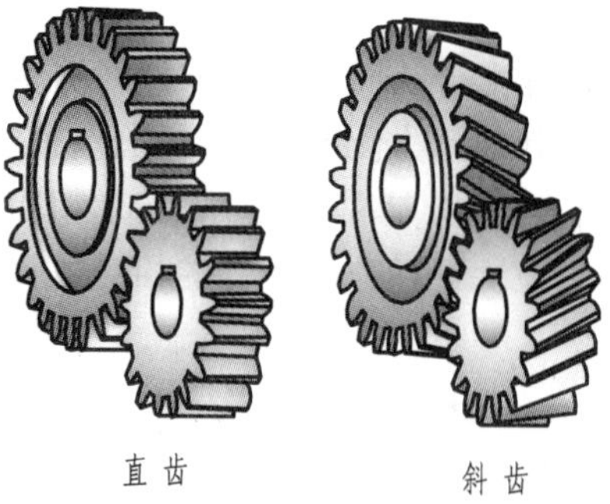

(a) 圆柱齿轮

(b) 圆锥齿轮

(c) 蜗杆蜗轮

图 8-25　齿轮的传动形式

一、直齿圆柱齿轮

(一) 直齿圆柱齿轮各部分的名称

直齿圆柱齿轮的轮齿位于圆柱面上，齿向平行于圆柱轴线。直齿圆柱齿轮有关轮齿各部分的名称，如图 8-26 所示：

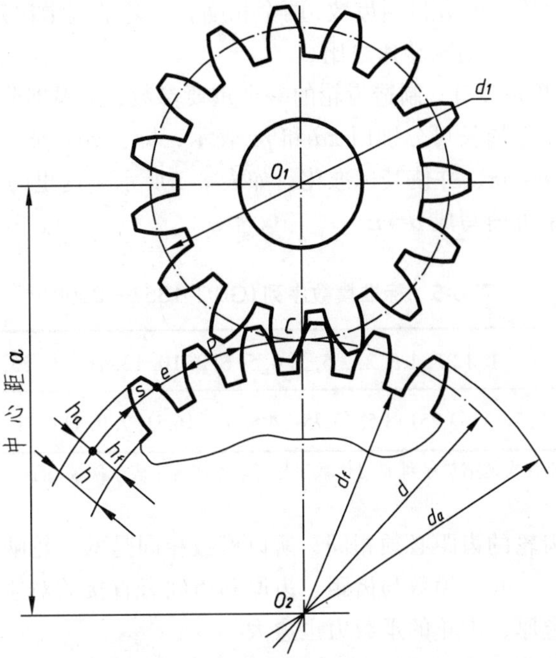

图 8-26　直齿圆柱齿轮各部分的名称

(1) 齿顶圆。通过齿轮齿顶面的圆，直径用 d_a 表示。

(2) 齿根圆。通过齿轮齿根部的圆，直径用 d_f 表示。

(3) 分度圆。对于标准齿轮而言，分度圆是指齿厚 s (指该圆上轮齿齿廓间的弧长) 和齿间 e (指轮齿齿槽间的弧长) 相等处的圆，其直径用 d 表示,分度圆是设计、制造齿轮时进行计算和分齿的基准圆。

(4) 节圆。两齿轮轮齿在 O_1O_2 连线上的啮合接触点称为节点 C，以 O_1、O_2 为圆心，以 O_1C、O_2C 为半径所作的两个相切的圆叫节圆，齿轮啮合传动就相当于两个节圆在作无滑动的纯滚动，对正确安装的标准齿轮而言，节圆与分度圆正好重合。应注意，节圆是两齿轮相啮合才存在的概念，对单个齿轮而言只讨论分度圆，不存在节圆。节圆直径用 d' 表示。

(5) 齿高。齿顶圆与齿根圆之间的径向距离，用 h 表示。齿高又分为两段：

齿顶高 h_a —— 齿顶圆与分度圆间的径向距离；

齿根高 h_f —— 齿根圆与分度圆间的径向距离。

(6) 齿距。分度圆上相邻两轮齿齿廓对应点之间的弧长，用 p 表示。对标准齿轮而言，齿厚 s 与齿间 e 相等，所以 $p = 2s = 2e$。

(7) 中心距。两啮合齿轮轴线间的距离称为中心距，用 a 表示。

(8) 压力角。分度圆上接触点 C 的受力方向和该点的瞬时旋转方向的夹角，用 α 表示。国家标准规定齿轮的压力角采用 20°。

(二) 基本参数与尺寸计算

齿轮的齿数 z 和模数 m 是齿轮的基本参数。

(1) 齿数 z。齿轮轮齿的数目叫齿数，两个相啮合齿轮的齿数决定它们之间的传动比。传动比是主动轮转速与从动轮转速之比。

(2) 模数 m。模数是设计、制造齿轮的一个重要参数，是根据分度圆与齿距的关系定义的一种参数。分度圆周长可分别用 πd 和 pz 表示，即：$\pi d = pz$，所以 $d=(p/\pi)z$，为方便计算和测量，令 $m=p/\pi$，并使其标准化，如表 8-5 所示。这里的 m 称为模数，则分度圆直径与齿数的关系可简写成 $d=mz$。

表 8-5　标准模数序列（GB/T 1357—2008）

第一序列	1, 1.25, 1.5, 2, 2.5, 3, 4, 5, 6, 8, 10, 12, 16, 20, 25, 32, 40, 50
第二序列	1.75, 2.25, 2.75, (3.25), 3.5, (3.75), 4.5, 5.5, (6.5), 7, 9, (11), 14, 18, 22, 28, (30), 36, 45

注：优先选用第一序列，其次是第二序列，括号内数字尽可能不用。本表未摘录小于 1 的模数。

由于相啮合的齿轮的齿距必须相同，所以模数相同是两齿轮啮合的必要条件。

根据模数的定义可知，模数与齿距、齿厚和齿间有直接的对应关系，模数愈大，则齿距愈大，轮齿也愈厚，齿轮的承载力也愈大。

根据模数 m 和齿数 z，直齿圆柱齿轮的其他参数均可以计算出来，计算公式见表 8-6。

表 8-6　标准直齿圆柱齿轮各部分尺寸计算公式

名称	代号	计算公式
齿顶高	h_a	$h_a = m$
齿根高	h_f	$h_f = 1.25m$
齿高	h	$h = h_a + h_f = 2.25m$
分度圆直径	d	$d = mz$
齿顶圆直径	d_a	$d_a = d + 2h_a = m(z+2)$
齿根圆直径	d_f	$d_f = d - 2h_f = m(z - 2.5)$
中心距	a	$a = (d_1 + d_2)/2 = m(z_1 + z_2)/2$

(三) 直齿圆柱齿轮的规定画法

齿轮的轮齿是标准化结构，画图时可采用国家标准的规定画法简化作图。

(1) 单个齿轮的规定画法。齿顶圆和齿顶线用粗实线绘制，分度圆和分度线用细点画线表示，齿根圆和齿根线用细实线绘制或省略不画，如图 8-27(a) 所示。在剖视图中当剖切面通过轴线时，轮齿部分按不剖处理，此时齿根线要用粗实线绘制，如图 8-27(b)所示。在齿轮图样中应在右上角列出齿轮的有关参数(其他内容在后面零件图中讲)，如图 8-27(c)所示。

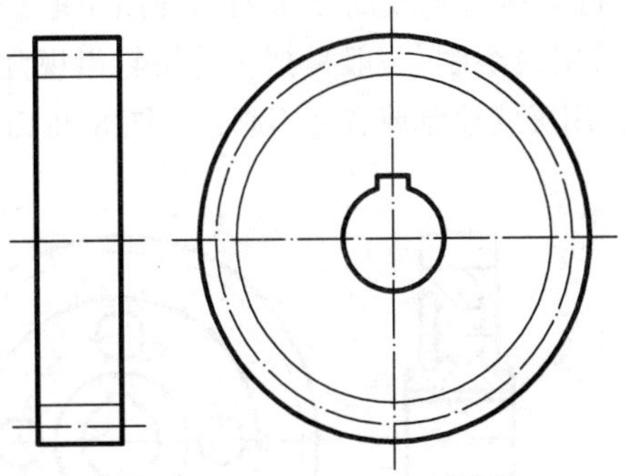

(a)不剖时画法

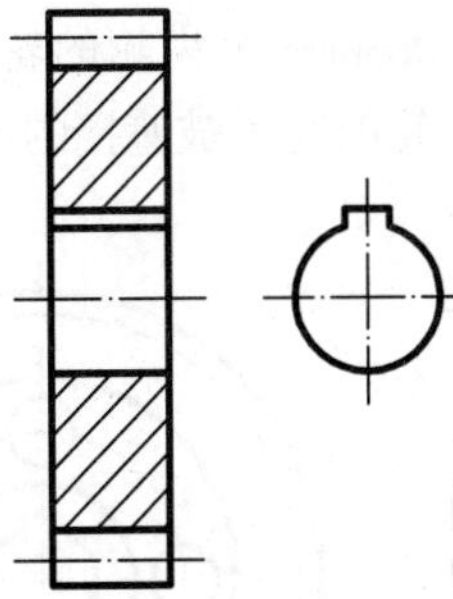

(b)剖切时的画法

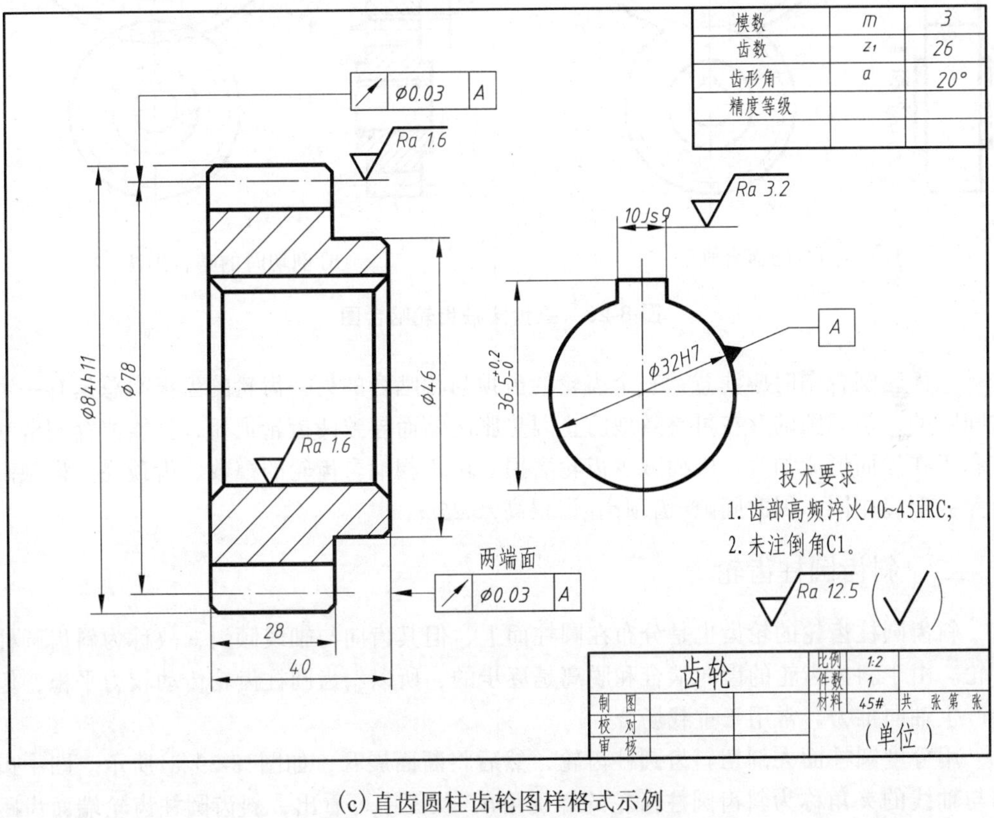

(c)直齿圆柱齿轮图样格式示例

图 8-27 单个直齿圆柱齿轮的规定画法

圆柱齿轮可分为大、小齿轮。对于较大的齿轮，为节约材料降低加工成本，往往制成轮辐式或辐板式，其由轮齿、轮缘、轮辐(或辐板)、轮毂与内孔构成，一般用两个视图表示。对于小齿轮往往制成圆柱形，一般只需一个主视图和一个局部视图表示。

(2)齿轮啮合图的规定画法。在垂直于轴线的投影面的视图中，节圆应相切，对标准齿轮而言即两齿轮的分度圆应相切，啮合区内的齿顶线可省略不画。在平行于轴线的投影面的视图中，若不剖切，则啮合区内的齿顶线、齿根线都不画出，只用粗实线画出节线(分度线)，如图 8-28(a)所示。若在平行于齿轮轴线的投影面的视图中取剖视，啮合区内一般将一个齿轮的轮齿当成可见,用粗实线绘制(一般是把主动轮轮齿视为可见)，另一个齿轮的轮齿被遮挡的部分视为不可见，用虚线绘制或省略不画，如图 8-28(b)所示。

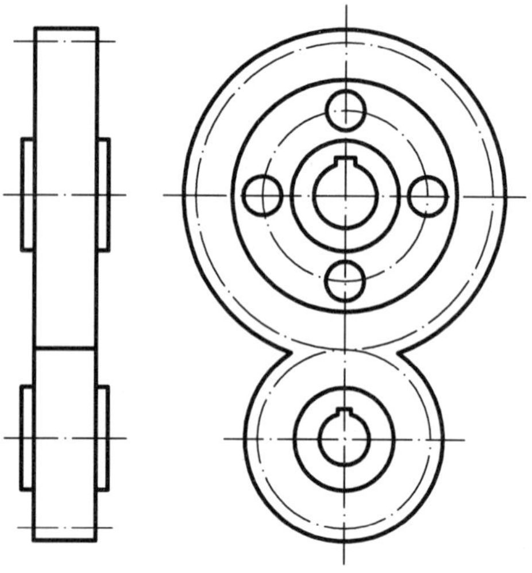

(a)不剖时的啮合画法

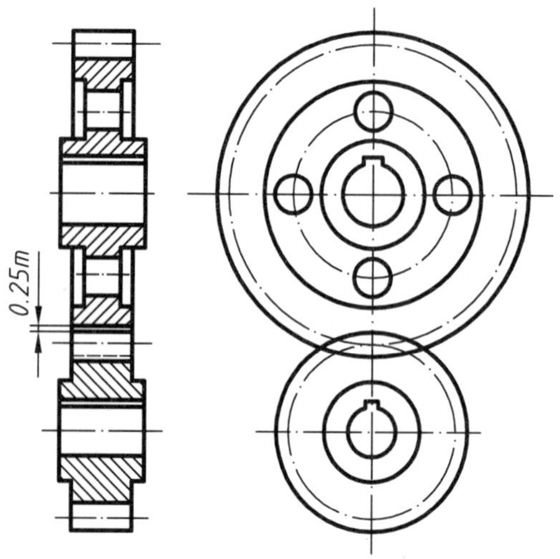

(b)剖切时的啮合画法

图 8-28　直齿圆柱齿轮啮合图

画齿轮啮合图时应注意：一个齿轮的齿顶与相啮合的另一齿轮的齿根间总是有一定的间隙的，该间隙的存在可有效地防止因热胀冷缩而导致两齿轮顶死，且能留存润滑油有利于在齿面形成油膜，因而减少齿轮磨损。由于相啮合齿轮的模数、齿顶高、齿跟高等参数都应相同，因此间隙=齿顶高–齿根高=0.25m。

二、斜齿圆柱齿轮

斜齿圆柱齿轮的轮齿也是分布在圆柱面上，但其齿向与轴线倾斜，故称为斜齿圆柱齿轮。由于斜齿齿轮的齿向啮合和脱离是逐步的，所以斜齿圆柱齿轮传动较为平稳，但会产生轴向推力，常用于重载场合。

用分度圆柱面去剖切斜齿圆柱齿轮，然后将断面展开，如图 8-29(a)所示。图中齿向与轴线的夹角称为斜齿圆柱齿轮的螺旋角β，从图中可看出，斜齿圆柱齿轮端面齿距P_t和法向齿距 P_n(与轮齿垂直方向的齿距)是不相等的，相应的端面模数 m_t 和法向模数 m_n 也不相等，它们之间的关系是：

$$P_n = P_t\cos\beta;$$

$$m_n = P_n/\pi = (P_t\cos\beta)/\pi = m_t\cos\beta。$$

法向模数是斜齿圆柱齿轮的主要参数，在设计、制造时法向模数仍应该从表 8-5 规定的模数序列中选取。斜齿圆柱齿轮的分度圆直径等基本尺寸可按下列公式计算：

分度圆直径：$d=m_tz=(m_nz)/\cos\beta$；

齿顶高：$h_a=m_n$；

齿根高：$h_f=1.25m_n$。

斜齿圆柱齿轮的画法与直齿圆柱齿轮基本相同，如图 8-29(b)所示。不同之处是主视图常采用局部剖，并在未剖的外形视图一边画出 3 条互相平行的细实线表示螺旋角 β 的方向。

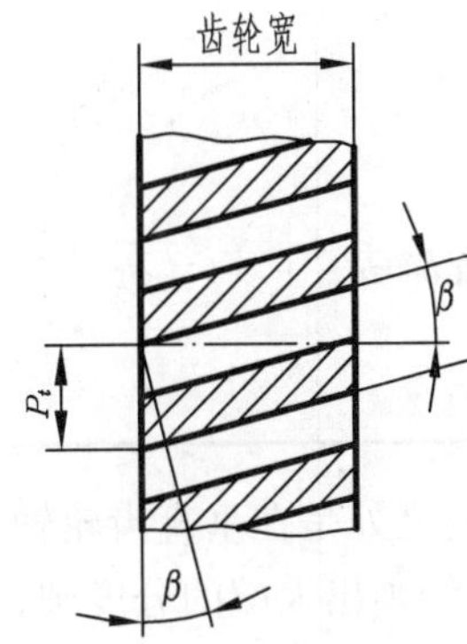

(a)参数

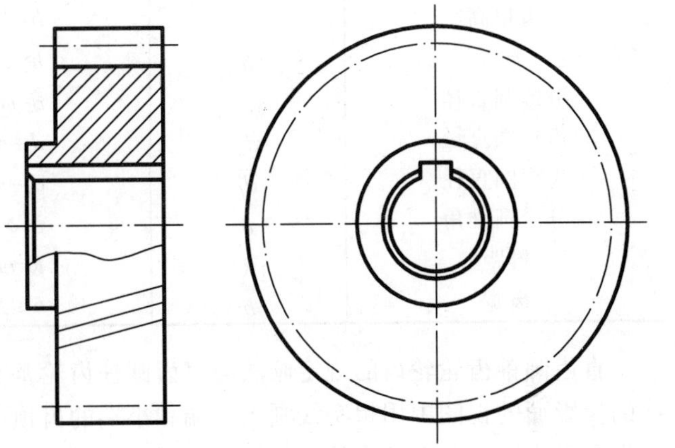

(b)规定画法

图 8-29　斜齿圆柱齿轮参数与画法

三、直齿圆锥齿轮

圆锥齿轮的轮齿位于锥面上，因此其齿厚沿锥顶方向逐渐变小，模数、直径等参数也随齿厚的变化而变化，国家标准规定以圆锥齿轮大端参数作为公称参数。直齿圆锥齿轮各部分的名称如图 8-30 所示。

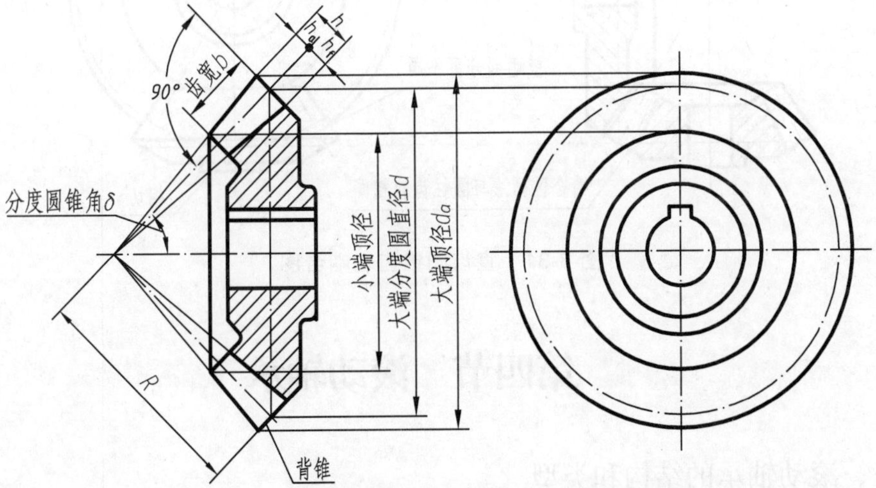

图 8-30　直齿圆锥齿轮各部分的名称及画法

直齿圆锥齿轮有 3 个基本参数：大端模数 m、齿数 z 和分度圆锥角 δ。根据这三个基本参数，直齿圆锥齿轮的其他参数均可以计算出来，常用的参数计算公式见表 8-7。

表 8-7 直齿圆锥齿轮各部分尺寸计算公式

名称	代号	计算公式
齿顶高	h_a	$h_a=m$
齿根高	h_f	$h_f=1.2m$
齿高	h	$h=2.2m$
分度圆直径	d	$d=mz$
齿顶圆直径	d_a	$d_a=m(z+2\cos\delta)$
齿根圆直径	d_f	$d_f=m(z-2.4\cos\delta)$
分度圆锥角	δ	当 $\delta_1+\delta_2=90°$ 时 $\tan\delta_1=z_1/z_2$
锥距	R	$R=mz/2\sin\delta$
齿宽	b	$b\leqslant R/3$

直齿圆锥齿轮轮齿的规定画法与直齿圆柱齿轮基本相同，不同之处是在垂直齿轮轴线的投影面的视图中用粗实线画出大端和小端的齿顶圆，用细点画线画出大端的分度圆，齿根圆可不画。单个锥齿轮一般用主视图（剖视）和左视图表示，如图 8-30 所示。

图 8-31 所示是两圆锥齿轮的啮合图，主视图画成剖视，啮合区的画法与直齿圆柱齿轮类同，左视图画成外形视图，分度圆和另一齿轮的分度线相切，被遮挡的部分可省略不画。

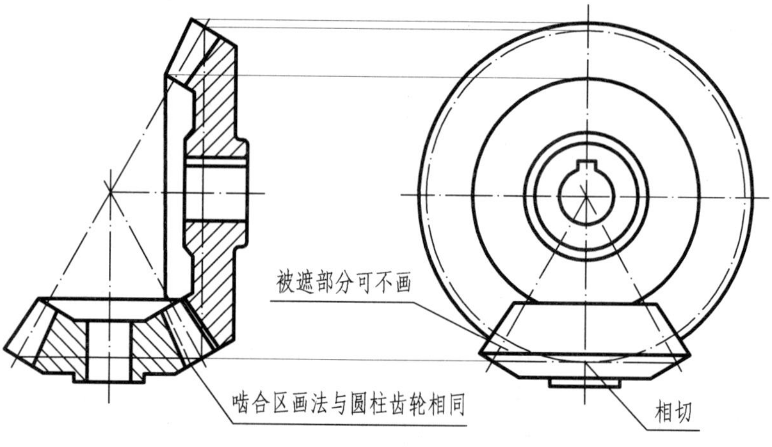

图 8-31 直齿圆锥齿轮啮合图

第四节 滚动轴承

一、滚动轴承的结构和类型

滚动轴承是一种支承转动轴的标准部件，由专门工厂生产。它的种类很多，但结构大体相同，一般由外圈、内圈、滚动体和保持架等组成，如图 8-32 所示。外圈一般装在机座孔内，不随轴转动，而内圈套在轴颈上将随轴转动。当内圈随轴一起转动时，内、外圈之间是一种滚动摩擦，因此滚动轴承具有结构紧凑、摩擦小等特点，在机械工程中得到广泛运用。

(a)向心轴承　(b)推力轴承　(c)向心推力轴承

图 8-32　滚动轴承结构与分类

滚动轴承按承受载荷的方向可分为 3 类：

向心轴承——主要承受径向载荷。如图 8-32(a)所示的深沟球轴承是最常见的向心轴承。

推力轴承——只能承受轴向推力。如图 8-32(b)所示的推力球轴承是常见的推力轴承。

向心推力轴承——能同时承受向心力和轴向推力。如图 8-32(c)所示的圆锥滚子轴承是常见的向心推力轴承。

二、滚动轴承的画法

GB/T 4459.7—1998 对滚动轴承的画法作了统一规定，有规定画法、特征画法和通用画法。常用的三种滚动轴承的画法如表 8-8 所示。在同一图样中应采用同一种画法。

表 8-8　常见滚动轴承的画法

轴承名称	规定画法	特征画法	通用画法
深沟球轴承	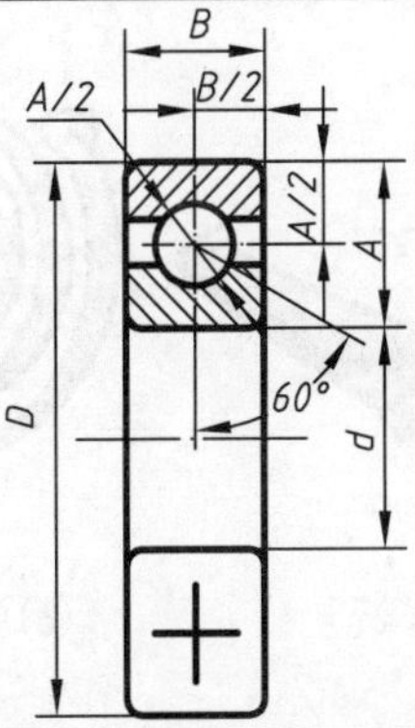	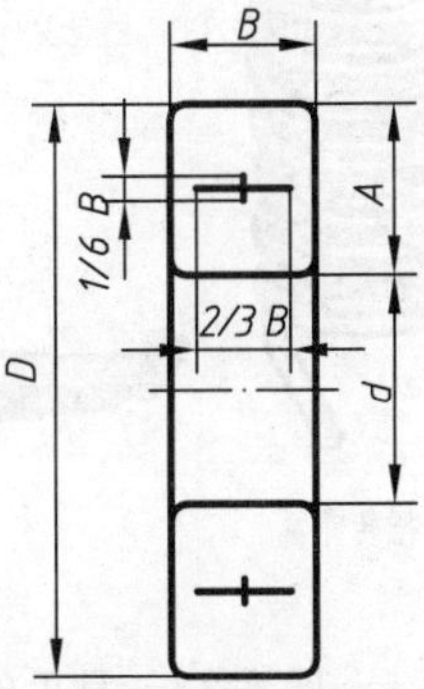	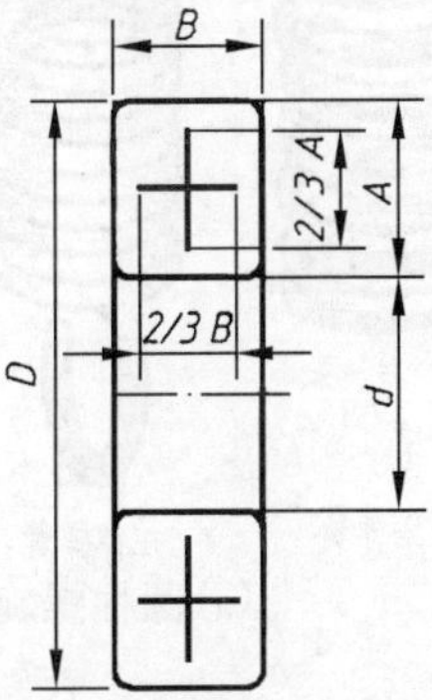

续表 8-8

轴承名称	规定画法	特征画法	通用画法
圆锥滚子轴承	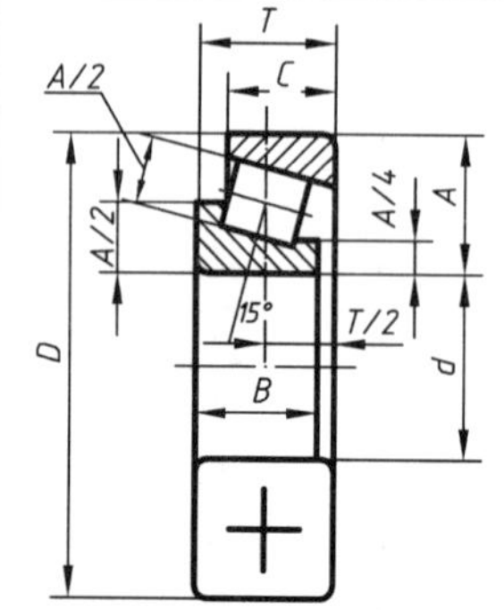	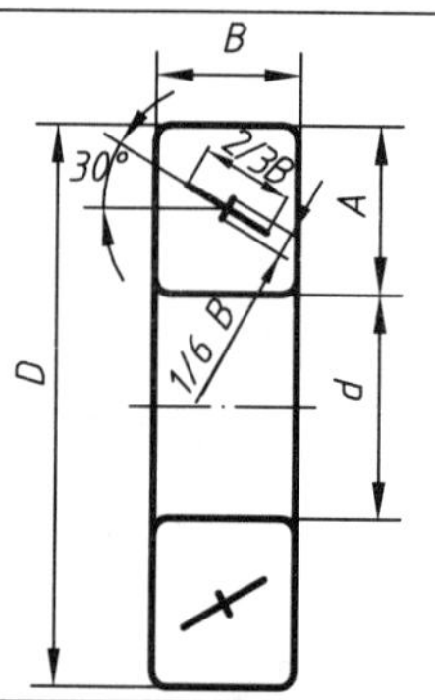	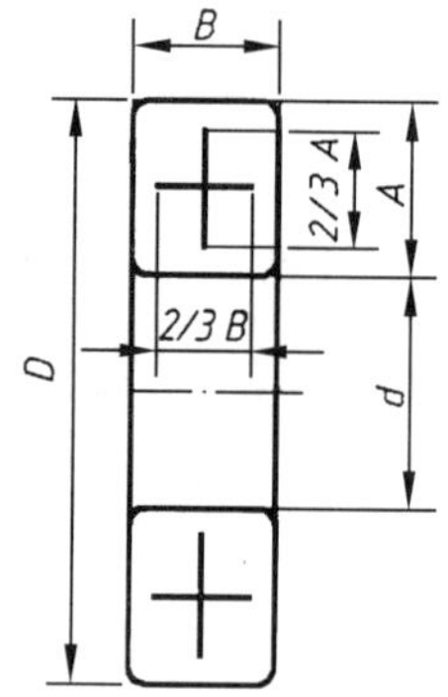
推力球轴承	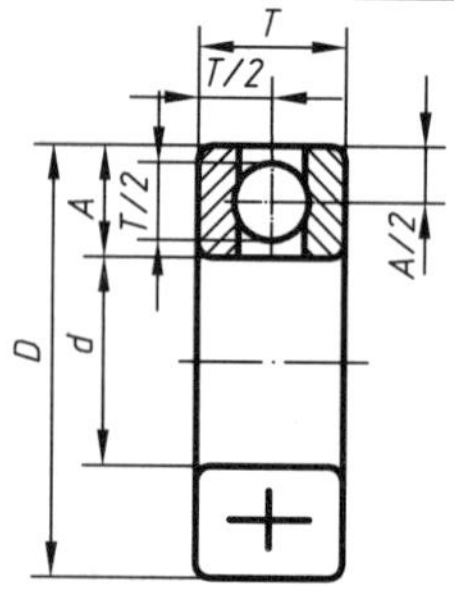	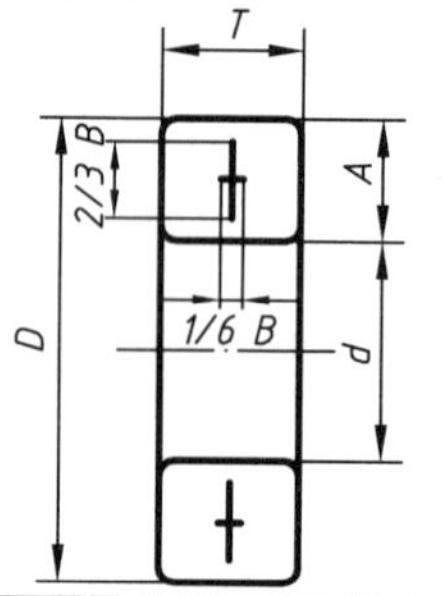	

当图样中需要较详细地表达滚动轴承的主要结构时，可采用规定画法，只需要简单表达滚动轴承的主要结构时，可采用特征画法，当不需要确切地表达滚动轴承的结构时，可采用通用画法。表 8-8 中所注内径 d、外圈直径 D、宽度 B 或 T 等尺寸，均可根据滚动轴承代号（关于代号将由其他课介绍）从相关国家标注中查出（见附表 19～附表 21）。

第五节 弹 簧

弹簧是一种储能零件，主要用于减震、夹紧、复位、储能及测力等。弹簧的种类很多，如图 8-33 所示是几种常见的弹簧。本节主要介绍圆柱螺旋压缩弹簧的有关名称和规定画法。

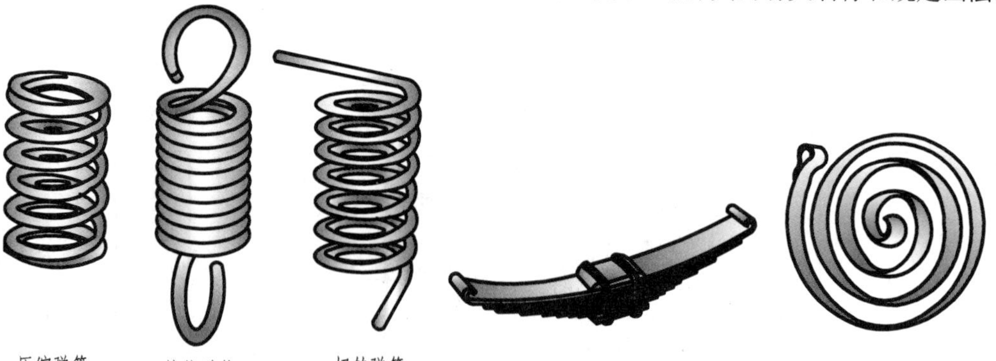

压缩弹簧 拉伸弹簧 扭转弹簧

(a) 圆柱螺旋弹簧 (b) 板弹簧 (c) 平面涡卷弹簧

图 8-33 常见的弹簧

一、圆柱螺旋压缩弹簧各部分的名称

圆柱螺旋压缩弹簧各部分的名称如图 8-34 所示。为了使弹簧工作时受力均匀并增加弹簧的稳定性，一般把压缩弹簧两端数圈并紧、磨平，这部分圈叫支承圈，支承圈圈数用 n_0 表示（一般是 1.5～2.5 圈）；总圈数 n_1 减支承圈圈数 n_0 就是有效圈数 n。

除支承圈外弹簧相邻两圈间的轴向距离称节距（t）。自由高度 H_0 是指弹簧不受外力时的高度，可按公式 $H_0=nt+(n_0-0.5)d$ 计算。

二、弹簧的画法规定

(1) 螺旋弹簧在平行于轴线的投影面的视图中，各圈的轮廓线可画成直线。

(2) 螺旋弹簧不论是左旋还是右旋，都可按右旋绘制，但左旋弹簧要注出旋向“左”。

(3) 有效圈数多于 4 圈的弹簧，可以只画其两端 1～2 圈（不包括支承圈），中间部分可以省略不画，但须用通过簧丝断面中心的点画线表示（见图 8-34），此时图形可适当缩短。

(4) 支承圈不论其圈数多少，都可按图 8-34 所示绘制。

(5) 在装配图中，被簧丝遮挡的部分按不可见处理，当簧丝被剖切且直径小于 2 mm 时，端面可以用涂黑表示，也可以采用示意画法，如图 8-35 所示。

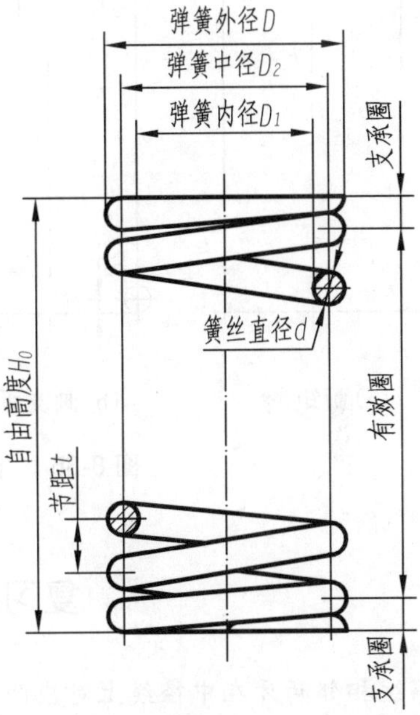

图 8-34 压缩弹簧各部分的名称

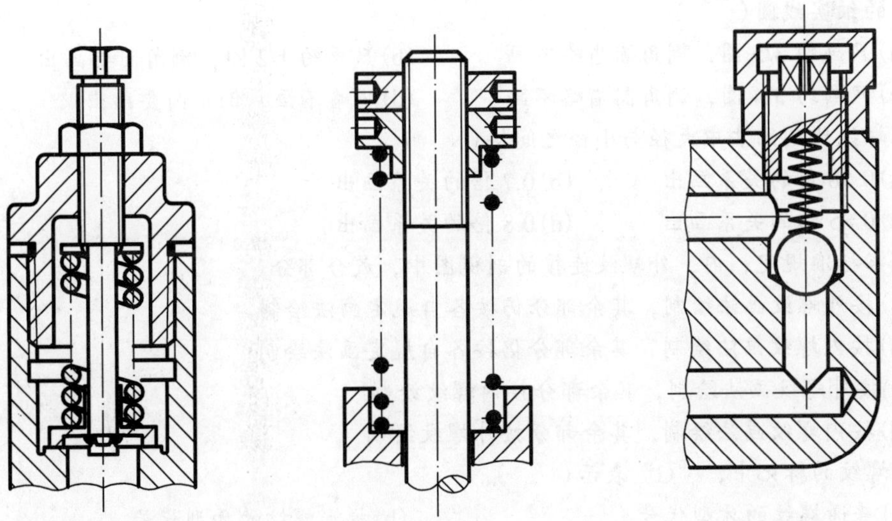

(a) 挡住的结构不画 (b) 断面涂黑表示 (c) 示意画法

图 8-35 弹簧在装配图中的画法

三、弹簧的画法步骤

如图 8-36 所示是圆柱螺旋压缩弹簧的画图步骤。

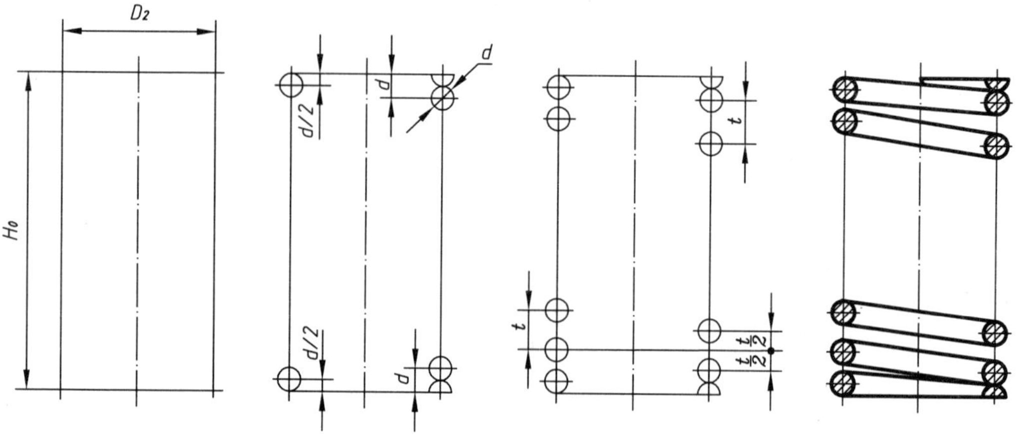

(a) 画矩形　(b) 画支承圈　(c) 画有效圈　(d) 画剖视图

图 8-36　圆柱螺旋压缩弹簧的画图步骤

复习思考题(单项选择题)

1. 螺纹相邻两牙在中径线上对应两点间的轴向距离，称为(　　)。
   (a) 导程　(b) 螺距　(c) 线数　(d) 小径
2. 国家标准规定，外螺纹在垂直于螺纹轴线的视图中，大径画成粗实线的整圆，表示小径的细实线圆(　　)。
   (a) 只画约 3/5 圈，倒角圆省略不画　(b) 只画约 1/2 圈，倒角圆要画出
   (c) 只画约 3/4 圈，倒角圆省略不画　(d) 省略不画，倒角圆要画出
3. 在螺纹比例画法中大径与小径之间按(　　)。
   (a) 0.58 倍的关系画出　(b) 0.7 倍的关系画出
   (c) 0.85 倍的关系画出　(d) 0.8 倍的关系画出
4. 国家标准规定，内、外螺纹连接的剖视图中，旋合部分(　　)。
   (a) 按外螺纹画法绘制，其余部分仍按各自规定画法绘制
   (b) 按内螺纹画法绘制，其余部分仍按各自规定画法绘制
   (c) 按外螺纹画法绘制，其余部分按内螺纹绘制
   (d) 按内螺纹画法绘制，其余部分按外螺纹绘制
5. 在螺纹的标记中，“G”表示(　　)。
   (a) 普通螺纹的牙型代号　(b) 梯形螺纹的牙型代号
   (c) 密封圆锥外螺纹的螺纹特征代号　(d) 非密封管螺纹的螺纹特征代号
6. 普通螺纹标记中的公称直径指的是(　　)。

(a)螺纹的顶径　(b)螺纹的中径　(c)螺纹的大径　(d)螺纹的小径

7. 国家标准规定，在画螺纹紧固件连接图时，(　　)。

(a)螺柱、螺栓、螺钉、螺母及垫圈均按未剖切绘制

(b)相邻零件的剖面线应方向一致、间隔不同

(c)被遮住的轮廓线用虚线画出

(d)两个零件的接触面只画一条线

8. 在螺栓连接中，是用螺栓和(　　)。

(a)垫圈连接零件　(b)螺柱与螺钉连接零件

(c)螺钉连接零件　(d)螺母、垫圈连接零件

9. 绘制键连接图时，应首先(　　)。

(a)画出轴和轮子上的键槽，再画出键

(b)画出键，再画出轮子上的键槽，最后画出轴上的键槽

(c)画出轴上的键槽，再画出键，最后画出轮子上的键槽

(d)根据轴的直径 d 从相关标准中查出键、轴上键槽和轮毂上键槽的尺寸

10. 两齿轮啮合时(　　)。

(a)齿距相等，模数相等　(b)齿距可不相等

(c)齿距不等，模数必须相等　(d)模数可不相等

11. 国家标准规定，齿轮的齿顶圆和齿顶线(　　)。

(a)总是用细实线绘制　(b)总是用粗实线绘制

(c)总是用点画线绘制　(d)总是用虚线绘制

12. 国家标准对滚动轴承的画法作了统一规定，有(　　)。

(a)特征画法和通用画法

(b)特征画法和简化画法

(c)规定画法和通用画法

(d)规定画法、特征画法和通用画法

13. 国家标准规定，圆柱螺旋弹簧有效圈数(　　)。

(a)多于 2 圈，可以只画两端 1～2 圈，中间部分可以省略不画

(b)无论多少圈，都可以只画两端 1～2 圈，中间部分可以省略不画

(c)多于 4 圈，可以只画两端 1～2 圈，中间部分可以省略不画

(d)无论多少圈，都必须完整画出

第九章　零件图

学习目标

1. 了解零件的分类和零件图的作用与内容。
2. 熟记零件图中各项技术要求的内容及标注方法。
3. 掌握零件图读图的方法和步骤。
4. 熟悉零件测绘过程。

零件是机器中不可再分的单件，是制造的单元。任何机器或部件都是由若干零件装配而成的。零件图是表达零件结构、大小和技术要求的图样。

第一节　零件与零件图概述

一、零件的分类

零件常分为通用零件与专用零件两大类，通用零件是指各种机器普遍使用的零件，如螺栓、圆柱销、普通平键等标准件，专用零件是指各种机器中特有的零件。按零件在机器中的作用大致分为轴套类、盘盖类、叉架类、箱壳类四种类型。

(一)轴套类零件

轴类零件在机器中主要用于支承传动零件、传递动力，套类零件一般装在轴上。如图 9-1 所示，轴套类零件大多由不同直径的回转体组成，轴上常有轴肩、键槽、螺纹与螺纹退刀槽、砂轮越程槽、倒角、圆角、销孔、中心孔等结构。

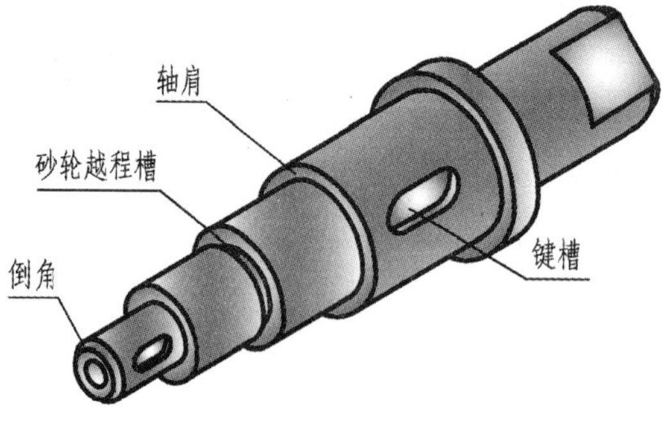

(a)轴

(b)套

图 9-1　轴套类零件

(二)盘盖类零件

盘盖类零件在机器中主要起传动、支承、定位、密封等作用。如图 9-2 所示，盘盖类零件是扁平的盘状体，大多为回转体，与轴类零件比较，其轴向尺寸比径向尺寸小得多。这类零件上常有凸台、凹坑、肋、销孔、螺孔、轮幅等结构。

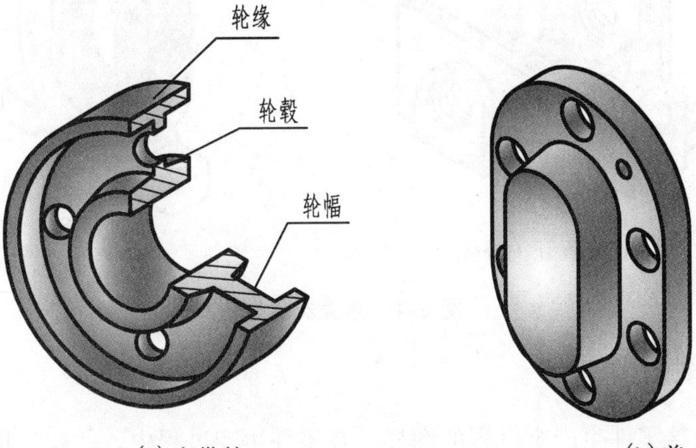

(a)皮带轮　(b)盖

图 9-2　盘盖类零件

(三)叉架类零件

叉架类零件包括各种用途的叉杆和支架零件。叉杆零件多为运动件，通常起传动、连接、调节或制动等作用。支架零件通常起支承、连接等作用。其形式多种多样，形状不规则，外形往往比内形复杂。如图 9-3 所示，它们大多由支承部分、工作部分和连接部分组成，常有圆筒、肋板、叉口、底板、螺孔等结构。

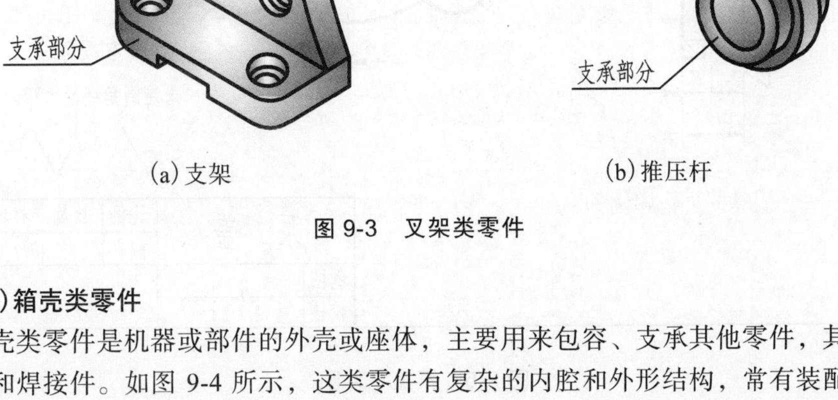

(a)支架　(b)推压杆

图 9-3　叉架类零件

(四)箱壳类零件

箱壳类零件是机器或部件的外壳或座体，主要用来包容、支承其他零件，其毛坯多为铸件和焊接件。如图 9-4 所示，这类零件有复杂的内腔和外形结构，常有装配孔、凸台、凹坑、肋、销孔、螺孔等结构。

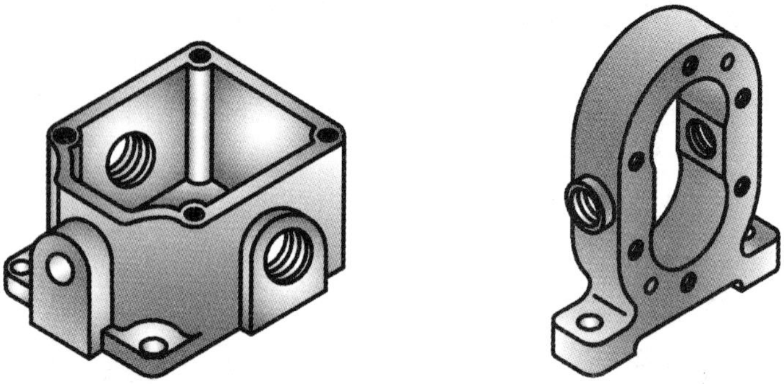

(a)行程开关外壳　(b)泵体

图 9-4　箱壳类零件

二、零件图的内容

零件图是指导零件生产全过程的图样。在零件生产过程中，一般先根据零件图进行备料，然后按图纸中零件的形状、尺寸与技术要求加工制造，最后还要检验被加工的零件是否达到规定的质量标准。

零件图一般应具有下列四方面的内容，如图 9-5 所示。

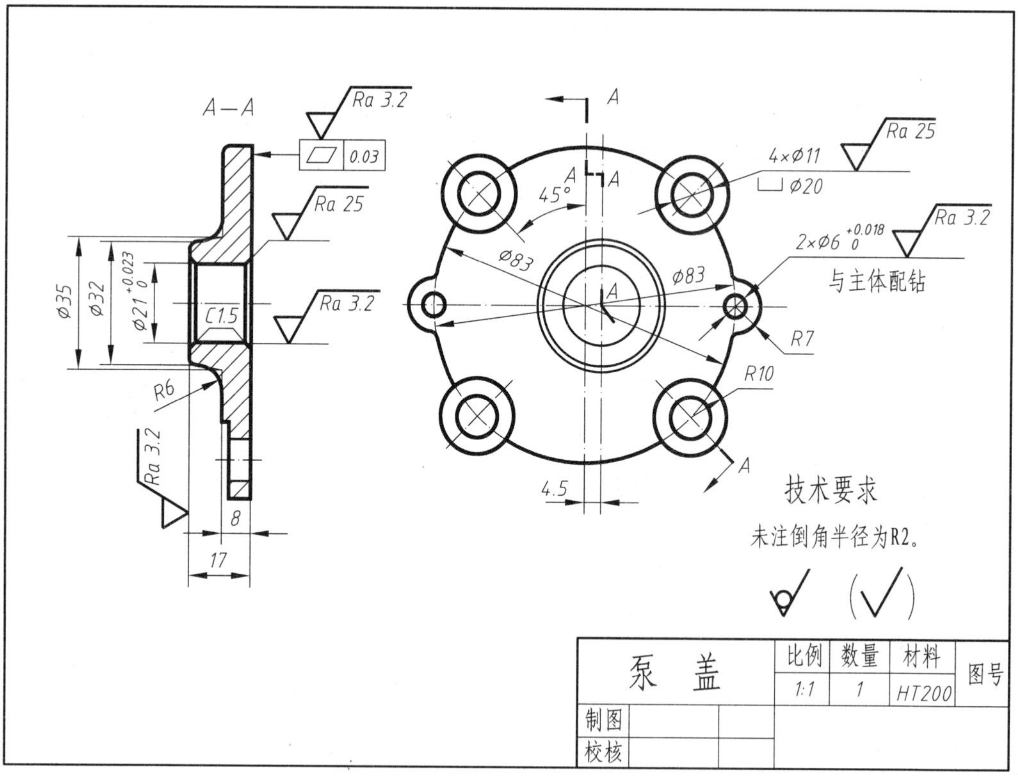

图 9-5　泵盖零件图

(一)视图

综合运用各种表达方法，将零件的内、外结构完整而清晰地表达出的一组视图。

(二)尺寸

正确、完整、清晰、合理地标注出零件在加工、制造、检验时所需的全部尺寸。

(三)技术要求

用规定的代号和文字，注写出零件在制造、检验时所应达到的各项技术指标。

(四)标题栏

说明零件的名称、件数、材料、画图的比例、设计人与审核人姓名等基本内容。

三、零件上常见的工艺结构

任何机器都是由许多零件按照一定的要求制造和装配而成的，设计零件结构时，除满足设计要求外，还必须考虑制造和装配过程中提出的一系列工艺要求，否则将使制造工艺复杂化，甚至无法制造或造成废品。因此，应了解零件上常见的工艺结构。

(一)铸造工艺结构

铸造工艺要求铸件上应设拔模斜度、铸造圆角，铸件壁厚应均匀过渡，各部分结构形状应尽量简单。

(1)拔模斜度。为了在铸造时便于将木模从砂型中取出，铸件沿起模方向的内、外壁上应设计有适当的斜度，称为拔模斜度，如图 9-6(b)所示。

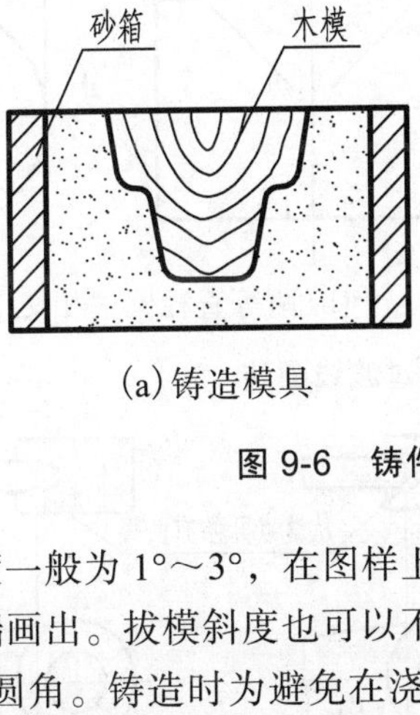

(a)铸造模具

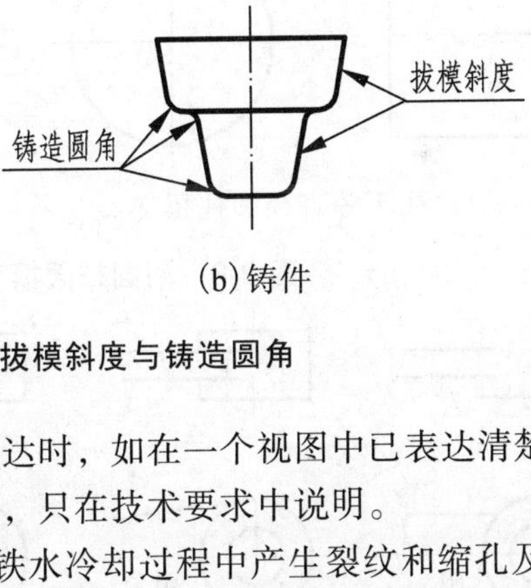

(b)铸件

图 9-6　铸件的拔模斜度与铸造圆角

拔模斜度一般为 1°～3°，在图样上表达时，如在一个视图中已表达清楚，其他视图允许只按小端画出。拔模斜度也可以不画，只在技术要求中说明。

(2)铸造圆角。铸造时为避免在浇注铁水冷却过程中产生裂纹和缩孔及取模过程中损坏砂型，在铸件各表面相交处都做成圆角过渡，这种圆角称为铸造圆角，如图 9-6（b）所示。

在零件图上，铸造圆角一般应画出，圆角半径一般取 3～5 mm，或取壁厚的 0.2～0.4 倍。当相交两表面中有一个表面加工后圆角被切去，此时应画成尖角。在同一铸件上圆角半径种类应尽可能减少，铸造圆角半径可在技术要求中作统一说明。

(3)铸件壁厚。为了保证铸件质量，防止产生缩孔和裂纹，铸件壁厚要均匀，避免突然改变壁厚和局部肥大现象，在两壁相交处应有过渡斜度，如图 9-7(a)所示。同时，为了便于制模、造型、清理、去除浇冒口和机械加工，铸件外形应尽可能平直，内壁也应减少凸起或分支部分，各部分形状应尽可能简化，如图 9-7(b)所示。

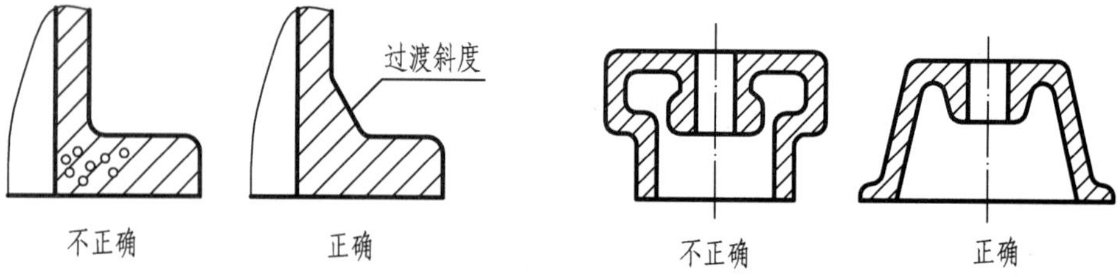

(a)铸件壁厚要均匀或逐渐变化　　(b)铸件内外结构形状应能起模

图 9-7　铸件壁厚

(4)过渡线。由于铸件表面相交处有铸造圆角存在，使表面的交线变得不太明显，为了区分不同表面，图中交线仍要画出，这种线称为过渡线。过渡线用细实线绘制。

过渡线的画法与相贯线的画法基本相同，只是过渡线的两端不与零件的轮廓线接触。因此，作图时应先按没有圆角的情况求作相贯线，再根据零件表面相交或相切的具体情况对过渡线两端进行处理。常见过渡线的画法如图 9-8、图 9-9、图 9-10 所示。

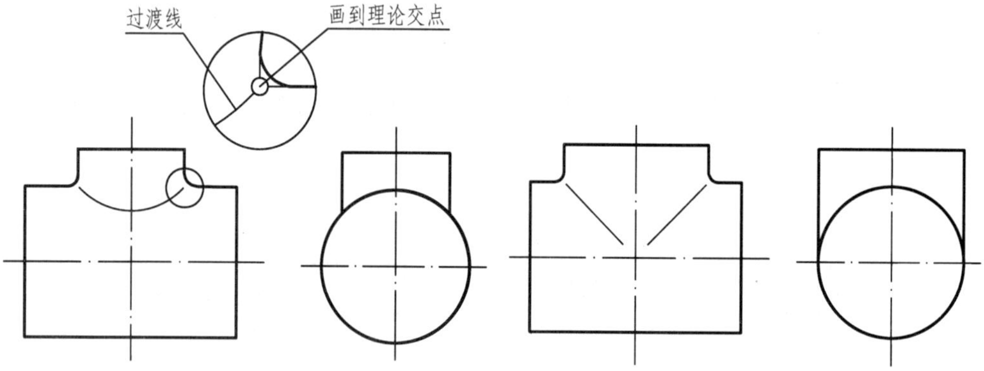

(a)两不等直径圆柱相交　　(b)两等直径圆柱相交

图 9-8　两圆柱面相交的过渡线画法

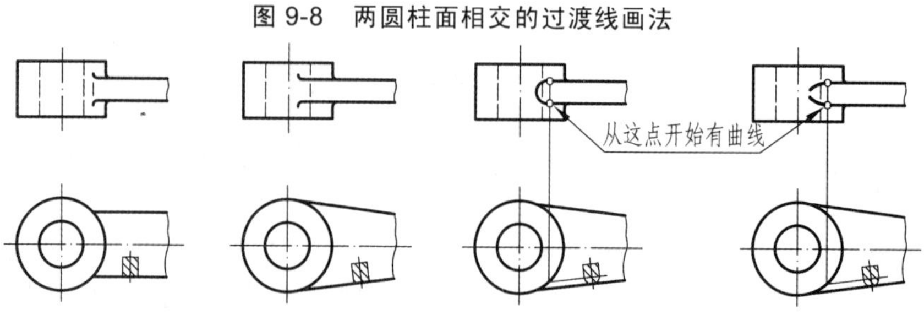

(a)相交　(b)相切　(c)相交　(d)相切

图 9-9　肋板与圆柱相交的过渡线画法

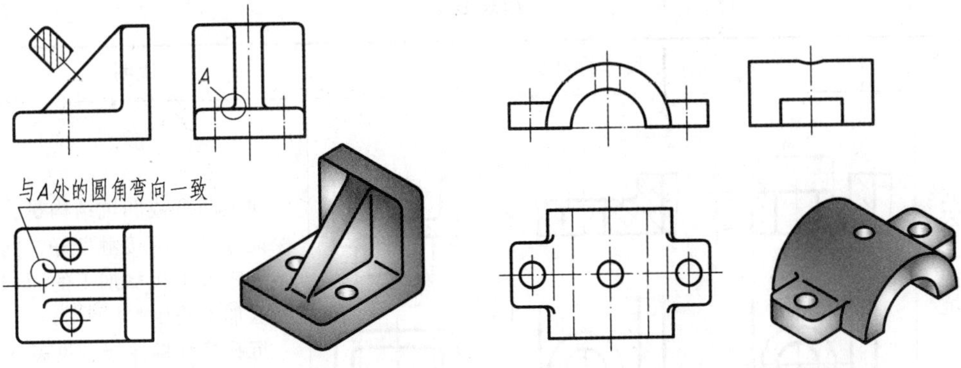

(a) 平面与平面相交　　(b) 平面与曲面相交

图 9-10　平面与平面、平面与曲面相交的过渡线画法

(二) 机械加工工艺结构

机械加工工艺结构主要有倒圆、倒角、越程槽、退刀槽、凸台、凹坑、中心孔等。常见机械加工工艺结构的画法、尺寸标注法及用途如表 9-1 所示。

表 9-1　常见机械加工工艺结构及其画法

类型	画法与尺寸标注图例	说明
倒圆与倒角	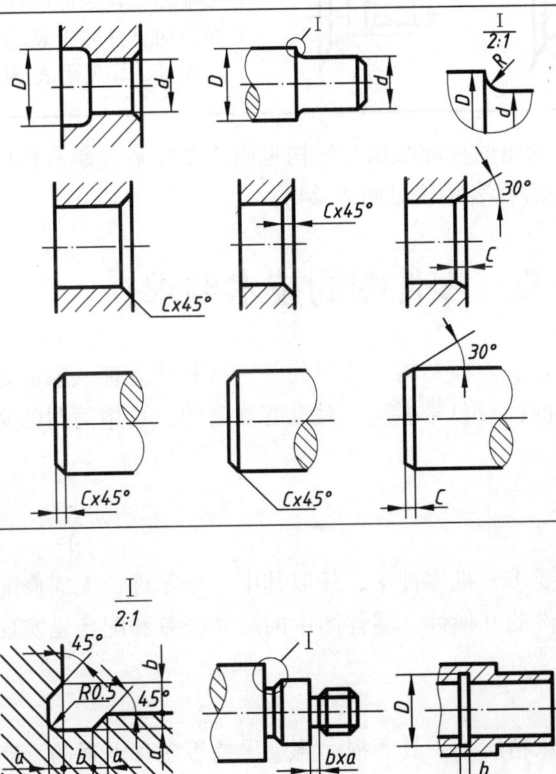	为了避免应力集中，轴肩、孔肩转角处常加工成环面过渡，称为倒圆(圆角)。为防止零件的锐边、毛刺划伤人手和便于装配，常在轴或孔的端部加工出 45°或 30°、60°的锥台称为倒角。关于零件倒角与圆角的标准数据和标准结构参见附表 22 倒角为 45°时，可注成 $C \times 45°$ 形式，不是 45°时，要分开标注
退刀槽与越程槽	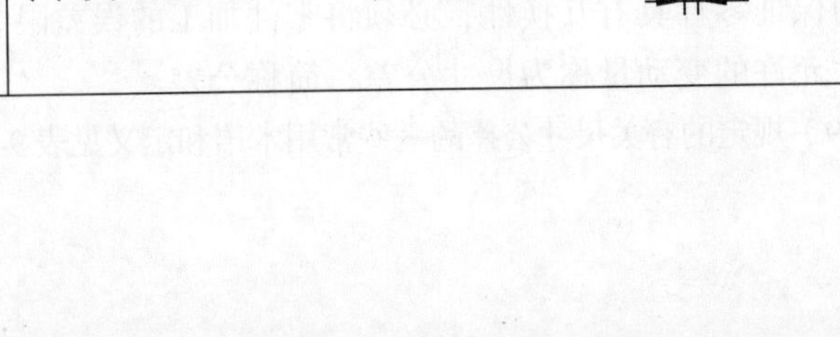	在车削加工时，为便于刀具进入或退出加工面，在装配时保证与相邻零件靠紧，常在加工表面的终端预先加工出退刀槽。退刀槽一般可按“槽宽 × 直径”或“槽宽 × 槽”的形式标注同理，在磨削加工时，常在加工表面的终端预先加工出砂轮越程槽。砂轮越程槽标准数据和结构见附表 23。砂轮越程槽常用局部放大图画出

续表 9-1

类型	画法与尺寸标注图例	说明
凸台与凹坑	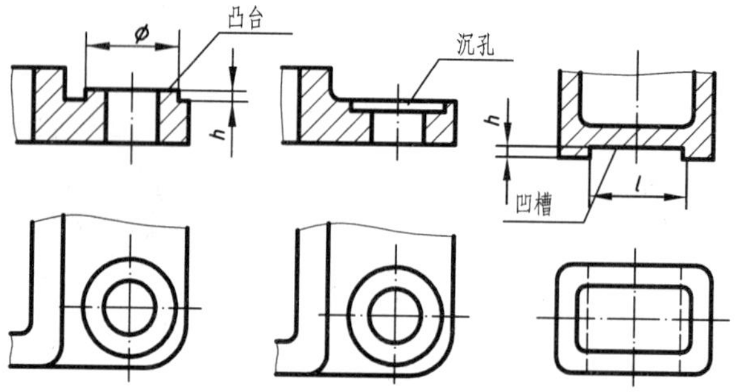	加工凸台或凹坑结构是为了保证零件间的接触良好，同时减少零件上机械加工的面积，降低加工费用 沉孔尺寸标注请参见表 9-10
中心孔	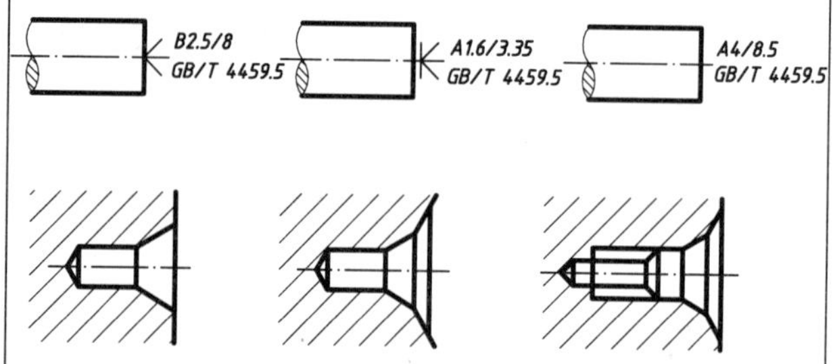	加工较长的轴类零件时，为便于定位和装夹，常在轴的一端或两端加工出中心孔。中心孔的结构形式、尺寸注法及其尺寸数值的查取参见附表 24 中心孔在图样中可不画出详细结构，只需用规定符号标注其代号，详见附表 24

国家标准规定的零件倒圆与倒角的标准数据与结构见附表 22；砂轮越程槽的标准数据及结构见附表 23；中心孔与中心孔表示法见附表 24。

第二节　零件图的技术要求

零件的技术要求包括尺寸公差、表面结构、几何公差、材料热处理及表面处理等。技术要求一般应在图样中用规定的代(符)号标注，对没有规定的，可用简明的文字逐项注写在标题栏附近的适当位置。

一、尺寸公差与配合

在成批生产或大量生产时，要求一批零件中，任取其中一个零件，无需修配就能顺利地进行装配，这种性质称为零件的互换性。零件图中的尺寸公差和配合是实现零件互换和保证产品质量的技术指标。

(一)尺寸公差

零件在加工过程中，由于机床精度、工具磨损、测量误差等多种因素的影响，零件的尺寸不可能做得绝对精确，为保证零件具有互换性，必须将零件加工的误差限制在一定范围内，这种规定的实际尺寸允许的变动量称为尺寸公差，简称公差。

国家标准（GB/T 1800.1—2009）规定的有关尺寸公差的一些常用术语和定义见表 9-2。

表 9-2　尺寸公差的有关常用术语和定义

术语	定义	计算示例及简图说明 孔	计算示例及简图说明 轴
孔、轴	孔和轴通常指工件的圆柱形内、外尺寸要素，也包括非圆柱形的内、外尺寸要素	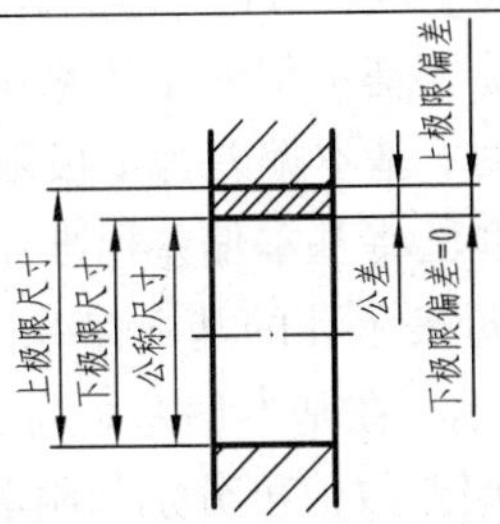 孔的尺寸 50H8$\begin{pmatrix}+0.039\\0\end{pmatrix}$	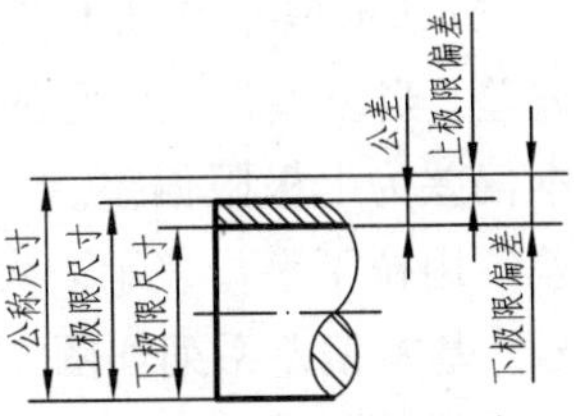 轴的尺寸 50f7$\begin{pmatrix}-0.025\\-0.050\end{pmatrix}$
公称尺寸	由图样规范确定的理想形状要素的尺寸	公称尺寸：50	公称尺寸：50
极限尺寸	尺寸要素允许的尺寸的两端尺寸	上极限尺寸：50.039 下极限尺寸：50	上极限尺寸：49.975 下极限尺寸：49.95
偏差	某一极限尺寸减其公称尺寸所得的代数差	上极限偏差 ES=50.039–50=+0.039 下极限偏差 EI= 50–50=0	上极限偏差 es=49.975–50=－0.025 下极限偏差 ei= 49.95–50=－0.050
尺寸公差	允许尺寸的变动量。即为上极限尺寸减下极限尺寸之差，或上极限偏差减下极限偏差之差	公差=上极限尺寸–下极限尺寸 =上极限偏差–下极限偏差 =0.039	公差=上极限尺寸–下极限尺寸 =上极限偏差–下极限偏差 =0.025
零线	在极限与配合图解中，表示公称尺寸的一条直线，以其为基准确定偏差和公差	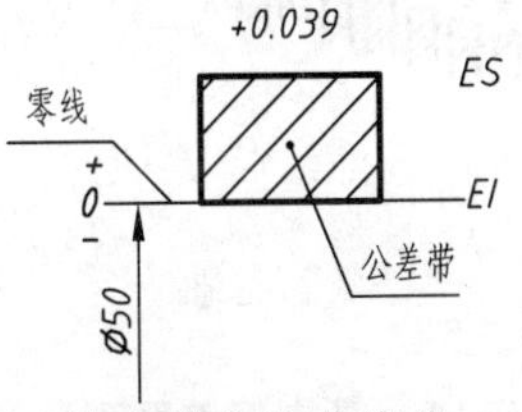 基本偏差为下偏差 EI=0	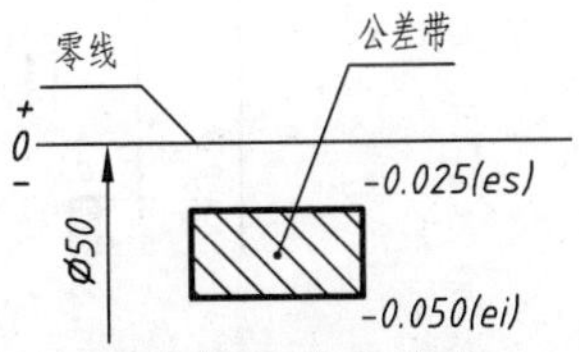 基本偏差为上偏差 es =－0.025
公差带	在公差带图解中，由代表上(下)极限偏差或上（下）极限尺寸的两条直线所限定的一个区域		
标准公差	国家标准所规定的公差		
基本偏差	用来确定公差带相对零线位置的那个极限偏差(即靠近零线的偏差)，它可以是上偏差，也可以是下偏差		

每个公差都是由“标准公差”和“基本偏差”两个要素组成的，“标准公差”用来确定公差带的大小，“基本偏差”用来确定公差带相对零线的位置。

(1)标准公差与标准公差等级。制图标准将标准公差分为 20 个等级，即 IT01、IT0、

IT1～IT18，IT 表示标准公差，数字表示公差等级。其中 IT01 为最高，依次降低，IT18 为最低。在同一基本尺寸下，公差等级越高，标准公差数值越小，尺寸精确程度越高。在工业产品中很少用到 IT01、IT0。IT1～IT18 标准公差数值可从附表 25 中查得。

(2)基本偏差及基本偏差代号。基本偏差是用来确定公差带相对零线位置的那个极限偏差。当公差带位于零线上方时，基本偏差为下极限偏差；当公差带位于零线下方时，基本偏差为上极限偏差。国家标准已将基本偏差标准化，对孔和轴分别规定了 28 个基本偏差，用拉丁字母表示。大写字母表示孔的基本偏差代号，小写字母表示轴的基本偏差代号。基本偏差系列如图 9-11 所示。在基本偏差系列示意图中，只定性地表示基本偏差相对零线的位置，轴和孔的基本偏差数值可分别从附表 26、附表 27 中查得。公差带另一端是开口的，该端位置取决于标准公差数值的大小。

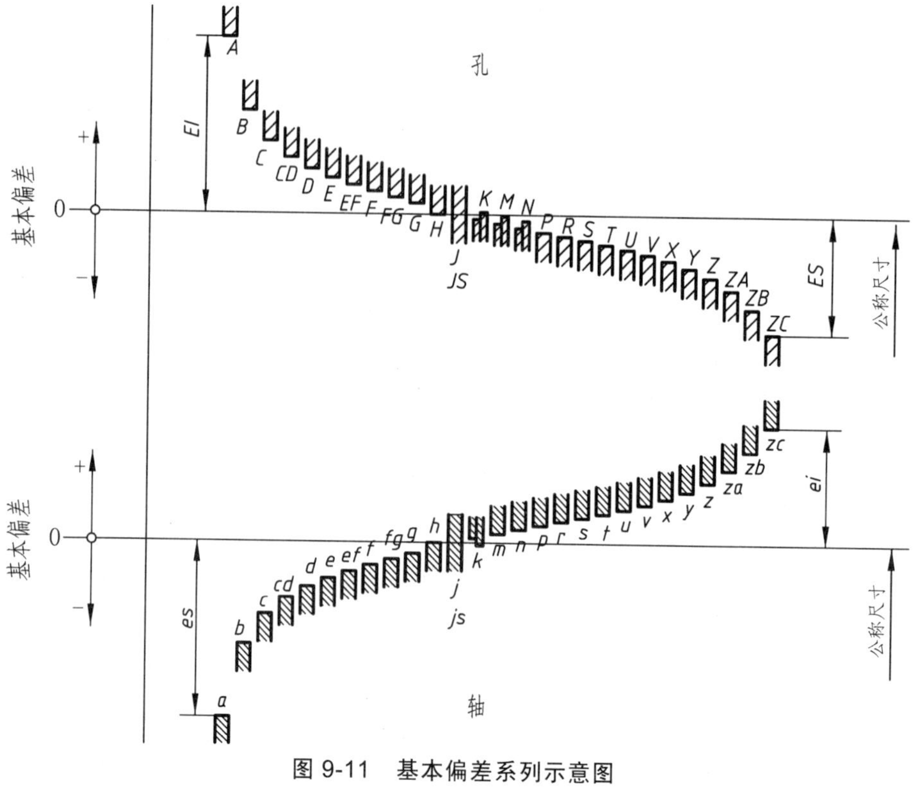

图 9-11 基本偏差系列示意图

(3)公差的确定。公差数值可根据轴或孔的公称尺寸和公差等级直接从附表 25 查得；也可先从附表 28 或附表 29 查得其极限偏差，再依据极限偏差计算求得。

(4)公差带及公差带图。公差带用基本偏差的字母和公差等级数字组成的公差带代号表示，如“H7”、“h6”。公差带图能直观表达公差带位置及其大小，一般根据轴或孔的上极限偏差和下极限偏差或上极限尺寸和下极限尺寸可以绘制公差带图，如表 9-2 所示。

(二)配合

配合是指公称尺寸相同的、相互结合的孔和轴公差带之间的关系。由于轴和孔的实际尺寸不同，装配后将产生“间隙”或“过盈”，根据同一基本尺寸孔和轴公差带的关系，国家标准将配合分为间隙配合、过盈配合和过渡配合三类。为了方便设计和制造，国家标准规定了基孔制和基轴制两种基准制。

有关配合的一些常用术语和定义见表 9-3。

表 9-3　配合的有关常用术语和定义

	定义	简图说明
间隙配合	具有间隙(包括最小间隙等于零)的配合。此时，孔的公差带在轴的公差带之上	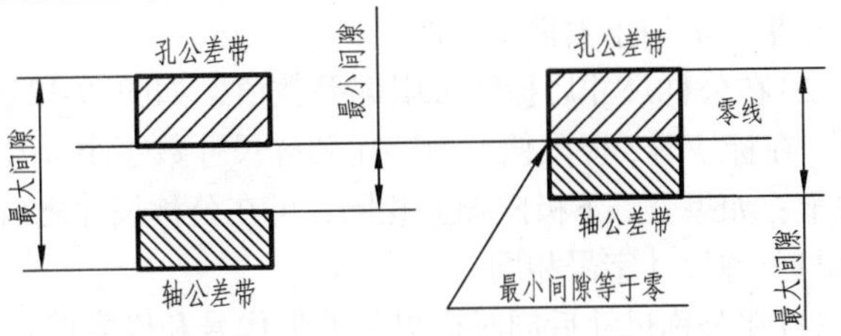
过盈配合	具有过盈(包括最小过盈等于零)的配合。此时，孔的公差带在轴的公差带之下	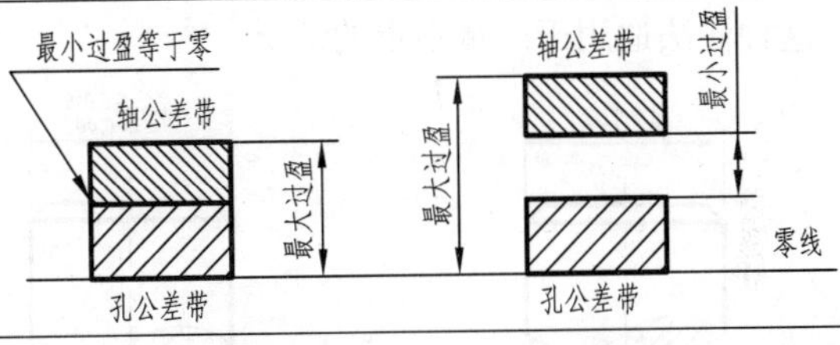
过渡配合	可能具有间隙或过盈的配合。此时，孔的公差带与轴的公差带相互交叠	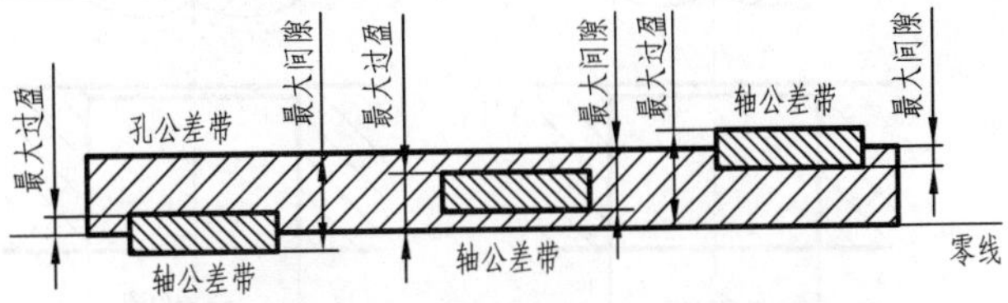
基孔制	基本偏差为一定的孔的公差带与不同基本偏差的轴的公差带形成各种配合的一种制度	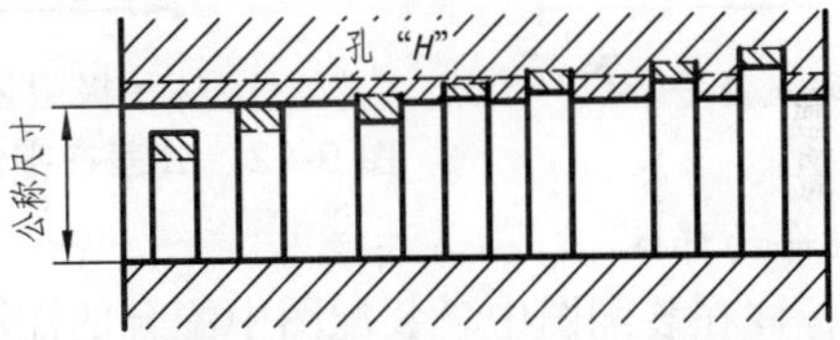
基轴制	基本偏差为一定的轴的公差带与不同基本偏差的孔的公差带形成各种配合的一种制度	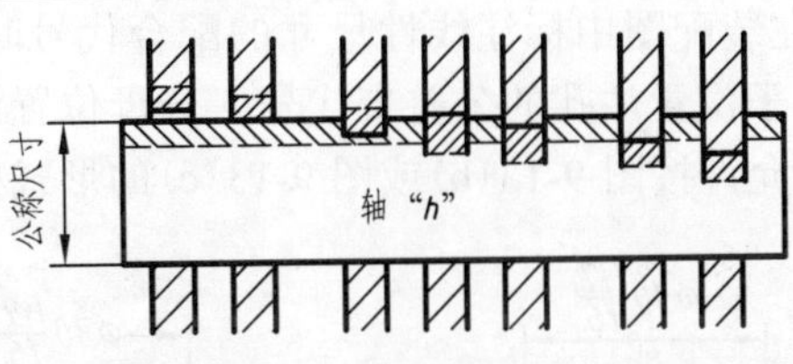

(1) 基孔制。基孔制配合中孔为基准孔，规定基准孔的基本偏差代号为 H，其下极限偏差为零，上极限偏差为正值。这种制度在同一公称尺寸的配合中，是将孔的公差带位置固定，通过变动轴的公差带位置得到各种不同的配合。在基孔制中，轴的基本偏差 a～h 用于间隙配合，j～n 主要用于过渡配合，p～zc 用于过盈配合。

(2) 基轴制。基轴制配合中轴为基准轴，规定基准轴的基本偏差代号为 h，其上极限偏差为零，下极限偏差为负值。这种制度在同一公称尺寸的配合中，是将轴的公差带位置固定，通过变动孔的公差带位置得到各种不同的配合。在基轴制中，孔的基本偏差 A～H

用于间隙配合，J～N 主要用于过渡配合，P～ZC 用于过盈配合。

一般优先采用基孔制配合。

(三)公差与配合的标注

1. 公差的标注

公差标注在零件图中。常用的标注形式有下列三种：

(1)在公称尺寸后标注公差带代号，如图 9-12(a)所示。这种注法和专用量具检验零件统一起来，适用于大批量生产。

(2)在公称尺寸后标注极限偏差数值，如图 9-12(b)所示。这种注法适用于单件小批量生产。在标注时，极限偏差数字比公称尺寸数字小一号，下极限偏差应与公称尺寸注在同一底线上；如果上、下极限偏差相同，可在公称尺寸之后用“±”加偏差数字标注，这时偏差数字与公称尺寸字号相同。

(3)在公称尺寸后同时标出公差带代号和极限偏差数值，后者应加圆括号，如图 9-12(c)所示。这种注法适用于产量不定的情况。

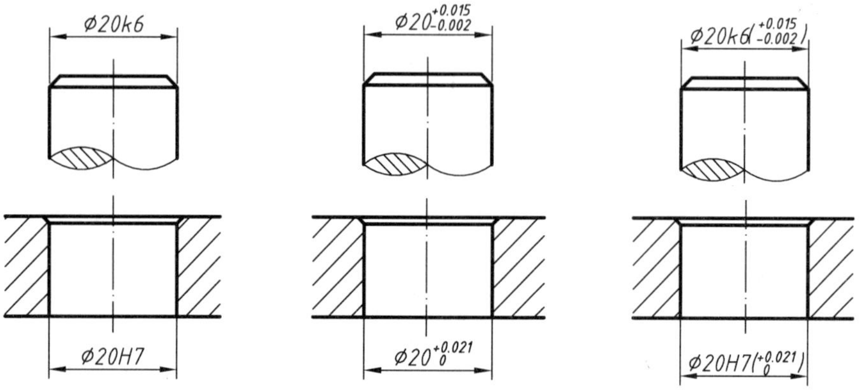

(a)标注公差带代号形式　(b)标注极限偏差形式　(c)双重标注形式

图 9-12　公差在零件图中的标注

2. 配合的标注

配合标注在装配图中。装配图中配合的注法应按下列制图标准规定进行标注。

(1)在装配图中标注线性尺寸的配合代号时，必须在公称尺寸的右边用分数的形式注出，分子位置注孔的公差带代号，分母位置注轴的公差带代号，如图 9-13(a)所示。必要时也允许按图 9-13(b)或图 9-13(c)的形式标注。

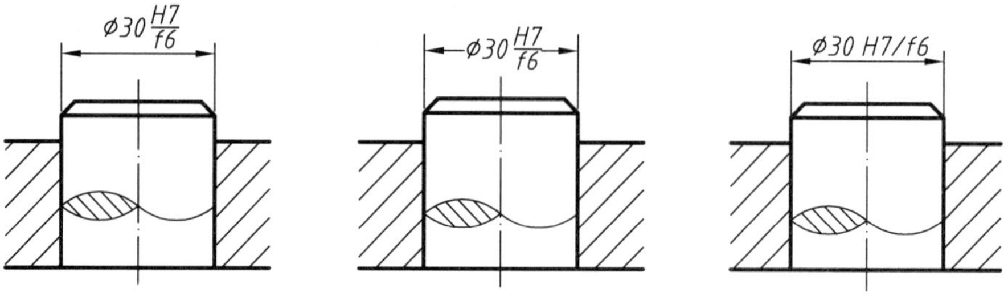

(a)配合代号注法一　(b)配合代号注法二　(c)配合代号注法三

图 9-13　装配图中配合代号的标注

(2)在装配图中标注相配零件的极限偏差时，一般按图 9-14(a)的形式标注：孔的公称尺寸和极限偏差注写在尺寸线的上方，轴的公称尺寸和极限偏差注写在尺寸线的下方。也允许按图 9-14(b)的形式标注。

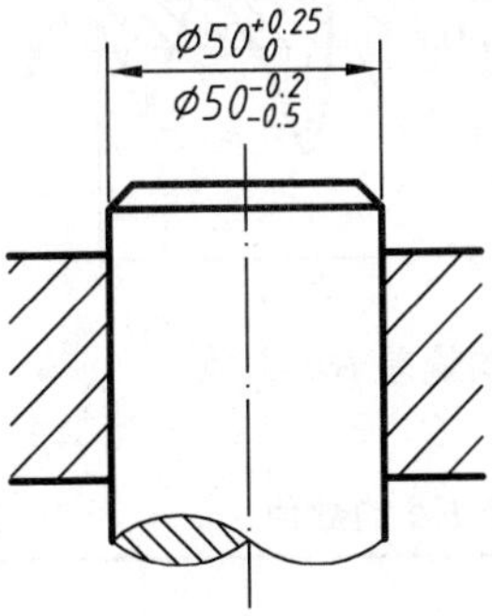

(a)注出相配零件极限偏差的注法一

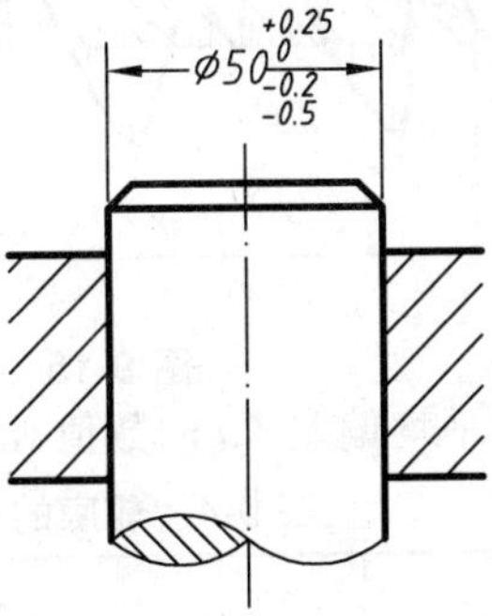

(b)注出相配零件极限偏差的注法二

图 9-14　相配零件极限偏差在装配图中的注法

(3)标注与标准件配合的零件(轴或孔)的配合要求时，可以仅标注该零件的公差带代号。

二、表面结构

表面结构是表面粗糙度、表面波纹度、表面缺陷、表面几何形状的总称。

由于零件表面在加工过程中，受到机床、刀具、工作系统的振动，以及刀具形状、切屑分裂时的塑性变形等因素影响，加工后看上去很光滑的表面，在显微镜下观察，仍然是起伏不平。这种出自几何体表面的重复或偶然的偏差，形成该表面的三维形貌，对零件的耐磨性、抗腐蚀性、配合性质的稳定性、接触刚度、疲劳强度及零件的使用寿命有很大影响，因此表面结构是评定零件表面质量的重要指标。本章主要介绍表面粗糙度的参数与标注。

(一)表面粗糙度参数

根据国家标准(GB/T 1031—2009)规定，采用轮廓法评定表面粗糙度。主要评定的参数有两个：轮廓的算术平均偏差 *Ra*、轮廓的最大高度 *Rz*。

1. 轮廓的算术平均偏差 *Ra*

如图 9-15 所示，它是指在取样长度内，被测轮廓线上各点至基准线的距离 y_i 的算术平均值。*Ra* 可用公式表示为：

$$Ra=\frac{1}{l}\int_0^l |y(x)|\,dx$$

或近似表示为：

$$Ra=\frac{1}{n}\sum_{i=1}^{n}|y_i|$$

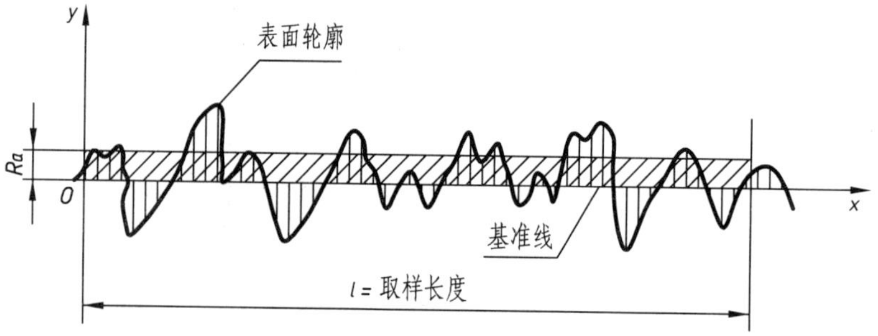

图 9-15　轮廓算术平均偏差 Ra

轮廓的算术平均偏差 Ra 的数值规定见表 9-4。

表 9-4　轮廓的算术平均偏差 Ra 的数值　（单位：μm）

Ra	0.012	0.025	0.05	0.1	0.2	0.4	0.8
Ra	1.6	3.2	6.3	12.5	25	50	100

2. 轮廓的最大高度 Rz

轮廓的最大高度 Rz 的数值见表 9-5。

表 9-5　轮廓的最大高度 Rz 的数值　（单位：μm）

Rz	0.025	0.5	0.1	0.2	0.4	0.8	1.6	3.2	6.3
Rz	12.5	25	50	100	200	400	800	1 000	

零件表面粗糙度要求越高，其加工成本也就越高。因此，选择表面粗糙度参数值时，既要满足零件的功能要求，又要符合加工的经济性。具体选用时，可参照生产中的实例，用类比法确定。表 9-6 列出了轮廓的算术平均偏差 Ra 常用数值区段 0.012～50μm 的获得方法及应用实例。

表 9-6　表面粗糙度的获得方法及应用实例

表面粗糙度		表面外观情况	应用实例	获得方法举例
名称	Ra（μm）			
毛面	>50	除净毛口	机床、主轴箱身等未加工面	铸、锻、轧等经过清理
粗糙表面	50	刀痕明显	一般的钻孔、倒角以及没有要求的自由表面	毛坯经粗车、粗刨、粗铣等机械加工
	25	可见刀痕		
	12.5	微见刀痕		
半光面	6.3	可见加工痕迹	支架、箱体等非配合表面	精车、精刨、精铣、刮研和精磨
	3.2	微见加工痕迹	箱、盖、套等要求紧贴表面	
	1.6	看不见加工痕迹	支架孔、衬套等工作面	
光面	0.8	可辨加工痕迹方向	轴承、锥孔等要求保证定心及配合特性的表面	金刚石车刀精车、精铰、拉刀和压刀加工、精磨、珩磨、研磨、抛光

续表 9-6

表面粗糙度		表面外观情况	应用实例	获得方法举例
名称	*Ra*（μm）			
光面	0.4	微辨加工痕迹方向	公差等级为 7 级的孔和 6 级的轴，要求能长期保持规定配合特性的表面	
	0.2	不可辨加工痕迹方向	主轴定位锥孔，d<20 mm 淬火的精确轴的配合表面	
镜面	0.1	亮光泽面	精密机床主轴套筒、外圆面、镜面轴、精密仪器的摩擦面、量具工作面、保证高度气密的结合表面、光学仪器的金属镜面	研磨
	0.05	镜状光泽面		
	0.025	雾状镜面		
	0.012	镜面		

在幅度参数（峰和谷）常用的参数值范围内（*Ra* 为 0.025 ~ 6.3 μm，*Rz* 为 0.1 ~ 25 μm）推荐优先选用 *Ra*。

（二）表面结构的图形符号

在技术文件中，对表面结构的要求可用几种不同的图形符号表示。每种符号都有特定含义。表面结构符号的画法及其含义见表 9-7。

为了明确表面结构要求，除标注表面结构参数代号和数值外，必要时应标注补充要求。补充要求包括传输带、取样长度、加工工艺、表面纹理方向、加工余量等。标注中，传输带或取样长度后应有一斜线“/”，之后是表面结构参数代号，最后是数值。为了避免误解，在参数代号和极限值间插入空格。表面结构补充要求的注写位置见表 9-8。

表 9-7　表面结构符号的画法及其含义

图形符号的画法			说明
基本图形符号		基本图形符号的画法	基本图形符号，表示表面可用任何方法获得。当没有补充说明时不能单独使用，仅用于简化代号标注
扩展图形符号		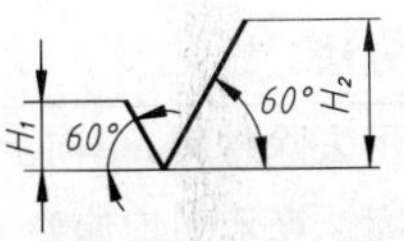 尺寸数字为 3.5 号时：符号线宽为 0.35 mm；H_1 为 5 mm；H_2 为 10.5 mm（最小值）	基本符号上加一短划，表示表面是用去除材料的方法获得的，例如车、铣、钻、磨、剪切、抛光、腐蚀、电火花加工、气割等
			基本符号上加一小圆，表示表面是用不去除材料的方法获得的，例如铸、锻、热轧、冷轧、冲压变形、粉末冶金等，或是用于保持原供应状况的表面
完整图形符号			在上述三种符号的长边上加一横线，用于标注有关参数和说明
	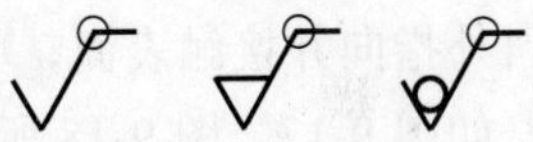		在上述三个符号上加一小圆，表示所有表面具有相同的表面结构要求

表 9-8　表面结构补充要求的注写位置

表面结构补充要求注写位置	符号	含义
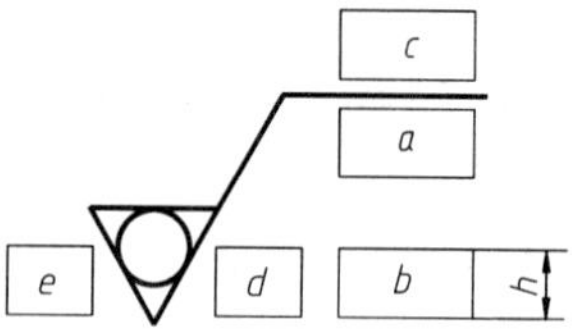 *h*—字体高度； a—注写表面结构的单一要求； a 和 b—注写两个或多个表面结构要求（在位置 a 注写第一个，位置 b 注写第二个，有更多要求时在垂直方向上扩大）； c—注写加工方法； d—注写表面纹理和方向； e—注写加工余量（单位：mm）	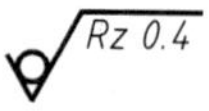	表示不允许去除材料，单向上限值，默认传输带，R 轮廓，粗糙度的最大高度 0.4 μm，评定长度为 5 个取样长度（默认），"16% 规则"（默认）
		表示任意加工方法，单向上限值，默认传输带，R 轮廓，算术平均偏差 3.2 μm，评定长度为 5 个取样长度（默认），"最大规则"
	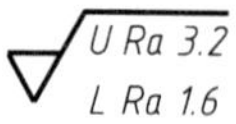	表示去除材料，双向极限值，两极限值均使用默认传输带，R 轮廓，上限值算术平均偏差 3.2 μm，下限值算术平均偏差 1.6 μm，评定长度均为 5 个取样长度（默认），"16% 规则"（默认）
	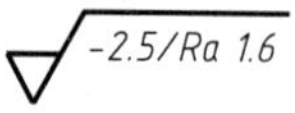	表示去除材料，单向上限值，传输带取样长度 2.5 μm，R 轮廓，算术平均偏差 1.6 μm，评定长度为 5 个取样长度(默认)，"16%规则"(默认)
	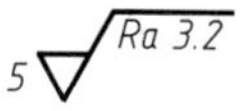	表示去除材料，单向上限值，默认传输带，R 轮廓，算术平均偏差 3.2 μm，评定长度为 5 个取样长度（默认），"16%规则"（默认），加工余量 5 mm
	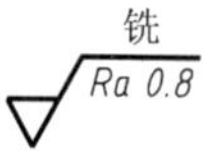	表示去除材料，单向上限值，默认传输带，R 轮廓，算术平均偏差 0.8 μm，评定长度为 5 个取样长度（默认），"16%规则"（默认），加工方法：铣
	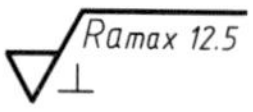	表示去除材料，单向上限值，默认传输带，R 轮廓，算术平均偏差 12.5 μm，评定长度为 5 个取样长度（默认），"最大规则"，表面纹理垂直于视图的投影面

（三）表面结构要求在图样和其他技术产品文件中的注法

表面结构要求对每一表面一般只标注一次，并尽量注在相应的尺寸及其公差的同一视图上。除非另外说明，所标注的表面结构要求是对完工零件表面的要求。表面结构符号、代号的标注与方向如图 9-16 所示。

1. 标注在轮廓线上或指引线上

表面结构要求可标注在轮廓线上，其符号应从材料外指向并接触表面。必要时，表面结构符号也可以用带箭头或黑点的指引线引出标注，如图 9-17、图 9-18 所示。

2. 标注在特征尺寸的尺寸线上

在不致引起误解时，表面结构要求可以标注在给定的尺寸线上，如图 9-19 所示。

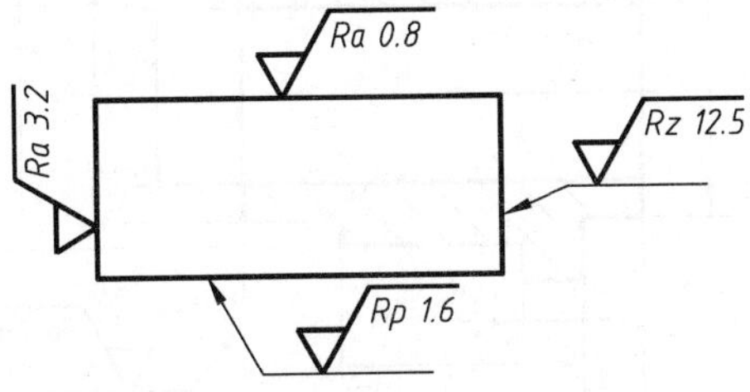

图 9-16　表面结构要求的注写方向

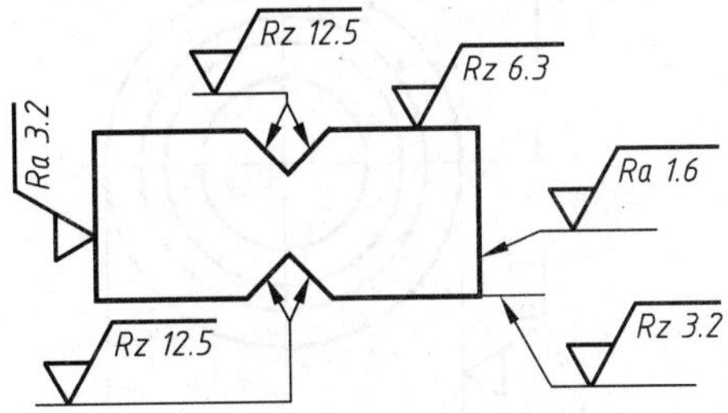

图 9-17　表面结构要求在轮廓线上的标注

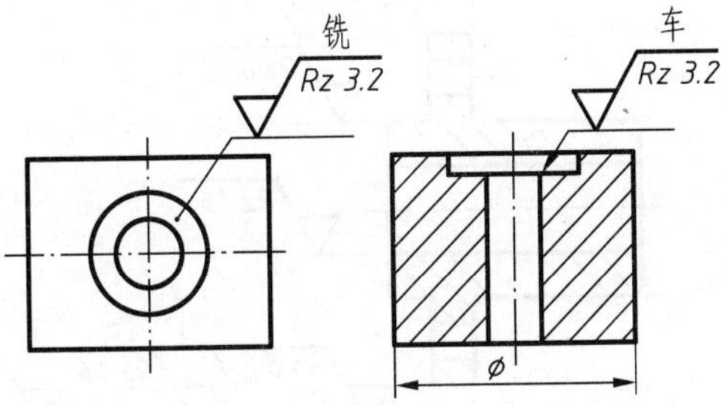

图 9-18　用指引线引出标注表面结构要求

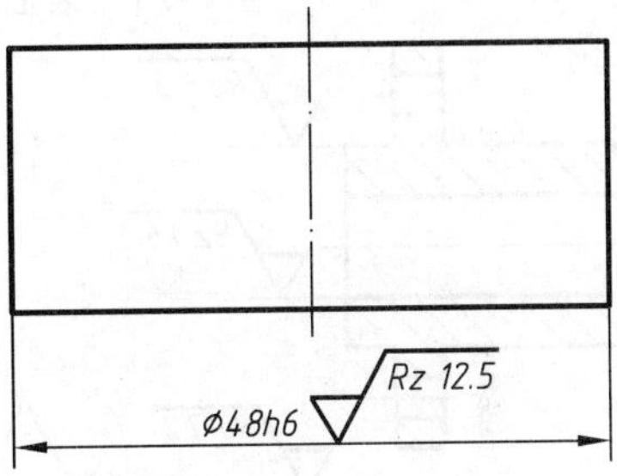

图 9-19　表面结构要求标注在尺寸线上

3. 标注在几何公差的框格上

表面结构要求可标注在几何公差框格的上方，如图 9-20 所示。

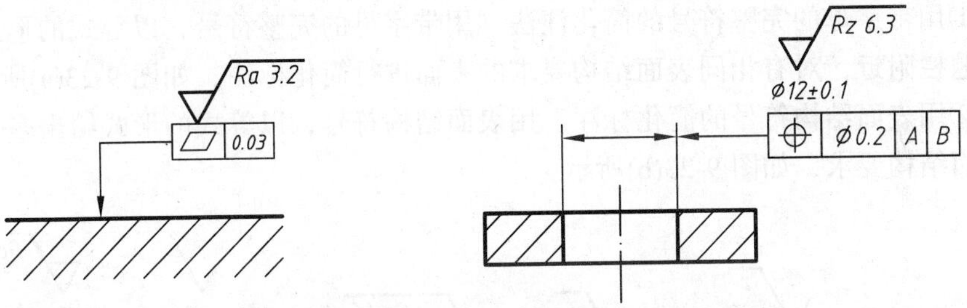

图 9-20　表面结构要求标注在几何公差框格的上方

4. 标注在延长线上

表面结构要求可以直接标注在延长线上，或用带箭头的指引线引出标注，如图 9-21 所示。

5. 表面结构要求的简化标注

(1)有相同表面结构要求的简化注法。

如果在工件的多数（包括全部）表面有相同的表面结构要求，则其表面结构要求可统一标注在图样的标题栏附近。此时（除全部表面有相同要求的情况外），表面结构要求的符号后面应有：

①在圆括号内给出无任何其他标注的基本符号，如图 9-22（a）所示。

②在圆括号内给出不同的表面结构要求，如图 9-22(b)所示。

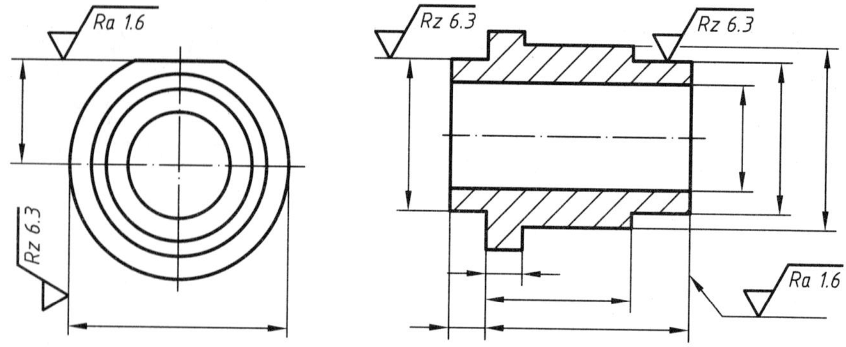

图 9-21　表面结构要求标注在圆柱特征的延长线上

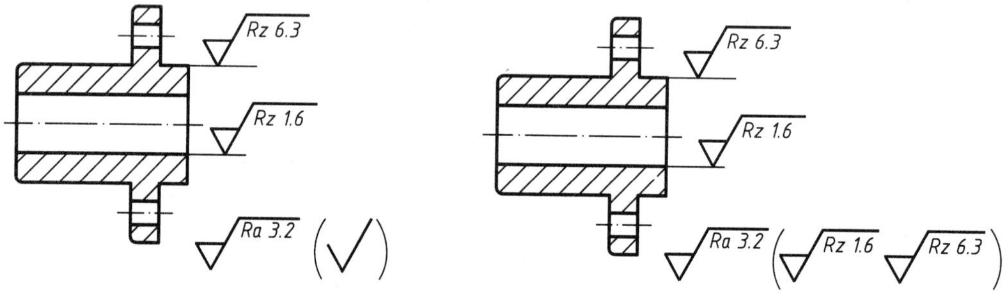

(a)括号内给出基本符号　　(b)括号内给出不同的表面结构要求

图 9-22　相同表面结构要求的简化注法

（2）多个表面具有相同的表面结构要求或图纸空间有限时，可以采用简化注法。

①用带字母的完整符号的简化注法。用带字母的完整符号，以等式的形式，在图形或标题栏附近，对有相同表面结构要求的表面进行简化标注，如图 9-23(a)所示。

②用表面结构符号的简化标注。用表面结构符号，以等式的形式给出多个表面共同的表面结构要求，如图 9-23(b)所示。

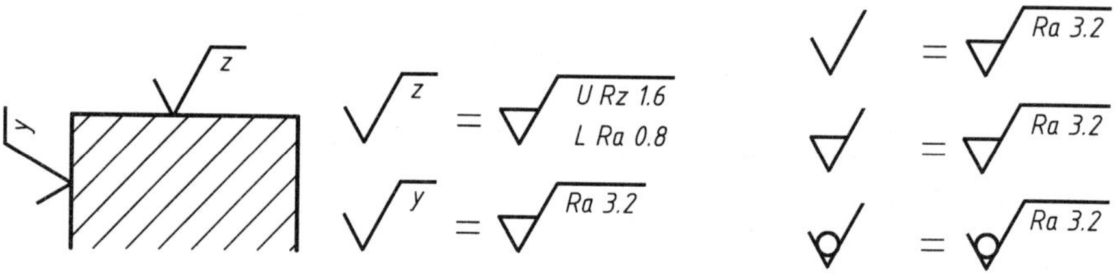

(a)用带字母的完整符号的简化注法　　(b)用表面结构符号的简化注法

图 9-23　多个表面有共同要求的简化注法

三、几何公差

在零件加工制造过程中，除要控制零件尺寸误差外，还要对零件形状、位置、方向、跳动误差加以控制。这些公差统称为几何公差。

（一）几何公差的几何特征和符号

几何公差的几何特征和符号见表 9-9。

表 9-9　几何公差的几何特征和符号

公差类型	几何特征	符号	有无基准
形状公差	直线度	⏤	无
	平面度	⏥	无
	圆度	○	无
	圆柱度	⌭	无
	线轮廓度	⌒	无
	面轮廓度	⌓	无
方向公差	平行度	//	有
	垂直度	⊥	有
	倾斜度	∠	有
	线轮廓度	⌒	有
	面轮廓度	⌓	有
位置公差	位置度	⌖	有或无
	同心度（用于中心点）	◎	有
	同轴度（用于轴线）	◎	有
	对称度	⌯	有
	线轮廓度	⌒	有
	面轮廓度	⌓	有
跳动公差	圆跳动	↗	有
	全跳动	⌰	有

注：国家标准 GB/T 1182—2008 规定项目特征符号线型为 $h/10$，符号高度为 h(同字高)。其中，平面度、圆柱度、平行度跳动等符号的倾斜角度为 75°。

（二）几何公差的标注

几何公差一般采用代号标注。几何公差代号包括：几何公差框格、指引线和基准符号。

1. 几何公差框格

几何公差框格用细实线绘制，高度是图样中字体高度的两倍，由 2～5 格组成，第 1 小格标注几何公差特征符号，第 2 小格标注公差值和有关符号，第 3 小格到第 5 小格标注基准字母，框格长度根据需要而定，框格应水平或垂直绘制，如图 9-24 所示。

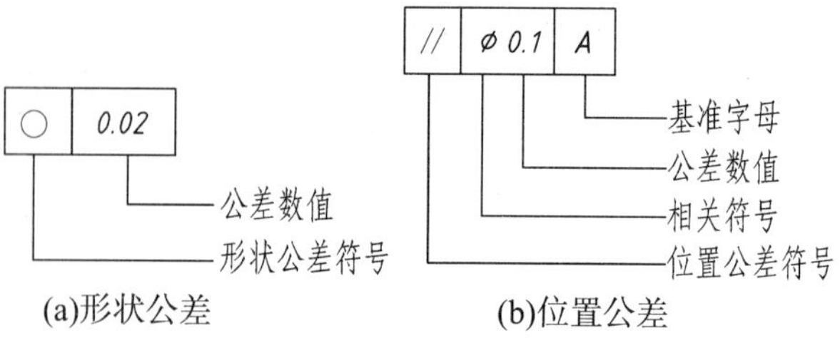

图 9-24　几何公差框格

在公差框格的第 2 格标注公差数值和有关符号时，如果公差带为圆或圆柱，应在公差数值前加注“Φ”；当公差带为球时，应在公差数值前加注“$S\Phi$”。

当某项公差应用于几个相同要素时，应在公差框格的上方被测要素的尺寸之前注明要素的个数，并在两者之间加上符号“×”。

2. 指引线与被测要素

指引线用细实线绘制，一端从公差框格（框格的任意一侧）水平或垂直引出，另一端带箭头指向被测要素，即公差带的宽度方向或直径方向，指引线可以弯折一次，如图 9-25 所示。

指引线的箭头指向被测要素时，应遵循以下原则：

(1)当被测要素为轮廓要素时，箭头应指在可见轮廓线或其延长线上，并且必须与尺寸线明显错开，如图 9-25(a)所示。

(2)当被测要素为中心要素时，如中心点、圆心、轴线、中心线、中心平面，指引线的箭头应与形成此中心要素的轮廓要素的尺寸线对齐（即与尺寸线延长线相重合），其箭头也可代替尺寸线的一个箭头，如图 9-25(b)所示。

(3)当受图形限制，需表示图中某个面的形状公差要求时，可在面上画一小黑点，由小黑点引出参考线，指引线箭头指在参考线上，如图 9-25(c)所示。

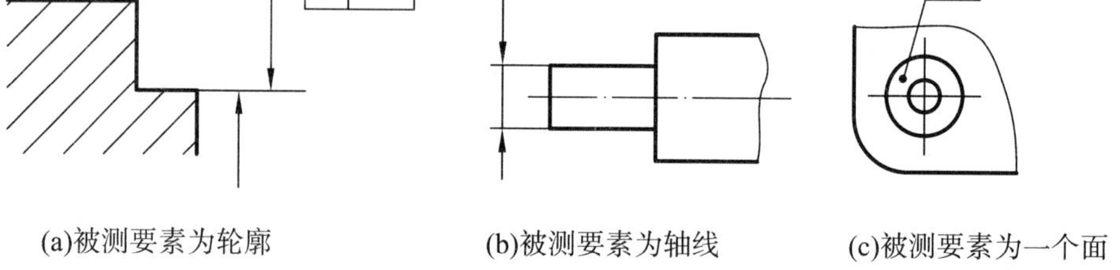

图 9-25　被测要素标注方法

3. 基准符号与基准要素

基准符号用来标明基准要素，确定被测要素方向或位置。与被测要素相关的基准用大写字母表示。字母标注在方格内，与一个涂黑的或空白的等边三角形相连以表示基准，画法如图 9-26（a）所示。

基准符号的标注方法与被测要素标注类似，应区别基准是轮廓要素还是中心要素。基准为线、面等轮廓要素时，基准符号应放置在该要素的可见轮廓线或其延长线上，且应与尺寸线明显错开，如图 9-26(b)所示。当基准要素为中心要素时，则基准符号应与该要素的尺寸线对齐，基准符号中的三角形也可代替尺寸线的一个箭头，如图 9-26(c)所示。

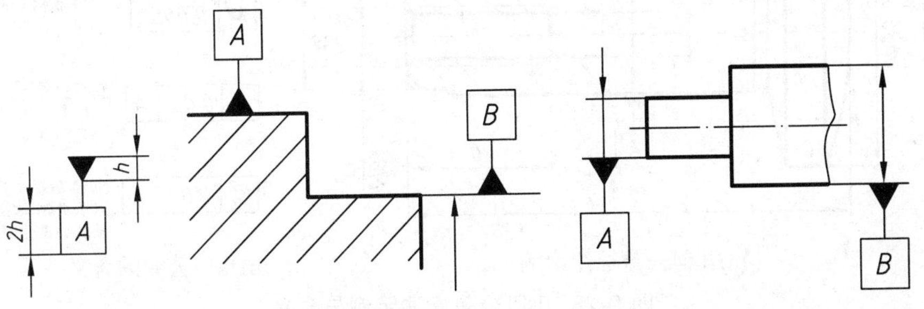

(a)基准符号　(b)基准为轮廓　(c)基准为轴线

图 9-26　基准要素标注方法

如果图样上所标注的几何公差无附加说明，则被测范围为箭头所指的整个轮廓要素或中心要素；如果被测范围仅为被测要素的某一部分，应该用粗点画线画出其范围，并注出范围尺寸，如图 9-27(a)所示；如需给出被测要素任一长度（或范围）的公差时，标注方法如图 9-27(b)所示；若不仅给出任一长度（或范围）的公差值，同时还需给出全长（或整个要素）的公差值，其标注方法如图 9-27(c)所示，分子表示全长的公差值，分母表示给定长度（或范围）的公差值。关于几何公差的附加符号和其他知识请参见国家标准或有关资料。

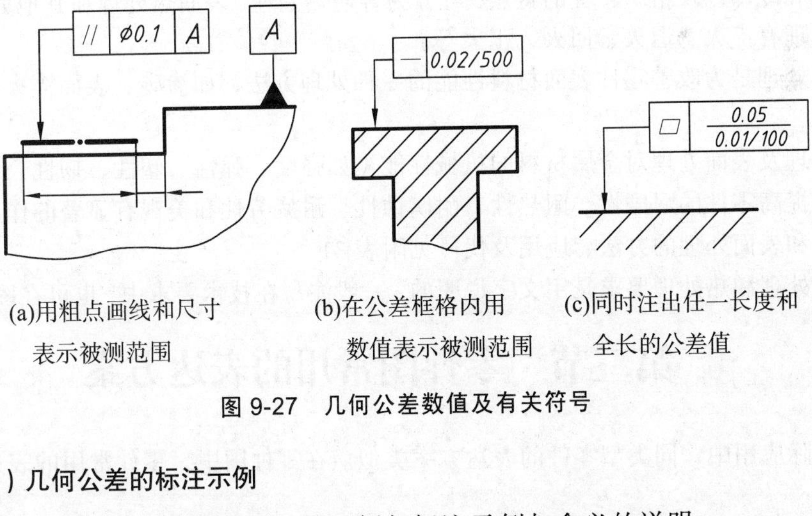

(a)用粗点画线和尺寸表示被测范围　(b)在公差框格内用数值表示被测范围　(c)同时注出任一长度和全长的公差值

图 9-27　几何公差数值及有关符号

（三）几何公差的标注示例

图 9-28 所示是气门阀杆的几何示例与标注示例与含义的说明。

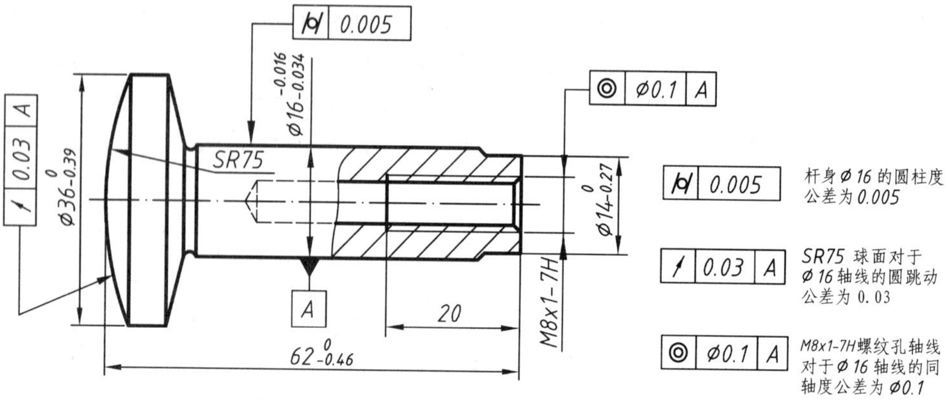

(a)几何公差标注示例　　(b)几何公差的含义

图 9-28 几何公差标注示例与含义

四、材料的热处理与表面处理

(一) 材料

制造零件所用的材料很多，有各种钢材、铸铁有色金属和非金属材料。零件的材料，应按规定牌号填写在标题栏中。常用的金属材料与非金属材料的名称、牌号和含义见附表 30。

(二) 热处理及表面处理

热处理是机械制造过程中的重要工序，它是将固态金属或合金在一定介质中加热、保温和冷却，以改变其整体或表面金相组织，从而获得所需性能的工艺方法。热处理根据其加热和冷却以及组织转变的特点，可分为普通热处理、表面热处理和其他处理方法。普通热处理有淬火、退火、回火、正火等。

表面处理是为改善零件表面材料性能的一种处理方法，如渗碳、表面淬火、表面涂层等。

热处理及表面处理对金属材料的机械性能（如强度、弹性、塑性、韧性、硬度）的改善和对提高零件的耐磨性、耐热性、耐腐蚀性、耐疲劳性和美观有显著的作用。常见的热处理和表面处理的方法、应用及代号见附表 31。

表面处理和热处理要求是用文字说明的，一般注写在技术要求中，也可在图上标注。

第三节　零件图常用的表达方案

在实际应用中，同类型零件的表达方案类似。在零件图中，零件常用的表达方案综述如下。

一、轴套类零件的表达方案

轴套类零件常采用一个基本视图——主视图表达主体形状，主视图轴线水平放置与加工位置一致；对轴上的键槽、销孔等结构一般采用局部剖视图、断面图表达，对轴上退刀槽等细小结构常选用局部放大图表达，如图 9-29、图 9-30 所示。

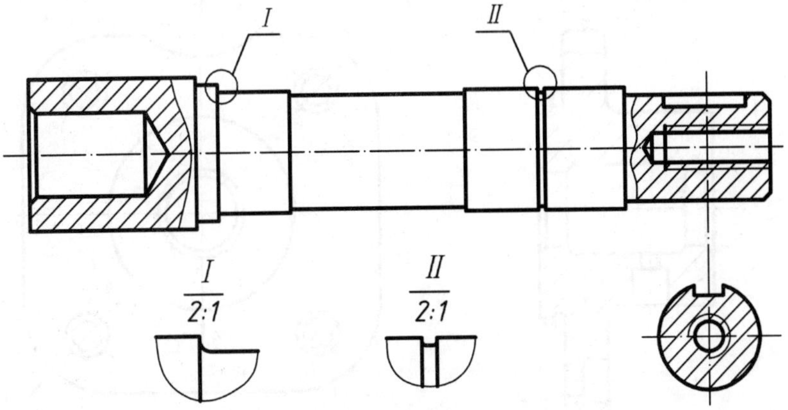

图 9-29　轴类零件的表达方案示例

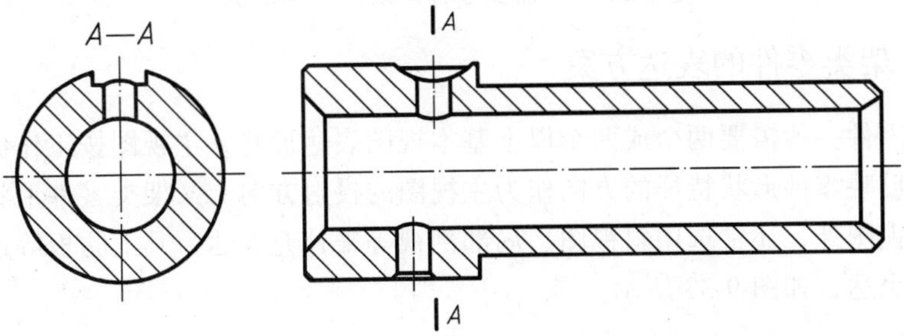

图 9-30　套类零件的表达方案示例

二、轮盘类零件的表达方案

轮盘类零件一般用主视图和左视图（右视图）两个基本视图表达形状，主视图轴线水平放置与加工位置一致，为表达内形主视图常采用剖视，左视图（或右视图）主要表达外形轮廓，如图 9-31、图 9-32 所示。

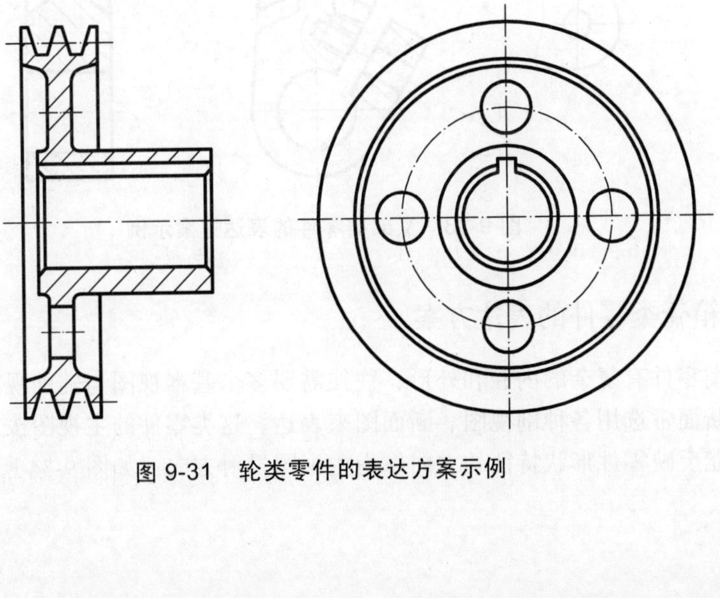

图 9-31　轮类零件的表达方案示例

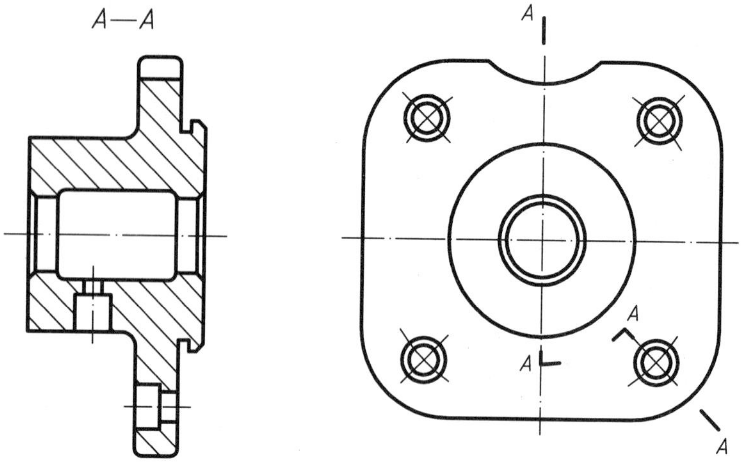

图 9-32　盘盖类零件的表达方案示例

三、叉架类零件的表达方案

叉架类零件一般需要两个或两个以上基本视图表达形状，主视图按工作位置放置，并选取最能反映零件形状特征的方向作为主视图的投射方向。叉架类零件形状一般不规则，除基本视图外，还常选用斜视图、局部剖视等来补充表达，其上肋板等连接部分常选用断面图表达，如图 9-33 所示。

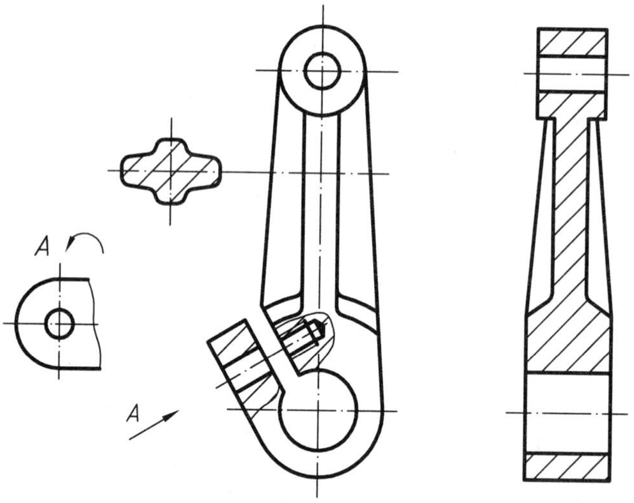

图 9-33　叉架类零件的表达方案示例

四、箱壳类零件的表达方案

箱壳类零件有复杂的内腔和外形，往往需要多个基本视图与辅助视图表达外形，内部结构及断面常选用各种剖视图、断面图来表达。这类零件的主视图按工作位置放置，并选取最能反映零件形状特征的方向作为主视图投射方向。如图 9-34 所示。

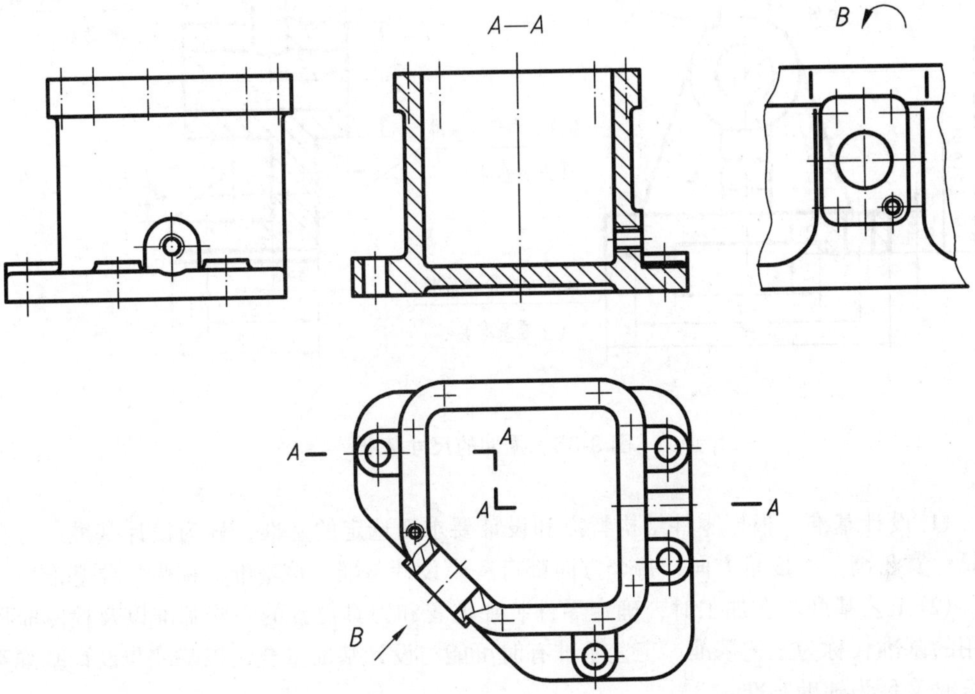

图 9-34　箱壳类零件的表达方案示例

第四节　零件图的尺寸标注

零件图中的尺寸是零件图的主要内容之一，是零件加工制造、检验的主要依据。零件图尺寸标注的基本要求是正确、完整、清晰、合理。前三项在第一、六章里已有比较详细的介绍，本节重点介绍尺寸标注的合理问题。所谓合理，是指所注的尺寸既符合零件的设计要求，又满足工艺要求(即便于加工和检验)。

一、尺寸基准

零件图尺寸标注既要保证设计要求又要满足工艺要求，首先应当正确地选择尺寸基准。尺寸基准是指零件装配到机器上或在加工测量时，用以确定其位置的一些面、线或点，它可以是零件上对称平面、安装底平面、端面、零件的接合面、主要孔和轴的轴线等。

(一) 尺寸基准的分类

根据基准的作用不同，一般将基准分为设计基准和工艺基准，如图 9-35 所示。

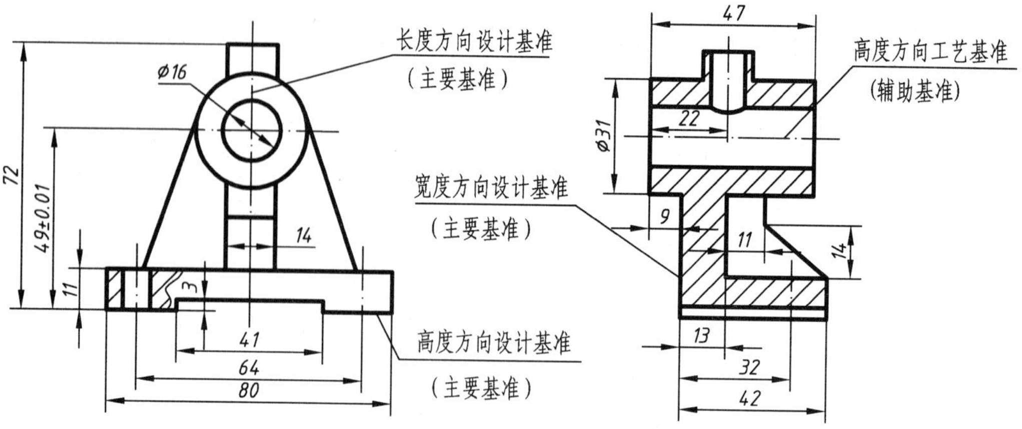

图 9-35　零件的尺寸基准

(1)设计基准。根据零件结构特点和设计要求而选定的基准，称为设计基准。零件有长、宽、高三个度量方向，每个方向都有一个设计基准，该基准又称为主要基准。

(2)工艺基准。在加工时，确定零件装夹位置和刀具位置的一些基准以及检测时所使用的基准，称为工艺基准。工艺基准有时可能与设计基准重合，该基准与设计基准不重合时又称为辅助基准。

(二)尺寸基准的选择

选择尺寸基准时应尽可能将设计基准和工艺基准保持一致，这样既能满足设计要求，又能满足工艺要求，减少了因两个基准不重合而引起的尺寸误差。当设计基准与工艺基准不一致时，应将重要尺寸从设计基准注出，以保证设计要求，将次要尺寸从工艺基准注出，以方便加工和测量。

二、合理标注尺寸应注意的问题

(一)结构上的重要尺寸必须直接注出

重要尺寸是指与零件上机器的使用性能和装配质量有关的尺寸，这类尺寸应从设计基准直接注出。图 9-35 中的高度尺寸 49 ± 0.01 为重要尺寸，应直接从高度方向主要基准注出，以保证设计要求。

(二)避免出现封闭的尺寸链

封闭的尺寸链是指一个零件同一方向上的尺寸像车链一样，一环扣一环首尾相接，成为封闭形状的情况。如图 9-36(a)所示，各分段尺寸与总体尺寸间形成封闭的尺寸链，在机器生产中是不允许的，因为各段尺寸加工不可能绝对准确，总有一定尺寸误差，而各段尺寸误差的总和不可能正好等于总体尺寸的误差。零件尺寸标注应避免出现封闭的尺寸链，各分段尺寸与总体尺寸间应存在开口段，如图 9-36(b)所示。各段尺寸误差均会影响开口段，所以要选尺寸精度要求最低的一段尺寸为开口段。

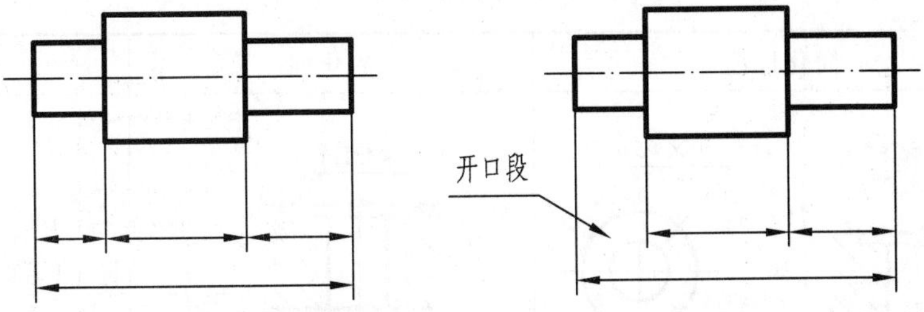

(a)错误(封闭的尺寸链)　　(b)正确(留开口段)

图 9-36　尺寸标注应避免出现封闭的尺寸链

(三)考虑零件加工和测量的要求

(1)考虑加工看图方便。不同加工方法所用尺寸分开标注，这样便于看图加工。

(2)考虑测量方便。加工时要按所标注尺寸测量零件，尺寸标注应便于测量，不便于测量的尺寸无法保证零件的尺寸精度，如图 9-37 所示。

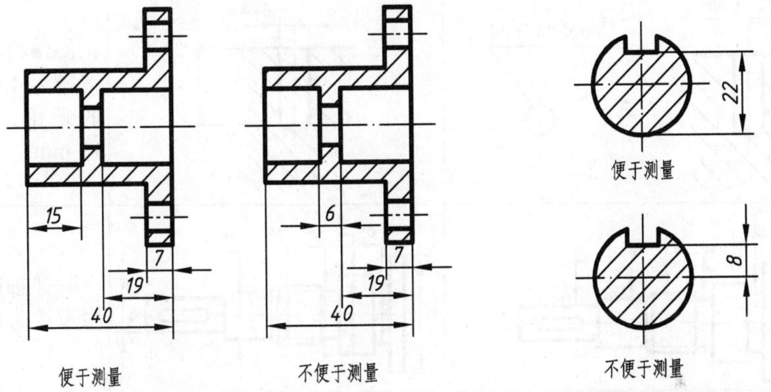

(a)内部结构长度尺寸　　(b)键槽深度尺寸

图 9-37　尺寸应便于测量

三、零件上常见结构的尺寸标注

零件上常见结构的尺寸注法见表 9-10。

在零件图尺寸标注中，应尽可能采用制图标准中规定的简化注法。

表 9-10　零件上常见结构的尺寸注法

类型	简化标注	简化前	说明
锥形沉孔	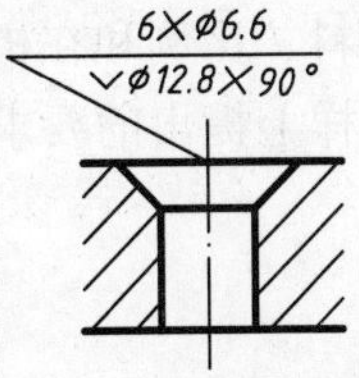 或 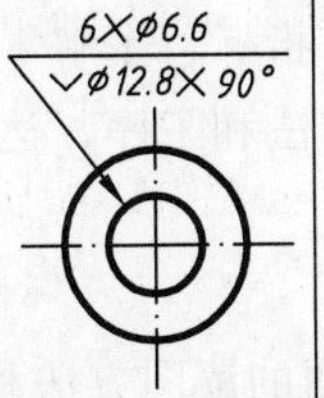	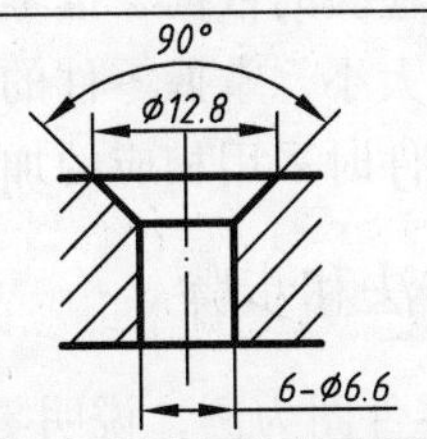	6×φ6.6表示 6 个直径为 6.6 mm 均匀分布的孔；⌵表示埋头孔

续表 9-10

类型	简化标注	简化前	说明
锪平或柱形沉孔	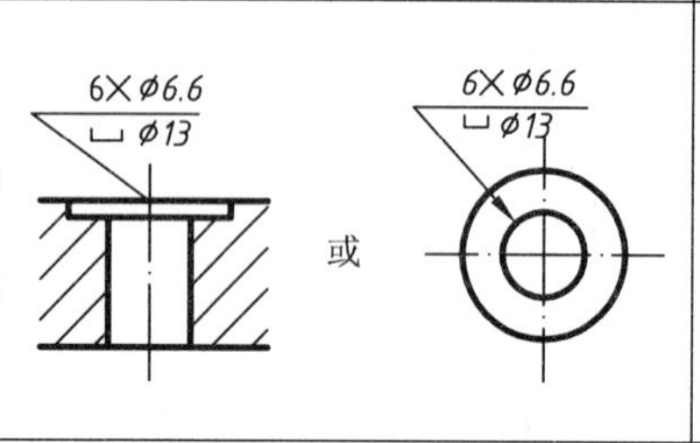	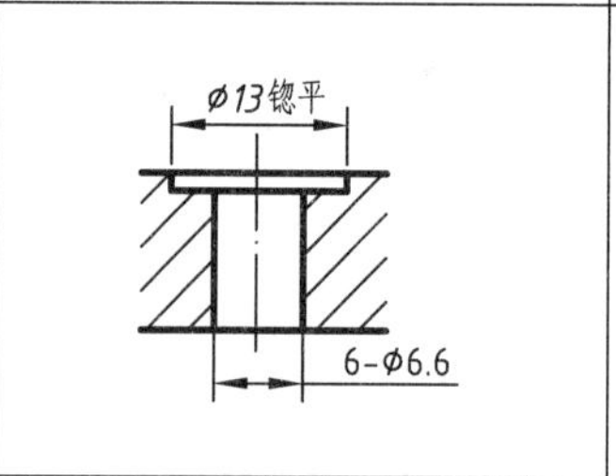	⌴表示沉孔或锪平，锪平的深度不必标注
螺孔	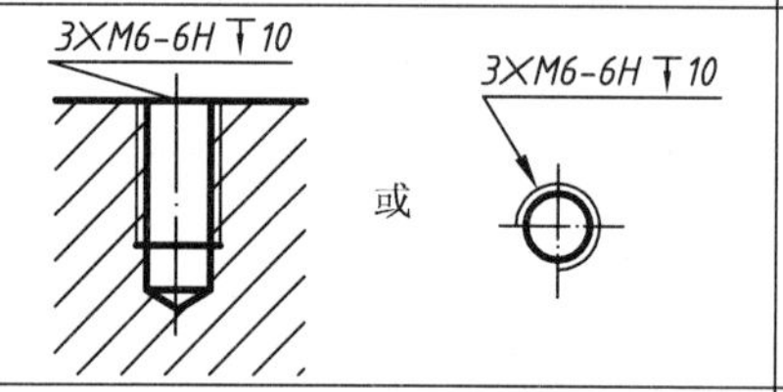	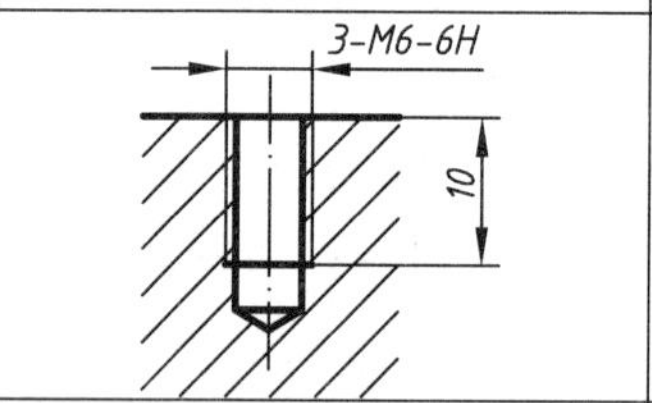	3×M6-6H↧10 表示 3 个公称直径为 6 mm 均匀分布的螺孔，螺孔深度为 10 mm
光孔	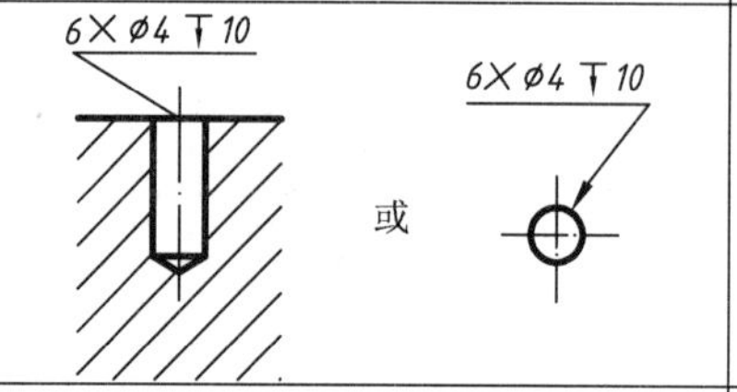	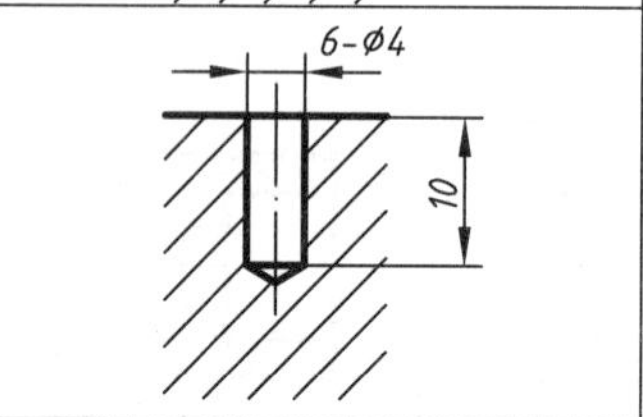	6×ϕ4↧10表示 6 个直径为 4 mm 均匀分布的光孔，钻孔深度为 10 mm
阶梯轴	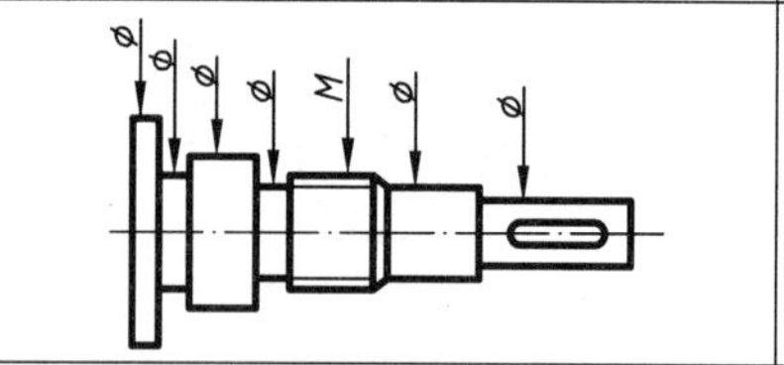	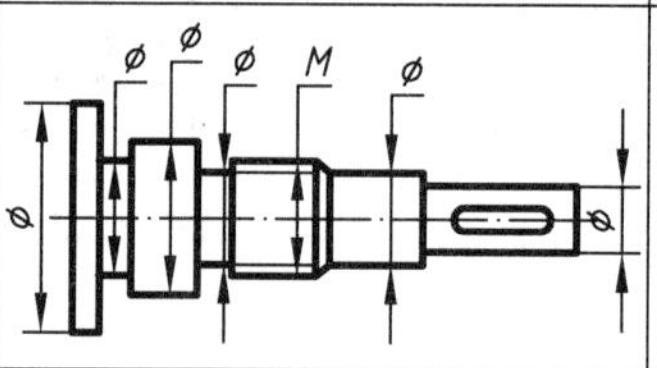	阶梯轴的尺寸，可使用带箭头的指引线
一组同心圆	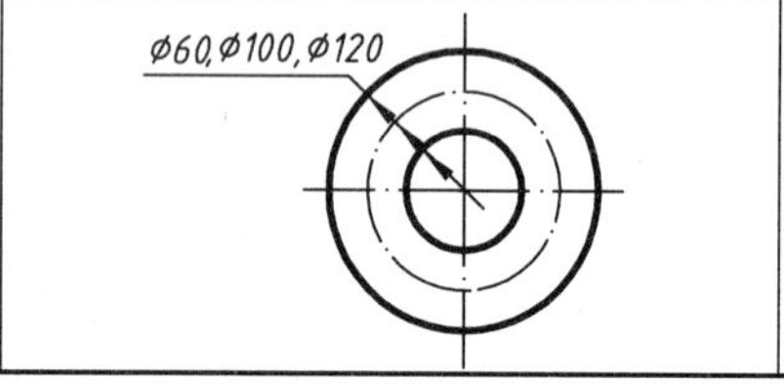	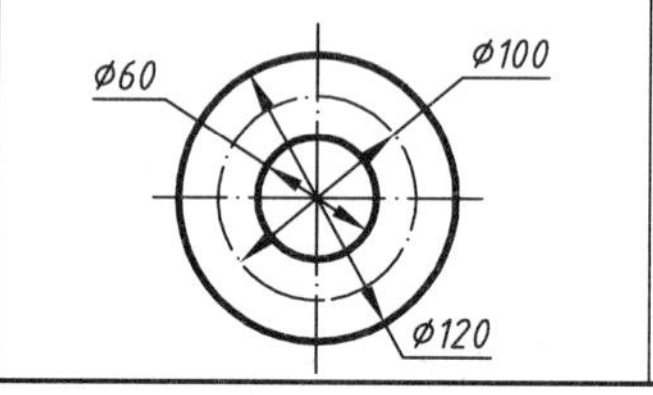	一组同心圆的尺寸，可用共用的尺寸线和箭头依次表示

第五节　读零件图

一、读零件图的目的和要求

零件图是零件制造和检验的依据，读零件图就是通过对零件图的分析，想象出零件的结构形状，弄清零件的大小，掌握零件的技术指标，了解零件材料、比例和在机器中的作用等，以便在制造零件时采用相应的加工方法和工序，达到图样上提出的要求。

二、读零件图的方法和步骤

下面以图 9-38 所示零件图为例，说明零件图的读图方法和步骤。

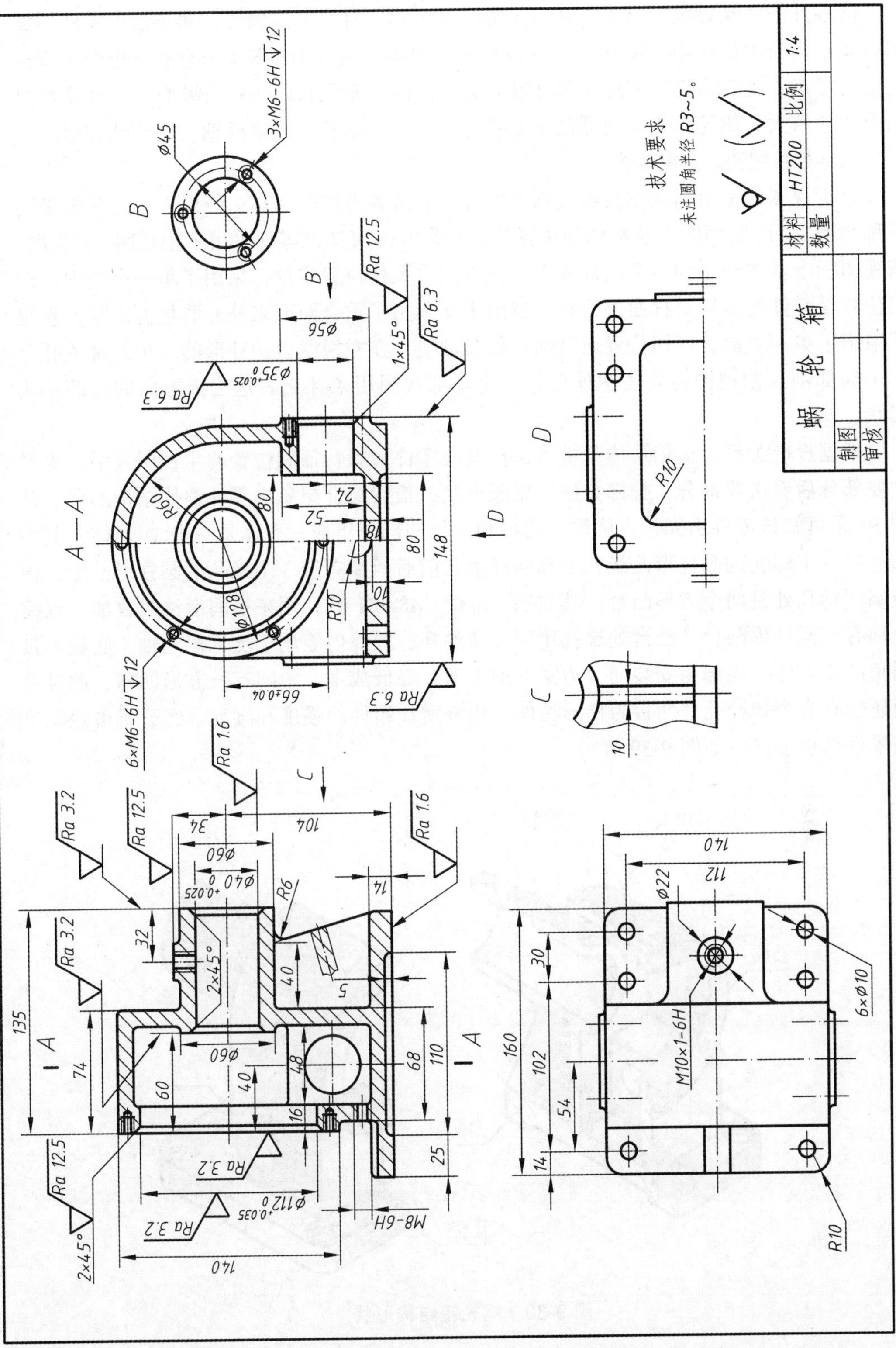
A—A
B
C
D
技术要求
未注圆角半径 R3~5。
6×M6-6H↧12
3×M6-6H↧12
M10×1-6H
6×φ10
M8-6H
蜗 轮 箱
材料 HT200
比例 1:4
数量
制图
审核

图 9-38 蜗轮箱零件图

(一)看标题栏

读零件图应从标题栏入手，从中了解零件名称、材料、比例等，初步认识零件的类型以及在机器中的作用。从图 9-38 标题栏可知该零件名称为蜗轮箱，它具备箱壳类零件的结构特点，属于箱壳类零件；其材料为灰口铸铁，牌号 HT200；比例 1∶4，即实物是图形的 4 倍大。蜗轮箱是减速器的主要零件，用来容纳和支撑蜗杆轴、蜗轮轴和蜗轮。

(二)分析视图，想象形体

分析视图就是根据视图投影关系和配置，弄清各视图的名称、投射方向，分析采用了哪些剖视图、断面图以及剖切的位置等。从图 9-38 可知该零件采用了主视图、左视图、俯视图三个基本视图和三个局部视图。主视图以工作位置安放，采用了单一全剖视，剖切位置是零件的前后对称面处，在主视图中又采用了重合断面来补充肋板的形状；左视图采用了单一半剖，剖切位置通过蜗杆轴孔轴线，在左视图表达外形的一边对螺栓孔又作了局部剖；俯视图主要表达外形，三个局部视图用来补充表达三个方向的局部结构形状。

根据投影关系，运用形体分析法，从反映零件形状特征和位置的主视图入手，先看主要部分后看次要部分，分部分逐一想象形状，最后综合想象出零件整体结构形状。从图 9-38 可知该零件由壳体、圆筒、底板和肋板四部分组成。壳体是一个 U 形体，其左端有带 6 个螺孔的圆柱形凸缘，下部蜗杆轴孔前后两端有带 3 个螺孔的圆柱形凸缘，内腔蜗杆轴孔处是两个方形凸台，其左端下部的 M8–6H 螺孔用来换润滑油时放油。圆筒上部有一圆柱形凸台，凸台处螺孔用于安装油杯，圆筒内腔用于支承蜗轮轴。底板为带圆角的长方体，底部为安装面，为减少加工面，降低成本，中间有长方形凹槽，此外底板还带有 6 个螺栓孔。肋板为梯形柱体，用来增加箱体的强度和刚度。经分析可想象出该零件结构形状，如图 9-39 所示。

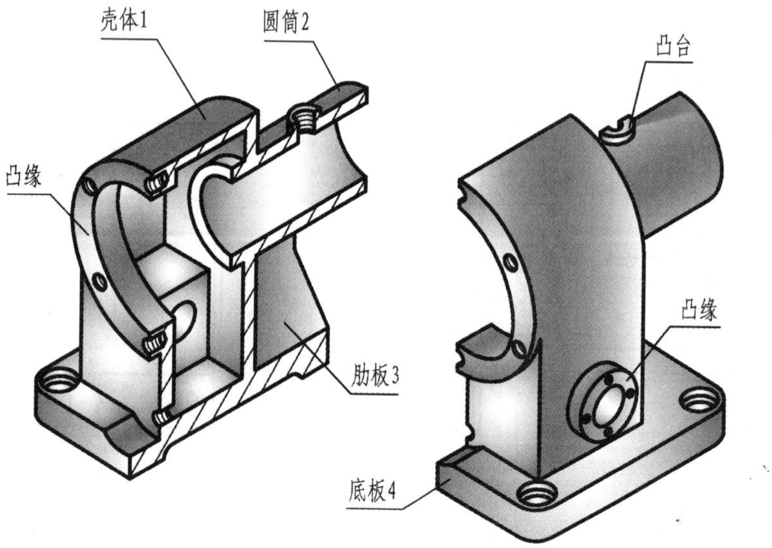

图 9-39　蜗轮箱结构形状

(三) 分析尺寸

分析尺寸应首先找出长、宽、高三个方向的尺寸基准，然后从主要结构部分开始，逐一分析，分清主要尺寸与次要尺寸，而后从尺寸基准出发，进一步分析零件各部分的定形、定位尺寸。从图 9-38 可知该零件长、宽、高三个方向的设计(主要)尺寸基准，分别为蜗杆轴孔φ35 的轴线、前后对称面、底板的底面。重要尺寸均直接从设计基准注出，如长度方向的尺寸 40、54，宽度方向的尺寸 80、112，高度方向的尺寸 104 等。壳体的左端面、圆筒的右端面、蜗轮轴孔的轴线分别为各方向的工艺(辅助)尺寸基准。

(四) 看技术要求

根据图上所注代号、符号和文字，了解零件技术要求的内容，掌握零件制造质量上的要求。从图 9-38 中可知，该零件表面粗糙度要求最高的是蜗轮轴孔、蜗杆轴孔及底面，其表面粗糙度 *Ra* 的上限值为 1.6 μm。此外，从图中还可了解尺寸公差要求及形位公差要求。

第六节　零件的测绘

零件测绘是指：根据现有零件，用目估比例徒手绘出草图，经过测量并标注尺寸，拟定并注出技术要求，画出零件草图，然后根据零件草图画出零件工作图的过程。

一、零件测绘的方法和步骤

(一) 分析零件

分析所测零件的名称、材料、在机器中的位置和作用，以及制造方法等，进而分析零件各部分的结构形状。

(二) 确定视图表达方案

零件草图的视图选择和零件工作图的视图选择要求相同。应明确所画零件的类型，按各类型零件的特点，确定视图表达方案。

(三) 绘制零件草图

零件草图是绘制零件图的依据，因此零件草图必须具备零件图应有的全部内容，并努力做到内容完整、图线清晰、字体工整。

下面以图 9-40 所示泵盖为例，说明零件草图绘制过程。

(1) 根据零件大小，选定图幅、作图比例，确定视图数目，画出各视图作图基准线、轴线、中心线。

(2) 目测比例，用形体分析法详细画出零件的结构形状。应首先画出零件的各主要组成部分，然后根据对零件的具体分析画出图形的细节。

(3) 选定尺寸基准，按标注尺寸的要求徒手画出全部尺寸界线、尺寸线和箭头。

(4) 逐个测量并标注尺寸数字。

(5) 注写技术要求、标题栏等内容。

（四）画零件图

画零件图之前，应对零件草图进行仔细检查，对视图表达、尺寸标注、技术要求等进行审核、修改、补充，然后画出零件图。

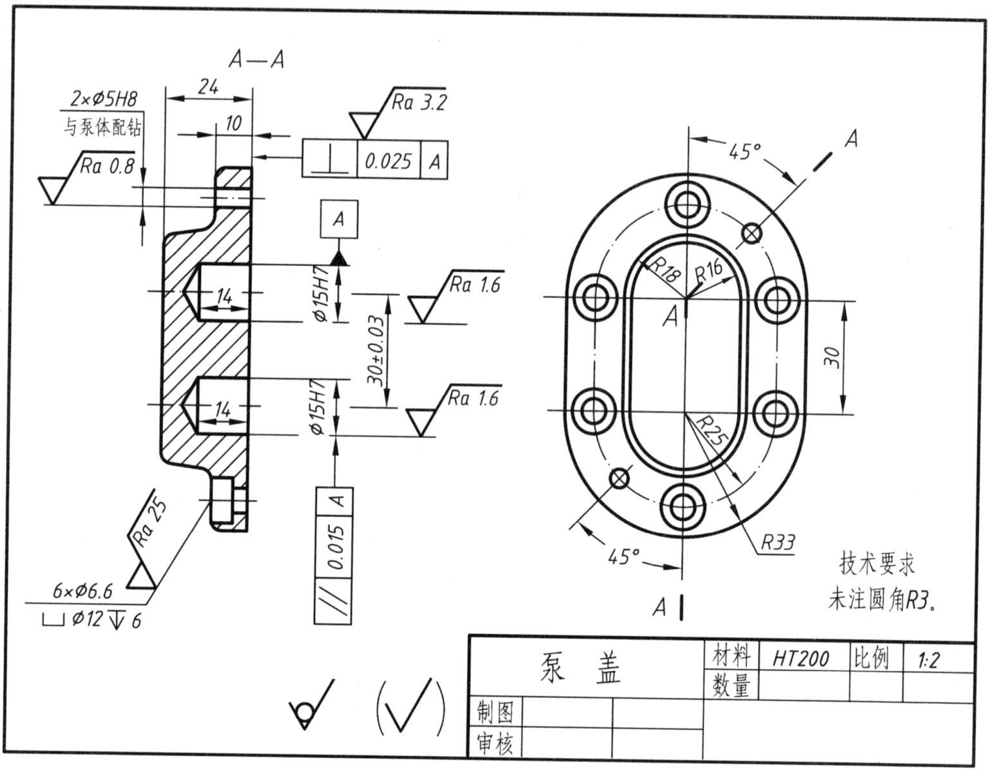

图 9-40 泵盖零件图

二、零件尺寸的测绘

测量尺寸时，应根据零件结构形状和尺寸的精度，选用相应的量具。常用的量具如图 9-41 所示。

测量零件的长度、高度、直径、壁厚等尺寸一般多用游标卡尺，要求精度高的用千分尺。塞尺用于测量零件间的间隙，圆弧规用于测量零件上的圆弧，螺纹规用于测量零件上螺纹的螺距。

测量尺寸应注意以下几点：

（1）零件上有与其他零件配合的表面，其公称尺寸应与配合零件的公称尺寸一致，有配合公差时应先判断配合性质，再从公差表查出偏差值。

（2）零件上损坏、磨损部分的尺寸应进行分析，参照有关资料确定。

（3）零件上的标准结构如螺纹、键槽、倒角等应符合国家标准。

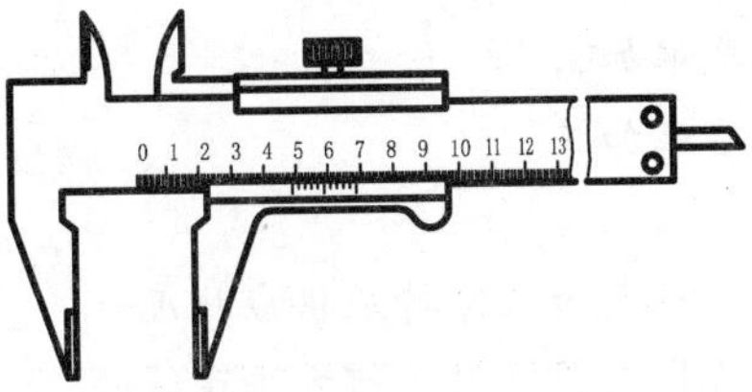

(a)游标卡尺

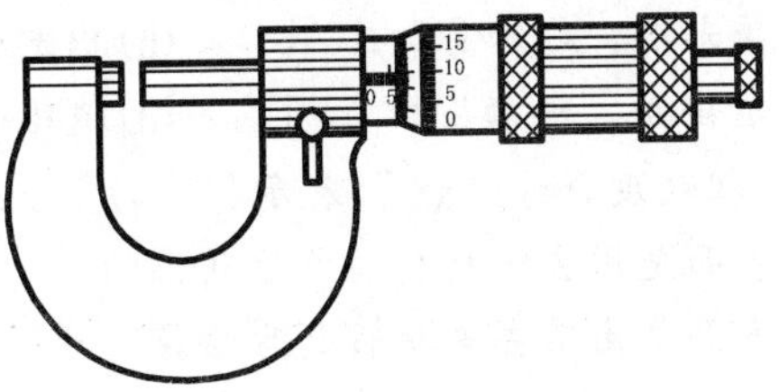

(b)千分尺

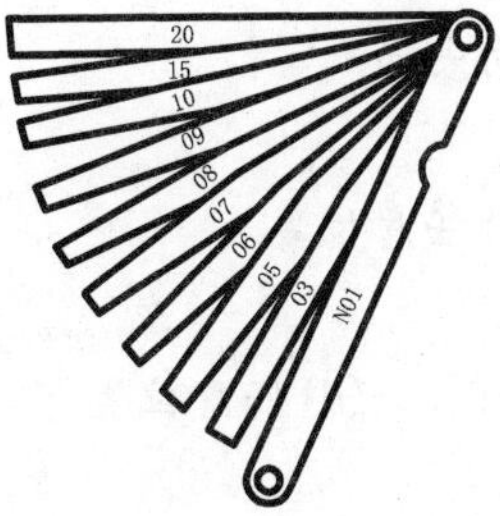

(c)塞尺

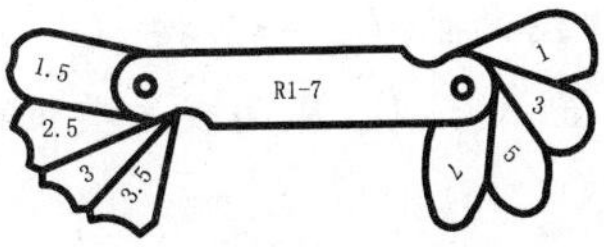

(d)圆弧规

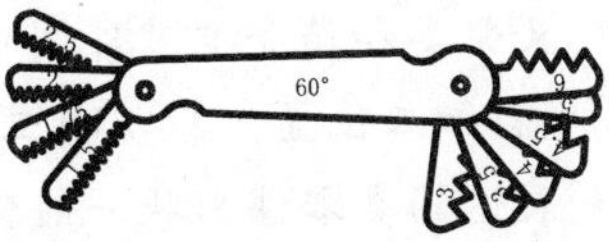

(e)螺纹规

图 9-41　常用量具

复习思考题(单项选择题)

1. 在公差带图中，用来确定公差带相对零线位置的极限偏差称为(　　)。
   (a)上极限偏差　　(b)下极限偏差　　(c)公差　　(d)基本偏差
2. 在同一尺寸下，尺寸精度越高，则(　　)。
   (a)公差等级越高，标准公差数值越小　　(b)公差等级越低，标准公差数值越大
   (c)公差等级越高，标准公差数值越大　　(d)公差等级越低，标准公差数值越小
3. 按孔和轴公差带的相互关系，配合一般分为(　　)。
   (a)1 种　　(b)2 种　　(c)3 种　　(d)4 种
4. 在基孔制配合中，规定基准孔(　　)。
   (a)上极限偏差为零，下极限偏差为负值　　(b)上极限偏差为正值，下极限偏差为负值
   (c)下极限偏差为零，上极限偏差为正值　　(d)下极限偏差为负值，上极限偏差为正值
5. 常用的尺寸公差标注形式有(　　)。
   (a)1 种　　(b)2 种　　(c)3 种　　(d)4 种
6. 在几何公差标注中，当被测要素为轮廓要素时，指引线箭头应指在可见轮廓线或其延长线上，其位置应与尺寸线(　　)。
   (a)对齐　　(b)明显错开　　(c)对齐或错开　　(d)保持两倍字高距离
7. 在几何公差标注中，如果被测范围仅为被测要素的某一部分，其范围应该用(　　)。
   (a)细实线画出　　(b)双点画线画出
   (c)波浪线画出　　(d)粗点画线画出

8. 表面粗糙度参数越小，则表面就(　　)。
(a)越光滑，越容易加工　(b)越光滑，越难加工
(c)越粗糙，越容易加工　(d)越粗糙，越难加工
9. 表面粗糙度符号“√”表示(　　)。
(a)表面是用去除材料的方法获得的　(b)表面应保持原供应状况
(c)表面是用不去除材料的方法获得的　(d)表面是用任何方法获得的
10. 在标注表面粗糙度时，代号一般应(　　)。
(a)保持水平，尖端指向下方　(b)保持垂直，尖端指向左或右方
(c)使尖端从材料外指向表面　(d)使尖端从材料内指向表面
11. 轴套类和盘盖类零件图中主视图的位置，一般按（　　）。
(a)加工位置　(b)工作位置　(c)轴线铅垂　(d)任意位置
12. 叉架类和箱壳类零件图中主视图的位置，一般按（　　）。
(a)加工位置　(b)工作位置　(c)底面或主要面放水平　(d)任意位置
13. 表达轴类零件形状一般需要（　　）。
(a)1个基本视图　(b)2个基本视图
(c)3个基本视图　(d)4个基本视图
14. 表达盖类零件形状一般需要（　　）。
(a)1个基本视图　(b)2个基本视图
(c)3个基本视图　(d)4个基本视图
15. 零件图尺寸标注的基本要求中“合理”一项是指（　　）。
(a)所注尺寸符合设计要求
(b)所注尺寸符合工艺要求
(c)所注尺寸既符合设计要求，又方便加工和检验
(d)尺寸从设计基准直接注出
16. 零件尺寸的设计基准和工艺基准(　　)。
(a)始终重合　(b)不可能重合
(c)可能重合也可能不重合　(d)始终不重合
17. 标注零件尺寸时，尺寸配置形式不可以配置为(　　)。
(a)链式　(b)坐标式　(c)封闭链式　(d)综合式
18. 零件图中有4个表面的表面粗糙度的 *Ra* 值分别为1.6、3.2、6.3、100，要求最高的是(　　)。
(a)1.6　(b)6.3　(c)100　(d)3.2

第十章　装配图

学习目标

1. 了解装配图的内容，熟悉装配图的表达方法。
2. 掌握装配图读图的方法步骤。
3. 能分析装配体的拆装顺序，由装配图能正确拆画出零件图。
4. 掌握装配体测绘的方法步骤。

装配图是表示产品及其组成部分的连接、装配关系的图样。表示一台完整机器的装配图称为总装配图，表示机器中某个部件(或组件)的装配图称为部件装配图。

第一节　装配图与装配体概述

一、装配图的作用

装配图是设计和绘制零件图的主要依据，是装配生产过程、调试、安装、维修的主要技术文件。在产品设计中，一般是先画装配图，然后根据装配图画出零件图；在产品制造中，是根据装配图表达的装配要求将各零部件按一定的顺序进行装配；在管理和维修机器中，是通过装配图来了解机器的结构、性能和工作原理的。

二、装配图的内容

图 10-1 是球阀的装配轴测图。球阀是启闭和调节流体流量大小的部件，由 13 种零件组成，图 10-2 是该部件的装配图。一张完整的装配图一般应具有下列四方面的内容。

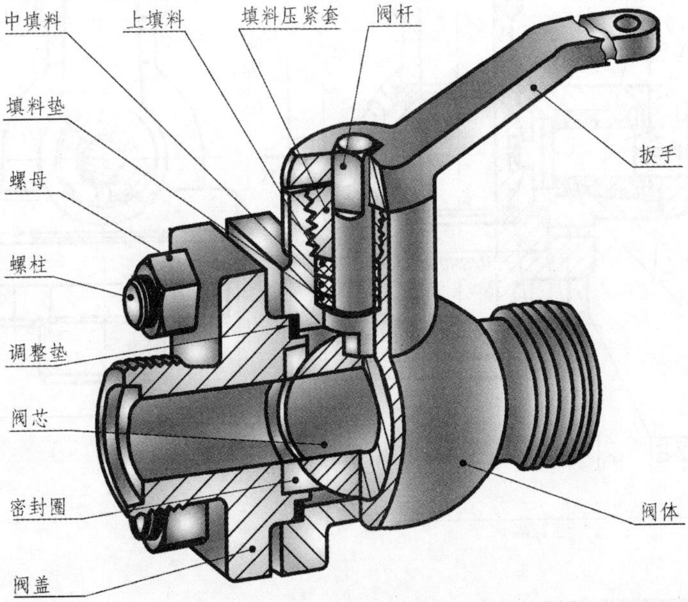

图 10-1　球阀的装配轴测图

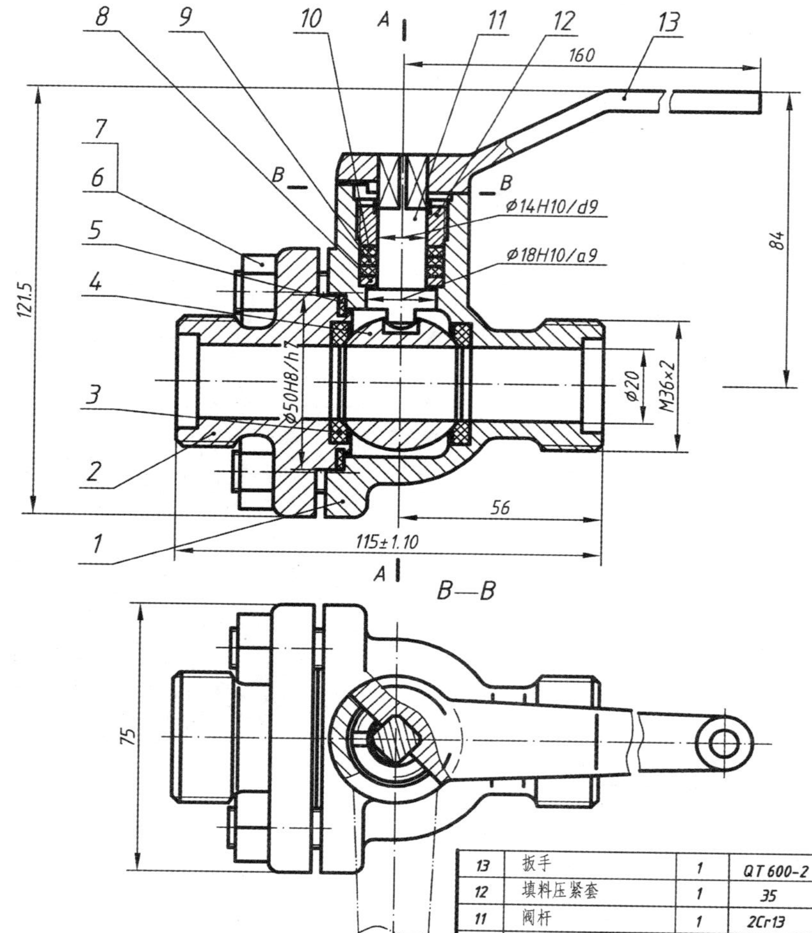

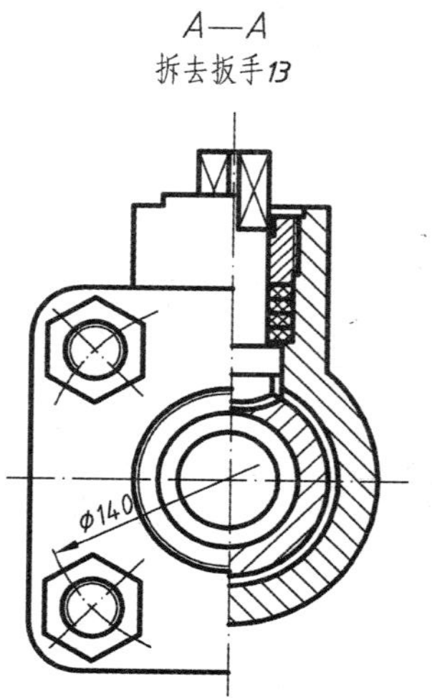

技术要求

制造与验收技术条件应符合JB 2311—77的规定

序号	零件名称	数量	材　料	备　注
13	扳手	1	QT 600-2	
12	填料压紧套	1	35	
11	阀杆	1	2Cr13	
10	上填料	1	聚四氟乙烯	
9	中填料	2	聚四氟乙烯	
8	填料垫	1		GB 119—86
7	螺母 M12	4		GB/T 6170—2000
6	螺柱 M12×30	4		GB 897—88
5	调整垫	1	聚四氟乙烯	
4	阀芯	1	2Cr13	
3	密封圈	2	填充聚四氟乙烯	
2	阀盖	1	QT 600-2	
1	阀体	1	QT 600-2	

球　阀		共　张	第　张	比 例	
		数　量		图 号	
制 图					
审 核					

图 10-2　球阀的装配图

(一)一组视图

在装配图中，用必要的视图和剖视图来表达机器或部件的工作原理、零件间的装配关系及安装方式和主要零件的结构形状。图 10-2 所示球阀装配图，采用了三个基本视图：主视图(全剖视图)、俯视图(局部剖视图)、左视图(半剖视图)，清楚地表达了球阀部件中各零件间的装配关系、主要零件的结构形状和工作原理。

(二)必要的尺寸

在装配图中，只标注表示部件或机器的规格、性能以及装配、安装、检验、运输等方面所需要的尺寸。如图 10-2 中只注出了 12 个必要的尺寸。

(三)技术要求

在装配图中，要用文字或符号说明装配体在装配、检验、调试和使用等方面所需达到的技术要求。装配图上的技术要求主要包括：对机器或部件在装配和检验时的具体要求；关于机器性能指标方面的要求；安装、运输以及使用方面的要求；有关试验项目的规定。

(四)零件的序号、明细栏和标题栏

在装配图中，要用零件的序号和明细栏表明零件的序号、名称、规格、数量、材料等内容。装配图中的标题栏用以表明机器或部件的名称、规格、比例、图号及设计单位、设计和审核者签名等。

三、常见的装配工艺结构

为保证机器或部件能顺利装配，并达到设计规定的性能要求，在设计和绘制装配图的过程中，应该考虑到装配结构的合理性，以保证机器和部件的性能，并给零件的加工和装拆带来方便。

(一)接触面或配合面的结构

(1)同一方向接触面与配合面结构。两个相接触的零件，在同一方向上只能有一对接触面或配合面，轴孔配合也应如此，如图 10-3 所示。这样既可保证两零件间接触良好，又能降低对零件的加工要求。

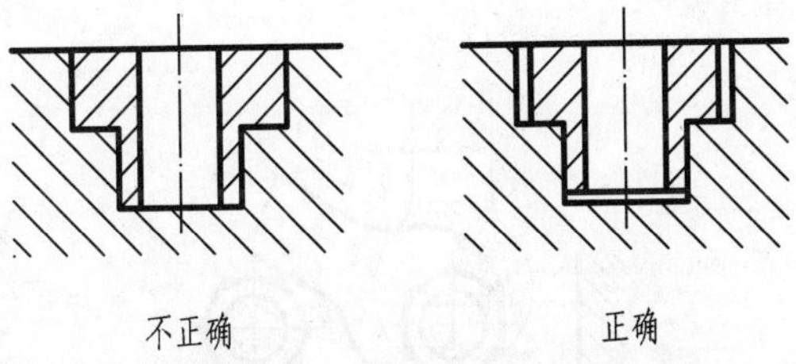

图 10-3　同一方向接触面或配合面的结构

(2)转折处接触结构。两零件在转折处接触时，应在转折处加工成倒角、圆角或退刀槽、越程槽等结构，以保证两零件接触良好，如图 10-4 所示。

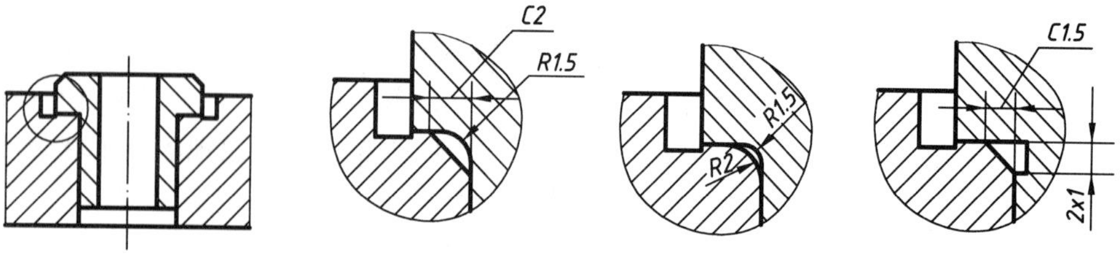

(a)孔倒角轴倒圆 (b)采用不同的圆角半径 (c)孔倒角轴越程槽

图 10-4 转折处接触结构

(3)沉孔与凸台结构。为保证接触良好，合理地减少加工面积，降低加工费用，一般在连接处制成沉孔或凸台结构，如图 10-5(a)、(b)所示。

(4)锥面配合结构。当两锥面配合时，由于锥面同时确定轴向和径向位置，因此锥体顶部和锥孔底部间必须留有空隙，才能保证锥面稳定的配合，如图 10-5(c)所示。

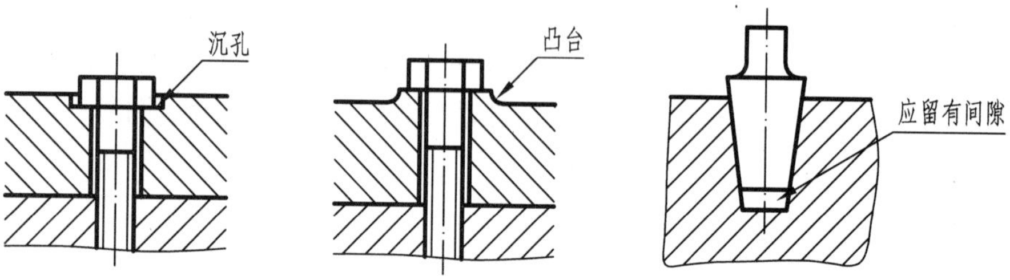

(a)沉孔结构 (b)凸台结构 (c)锥面结构

图 10-5 沉孔与凸台、锥面配合

(二)方便装拆的结构

(1)定位销的合理结构。部件中定位销主要用于保证重装后两零件间相对位置的精度。为了加工销孔和拆卸销子方便，应尽量将销孔做成通孔。

(2)螺纹紧固件装配的结构。螺纹紧固件装配结构主要考虑装拆方便，有螺纹连接件的地方应留足装拆的活动空间。常见结构如图 10-6 所示。

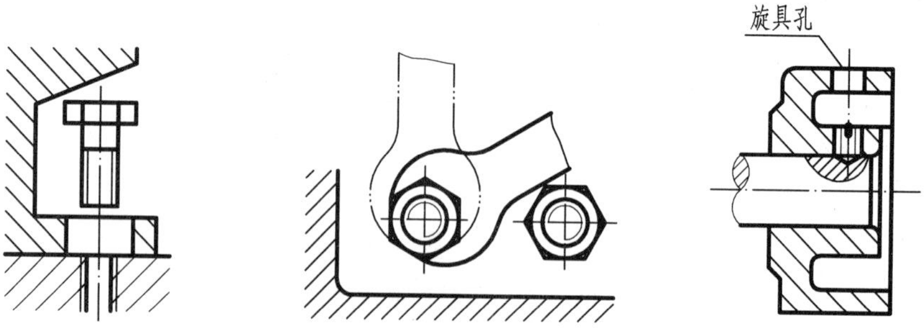

(a)留足拆卸螺栓的高度 (b)留足扳手转动的空间 (c)设置拆卸螺钉的孔

图 10-6 螺纹紧固件装配的结构

第二节　装配图常用的表达方法和尺寸标注

装配图的基本表达方案与零件图一样都是要反映它们的内外结构形状，因此第七章介绍的各种表达方法和选用原则，不仅适用于零件，也适用于装配体。但是，零件图所表达的是单个零件，而装配图表达的是多个零件所组成的机器或部件，所以根据装配图的特点，国家标准针对装配图又颁布有一系列规定画法和特殊表达方法。

一、装配图的规定画法

(一)邻接表面的画法

两个相邻零件的接触面或基本尺寸相同的轴和孔配合面，规定只画一条线，但当相邻两零件不接触或轴和孔基本尺寸不同时，即使间隙很小，也必须画两条线，如图 10-7 所示。

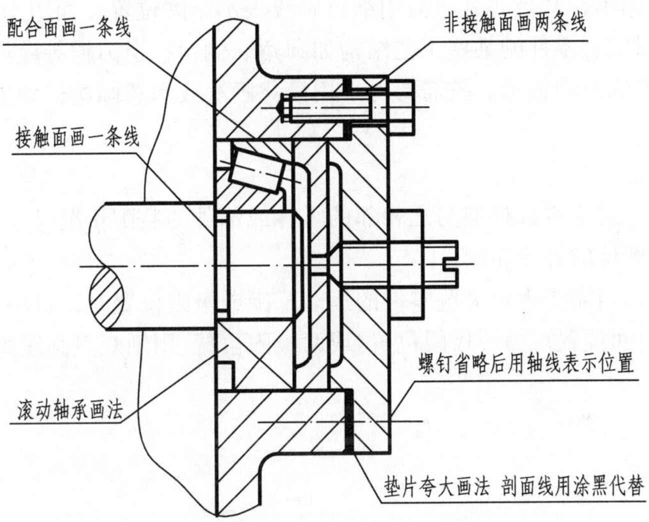

图 10-7　装配图的规定画法和特殊表达方法

(二)剖面线的画法

在装配图中，同一零件在所有剖视图和断面图中的剖面线方向、间隔必须一致。相邻零件剖面线的方向应相反或方向一致而间距不相等，如图 10-7 所示。

(三)标准件和实心件纵向剖切时的画法

在装配图中，对于一些标准件(如螺栓、螺母、垫圈、键、销、油杯等)及实心的轴、手柄、连杆等零件，当剖切平面通过其对称平面或轴线纵剖时，这些零件均按不剖绘制。如图 10-7 中的螺钉、螺母和轴都是按不剖绘制的。

二、装配图中特殊的表达方法

(一)拆卸画法

在装配图中，当某些零件的图形遮住了需要表达的其他结构和装配关系时，可假想把这些零件拆掉再画，此时一般应在该视图上方加注“拆去 × ×”等，这种画法称为拆卸画法(如图 10-2 中的左视图是拆去扳手 13 之后画出的)。

(二)沿结合面剖切画法

在装配图中，为清晰地表达某些内部结构，可沿两零件间的结合面剖切后进行投影，该投影结合面不画剖面线，只画被切断零件的剖面线，这种画法称为沿结合面剖切画法(如图 10-17 中的左视图)。它与拆卸画法的区别在于它是剖切而不是拆卸。

(三)夸大画法

在装配图中，直径或厚度小于或等于 2 mm 的孔或薄片、较小的斜度与锥度以及较小的间隙等，允许将该部分不按原绘图比例绘制，而适当夸大画出，以使图形清晰，如图 10-7 中的垫片。

(四)简化画法

(1)在装配图中，同一视图中重复出现的某些相同的零件组(如螺栓连接等)，允许只在一处详细地画出，其余各处只需用细点画线表示装配位置，如图 10-7 中的螺钉。

(2)在装配图中，零件的某些工艺结构如圆角、倒角、退刀槽等允许不画。

(3)装配图中的滚动轴承，按需要可采用简化画法或示意画法，如图 10-7 中的滚动轴承。

(五)假想画法

当需要表达不属于本部件但与之相邻的零件或部件的装配情况时，可用细双点画线画出相邻零件或部件的外形轮廓。

在装配图中，当需要表示某些零件的运动范围或极限位置时，可将运动件画在一个极限位置上(或中间位置)，另一极限位置(或两极限位置)用细双点画线画出其外形轮廓，如图 10-8 所示。

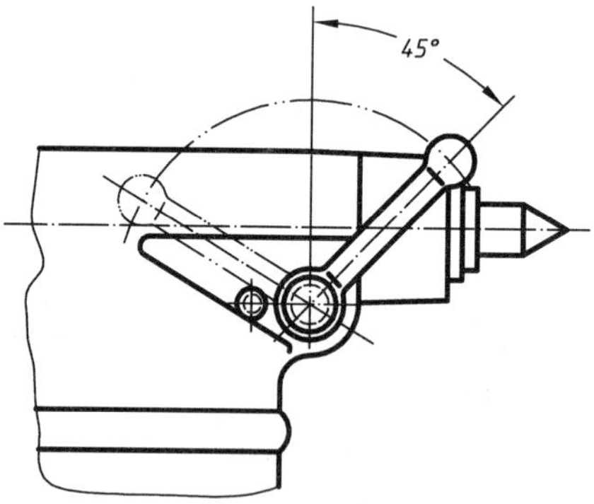

图 10-8　运动零件极限位置的假想画法

(六)零件向视图的画法

在装配图中，为表示某零件的形状，可单独画出该零件的某一向视图，在该视图上方应注写“零件 × ×”(如零件 3 A)，并在相应视图上用箭头和字母指明投射方向。

三、装配图的尺寸标注

装配图的作用是表达装配体的工作原理和各零件间的装配关系，因此装配图尺寸标注不同于零件图。在装配图中，不必标注零件的全部尺寸，只需注出以下五类尺寸。

(一)性能尺寸(规格尺寸)

性能尺寸是说明机器或部件的性能或规格的尺寸。这些尺寸在设计时就已确定，是设计和选用产品的依据。如图 10-2 球阀中的管口直径“ϕ20”是规格尺寸。

(二)装配尺寸(配合尺寸和相对位置尺寸)

装配尺寸由两部分组成，一部分是作为装配依据的零件间的配合尺寸；另一部分是与装配有关的零件间重要的相对位置尺寸和装配时需要加工的尺寸。如图 10-2 中的尺寸 ϕ14H10/d9、ϕ18H10 / a9、ϕ50H8 / h7 是配合尺寸，“56”是相对位置尺寸。

(三)安装尺寸

安装尺寸是机器或部件安装到基础或与其他部件相连接时所需要的尺寸。

(四)外形尺寸

外形尺寸是机器或部件外形的总长、总宽、总高尺寸，表示机器或部件在包装、运输和安装时所占空间的大小。它是机器或部件在包装、运输、安装和厂房设计时所需要的尺寸。图 10-2 中球阀的长“115 ± 1.10”、宽“75”、高“121.5”是外形尺寸。

(五)其他主要尺寸

根据装配体的特点和需要，必须注出的其他尺寸，如图 10-2 中的“160”、“84”。

上述五类尺寸间并不是独立的，同一尺寸可能有几种含义，例如图 10-2 中的尺寸 115 ± 1.10 既是外形尺寸又是装配中相对位置尺寸。这五类尺寸在每张装配图上不一定要全部具备，因此装配图中的尺寸需要具体分析。

第三节　装配图中零部件序号和明细栏

为了便于看图、组织生产，制图标准规定，装配图上所有零部件都要编注序号，并在标题栏上方的明细栏中按序号填写。

一、零部件序号

(一)基本要求

(1)装配图中所有零部件均应编号。

(2)装配图中一个部件可以只编写一个序号；同一装配图中相同的零部件用一个序号，一般只标注一次；多处出现的相同的零部件，必要时也可重复标注。同一张装配图中编排序号的形式应一致。

(3)装配图中零件序号应与明细栏中的序号一致。

(二)序号的画法

如图 10-9 所示：

(1)在基准线（水平线）上或圆内注写序号，序号数字的字高比该装配图中所注尺寸数字的高度大一号或大两号，也可在指引线非零件端的附近注写序号。

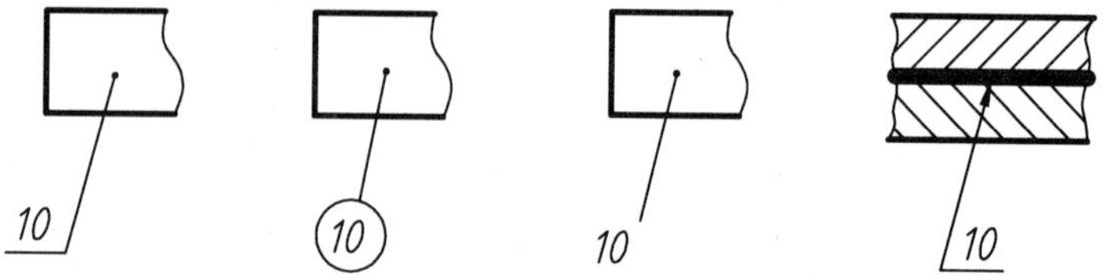

图 10-9 装配图中编注序号的方法

(2)指引线应自所指部分的可见轮廓内引出，并在末端画一圆点。若所指部分(很薄的零件或涂黑的断面)内不便画圆点，可在指引线末端画出箭头，指向该零件的轮廓线。

(3)指引线、基准线、圆均用细实线绘制。基准线的长度为 6 mm，或者与注释说明同样长度。

(4)指引线之间不允许相交，但允许弯折锐角一次，当指引线通过有剖面线的区域时，不应与剖面线平行，应与相应图线所成的角度大于 15°。

(5)一组紧固件及装配关系清楚的零件组，可以采用公共指引线，如图 10-10 所示。

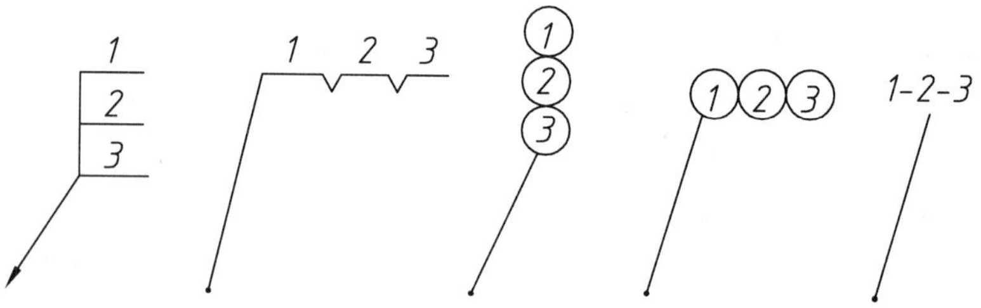

图 10-10 公共指引线的画法

(三)序号的排列

装配图中零件序号应沿水平或竖直方向排列整齐，并按顺时针或逆时针方向顺次排列，应尽量使序号间隔相等(如图 10-2 所示)。

二、明细栏与标题栏

国家制图标准对标题栏和装配图中的明细栏格式与尺寸作了明确规定，但各企业有时也有各自的标题栏和明细栏格式。本课程推荐的装配图作业中标题栏与明细栏的格式如图 10-11 所示。

明细栏一般画在标题栏上方，并与标题栏对正。标题栏上方位置不够时，可在标题栏左方继续列表。明细栏中的零件序号应由下向上依次排列，以便于补充。对标准件，应在备注一栏中注明标准编号。

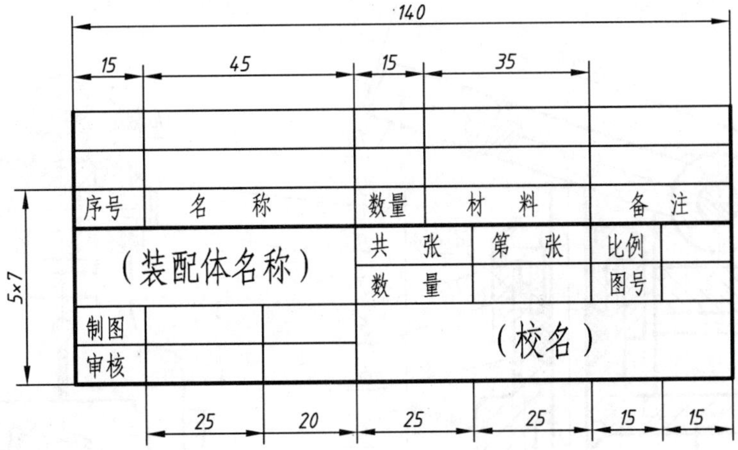

图 10-11　装配图作业标题栏与明细栏格式

第四节　读装配图

在机器或部件的设计、装配、维修和技术交流等工作中经常需要看装配图。因此，工程技术人员必须具有看装配图的能力。

一、读装配图的目的和要求

(1) 了解机器或部件的性能、功能和工作原理。

(2) 弄清各零件间的装配关系、拆装顺序，了解各零件的主要结构形状和作用。

(3) 了解其他组成部分，了解主要尺寸、技术要求和操作方法等。

二、读装配图的方法和步骤

下面以图 10-12 所示的手压阀为例讲述读装配图的方法和步骤。

(一) 概括了解

读装配图时，首先应通过标题栏和产品说明书了解装配体的名称、大致用途、比例等，从明细栏了解机器或部件的组成。图 10-12 所示装配体为手压阀，是液压回路中控制油液流动的装置。从标题栏中可看出绘图比例为 1∶1.5，从明细栏中可以了解到它由 14 种零件组成。

(二) 分析视图

分析视图应从主视图入手了解各视图、剖视图、断面图等的名称和标注，找出投射方向、剖切位置，弄清各视图的投影关系以及它们所表达的内容。如图 10-12 所示，手压阀装配图有 4 个视图组成，其中主视图采用了单一全剖视，它比较清楚地反映出油液进出口通路、装配关系和手压阀的工作原理；俯视图表达外形；左视图采用了两处局部剖，一是反映轴 8 与其他零件的配合关系，二是反映螺钉 14、销 13 连接托架 4 和阀座 1 的情况

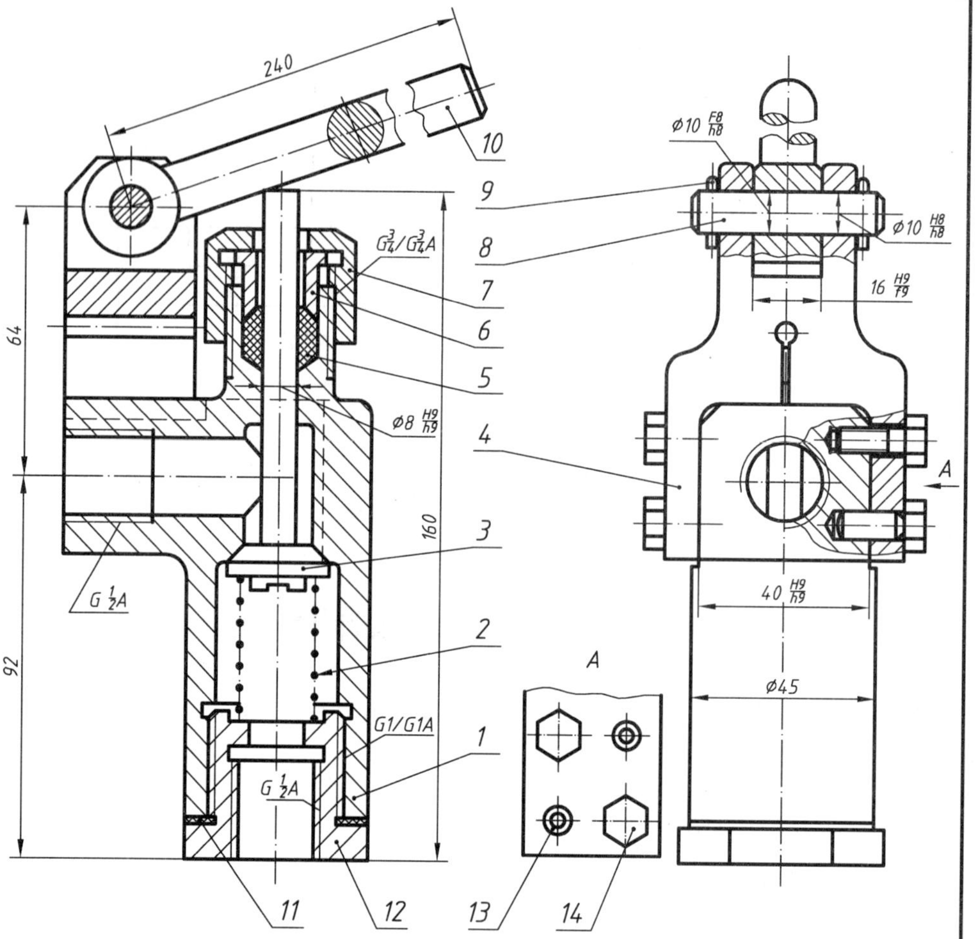

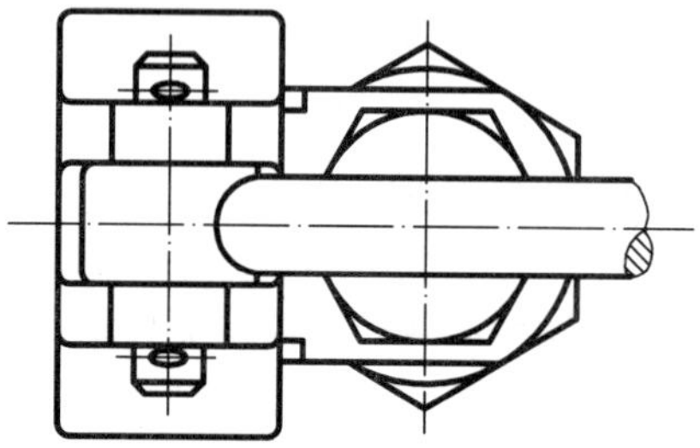

序号	零件名称	数量	材料	备注
8	轴	1	45	
7	压盖螺母	1	30	
6	填料压盖	1	30	
5	填料	1	橡胶	
4	托架	1	35	
3	阀杆	1	45	
2	弹簧	1	Ⅱ组钢丝	
1	阀座	1	HT150	

14	螺钉 M5×16	4		GB 5782—86
13	圆柱销 A4×16	4		GB 119—86
12	六角头接头	1	30	
11	垫片	1	皮革	
10	杠杆	1	35	
9	开口销 3×16	2		GB 91—86

手压阀	共 张	第 张	比例	1:1.5
	数 量		图号	
制图				
审核				

图 10-12 手压阀装配图

(三)分析零件

分析零件一般先从主要零件开始，再看次要零件。为了弄清零件的形状，首先要从装配图中将该零件的投影轮廓分离出来，其方法是：从标注该零件序号的视图入手，利用投影关系和装配关系、剖面线方向和剖面线间隔等在其他视图上找出这个零件的投影，然后运用形体分析法，结合与它相邻零件的结构，想象出该零件的大致结构形状。

如图 10-12 中的零件 1 阀座，是手压阀的主要零件。从标注该零件序号的主视图入手，根据剖面线方向可区分出它在主视图中的范围，利用投影关系和剖面线方向可找出零件 1 左、俯视图上的投影。根据投影可知阀座 1 主要装配线处的内、外形状为同轴圆柱体；左上部的形状与托架 4 下面槽的形状基本一致，为棱柱体。棱柱体上方加工出两个倒角，可使其顶面与托架 4 的槽底面接触。其他零件可自行分析。

(四)分析装配关系和工作原理

逐一分析零件后，围绕装配轴线进一步分析即可弄清部件的工作原理和装配关系。

手压阀的工作原理：手动杠杆控制液流——压下杠杆 10，则阀杆 3 压迫弹簧 2 而下移，这时油液从下端口进入，从阀座 1 左端孔流出，此时是回路“通”的状态；若放开杠杆 10，则弹簧 2 迫使阀杆 3 复位，阀杆 3 下端的阀瓣部分以锥面接触封死通路，此时使回路处于“不通”状态。

轴 8 用两端的开口销 9 轴向定位，轴 8 与托架 4、杠杆 10 配合采用的是基轴制，轴 8 与托架 4 要求间隙小、与杠杆 10 要求间隙大。杠杆 10 与托架 4、阀座 1 与托架 4 分别采用间隙配合，前者要求有相对运动，间隙较大；后者无相对运动，要求装配较精确。阀座 1 和托架 4 用螺钉 14 连接，用销 13 定位。为了防止漏油，分别用填料 5 与垫片 11 密封，并用填料压盖 6、压盖螺母 7、六角头接头 12 压紧。

(五)归纳总结

在以上分析的基础上，还要对技术要求、全部尺寸进行分析，并把部件的性能、结构、装配、操作、维修等几方面联系起来研究，进行归纳总结，如结构有何特点、能否实现工作要求、装拆顺序如何、操作和维修是否方便等，对装配体有一个全面的了解。

三、由装配图拆画零件图的方法步骤

由装配图拆画零件图是设计过程中的重要环节。一般是先画出装配图，拆图是在看懂装配图的基础上，按照零件图的内容和要求画出零件图。下面以拆画手压阀中的托架零件图为例，介绍拆画零件图的一般方法和步骤。

(一)确定零件视图的表达方案

装配图中视图，重点表达的是工作原理和装配关系，因此装配图的视图方案不一定适合每个零件的表达需要。在拆画零件图时，不能照搬装配图中的视图配置，应根据被拆画零件的结构形状，按零件图视图选择的原则来确定。从分离出来的托架体形状结构特点来看，托架属于叉架类零件，零件图中的主视图可采用装配图中的表达方案即工作位置。

(二)画零件图中的图形

(1)抄：将装配图中有关该零件的图形部分直接抄入零件图。

(2)补：装配图中可能对零件某些结构形状并未表示清楚，在拆画零件图时应根据零件的作用及其与相邻零件的装配关系设计确定。对于省略或采用简化画法的结构，如倒角、圆角、斜度、锥度、退刀槽等都应补齐。

(三)标注零件图上的尺寸

应按照正确、完整、清晰、合理的要求标注所拆画的零件图上的尺寸。

标注零件尺寸时，应考虑零件在装配体中的作用，从零件设计、加工工艺要求等方面来选择尺寸基准。首先确定长、宽、高三个方向的主要基准，再根据加工和测量的需要适当选择一些辅助基准，以便合理地标注零件各部分的尺寸。

零件的尺寸可从以下几方面来确定：

(1)抄：凡是装配图中已注出的与该零件有关的尺寸都可以直接移到零件图上。如与架体有关的 40H9、16H9、Φ10H8 尺寸，均可抄注在零件图上。

(2)算：某些尺寸应根据装配图所给定的尺寸通过计算来确定，如齿轮各部分的尺寸应由模数和齿数计算确定。

(3)查：零件上标准结构的尺寸，如螺纹的直径、螺孔深度、键槽的宽和深、退刀槽的宽和深以及圆角半径、倒角等应查阅有关标准进行标注。

(4)量：对于装配图中没有标出零件的某些结构的尺寸，可按照装配图的比例直接从装配图上量得其数值。

(四)注写零件图上的技术要求

根据零件各表面的作用和要求确定其表面粗糙度以及必要的技术要求。

图 10-13 所示是拆画出的托架零件工作图。

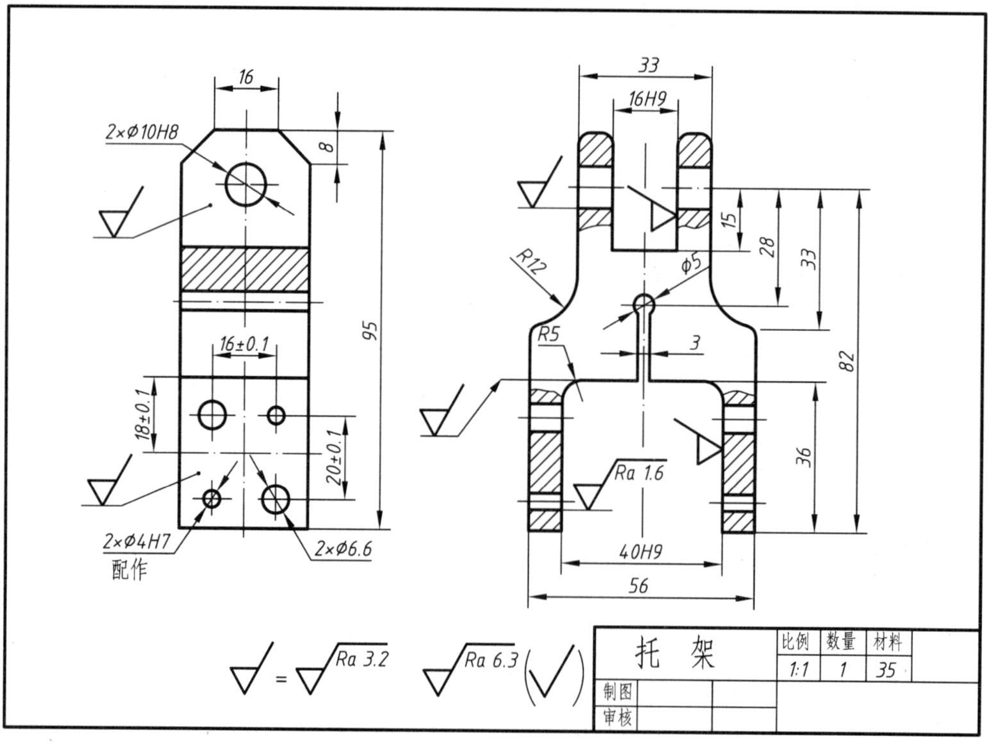

图 10-13　托架零件工作图

第五节 装配图的绘制与装配体的测绘

一、绘制装配图的方法步骤

图 10-14 为齿轮油泵装配轴测图。齿轮油泵是机器中用来输送润滑油的一个部件，其工作原理如图 10-15 所示。当一对齿轮在泵体内作啮合传动时，啮合区内右边空间的压力降低而产生局部真空，油池内的油在大气压力作用下进入油泵低压区内的吸油口，随着齿轮的转动，齿槽中的油不断沿箭头方向被带至左边的出油口把油压出，送至机器中需要润滑的部分。

泵体是齿轮油泵中的主要零件之一，它的内腔容纳一对吸油和压油的齿轮。齿轮轴、传动齿轮轴、传动齿轮是油泵中的运动零件。将齿轮轴、传动齿轮轴装入泵体后，两侧有左泵盖、右泵盖支承这一对齿轮轴的旋转运动。圆柱销用于左、右端盖与泵体的定位，螺钉将左、右端盖与泵体连接成整体。垫片及填料、压紧套、压紧螺母用于密封。

本节以齿轮油泵为例，说明装配图的绘制方法和步骤。

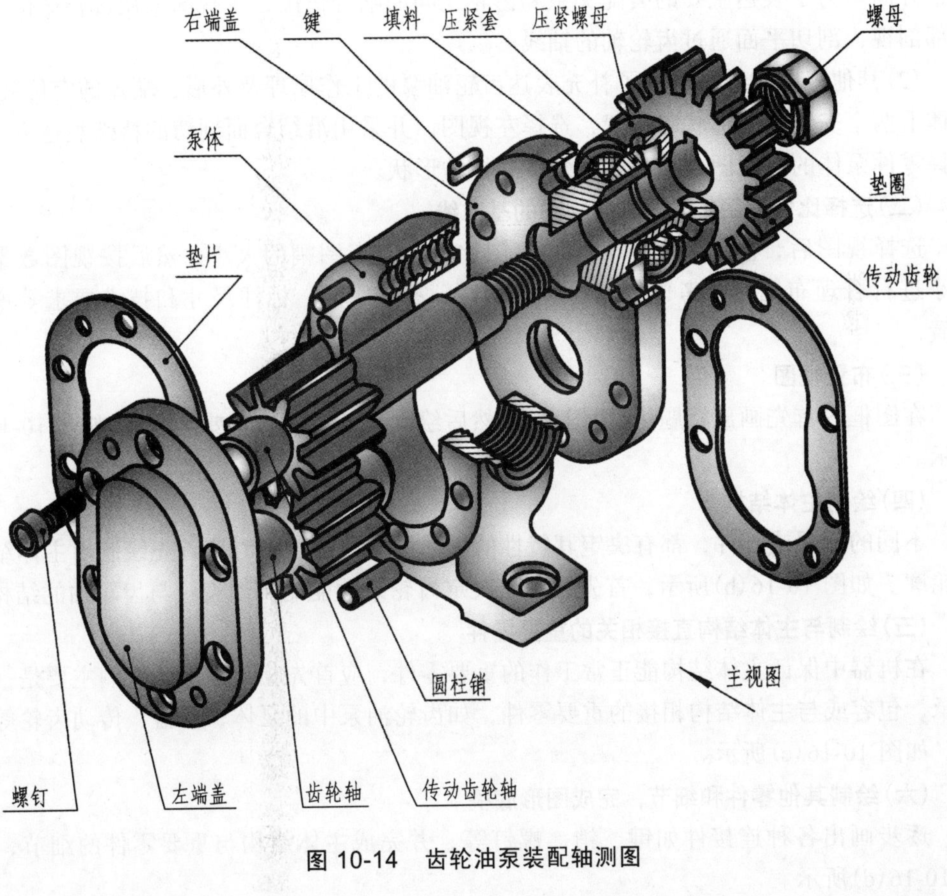

图 10-14 齿轮油泵装配轴测图

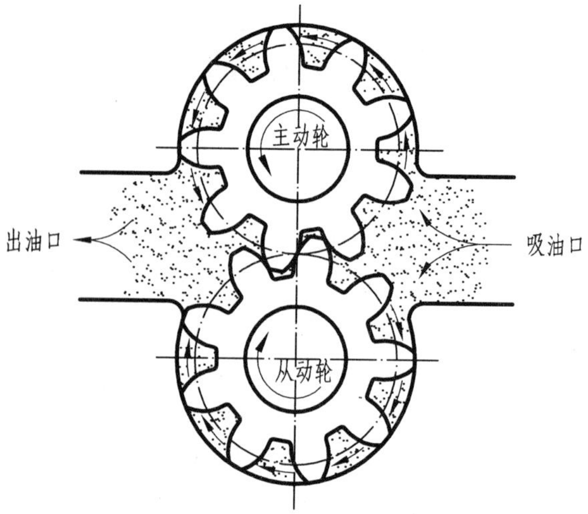

图 10-15　齿轮油泵工作原理

(一) 选择视图

(1) 主视图选择。将齿轮油泵主视图按工作位置放置，投射方向选择图 10-14 中箭头所指方向。为了表达主要的装配关系和齿轮之间的啮合情况，主视图采用旋转全剖视和局部剖视，剖切平面通过齿轮轴的轴线。

(2) 其他视图的选择。为了补充表达齿轮油泵的工作原理及外形、端盖的定位装配、泵体上两个安装孔的形状和位置，选择左视图，并采用沿结合面剖切的特殊表达方法；选择零件泵体的向视图，补充表达泵体底板的形状。

(二) 选择比例和图幅，画出各视图的基准线

选择视图后，根据装配体大小和绘图比例，确定图幅的大小，然后按视图数量及大小进行合理布图，并考虑标题栏、明细栏、零件序号、标注尺寸和技术要求等所需位置。

(三) 布置视图

在图框内首先画出标题栏、明细表格，然后绘制出各视图的主要基准线，如图 10-16(a)所示。

(四) 绘制主体结构

不同的机器或部件，都有决定其特性的主体结构，在绘图时应首先绘制出主体结构的轮廓。如图 10-16(b)所示，首先绘制出决定齿轮泵功能的传动齿轮与齿轮轴的结构。

(五) 绘制与主体结构直接相关的重要零件

在机器中保证主体结构能正常工作的重要零件，应首先相继画出，它们主要是一些支承、包容或与主体结构相接的重要零件，如齿轮油泵中的泵体、泵盖、传动齿轮等零件，如图 10-16(c)所示。

(六) 绘制其他零件和细节，完成图形底稿

逐步画出各种连接件如键、销、螺钉等，并完成主体结构与重要零件的细节，如图 10-16(d)所示。

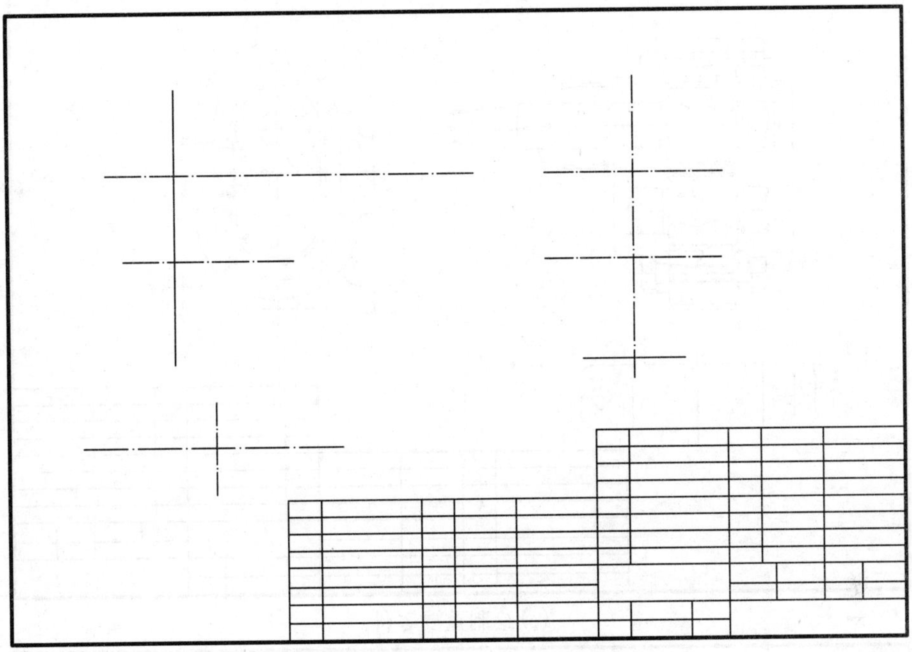

(a)画出标题栏、明细表与各图基准线

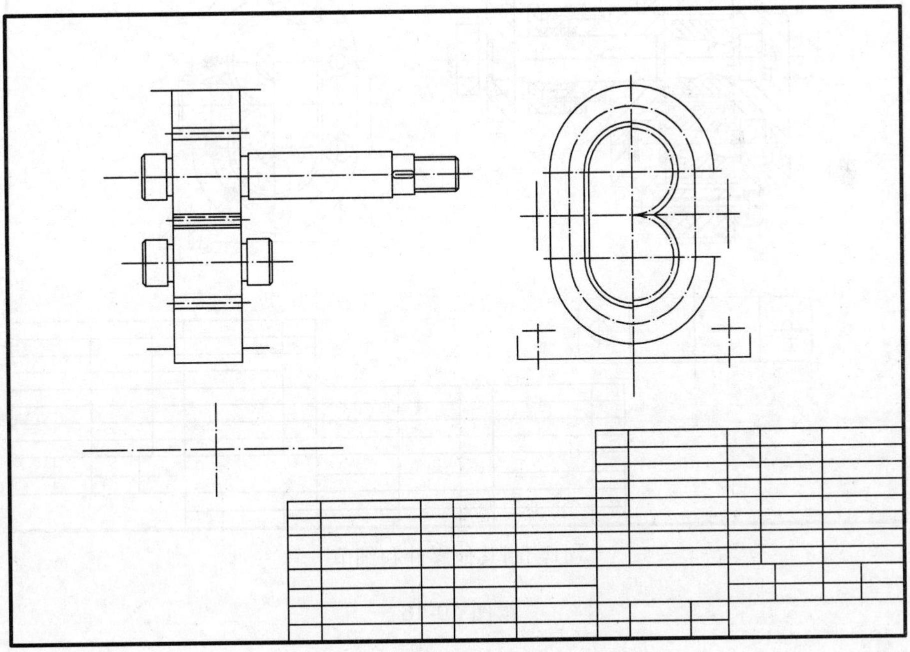

(b)绘制部件的主体结构

图 10-16 齿轮油泵装配图绘制步骤

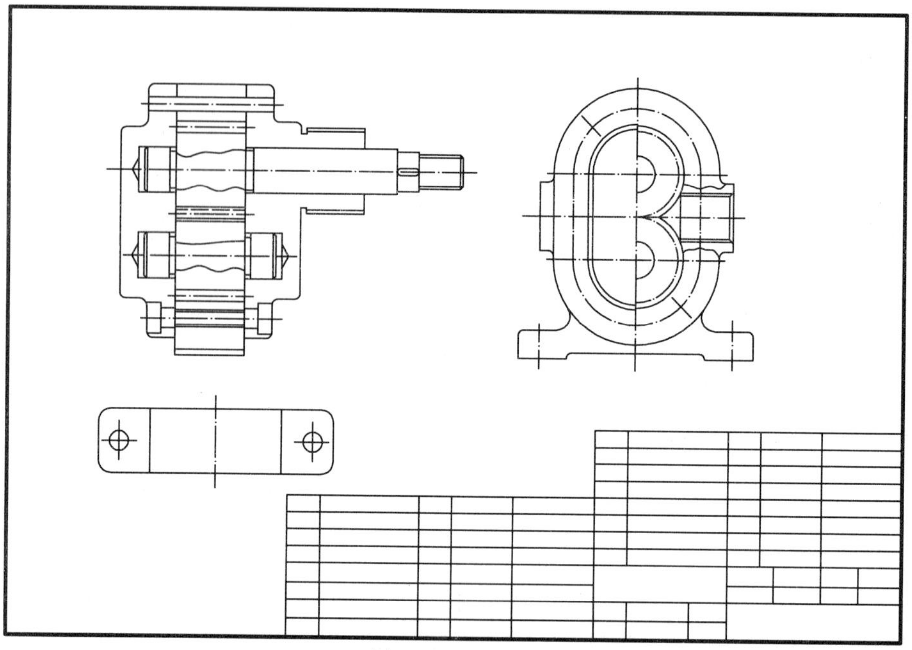

(c)绘制重要零件

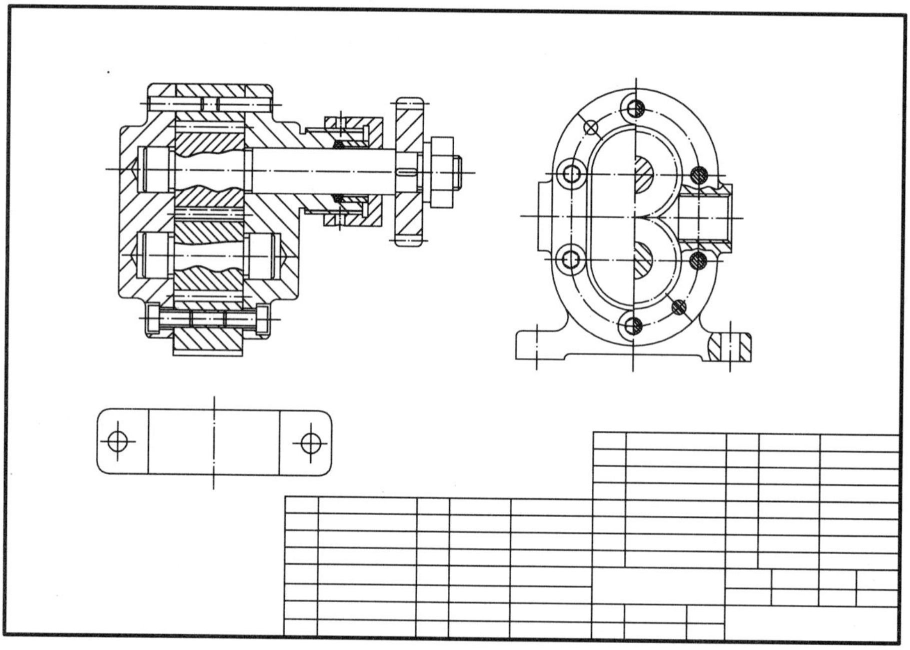

(d)绘制其他零件和细节

续图 10-16

(七)注写其他内容，整理加深

完成图形底稿后，标注尺寸、注写序号、填写明细栏和标题栏，写出技术要求，整理加深完成全图，如图 10-17 所示。

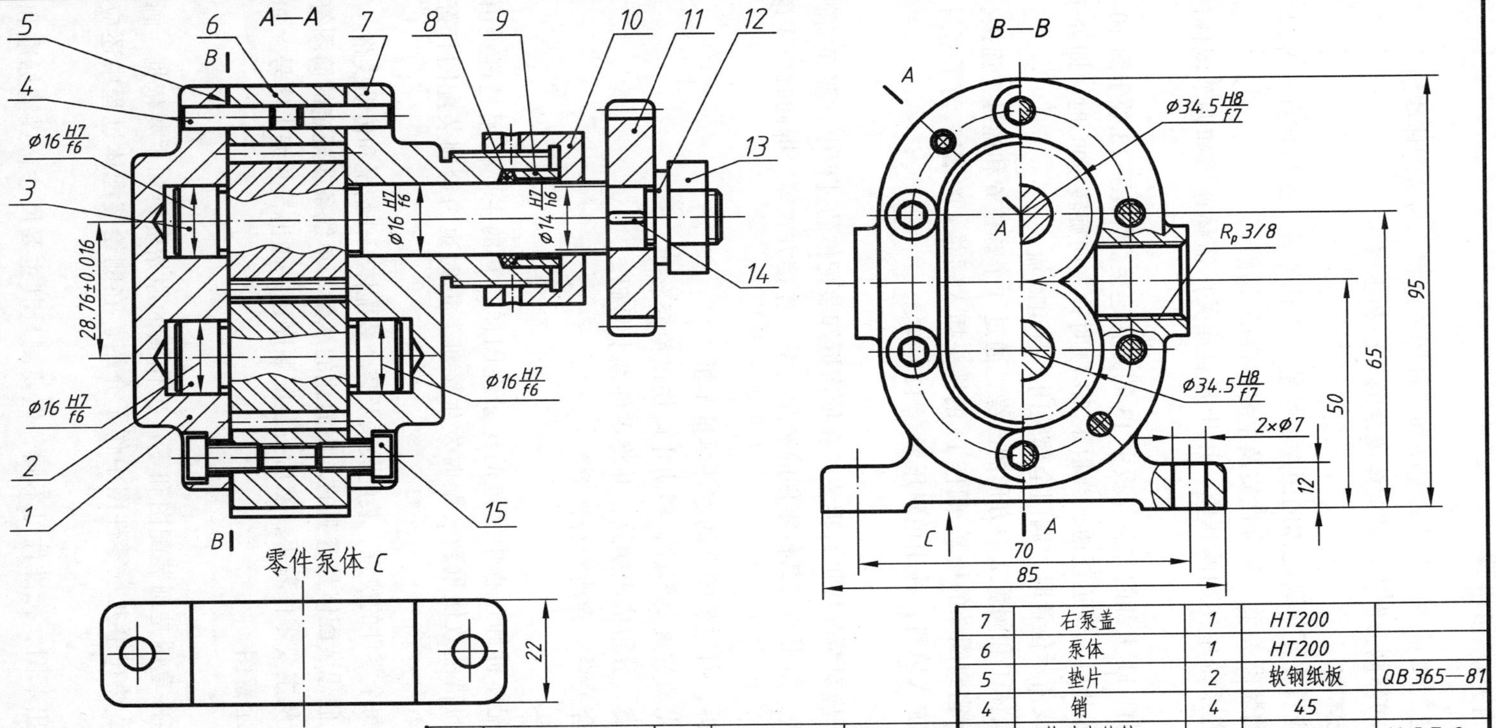

技术要求

1. 装配后传动齿轮轴转动灵活。
2. 两齿轮轮齿的啮合线应占齿长的3/4。
3. 试验压力3 MPa，工作压力2 MPa。

序号	名称	数量	材料	备注
15	螺钉 M6×16	12		GB/T 70.1—2000
14	键 5×10	1		GB 1096—79
13	螺母 M12	1		GB/T 6170—2000
12	垫圈 12	1		GB 859—85
11	传动齿轮	1	45	m=2.5,z=20
10	压紧螺母	1	35	
9	压紧套	1	35	
8	填料 YS450	1	石棉盘根	
7	右泵盖	1	HT200	
6	泵体	1	HT200	
5	垫片	2	软钢纸板	QB 365—81
4	销	4	45	
3	传动齿轮轴	1	45	M=3,Z=9
2	齿轮轴	1	45	M=3,Z=9
1	左泵盖	1	HT200	

齿轮油泵	共 张	第 张	比例	1:1
	数量		图号	
制图				
审核				

图 10-17 齿轮油泵装配图

二、测绘装配体的方法和步骤

对现有机器或部件进行测量并画出其装配图和零件图的过程称为装配体测绘。

下面以图 10-1 所示的球阀为例讲述装配体测绘的方法和步骤。

(一)了解和分析装配体

测绘装配体之前，应首先了解装配体的用途、性能、工作原理、结构特点、拆卸方法和顺序及各零件之间的装配关系、配合性质及主要零件的作用。

图 10-1 所示为管道系统中使用的球阀，用于开启或关闭流体通道和调节流体的流量。

球阀的工作原理：阀杆 11 上部的方头与扳手 13 的方孔连接。当扳手 13 处于图 10-2 所示的位置时，阀门全部开启，管道畅通；当扳手 13 顺时针方向旋转 90° 时，即处于图 10-2 俯视图中双点画线所示位置时，阀门全部关闭，管道断流。

球阀的装配关系：阀体 1 和阀盖 2 中方形的凸缘，通过 4 个螺柱 6 和螺母 7 连接，用调整垫 5 调节阀芯 4 与密封圈 3 的松紧，阀杆 11 的榫头插入阀芯 4 的槽口。为了密封，在阀体 1 与阀杆 11 之间加入填料，并用填料压紧套 12 压紧。

(二)拆卸装配体

了解所测装配体后，应对装配体进行拆装。在依次拆卸装配体的过程中，要仔细研究被拆的每个零件的形状、作用和与其他零件的装配关系、连接方式等。拆卸时应注意以下几点：

(1)对铆、焊零件不拆，对过盈配合的零件尽量不拆。

(2)对高精度和表面光洁的重要零件，要防止碰伤以免变形。

(3)拆下的零件要分类、分组依次摆放，并将零件编上号码。

(4)注意零件间的配合关系，弄清配合性质。

(三)绘制装配示意图

装配示意图是在装配体拆卸过程中所画的纪录性图样，它的主要作用是避免由于零件拆卸后可能产生的错乱致使重新装配时发生疑难，同时也为绘制装配图打好基础。

装配示意图应表达出每个零件的位置、装配关系及整个装配体工作情况和传动线路。

装配示意图画法是：假想装配体是透明的，用简化的线条、单线条或规定的简图符号画出其大致轮廓。一般从主要零件着手，然后按装配顺序逐一画出，并编上序号。如图 10-18 所示是球阀装配示意图。

(四)画零件草图

在装配体测绘中，零件草图是画装配图和零件工作图的原始资料和主要依据。画零件草图的方法和步骤已经在第九章零件图中作了介绍。在测绘装配体过程中还应注意：

(1)非标准件必须画出草图，标准件可不画，但要测量其主要尺寸，弄清标准和标记。

(2)两零件间配合部位的基本尺寸测量后，应及时填写数字，确保一致。

(五) 画装配图

根据装配示意图和零件草图画出装配图。图 10-18 所示是球阀的装配示意图。

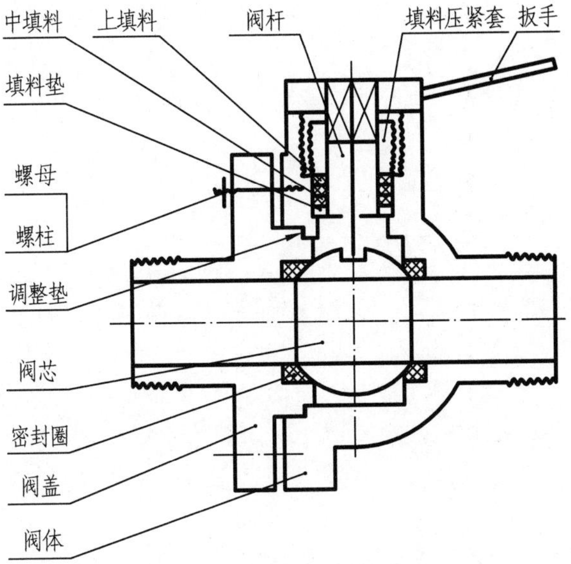

图 10-18 球阀装配示意图

复习思考题(单项选择题)

1. 一张完整的装配图主要包括一组图形、一组尺寸、标题栏与明细栏和(　　)。
(a) 配合尺寸　(b) 技术要求　(c) 形位公差　(d) 尺寸公差
2. 装配图中沿零件结合面剖切，在剖视图中只画出切断零件的剖面线的画法是(　　)。
(a) 规定画法　(b) 拆卸画法　(c) 特殊画法　(d) 半剖视图
3. 在装配图中，两零件间隙很小(　　)。
(a) 可画一条线　(b) 必须画成两条线　(c) 涂黑　(d) 前三者均可
4. 明细栏中零件序号的注写顺序是(　　)。
(a) 由上至下　(b) 由下往上　(c) 由左往右　(d) 无要求
5. 装配图中的尺寸包括装配尺寸、安装尺寸、外形尺寸、其他主要尺寸及(　　)。
(a) 性能尺寸　(b) 总体尺寸　(c) 定形尺寸　(d) 定位尺寸
6. 装配图中零件序号的编排方法是(　　)。
(a) 按水平方向排列整齐
(b) 按垂直方向排列整齐
(c) 按逆时针方向排列整齐
(d) 沿水平或垂直方向排列整齐，并按顺时针或逆时针方向依次排列
7. 在水平线上或圆内注写零件序号时，序号字高比尺寸数字字高(　　)。
(a) 大一号　(b) 大两号　(c) 小一号　(d) 大一号或大两号

8. 读装配图时主要是了解装配体的工作原理、主零件的大致形状和(　　)。
(a)各零件的序号　　(b)各零件间的装配关系
(c)技术要求　　(d)尺寸

附 录

附表 1 普通螺纹直径与螺距系列（GB/T 193—2003）、基本尺寸（GB/T 196—2003）摘编

（单位：mm）

公称直径 D、d		螺距 P		粗牙中径 D_2、d_2	粗牙小径 D_1、d_1
第一系列	第二系列	粗牙	细牙		
3		0.5	0.35	2.675	2.459
	3.5	(0.6)		3.110	2.850
4		0.7	0.5	3.545	3.242
	4.5	(0.75)		4.013	3.688
5		0.8		4.480	4.134
6		1	0.75，(0.5)	5.350	4.917
8		1.25	1，0.75，(0.5)	7.188	6.647
10		1.5	1.25，1，0.75，(0.5)	9.026	8.376
12		1.75	1.5，1.25，1，(0.75)，(0.5)	10.863	10.106
	14	2	1.5，(1.25)*，1，(0.75)，(0.5)	12.701	11.835
16		2	1.5，1，(0.75)，(0.5)	14.701	13.835
	18	2.5	2，1.5，1，(0.75)，(0.5)	16.376	15.294
20		2.5		18.376	17.294
	22	2.5	2，1.5，1，(0.75)，(0.5)	20.376	19.294
24		3	2，1.5，1，(0.75)	22.051	20.752
	27	3	2，1.5，1，(0.75)	25.051	23.752
30		3.5	(3)，2，1.5，1，(0.75)	27.727	26.211
	33	3.5	(3)，2，1.5，(1)，(0.75)	30.727	29.211
36		4	3，2，1.5，(1)	33.402	31.670
	39	4		36.402	34.670
42		4.5	(4)，3，2，1.5，(1)	39.077	37.129
	45	4.5		42.077	40.129
48		5		44.752	42.587
	52	5		48.752	46.587
56		5.5	4，3，2，1.5，(1)	52.428	50.046
	60	5.5		56.428	54.046
64		6		60.103	57.505
	68	6		64.103	61.505

注：1. 优先选用第一系列，括号内尺寸尽可能不用，第三系列未列入。

2. *M14×1.25 仅用于火花塞。

附表 2　用螺纹密封的管螺纹（摘自 GB/T 7306.1—2000、GB/T 7306.2—2000）

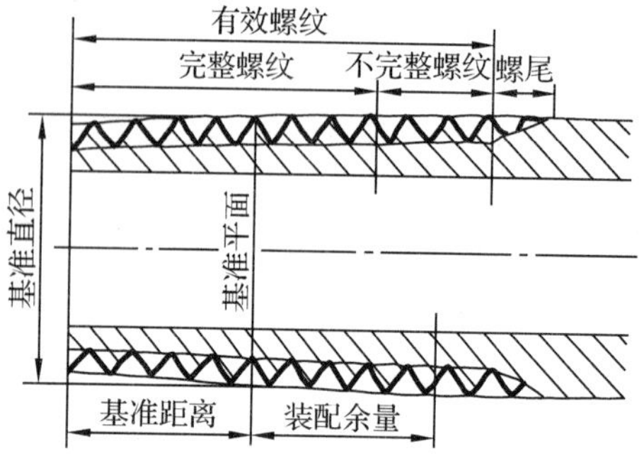

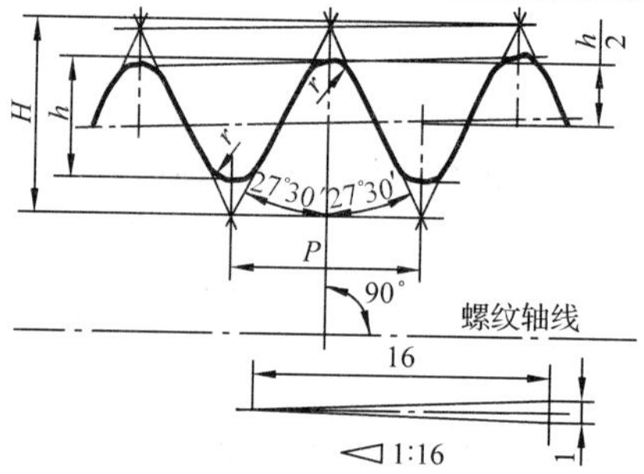

圆锥螺纹基本牙型

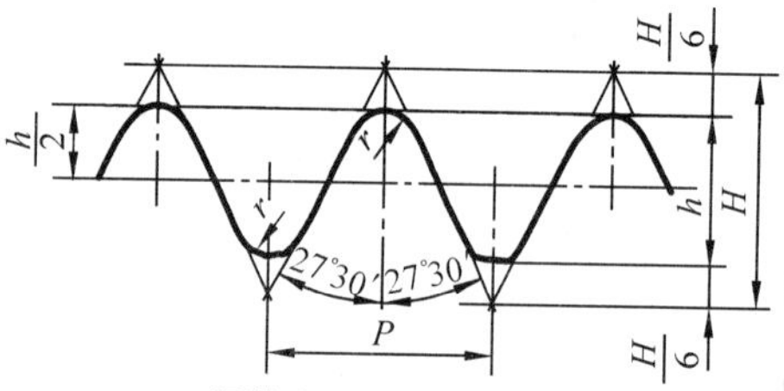

圆柱内螺纹基本牙型

标记示例

$1\frac{1}{2}$ 圆锥内螺纹：$R_c 1\frac{1}{2}$；$1\frac{1}{2}$ 圆柱内螺纹：$R_p 1\frac{1}{2}$

$1\frac{1}{2}$ 与圆柱（圆锥）内螺纹配合的圆锥外螺纹，左旋：$R_1(R_2)1\frac{1}{2}$ LH

圆锥内螺纹与圆锥外螺纹的配合：$R_c 1\frac{1}{2}/R_2 1\frac{1}{2}$

圆柱内螺纹与圆锥外螺纹的配合：$R_p 1\frac{1}{2}/R_1 1\frac{1}{2}$

左旋圆锥内螺纹与圆锥外螺纹的配合：$R_c 1\frac{1}{2}/R_2 1\frac{1}{2}$ LH

尺寸代号	每 25.4 mm 内的牙数 n	螺距 P (mm)	牙高 h (mm)	圆弧半径 $r\approx$ (mm)	基面上的基本直径 大径（基准直径）$d=D$ (mm)	基面上的基本直径 中径 $d_2=D_2$ (mm)	基面上的基本直径 小径 $d_1=D_1$ (mm)	基准距离 (mm)	有效螺纹长度 (mm)
1/16	28	0.907	0.581	0.125	7.723	7.142	6.561	4.0	6.5
1/8	28	0.907	0.581	0.125	9.728	9.147	8.566	4.0	6.5
1/4	19	1.337	0.856	0.184	13.157	12.301	11.445	6.0	9.7
3/8	19	1.337	0.856	0.184	16.662	15.806	14.950	6.4	10.1
1/2	14	1.814	1.162	0.249	20.955	19.793	18.631	8.2	13.2
3/4	14	1.814	1.162	0.249	26.441	25.279	24.117	9.5	14.5
1	11	2.309	1.479	0.317	33.249	31.770	30.291	10.4	16.8
$1\frac{1}{4}$	11	2.309	1.479	0.317	41.910	40.431	38.952	12.7	19.1
$1\frac{1}{2}$	11	2.309	1.479	0.317	47.803	46.324	44.845	12.7	19.1
2	11	2.309	1.479	0.317	59.614	58.135	56.656	15.9	23.4
$2\frac{1}{2}$	11	2.309	1.479	0.317	75.184	73.705	72.226	17.5	26.7
3	11	2.309	1.479	0.317	87.884	86.405	84.926	20.6	29.8
$3\frac{1}{2}$*	11	2.309	1.479	0.317	100.330	98.851	97.372	22.2	31.4
4	11	2.309	1.479	0.317	113.030	111.551	110.072	25.4	35.8
5	11	2.309	1.479	0.317	138.430	136.951	135.472	28.6	40.1
6	11	2.309	1.479	0.317	163.830	162.351	160.872	28.6	40.1

注：尺寸代号为 $3\frac{1}{2}$ 的螺纹，限用于蒸汽机车。

附表 3　非螺纹密封的管螺纹（摘自 GB/T 7307—2001）

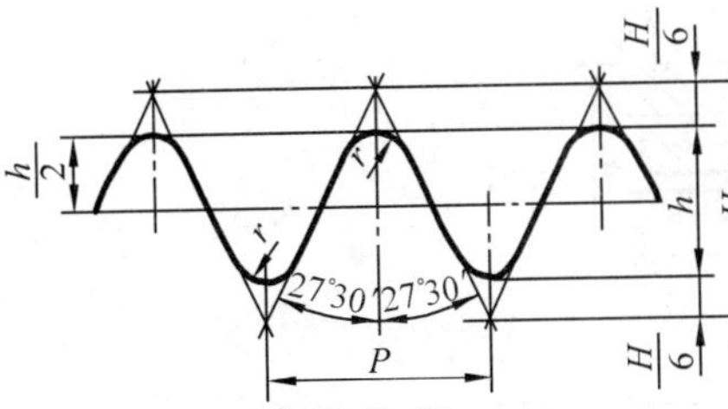

标记示例

尺寸代号：$1\frac{1}{2}$，内螺纹：G$1\frac{1}{2}$

尺寸代号：$1\frac{1}{2}$，A 级外螺纹：G$1\frac{1}{2}$A

尺寸代号：$1\frac{1}{2}$，B 级外螺纹，左旋：G$1\frac{1}{2}$B–LH

螺纹装配标记：右旋：G$1\frac{1}{2}$/G$1\frac{1}{2}$A

左旋：G$1\frac{1}{2}$/G$1\frac{1}{2}$A–LH

尺寸代号	每 25.4 mm 内的牙数 n	螺距 P (mm)	牙高 h (mm)	圆弧半径 $r\approx$ (mm)	基本直径		
					大径 $d=D$ (mm)	中径 $d_2=D_2$ (mm)	小径 $d_1=D_1$ (mm)
1/16	28	0.907	0.581	0.125	7.723	7.142	6.561
1/8	28	0.907	0.581	0.125	9.728	9.147	8.566
1/4	19	1.337	0.856	0.184	13.157	12.301	11.445
3/8	19	1.337	0.856	0.184	16.662	15.806	14.950
1/2	14	1.814	1.162	0.249	20.955	19.793	18.631
5/8	14	1.814	1.162	0.249	22.911	21.749	20.587
3/4	14	1.814	1.162	0.249	26.441	25.279	24.117
7/8	14	1.814	1.162	0.249	30.201	29.039	27.877
1	11	2.309	1.479	0.317	33.249	31.770	30.291
$1\frac{1}{8}$	11	2.309	1.479	0.317	37.897	36.418	34.939
$1\frac{1}{4}$	11	2.309	1.479	0.317	41.910	40.431	38.952
$1\frac{1}{2}$	11	2.309	1.479	0.317	47.803	46.324	44.845
$1\frac{3}{4}$	11	2.309	1.479	0.317	53.746	52.267	50.788
2	11	2.309	1.479	0.317	59.614	58.135	56.656
$2\frac{1}{4}$	11	2.309	1.479	0.317	65.710	64.231	62.752
$2\frac{1}{2}$	11	2.309	1.479	0.317	75.184	73.705	72.226
$2\frac{3}{4}$	11	2.309	1.479	0.317	81.534	80.055	78.576
3	11	2.309	1.479	0.317	87.884	86.405	84.926
$3\frac{1}{2}$	11	2.309	1.479	0.317	100.330	98.851	97.372
4	11	2.309	1.479	0.317	113.030	111.551	110.072
$4\frac{1}{2}$	11	2.309	1.479	0.317	125.730	124.251	122.772
5	11	2.309	1.479	0.317	138.430	136.951	135.472
$5\frac{1}{2}$	11	2.309	1.479	0.317	151.130	149.651	148.172
6	11	2.309	1.479	0.317	163.830	162.351	160.872

附表 4　梯形螺纹基本尺寸（摘自 GB/T 5796.3—2005）　（单位：mm）

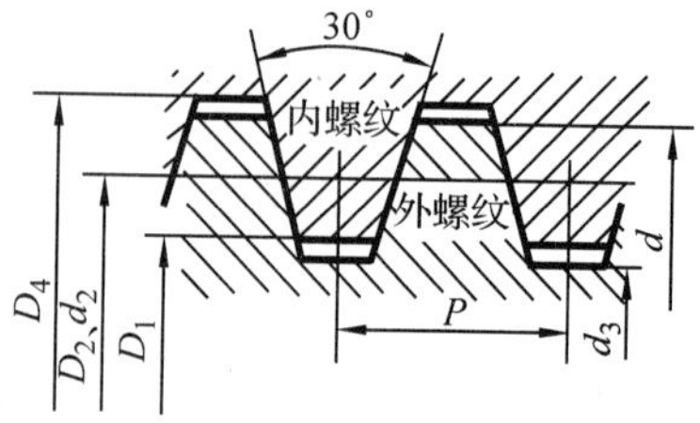

公称直径 d 第一系列	公称直径 d 第二系列	螺距 P	中径 $d_2=D_2$	大径 D_4	小径 d_3	小径 D_1
8		1.5	7.25	8.30	6.20	6.50
	9	1.5	8.25	9.30	7.20	7.50
		2	8.00	9.50	6.50	7.00
10		1.5	9.25	10.30	8.20	8.50
		2	9.00	10.50	7.50	8.00
	11	2	10.00	11.50	8.50	9.00
		3	9.50	11.50	7.50	8.00
12		2	11.00	12.50	9.50	10.00
		3	10.50	12.50	8.50	9.00
	14	2	13.00	14.50	11.50	12.00
		3	12.50	14.50	10.50	11.00
16		2	15.00	16.50	13.50	14.00
		4	14.00	16.50	11.50	12.00
	18	2	17.00	18.50	15.50	16.00
		4	16.00	18.50	13.50	14.00
20		2	19.00	20.50	17.50	18.00
		4	18.00	20.50	15.50	16.00
	22	3	20.50	22.50	18.50	19.00
		5	19.50	22.50	16.50	17.00
		8	18.00	23.00	13.00	14.00
24		3	22.50	24.50	20.50	21.00
		5	21.50	24.50	18.50	19.00
		8	20.00	25.00	15.00	16.00

公称直径 d 第一系列	公称直径 d 第二系列	螺距 P	中径 $d_2=D_2$	大径 D_4	小径 d_3	小径 D_1
	26	3	24.50	26.50	22.50	23.00
		5	23.50	26.50	20.50	21.00
		8	22.00	27.00	17.00	18.00
28		3	26.50	28.50	24.50	25.00
		5	25.50	28.50	22.50	23.00
		8	24.00	29.00	19.00	20.00
	30	3	28.50	30.50	26.50	27.00
		6	27.00	31.00	23.00	24.00
		10	25.00	31.00	19.00	20.00
32		3	30.50	32.50	28.50	29.00
		6	29.00	33.00	25.00	26.00
		10	27.00	33.00	21.00	22.00
	34	3	32.50	34.50	30.50	31.00
		6	31.00	35.00	27.00	28.00
		10	29.00	35.00	23.00	24.00
36		3	34.50	36.50	32.50	33.00
		6	33.00	37.00	29.00	30.00
		10	31.00	37.00	25.00	26.00
	38	3	36.50	38.50	34.50	35.00
		7	34.50	39.00	30.00	31.00
		10	33.00	39.00	27.00	28.00
40		3	38.50	40.50	36.50	37.00
		7	36.50	41.00	32.00	33.00
		10	35.00	41.00	29.00	30.00

附表 5 六角头螺栓——A 级和 B 级(GB/T 5782—2000)摘编 (单位：mm)

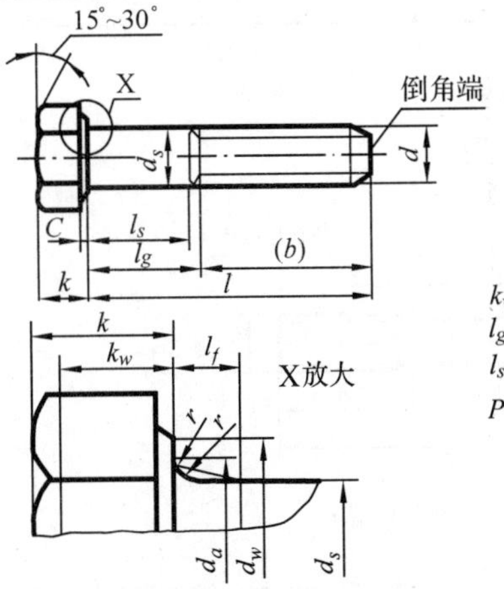

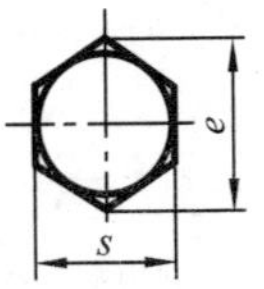

$k_{w\min}=0.7k_{\min}$

$l_{g\max}=l_{公称}-b$

$l_{s\min}=l_{g\max}-5P$

P——螺距

标记示例

螺纹规格 d=M12、公称长度 l=80 mm、性能等级为 8.8 级、表面氧化、A 级的六角头螺栓：

螺栓 GB/T 5782 M12×80

螺纹规格 d				M3	M4	M5	M6	M8	M10	M12	M16	M20	M24	M30	M36	M42	M48	M56	M64
b 参考	$l_{公称}\le125$			12	14	16	18	22	26	30	38	46	54	66	—	—	—	—	—
	$125<l_{公称}\le200$			18	20	22	24	28	32	36	44	52	60	72	84	96	108	—	—
	$l_{公称}>200$			31	33	35	37	41	45	49	57	65	73	85	97	109	121	137	153
c	min			0.15	0.15	0.15	0.15	0.15	0.15	0.15	0.2	0.2	0.2	0.2	0.2	0.3	0.3	0.3	0.3
	max			0.4	0.4	0.5	0.5	0.6	0.6	0.6	0.8	0.8	0.8	0.8	0.8	1	1	1	1
d_a	max			3.6	4.7	5.7	6.8	9.2	11.2	13.7	17.7	22.4	26.4	33.4	39.4	45.6	52.6	63	71
d_s	公称=max			3	4	5	6	8	10	12	16	20	24	30	36	42	48	56	64
	min	产品等级	A	2.86	3.82	4.82	5.82	7.78	9.78	11.73	15.73	19.67	23.67	—	—	—	—	—	—
			B	2.75	3.70	4.70	5.70	7.64	9.64	11.57	15.57	19.48	23.48	29.48	35.38	41.38	47.38	55.26	63.26
d_w	min	产品等级	A	4.57	5.88	6.88	8.88	11.63	14.63	16.63	22.49	28.19	33.61	—	—	—	—	—	—
			B	4.45	5.74	6.74	8.74	11.47	14.47	16.47	22	27.7	33.25	42.75	51.11	59.05	69.45	78.66	88.16
e	min	产品等级	A	6.01	7.66	8.79	11.05	14.38	17.77	20.03	26.75	33.53	39.98	—	—	—	—	—	—
			B	5.88	7.50	8.63	10.89	14.20	17.59	19.85	26.17	32.95	39.55	50.85	60.79	71.3	82.6	93.56	104.86
l_f	max			1	1.2	1.2	1.4	2	2	3	3	4	4	6	6	8	10	12	13
K	公称			2	2.8	3.5	4	5.3	6.4	7.5	10	12.5	15	18.7	22.5	26	30	35	40
	产品等级	A	min	1.88	2.68	3.35	3.85	5.15	6.22	7.32	9.82	12.28	14.78	—	—	—	—	—	—
			max	2.12	2.92	3.65	4.15	5.45	6.58	7.68	10.18	12.72	15.22	—	—	—	—	—	—
		B	min	1.8	2.6	2.35	3.76	5.06	6.11	7.21	9.71	12.15	14.65	18.28	22.08	25.58	29.58	34.5	39.5
			max	2.2	3.0	3.26	4.24	5.54	6.69	7.79	10.29	12.85	15.35	19.12	22.92	26.42	30.42	35.5	40.5
k_w	min	产品等级	A	1.31	1.87	2.35	2.70	3.61	4.35	5.12	6.87	8.6	10.35	—	—	—	—	—	—
			B	1.26	1.82	2.28	2.63	3.54	4.28	5.05	6.8	8.51	10.26	12.8	15.46	17.91	20.71	24.15	27.65
r	min			0.1	0.2	0.2	0.25	0.4	0.4	0.6	0.6	0.8	0.8	1	1	1.2	1.6	2	2
s	max=公称			5.5	7	8	10	13	16	18	24	30	36	46	55	65	75	85	95
	min	产品等级	A	5.32	6.78	7.78	9.78	12.73	15.73	17.73	23.67	29.67	35.38	—	—	—	—	—	—
			B	5.20	6.64	7.64	9.64	12.57	15.57	17.57	23.16	29.16	35	45	53.8	63.8	73.1	82.8	92.8
l(商品规格范围及通用规格)				20～30	25～40	25～50	30～60	35～80	40～100	45～120	55～160	65～200	80～240	90～300	110~360	130~400	140~400	160~400	200~400
l(系列)				20，25，30，35，40，45，50，55，60，(65)，70，80，90，100，110，120，130，140，150，160，180，200，220，240，260，280，300，320，340，360，380，400															

注： A 和 B 为产品等级。A 级用于 $d\le24$ 和 $l\le10d$ 或 $l\le150$ mm(按较小值)的螺栓；B 级用于 $d>24$ 或 $l>10d$ 或 $l>150$ mm(按较小值)的螺栓。尽可能不采用括号内的规格。

附表 6　双头螺柱

（单位：mm）

b_m=1d（GB 897—88）　b_m=1.25d（GB 898—88）

b_m=1.5d（GB 899—88）　b_m=2d（GB 900—88）　摘编

A 型　B 型

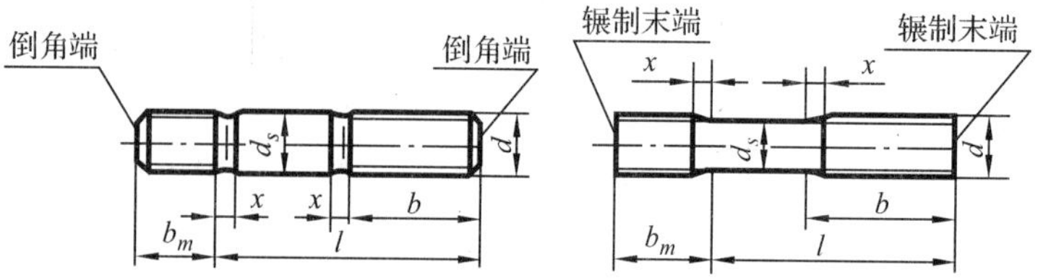

末端按 GB 2—85 的规定；d_s≈螺纹中径（仅适用于 B 型）

标记示例

两端均为粗牙普通螺纹，d=10 mm、l=50 mm、性能等级为 4.8 级、不经表面处理、B 型、b_m=1d 的双头螺柱：

螺柱　GB 897—88　M10 × 50

旋入机件一端为粗牙普通螺纹，旋螺母一端为螺距 P=1 mm 的细牙普通螺纹，d=10 mm、l=50 mm、性能等级为 4.8 级、不经表面处理、A 型、b_m=1d 的双头螺柱：

螺柱　GB 897—88　AM10–M10 × 1 × 50

螺纹规格 d	b_m(公称)				l / b
	GB 897—88	GB 898—88	GB 899—88	GB 900—88	
M2			3	4	12～16/6、20～25/10
M2.5			3.5	5	16/8、20～30/11
M3			4.5	6	16～20/6、25～40/12
M4			6	8	16～20/8、25～40/14
M5	5	6	8	10	16～20/10、25～50/16
M6	6	8	10	12	20/10、25～30/14、35～70/18
M8	8	10	12	16	20/12、25～30/16、35～90/22
M10	10	12	15	20	25/14、30～35/16、40～120/26、130/32
M12	12	15	18	24	25～30/16、35～40/20、45～120/30、130～180/36
M16	16	20	24	32	30～35/20、40～50/30、60～120/38、130～200/44
M20	20	25	30	40	35～40/25、45～60/35、70～120/46、130～200/52
M24	24	30	36	48	45～50/30、60～70/45、80～120/54、130～200/60
M30	30	38	45	60	60/40、70～90/50、100～120/66、130～200/72、210～250/85
M36	36	45	54	72	70/45、80～110/60、120/78、130～200/84、210～300/97
M42	42	50	63	84	70～80/50、90～110/70、120/90、130～200/96、210～300/109
M48	48	60	72	96	80～90/60、100～110/80、120/102、130～200/108、210～300/121
l(系列)	12，16，20，25，30，35，40，45，50，60，70，80，90，100，110，120，130，140，150，160，170，180，190，200，210，220，230，240，250，260，280，300				

附表 7 开槽圆柱头螺钉(GB/T 65—2000)，开槽盘头螺钉(GB/T 67—2000)摘编(单位：mm)

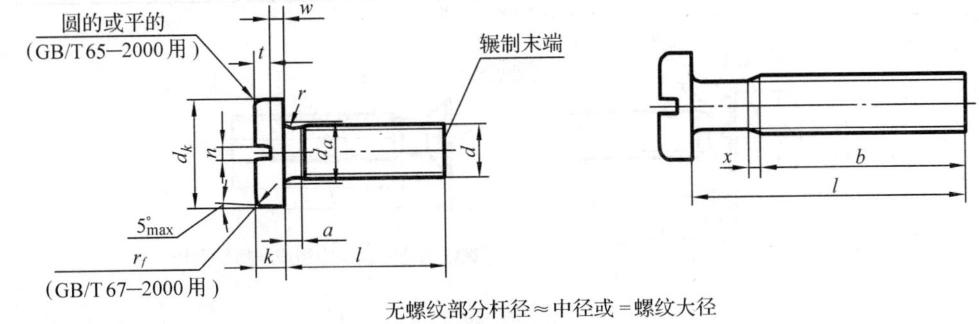

无螺纹部分杆径≈中径或=螺纹大径

标记示例

螺纹规格 d=M5、公称长度 l=20 mm、性能等级为 4.8 级，不经表面处理的开槽圆柱头螺钉：

螺钉 GB/T 65 M5×20

螺纹规格 d=M5、公称长度 l=20 mm、性能等级为 4.8 级，不经表面处理的开槽盘头螺钉：

螺钉 GB/T 67 M5×20

螺纹规格 d	M1.6	M2	M2.5	M3	M4		M5		M6		M8		M10	
类别	GB/T 67—2000				GB/T 65—2000	GB/T 67—2000	GB/T 65—2000	GB/T 67—2000	GB/T 65—2000	GB/T 67—2000	GB/T 65—2000	GB/T 67—2000	GB/T 65—2000	GB/T 67—2000
螺距 P	0.35	0.4	0.45	0.5	0.7		0.8		1		1.25		1.5	
a max	0.7	0.8	0.9	1	1.4		1.6		2		2.5		3	
b min	25	25	25	25	38		38		38		38		38	
d_k max	3.2	4	5	5.6	7	8	8.5	9.5	10	12	13	16	16	20
d_k min	2.9	3.7	4.7	5.3	6.78	7.64	8.28	9.14	9.78	11.57	12.73	15.57	15.73	19.48
d_a max	2.0	2.6	3.1	3.6	4.7		5.7		6.8		9.2		11.2	
k max	1	1.3	1.5	1.8	2.6	2.4	3.3	3	3.9	3.6	5	4.8	6	
k min	0.86	1.16	1.36	1.66	2.45	2.26	3.1	2.86	3.6	3.3	4.7	4.5	5.7	
n 公称	0.4	0.5	0.6	0.8	1.2		1.2		1.6		2		2.5	
n min	0.46	0.56	0.66	0.86	1.26		1.26		1.66		2.06		2.56	
n max	0.6	0.7	0.8	1	1.51		1.51		1.91		2.31		2.81	
r min	0.1	0.1	0.1	0.1	0.2		0.2		0.25		0.4		0.4	
r_f 参考	0.5	0.6	0.8	0.9		1.2		1.5		1.8		2.4		3
t min	0.35	0.5	0.6	0.7	1.1	1	1.3	1.2	1.6	1.4	2	1.9	2.4	
w min	0.3	0.4	0.5	0.7	1.1	1	1.3	1.2	1.6	1.4	2	1.9	2.4	
x max	0.9	1	1.1	1.25	1.75		2		2.5		3.2		3.8	
l(商品规格范围公称长度)	2～16	2.5～20	3～25	4～30	5～40		6～50		8～60		10～80		12～80	
l(系列)	2，2.5，3，4，5，6，8，10，12，(14)，16，20，25，30，35，40，45，50，(55)，60，(65)，70，(75)，80													

注： 1. 螺纹规格 d=M1.6～M3、公称长度 l≤30 mm 的螺钉，应制出全螺纹；螺纹规格 d=M4～M10、公称长度 l≤40 mm 的螺钉，应制出全螺纹(b=l−a)。

2. 尽可能不采用括号内的规格。

附表 8　开槽沉头螺钉（GB/T 68—2000），开槽半沉头螺钉（GB/T 69—2000）摘编（单位：mm）

GB/T 68—2000

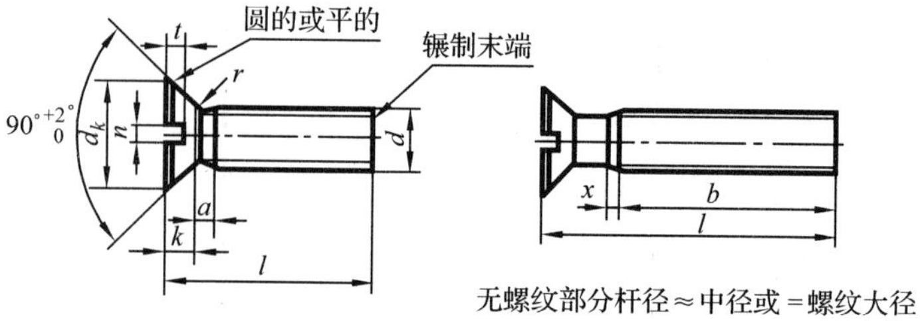

GB/T 69—2000

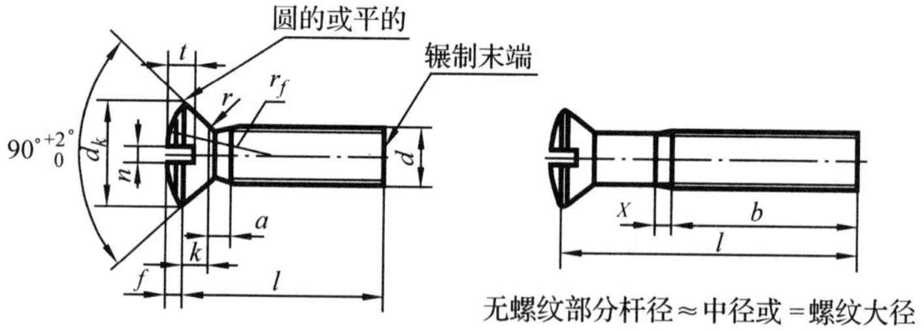

标记示例

螺纹规格 d=M5、公称长度 l=20 mm、性能等级为 4.8 级，不经表面处理的开槽沉头螺钉：

螺钉　GB/T 69　M5 × 20

螺纹规格 d			M1.6	M2	M2.5	M3	M4	M5	M6	M8	M10
螺距 P			0.35	0.4	0.45	0.5	0.7	0.8	1	1.25	1.5
a		max	0.7	0.8	0.9	1	1.4	1.6	2	2.5	3
b		min	25				38				
d_k	理论值	max	3.6	4.4	5.5	6.3	9.4	10.4	12.6	17.3	20
	实际值	max	3	3.8	4.7	5.5	8.4	9.3	11.3	15.8	18.3
		min	2.7	3.5	4.4	5.2	8	8.9	10.9	15.4	17.8
k		max	1	1.2	1.5	1.65	2.7	2.7	3.3	4.65	5
n		公称	0.4	0.5	0.6	0.8	1.2	1.2	1.6	2	2.5
		min	0.46	0.56	0.66	0.86	1.26	1.26	1.66	2.06	2.56
		max	0.6	0.7	0.8	1	1.51	1.51	1.91	2.31	2.81
r		max	0.4	0.5	0.6	0.8	1	1.3	1.5	2	2.5
x		max	0.9	1	1.1	1.25	1.75	2	2.5	3.2	3.8
f（GB/T 69—2000）		≈	0.4	0.5	0.6	0.7	1	1.2	1.4	2	2.3
r_f		≈	3	4	5	6	9.5	9.5	12	16.5	19.5
t	max	GB/T 68	0.5	0.6	0.75	0.85	1.3	1.4	1.6	2.3	2.6
		GB/T 69	0.8	1	1.2	1.45	1.9	2.4	2.8	3.7	4.4
	min	GB/T 68	0.32	0.4	0.5	0.6	1	1.1	1.2	1.8	2
		GB/T 69	0.64	0.8	1	1.2	1.6	2	2.4	3.2	3.8
l（商品规格范围公称长度）			2.5～16	3～20	4～25	5～30	6～40	8～50	8～60	10～80	12～80
l（系列）			2.5，3，4，5，6，8，10，12，（14），16，20，25，30，35，40，45，50，（55），60，（65），70，（75），80								

注：1. 公称长度 l≤30 mm，而螺纹规格 d 在 M1.6～M3 的螺钉应制出全螺钉；公称长度 l≤45 mm，而螺钉规格在 M4～M10 的螺钉也应制出全螺纹（$b=l-(k+a)$）。

2. 尽可能不采用括号内的规格。

附表 9 内六角圆柱头螺钉(GB/T 70.1—2000)摘编

(单位：mm)

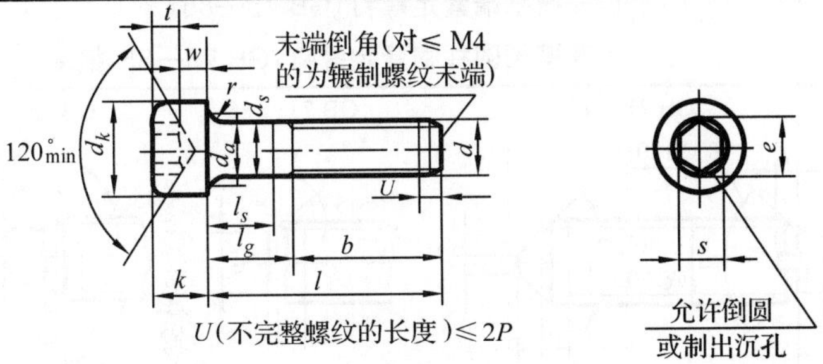

标记示例

螺纹规格 d=M5、公称长度 l=20 mm、性能等级为 8.8 级、表面氧化的内六角圆柱头螺钉：

螺钉 GB/T 70.1 M5 × 20

螺纹规格 d		M3	M4	M5	M6	M8	M10	M12	M16	M20	M24
螺距 P		0.5	0.7	0.8	1	1.25	1.5	1.75	2	2.5	3
b	参考	18	20	22	24	28	32	36	44	52	60
d_k	max	5.5	7	8.5	10	13	16	18	24	30	36
	min	5.32	6.78	8.28	9.78	12.73	15.73	17.33	23.67	29.67	35.61
d_a	max	3.6	4.7	5.7	6.8	9.2	11.2	13.7	17.7	22.4	26.4
d_s	max	3	4	5	6	8	10	12	16	20	24
	min	2.86	3.82	4.82	5.82	7.78	9.78	11.73	15.73	19.67	23.67
e	min	2.87	3.44	4.58	5.72	6.86	9.15	11.43	16.00	19.44	21.73
f	max	0.51	0.60	0.60	0.68	1.02	1.02	1.87	1.87	2.04	2.04
k	max	3	4	5	6	8	10	12	16	20	24
	min	2.86	3.82	4.82	5.70	7.64	9.64	11.57	15.57	19.48	23.48
r	min	0.1	0.2	0.2	0.25	0.4	0.4	0.6	0.6	0.8	0.8
s	公称	2.5	3	4	5	6	8	10	14	17	19
	min	2.52	3.02	4.02	5.02	6.02	8.025	10.025	14.032	17.05	19.065
	max	2.56	3.071	4.084	5.084	6.095	8.115	10.115	14.142	17.23	19.275
t	min	1.3	2	2.5	3	4	5	6	8	10	12
v	max	0.3	0.4	0.5	0.6	0.8	1	1.2	1.6	2	2.4
d_w	min	5.07	6.53	8.03	9.38	12.33	15.33	17.23	23.17	28.87	34.81
w	min	1.15	1.4	1.9	2.3	3.3	4	4.8	6.8	8.6	10.4
l(商品规格范围公称长度)		5～30	6～40	8～50	10～60	12～80	16～100	20～120	25～160	30～200	40～200
l≤表中数值时，制出全螺纹		20	25	25	30	35	40	45	55	65	80
l(系列)		5，6，8，10，12，(14)，(16)，20，25，30，35，40，45，50，(55)，60，(65)，70，80，90，100，110，120，130，140，150，160，180，200									

注：1. $l_{g\,max}$(夹紧长度)=$l_{公称}-b_{参考}$；$l_{s\,min}$(无螺纹杆部长)=$l_{g\,max}-5P$。

2. 尽可能不采用括号内的规格。

附表 10 开槽锥端紧定螺钉(GB 71—85) 开槽平端紧定螺钉(GB 73—85) 开槽长圆柱端紧定螺钉(GB 75—85)摘编

（单位：mm）

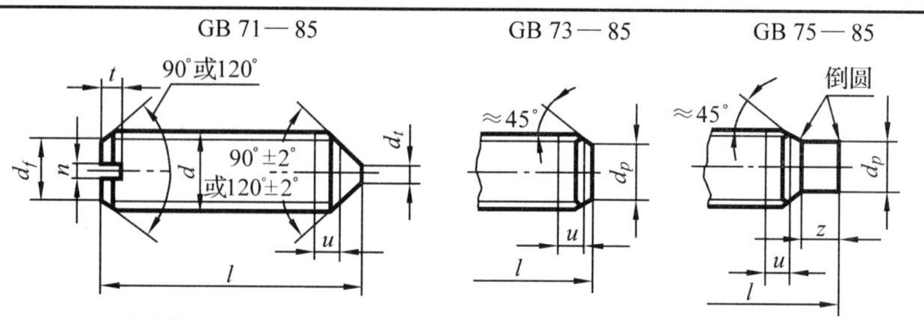

公称长度为短螺钉时，应制成 120°，u 为不完整螺纹的长度≤ $2P$

标记示例

螺纹规格 d=M5、公称长度 l=12 mm、性能等级为 14H 级、表面氧化的开槽平端紧定螺钉：

螺钉 GB—85 M5 × 12

螺纹规格 d		M1.2	M1.6	M2	M2.5	M3	M4	M5	M6	M8	M10	M12
螺距 P		0.25	0.35	0.4	0.45	0.5	0.7	0.8	1	1.25	1.5	1.75
d_f	≈	螺纹小径										
d_t	min	—	—	—	—	—	—	—	—	—	—	—
	max	0.12	0.16	0.2	0.25	0.3	0.4	0.5	1.5	2	2.5	3
d_p	min	0.35	0.55	0.75	1.25	1.75	2.25	3.2	3.7	5.2	6.64	8.14
	max	0.6	0.8	1	1.5	2	2.5	3.5	4	5.5	7	8.5
n	公称	0.2	0.25	0.25	0.4	0.4	0.6	0.8	1	1.2	1.6	2
	min	0.26	0.31	0.31	0.46	0.46	0.66	0.86	1.06	1.26	1.66	2.06
	max	0.4	0.45	0.45	0.6	0.6	0.8	1	1.2	1.51	1.91	2.31
t	min	0.4	0.56	0.64	0.72	0.8	1.12	1.28	1.6	2	2.4	2.8
	max	0.52	0.74	0.84	0.95	1.05	1.42	1.63	2	2.5	3	3.6
z	min	—	0.8	1	1.25	1.5	2	2.5	3	4	5	6
	max	—	1.05	1.25	1.5	1.75	2.25	2.75	3.25	4.3	5.3	6.3
GB 71—85	l(公称长度)	2～6	2～8	3～10	3～12	4～16	6～20	8～25	8～30	10～40	12～50	14～60
	l(短螺钉)	2	2～2.5	2～2.5	2～3	2～3	2～4	2～5	2～6	2～8	2～10	2～12
GB 73—85	l(公称长度)	2～6	2～8	2～10	2.5～12	3～16	4～20	5～25	6～30	8～40	10 ~ 50	12～60
	l(短螺钉)	—	2	2～2.5	2～3	2～3	2～4	2～5	2～6	2～6	2～8	2～10
GB 75—85	l(公称长度)	—	2.5～8	3～10	4～12	5～16	6～20	8～25	8～30	10～40	12～50	14～60
	l(短螺钉)	—	2～2.5	2～3	2～4	2～5	2～6	2～8	2～10	2～14	2～16	2～20
l(系列)		2，2.5，3，4，5，6，8，10，12，(14)，16，20，25，30，35，40，45，50，(55)，60										

注：1. 公称长度为商品规格尺寸。

2. 尽可能不采用括号内的规格。

附表 11　1 型六角螺母——A 级和 B 级（摘自 GB/T 6170—2000）　（单位：mm）

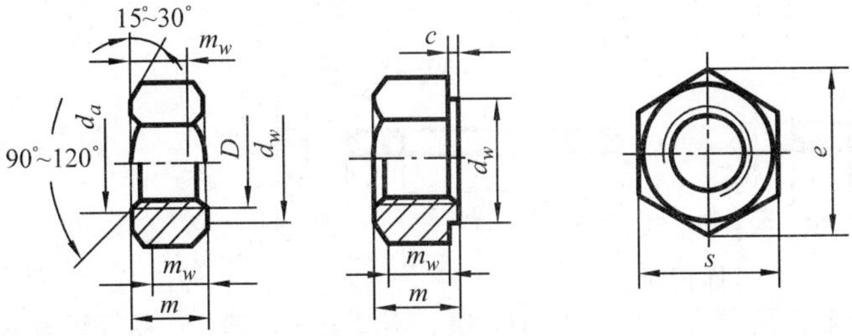

允许制造的形式

标记示例

螺纹规格 D=M12、性能等级为 10 级、不经表面处理、A 级的 1 型六角螺母：

螺母　GB/T 6170　M12

螺纹规格 D		M1.6	M2	M2.5	M3	M4	M5	M6	M8	M10	M12
c	max	0.2	0.2	0.3	0.4	0.4	0.5	0.5	0.6	0.6	0.6
d_a	max	1.84	2.3	2.9	3.45	4.6	5.75	6.75	8.75	10.8	13
	min	1.6	2	2.5	3	4	5	6	8	10	12
D_w	min	2.4	3.1	4.1	4.6	5.9	6.9	8.9	11.6	14.6	16.6
e	min	3.41	4.32	5.45	6.01	7.66	8.79	11.05	14.38	17.77	20.03
m	max	1.3	1.6	2	2.4	3.2	4.7	5.2	6.8	8.4	10.8
	min	1.05	1.35	1.75	2.15	2.9	4.4	4.9	6.44	8.04	10.37
m_w	min	0.8	1.1	1.4	1.7	2.3	3.5	3.9	5.1	6.4	8.3
P		0.35	0.4	0.45	0.5	0.7	0.8	1	1.25	1.5	1.75
s	max	3.2	4	5	5.5	7	8	10	13	16	18
	min	3.02	3.82	4.82	5.32	6.78	7.78	9.78	12.73	15.73	17.73

螺纹规格 D		M16	M20	M24	M30	M36	M42	M48	M56	M64
c	max	0.8	0.8	0.8	0.8	0.8	1	1	1	1.2
d_a	max	17.3	21.6	25.9	32.4	38.9	45.4	51.8	60.5	69.1
	min	16	20	24	30	36	42	48	56	64
d_w	min	22.5	27.7	33.2	42.7	51.1	60.6	69.4	78.7	88.2
e	min	26.75	32.95	39.55	50.85	60.79	72.02	82.6	93.56	104.86
m	max	14.8	18	21.5	25.6	31	34	38	45	51
	min	14.1	16.9	20.2	24.3	29.4	32.4	36.4	43.4	49.1
m_w	min	11.3	13.5	16.2	19.4	23.5	25.9	29.1	34.7	39.3
P		2	2.5	3	3.5	4	4.5	5	5.5	6
s	max	24	30	36	46	55	65	75	85	95
	min	23.67	29.16	35	45	53.8	63.8	73.1	82.8	92.8

注：1. A 级用于 $D≤16$ 的螺母；B 级用于 $D>16$ 的螺母。本表仅按商品规格和通用规格列出。

2. 螺纹规格为 M8～M64、细牙、A 级和 B 级的 1 型六角螺母，请查阅 GB 6171—86。

附表 12　小垫圈——A 级（GB/T 848—2002）、平垫圈——A 级（GB/T 97.1—2002）平垫圈　倒角型——A 级（GB/T 97.2—2002）、大垫圈——A 级（GB/T 96—2002）摘编（单位：mm）

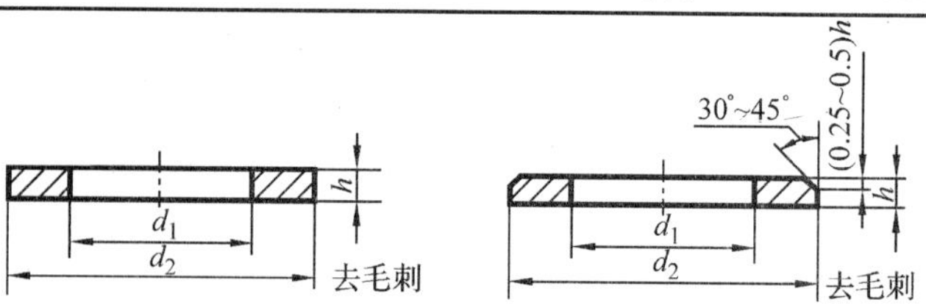

标记示例

标准系列、公称规格 8 mm、由钢制造的硬度等级为 200HV 级、不经表面处理、产品等级为 A 级的平垫圈：

垫圈　GB/T 97.1　8

<table>
<tr><td colspan="3">公称规格
（螺纹大径 d）</td><td>1.6</td><td>2</td><td>2.5</td><td>3</td><td>4</td><td>5</td><td>6</td><td>8</td><td>10</td><td>12</td><td>14</td><td>16</td><td>20</td><td>24</td><td>30</td><td>36</td></tr>
<tr><td rowspan="8">内径 d_1</td><td rowspan="4">max</td><td>GB/T 848</td><td rowspan="2">1.84</td><td rowspan="2">2.34</td><td rowspan="2">2.84</td><td rowspan="2">3.38</td><td rowspan="2">4.48</td><td rowspan="4">5.48</td><td rowspan="4">6.62</td><td rowspan="4">8.62</td><td rowspan="4">10.77</td><td rowspan="4">13.27</td><td rowspan="4">15.27</td><td rowspan="4">17.27</td><td rowspan="3">21.33</td><td rowspan="3">25.33</td><td>31.33</td><td rowspan="3">37.62</td></tr>
<tr><td>GB/T 97.1</td><td rowspan="2">31.39</td></tr>
<tr><td>GB/T 97.2</td><td>—</td><td>—</td><td>—</td><td>—</td><td>—</td></tr>
<tr><td>GB/T 96</td><td>—</td><td>—</td><td>—</td><td>3.38</td><td>4.48</td><td>22.52</td><td>26.84</td><td>34</td><td>40</td></tr>
<tr><td rowspan="4">公称
(min)</td><td>GB/T 848</td><td rowspan="2">1.7</td><td rowspan="2">2.2</td><td rowspan="2">2.7</td><td rowspan="2">3.2</td><td rowspan="2">4.3</td><td rowspan="4">5.3</td><td rowspan="4">6.4</td><td rowspan="4">8.4</td><td rowspan="4">10.5</td><td rowspan="4">13</td><td rowspan="4">15</td><td rowspan="4">17</td><td rowspan="3">21</td><td rowspan="3">25</td><td rowspan="3">31</td><td rowspan="3">37</td></tr>
<tr><td>GB/T 97.1</td></tr>
<tr><td>GB/T 97.2</td><td>—</td><td>—</td><td>—</td><td>—</td><td>—</td></tr>
<tr><td>GB/T 96</td><td>—</td><td>—</td><td>—</td><td>3.2</td><td>4.3</td><td>22</td><td>26</td><td>33</td><td>39</td></tr>
<tr><td rowspan="8">外径 d_2</td><td rowspan="4">公称
(max)</td><td>GB/T 848</td><td>3.5</td><td>4.5</td><td>5</td><td>6</td><td>8</td><td>9</td><td>11</td><td>15</td><td>18</td><td>20</td><td>24</td><td>28</td><td>34</td><td>39</td><td>50</td><td>60</td></tr>
<tr><td>GB/T 97.1</td><td>4</td><td>5</td><td>6</td><td>7</td><td>9</td><td rowspan="2">10</td><td rowspan="2">12</td><td rowspan="2">16</td><td rowspan="2">20</td><td rowspan="2">24</td><td rowspan="2">28</td><td rowspan="2">30</td><td rowspan="2">37</td><td rowspan="2">44</td><td rowspan="2">56</td><td rowspan="2">66</td></tr>
<tr><td>GB/T 97.2</td><td>—</td><td>—</td><td>—</td><td>—</td><td>—</td></tr>
<tr><td>GB/T 96</td><td>—</td><td>—</td><td>—</td><td>9</td><td>12</td><td>15</td><td>18</td><td>24</td><td>30</td><td>37</td><td>44</td><td>50</td><td>60</td><td>72</td><td>92</td><td>110</td></tr>
<tr><td rowspan="4">min</td><td>GB/T 848</td><td>3.2</td><td>4.2</td><td>4.7</td><td>5.7</td><td>7.64</td><td>8.64</td><td>10.57</td><td>14.57</td><td>17.57</td><td>19.48</td><td>23.48</td><td>27.48</td><td>33.38</td><td>38.38</td><td>49.38</td><td>58.8</td></tr>
<tr><td>GB/T 97.1</td><td>3.7</td><td>4.7</td><td>5.7</td><td>6.64</td><td>8.64</td><td rowspan="2">9.64</td><td rowspan="2">11.57</td><td rowspan="2">15.57</td><td rowspan="2">19.48</td><td rowspan="2">23.48</td><td rowspan="2">27.48</td><td rowspan="2">29.48</td><td rowspan="2">36.38</td><td rowspan="2">43.38</td><td rowspan="2">55.26</td><td rowspan="2">64.8</td></tr>
<tr><td>GB/T 97.2</td><td>—</td><td>—</td><td>—</td><td>—</td><td>—</td></tr>
<tr><td>GB/T 96</td><td>—</td><td>—</td><td>—</td><td>8.64</td><td>11.57</td><td>14.57</td><td>17.57</td><td>23.48</td><td>29.48</td><td>36.38</td><td>43.38</td><td>49.38</td><td>58.1</td><td>70.1</td><td>89.8</td><td>107.8</td></tr>
<tr><td rowspan="12">厚度 h</td><td rowspan="4">公称</td><td>GB/T 848</td><td rowspan="2">0.3</td><td rowspan="2">0.3</td><td rowspan="2">0.5</td><td rowspan="2">0.5</td><td>0.5</td><td rowspan="3">1</td><td rowspan="3">1.6</td><td rowspan="3">1.6</td><td>1.6</td><td>2</td><td rowspan="3">2.5</td><td>2.5</td><td rowspan="3">3</td><td rowspan="3">4</td><td rowspan="3">4</td><td rowspan="3">5</td></tr>
<tr><td>GB/T 97.1</td><td>0.8</td><td rowspan="2">2</td><td rowspan="2">2.5</td><td rowspan="2">3</td></tr>
<tr><td>GB/T 97.2</td><td>—</td><td>—</td><td>—</td><td>—</td><td>—</td></tr>
<tr><td>GB/T 96</td><td>—</td><td>—</td><td>—</td><td>0.8</td><td>1</td><td>1.2</td><td>1.6</td><td>2</td><td>2.5</td><td>3</td><td>3</td><td>3</td><td>4</td><td>5</td><td>6</td><td>8</td></tr>
<tr><td rowspan="4">max</td><td>GB/T 848</td><td rowspan="2">0.35</td><td rowspan="2">0.35</td><td rowspan="2">0.55</td><td rowspan="2">0.55</td><td>0.55</td><td rowspan="3">1.1</td><td rowspan="3">1.8</td><td rowspan="3">1.8</td><td>1.8</td><td>2.2</td><td rowspan="3">2.7</td><td>2.7</td><td rowspan="3">3.3</td><td rowspan="3">4.3</td><td rowspan="3">4.3</td><td rowspan="3">5.6</td></tr>
<tr><td>GB/T 97.1</td><td>0.9</td><td rowspan="2">2.2</td><td rowspan="2">2.7</td><td rowspan="2">3.3</td></tr>
<tr><td>GB/T 97.2</td><td>—</td><td>—</td><td>—</td><td>—</td><td>—</td></tr>
<tr><td>GB/T 96</td><td>—</td><td>—</td><td>—</td><td>0.9</td><td>1.1</td><td>1.4</td><td>1.8</td><td>2.2</td><td>2.7</td><td>3.3</td><td>3.3</td><td>3.3</td><td>4.6</td><td>6</td><td>7</td><td>9.2</td></tr>
<tr><td rowspan="4">min</td><td>GB/T 848</td><td rowspan="2">0.25</td><td rowspan="2">0.25</td><td rowspan="2">0.45</td><td rowspan="2">0.45</td><td>0.45</td><td rowspan="3">0.9</td><td rowspan="3">1.4</td><td rowspan="3">1.4</td><td>1.4</td><td>1.8</td><td rowspan="3">2.3</td><td>2.3</td><td rowspan="3">2.7</td><td rowspan="3">3.7</td><td rowspan="3">3.7</td><td rowspan="3">4.4</td></tr>
<tr><td>GB/T 97.1</td><td>0.7</td><td rowspan="2">1.8</td><td rowspan="2">2.3</td><td rowspan="2">2.7</td></tr>
<tr><td>GB/T 97.2</td><td>—</td><td>—</td><td>—</td><td>—</td><td>—</td></tr>
<tr><td>GB/T 96</td><td>—</td><td>—</td><td>—</td><td>0.7</td><td>0.9</td><td>1.0</td><td>1.4</td><td>1.8</td><td>2.3</td><td>2.7</td><td>2.7</td><td>2.7</td><td>3.4</td><td>4</td><td>5</td><td>6.8</td></tr>
</table>

附表 13 标准型弹簧垫圈(GB 93—87)、轻型弹簧垫圈(GB 859—87)摘编 (单位：mm)

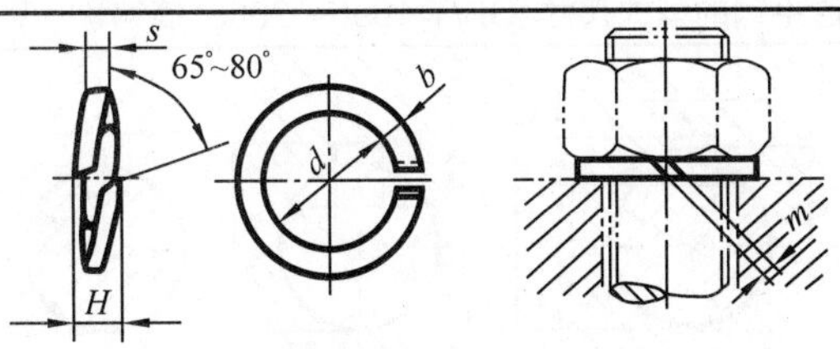

标记示例

规格 16 mm、材料为 65Mn、表面氧化的标准型弹簧垫圈：

垫圈 GB 93—87 16

规格 16 mm、材料为 65Mn、表面氧化的轻型弹簧垫圈：

垫圈 GB 859—87 16

规格(螺纹大径)			2	2.5	3	4	5	6	8	10	12	16	20	24	30	36	42	48
d	min		2.1	2.6	3.1	4.1	5.1	6.1	8.1	10.2	12.2	16.2	20.2	24.5	30.5	36.5	42.5	48.5
	max		2.35	2.85	3.4	4.4	5.4	6.68	8.68	10.9	12.9	16.9	21.04	25.5	31.5	37.7	43.7	49.7
$s(b)$ 公称	GB 93—87		0.5	0.65	0.8	1.1	1.3	1.6	2.1	2.6	3.1	4.1	5	6	7.5	9	10.5	12
s 公称	GB 859—87		—	—	0.6	0.8	1.1	1.3	1.6	2	2.5	3.2	4	5	6	—	—	—
b 公称	GB 859—87		—	—	1	1.2	1.5	2	2.5	3	3.5	4.5	5.5	7	9	—	—	—
H	GB 93—87	min	1	1.3	1.6	2.2	2.6	3.2	4.2	5.2	6.2	8.2	10	12	15	18	21	24
		max	1.25	1.63	2	2.75	3.25	4	5.25	6.5	7.75	10.25	12.5	15	18.75	22.5	26.25	30
	GB 859—87	min	—	—	1.2	1.6	2.2	2.6	3.2	4	5	6.4	8	10	12	—	—	—
		max	—	—	1.5	2	2.75	3.25	4	5	6.25	8	10	10.2	15	—	—	—
$m \leqslant$	GB 93—87		0.25	0.33	0.4	0.55	0.65	0.8	1.05	1.3	1.55	2.05	2.5	3	3.75	4.5	5.25	6
	GB 859—87		—	—	0.3	0.4	0.55	0.65	0.8	1	1.25	1.6	2	2.5	3	—	—	—

注：m 应大于零。

附表 14　平键　键槽的剖面尺寸(GB/T 1095—2003)
普通平键的型式尺寸(GB/T 1096—2003)摘编

（单位：mm）

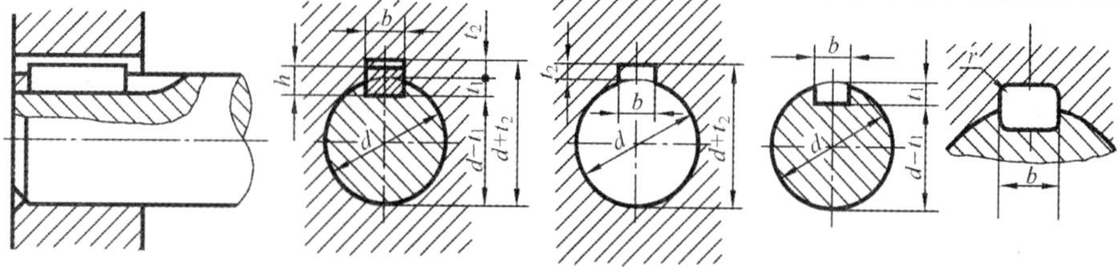

注:在工作图中,轴槽深用 t_1 或 $(d-t_1)$ 标注,轮毂槽深用 $(d+t_2)$ 标注。

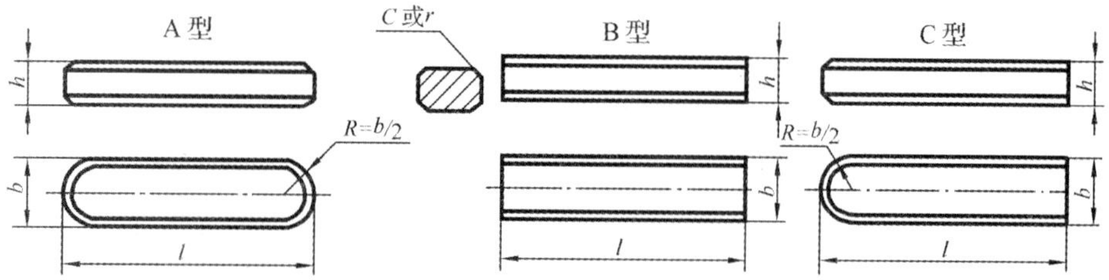

标记示例

圆头普通平键(A 型)、b=18 mm、h=11 mm、l=100 mm：GB/T 1096　键　18×11×100

平头普通平键(B 型)、b=18 mm、h=11 mm、l=100 mm：GB/T 1096　键　B 18×11×100

单圆头普通平键(C 型)、b=18 mm、h=11 mm、l=100 mm：GB/T 1096　键　C 18×11×100

键		键槽											
		宽度 b						深度				半径 r	
		基本尺寸	极限偏差					轴 t_1		毂 t_2			
			松联结		正常联结		紧密联结						
尺寸 $b\times h$	长度 l		轴 H9	毂 D10	轴 N9	毂 JS9	轴和毂 P9	公称尺寸	极限偏差	公称尺寸	极限偏差	最小	最大
2×2	6～20	2	+0.025 0	+0.060 +0.020	−0.004 −0.029	±0.012 5	−0.006 −0.031	1.2	+0.1 0	1	+0.1 0	0.08	0.16
3×3	6～36	3						1.8		1.4			
4×4	8～45	4	+0.030 0	+0.078 +0.030	0 −0.030	±0.015	−0.012 −0.042	2.5		1.8			
5×5	10～56	5						3.0		2.3		0.16	0.25
6×6	14～70	6						3.5		2.8			
8×7	18～90	8	+0.036 0	+0.098 +0.040	0 −0.036	±0.018	−0.015 −0.051	4.0	+0.2 0	3.3	+0.2 0		
10×8	22～110	10						5.0		3.3		0.25	0.40
12×8	28～140	12	+0.043 0	+0.120 +0.050	0 −0.043	±0.021 5	+0.018 −0.061	5.0		3.3			
14×9	36～160	14						5.5		3.8			
16×10	45～180	16						6.0		4.3			
18×11	50～200	18						7.0		4.4			
20×12	56～220	20	+0.052 0	+0.149 +0.065	0 −0.052	±0.026	+0.022 −0.074	7.5		4.9		0.40	0.60
22×14	63～250	22						9.0		5.4			
25×14	70～280	25						9.0		5.4			
28×16	80～320	28						10.0		6.4			
32×18	90～360	32	+0.062 0	+0.180 +0.080	0 −0.062	±0.031	−0.026 −0.088	11.0		7.4			
36×20	100～400	36						12.0	+0.3 0	8.4	+0.3 0	0.70	1.0
40×22	100～400	40						13.0		9.4			
45×25	110～450	45						15.0		10.4			

注：1．$(d-t_1)$ 和 $(d+t_2)$ 两组组合尺寸的极限偏差按相应的 t_1 和 t_2 的极限偏差选取，但 $(d-t_1)$ 极限偏差取负号(−)。

2．l 系列：6，8，10，12，14，16，18，20，22，25，28，32，36，40，45，50，56，63，70，80，90，100，110，125，140，160，180，200，220，250，280，320，360，400，450，500。

3．平键轴槽的长度公差用 H14。

附表 15　半圆键键槽的剖面尺寸（GB/T 1098—2003）普通型　半圆键（GB/T 1099.1—2003）摘编

（单位：mm）

GB/T　1098—2003　　　　GB/T　1099.1—2003

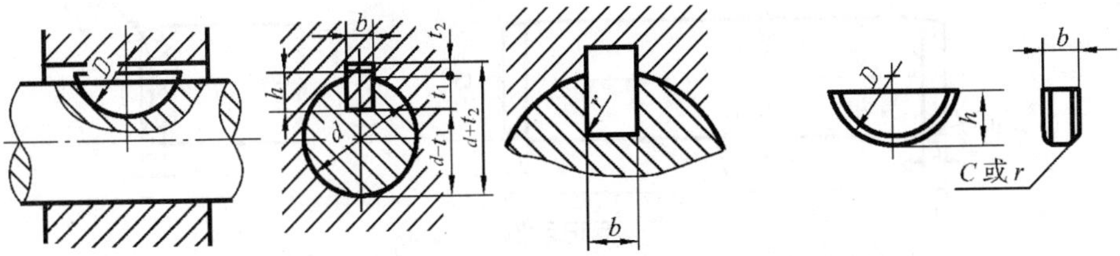

注：在工作图中，轴槽深用 t_1 或 $(d-t_1)$ 标注，轮毂槽深用 $(d+t_2)$ 标注。

标记示例：半圆键 b=6 mm、h=10 mm、D=25 mm

GB/T 1099.1　键　6×10×25

<table>
<tr><th rowspan="4">键
尺寸
b×h×D</th><th colspan="10">键　槽</th></tr>
<tr><th colspan="4">宽度 b</th><th colspan="4">深度</th><th rowspan="2" colspan="2">半径 r</th></tr>
<tr><th rowspan="2">基本尺寸</th><th colspan="3">极限偏差</th><th colspan="2">轴 t_1</th><th colspan="2">毂 t_2</th></tr>
<tr><th>正常联结 轴 N9</th><th>正常联结 毂 JS9</th><th>紧密联结 轴和毂 P9</th><th>公称尺寸</th><th>极限偏差</th><th>公称尺寸</th><th>极限偏差</th><th>最小</th><th>最大</th></tr>
<tr><td>1.0×1.4×4</td><td>1.0</td><td rowspan="7">−0.004
−0.029</td><td rowspan="7">±0.012</td><td rowspan="7">−0.006
−0.031</td><td>1.0</td><td rowspan="5">+0.1
0</td><td>0.6</td><td rowspan="13">+0.1
0</td><td rowspan="6">0.08</td><td rowspan="6">0.16</td></tr>
<tr><td>1.5×2.6×7</td><td>1.5</td><td>2.0</td><td>0.8</td></tr>
<tr><td>2.0×2.6×7</td><td>2.0</td><td>1.8</td><td>1.0</td></tr>
<tr><td>2.0×3.7×10</td><td>2.0</td><td>2.9</td><td>1.0</td></tr>
<tr><td>2.5×3.7×10</td><td>2.5</td><td>2.7</td><td>1.2</td></tr>
<tr><td>3.0×5.0×13</td><td>3.0</td><td>3.8</td><td rowspan="5">+0.20</td><td>1.4</td></tr>
<tr><td>3.0×6.5×16</td><td>3.0</td><td>5.3</td><td>1.4</td><td rowspan="7">0.16</td><td rowspan="7">0.25</td></tr>
<tr><td>4.0×6.5×16</td><td>4.0</td><td rowspan="8">0
−0.030</td><td rowspan="8">±0.015</td><td rowspan="8">−0.012
−0.042</td><td>5.0</td><td>1.8</td></tr>
<tr><td>4.0×7.5×19</td><td>4.0</td><td>6.0</td><td>1.8</td></tr>
<tr><td>5.0×6.5×16</td><td>5.0</td><td>4.5</td><td>2.3</td></tr>
<tr><td>5.0×7.5×19</td><td>5.0</td><td>5.5</td><td rowspan="7">+0.30</td><td>2.3</td></tr>
<tr><td>5.0×9.0×22</td><td>5.0</td><td>7.0</td><td>2.3</td></tr>
<tr><td>6.0×9.0×22</td><td>6.0</td><td>6.5</td><td>2.8</td></tr>
<tr><td>6.0×10.0×25</td><td>6.0</td><td>7.5</td><td>2.8</td><td rowspan="4">+0.2
0</td><td rowspan="4">0.25</td><td rowspan="4">0.40</td></tr>
<tr><td>8.0×11.0×28</td><td>8.0</td><td rowspan="2">0
−0.036</td><td rowspan="2">±0.018</td><td rowspan="2">−0.015
−0.051</td><td>8.0</td><td>3.3</td></tr>
<tr><td>10.0×13.0×32</td><td>10.0</td><td>10.0</td><td>3.3</td></tr>
</table>

注：$(d-t_1)$ 和 $(d+t_2)$ 两个组合尺寸的极限偏差按相应的 t_1 和 t_2 的极限偏差选取，但 $(d-t_1)$ 极限偏差取负号（−）。

附表 16　圆柱销　淬硬钢和马氏体不锈钢(摘自 GB/T 119.2—2000)　(单位：mm)

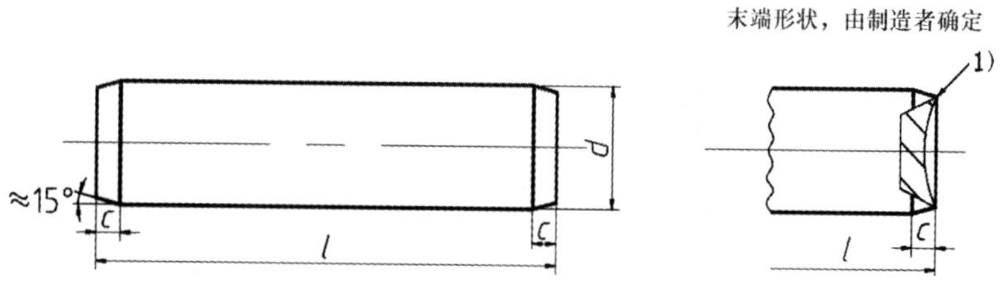

标记示例

公称直径 d=8 mm、公差为 m6、公称长度 l=30 mm、材料为钢、普通淬火（A 型）、表面氧化处理的圆柱销：

销　GB/T 119.2　6 × 30

d m6[1]			1	1.5	2	2.5	3	4	5	6	8	10	12	16	20
c ≈			0.2	0.3	0.35	0.4	0.5	0.63	0.8	1.2	1.6	2	2.5	3	3.5
l[2]															
公称	min	max													
3	2.75	3.25													
4	3.75	4.25													
5	4.75	5.25													
6	5.75	6.25													
8	7.75	8.25													
10	9.75	10.25													
12	11.5	12.5													
14	13.5	14.5													
16	15.5	16.5													
18	17.5	18.5													
20	19.5	20.5					商品								
22	21.5	22.5													
24	23.5	24.5													
26	25.5	26.5							长度						
28	27.5	28.5													
30	29.5	30.5													
32	31.5	32.5													
35	34.5	35.5									范围				
40	39.5	40.5													
45	44.5	45.5													
50	49.5	50.5													
55	54.25	55.75													
60	59.25	60.75													
65	64.25	65.75													
70	69.25	70.75													
75	74.25	75.75													
80	79.25	80.75													
85	84.25	85.75													
90	89.25	90.75													
95	94.25	95.75													
100	99.25	100.75													

1）其他公差由供需双方协议。

2）公称长度大于100mm,按20mm递增。

附表 17　圆锥销（摘自 GB/T 117—2000）

（单位：mm）

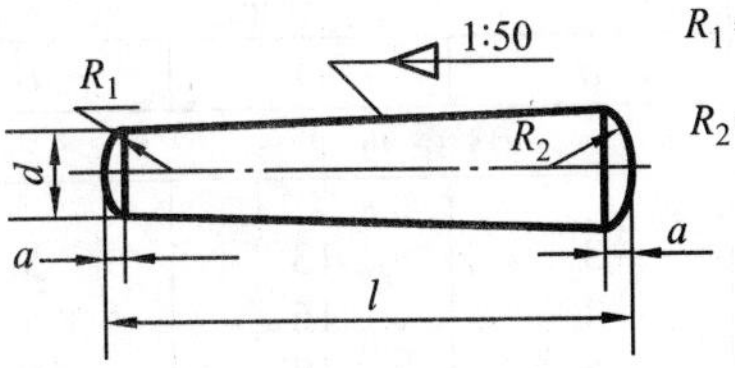

$R_1 \approx d$

$R_2 \approx d + \frac{1-2a}{50}$

A 型(磨削)：锥面表面粗糙度 Ra =0.8 μm

B 型(切削或冷镦)：锥面表面粗糙度 Ra =3.2 μm

标记示例

公称直径 d=10 mm，长度 l=60 mm，材料为 35 钢、热处理硬度(28~38)HRC、表面氧化处理的 A 型圆锥销：

销　GB/T 117　10 × 60

d(公称)	0.6	0.8	1	1.2	1.5	2	2.5	3	4	5
$a\approx$	0.08	0.1	0.12	0.16	0.2	0.25	0.3	0.4	0.5	0.63
l(商品规格范围公称长度)	4~8	5~12	6~16	6~20	8~24	10~35	10~35	12~45	14~55	18~60
d(公称)	6	8	10	12	16	20	25	30	40	50
$a\approx$	0.8	1	1.2	1.6	2	2.5	3	4	5	6.3
l(商品规格范围公称长度)	22~90	22~120	26~160	32~180	40~200	45~200	50~200	55~200	60~200	65~200
l(系列)	2,3,4,5,6,8,10,12,14,16,18,20,22,24,26,28,30,32,35,40,45,50,55,60,65,70,75,80,85,90,95,100,120,140,160,180,200									

附表 18　开口销（摘自 GB/T 91—2000）

（单位：mm）

允许制造的型式

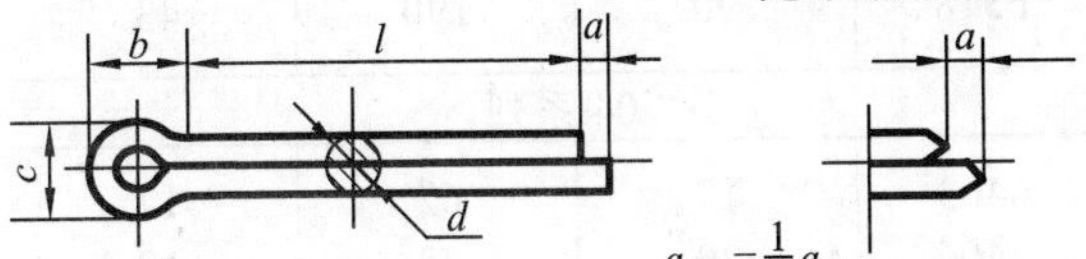

$a_{min} = \frac{1}{2} a_{max}$

标记示例

公称直径 d=5 mm，长度 l=50 mm，材料为低碳钢、不经表面处理的开口销：

销　GB/T 91　5 × 50

d	公称	0.6	0.8	1	1.2	1.6	2	2.5	3.2	4	5	6.3	8	10	12
	min	0.4	0.6	0.8	0.9	1.3	1.7	2.1	2.7	3.5	4.4	5.7	7.3	9.3	11.1
	max	0.5	0.7	0.9	1	1.4	1.8	2.3	2.9	3.7	4.6	5.9	7.5	9.5	11.4
c	max	1	1.4	1.8	2	2.8	3.6	4.6	5.8	7.4	9.2	11.8	15	19	24.8
	min	0.9	1.2	1.6	1.7	2.4	3.2	4	5.1	6.5	8	10.3	13.4	16.6	21.7
$b\approx$		2	2.4	3	3	3.2	4	5	6.4	8	10	12.6	16	20	26
a_{max}		1.6	1.6	1.6	2.5	2.5	2.5	2.5	3.2	4	4	4	4	6.3	6.3
l(商品规格范围公称长度)		4~12	5~16	6~20	8~26	8~32	10~40	12~50	14~65	18~80	22~100	30~120	40~160	45~200	70~200
l(系列)	4,5,6,8,10,12,14,16,18,20,22,24,26,28,30,32,36,40,45,50,55,60,65,70,75,80,85,90,95,100,120,140,160,180,200														

附表 19　深沟球轴承（摘自 GB/T 276—2013）

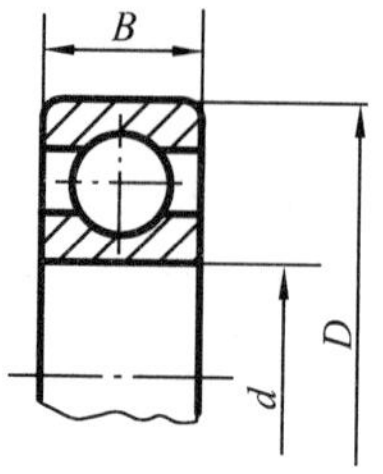

60000 型

轴承代号	尺寸(mm)		
	d	*D*	*B*
10 系列			
606	6	17	6
607	7	19	6
608	8	22	7
609	9	24	7
6000	10	26	8
6001	12	28	8
6002	15	32	9
6003	17	35	10
6004	20	42	12
60/22	22	44	12
6005	25	47	12
60/28	28	52	12
6006	30	55	13
60/32	32	58	13
6007	35	62	14
6008	40	68	15
6009	45	75	16
6010	50	80	16
6011	55	90	18
6012	60	95	18
02 系列			
623	3	10	4
624	4	13	5
625	5	16	5
626	6	19	6
627	7	22	7
628	8	24	8
629	9	26	8
6200	10	30	9
6201	12	32	10
6202	15	35	11
6203	17	40	12
6204	20	47	14
62/22	22	50	14
6205	25	52	15
62/28	28	58	16
6206	30	62	16
62/32	32	65	17
6207	35	72	17
6208	40	80	18
6209	45	85	19
6210	50	90	20
6211	55	100	21
6212	60	110	22
03 系列			
633	3	13	5
634	4	16	5
635	5	19	6
6300	10	35	11
6301	12	37	12
6302	15	42	13
6303	17	47	14
6304	20	52	15
63/22	22	56	16
6305	25	62	17
63/28	28	68	18
6306	30	72	19
63/32	32	75	20
6307	35	80	21
6308	40	90	23
6309	45	100	25
6310	50	110	27
6311	55	120	29
6312	60	130	31
6313	65	140	33
6314	70	150	35
6315	75	160	37
6316	80	170	39
6317	85	180	41
6318	90	190	43
04 系列			
6403	17	62	17
6404	20	72	19
6405	25	80	21
6406	30	90	23
6407	35	100	25
6408	40	110	27
6409	45	120	29
6410	50	130	31
6411	55	140	33
6412	60	150	35
6413	65	160	37
6414	70	180	42
6415	75	190	45
6416	80	200	48
6417	85	210	52
6418	90	225	54
6419	95	240	55
6420	100	250	58
6422	110	280	65

附表 20　圆锥滚子轴承(摘自 GB/T 297—2015)

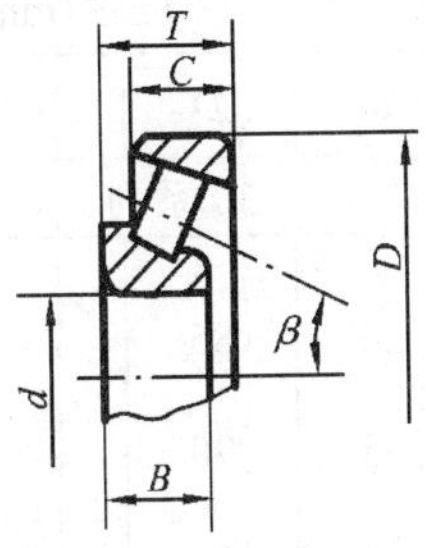

30000型

轴承代号	尺寸(mm)				
	d	D	T	B	C
02 系列					
30202	15	35	11.75	11	10
30203	17	40	13.25	12	11
30204	20	47	15.25	14	12
30205	25	52	16.25	15	13
30206	30	62	17.25	16	14
302/32	32	65	18.25	17	15
30207	35	72	18.25	17	15
30208	40	80	19.75	18	16
30209	45	85	20.75	19	16
30210	50	90	21.75	20	17
30211	55	100	22.75	21	18
30212	60	110	23.75	22	19
30213	65	120	24.75	23	20
30214	70	125	26.25	24	21
30215	75	130	27.25	25	22
03 系列					
30302	15	42	14.25	13	11
30303	17	47	15.25	14	12
30304	20	52	16.25	15	13
30305	25	62	18.25	17	15
30306	30	72	20.75	19	16
30307	35	80	22.75	21	18
30308	40	90	25.25	23	20
30309	45	100	27.25	25	22
30310	50	110	29.25	27	23
30311	55	120	31.5	29	25
30312	60	130	33.5	31	26
30313	65	140	36	33	28
30314	70	150	38	35	30
30315	75	160	40	37	31
13 系列					
31305	25	62	18.25	17	13
31306	30	72	20.75	19	14
31307	35	80	22.75	21	15

轴承代号	尺寸(mm)				
	d	D	T	B	C
13 系列					
31308	40	90	25.25	23	17
31309	45	100	27.25	25	18
31310	50	110	29.25	27	19
31311	55	120	31.5	29	21
31312	60	130	33.5	31	22
31313	65	140	36	33	23
31314	70	150	38	35	25
31315	75	160	40	37	26
20 系列					
32004	20	42	15	15	12
320/22	22	44	15	15	11.5
32005	25	47	15	15	11.5
320/28	28	52	16	16	12
32006	30	55	17	17	13
320/32	32	58	17	17	13
32007	35	62	18	18	14
32008	40	68	19	19	14.5
32009	45	75	20	20	15.5
32010	50	80	20	20	15.5
32011	55	90	23	23	17.5
32012	60	95	23	23	17.5
32013	65	100	23	23	17.5
32014	70	110	25	25	19
32015	75	115	25	25	19
22 系列					
32203	17	40	17.25	16	14
32204	20	47	19.25	16	15
32205	25	52	19.25	18	16
32206	30	62	21.25	20	17
32207	35	72	24.25	23	19
32208	40	80	24.75	23	19
32209	45	85	24.75	23	19
32210	50	90	24.75	23	19
32211	55	100	26.75	25	21
32212	60	110	26.75	28	24
32213	65	120	29.75	31	27
32214	70	125	33.25	31	27
32215	75	130	33.25	31	27

续附表 20

轴承代号	尺寸(mm)				
	d	D	T	B	C
23 系列					
32303	17	47	20.25	19	16
32304	20	52	22.25	21	18
32305	25	62	25.25	24	20
32306	30	72	28.75	27	23
32307	35	80	32.75	31	25
32308	40	90	35.25	33	27
32309	45	100	38.25	36	30
32310	50	110	42.25	40	33
32311	55	120	45.5	43	35
32312	60	130	48.5	46	37
32313	65	140	51	48	39
32314	70	150	54	51	42
32315	75	160	58	55	45
29 系列					
32904	20	37	12	12	9
329/22	22	40	12	12	9
32905	25	42	12	12	9
329/28	28	45	12	12	9
32906	30	47	12	12	9
329/32	32	52	14	14	10
32907	35	55	14	14	11.5
32908	40	62	15	15	12
32909	45	68	15	15	12
32910	50	72	15	15	12
32911	55	80	17	17	14
32912	60	85	17	17	14
32913	65	90	17	17	14
32914	70	100	20	20	16
32915	75	105	20	20	16
30 系列					
33005	25	47	17	17	14
33006	30	55	20	20	16
33007	35	62	21	21	17
33008	40	68	22	22	18
33009	45	75	24	24	19

轴承代号	尺寸(mm)				
	d	D	T	B	C
30 系列					
33010	50	85	24	24	19
33011	55	90	24	24	21
33012	60	95	27	27	21
33013	65	100	27	27	21
33014	70	110	31	31	25.5
33015	75	115	31	31	25.5
31 系列					
33108	40	75	26	26	20.5
33109	45	80	26	26	20.5
33110	50	85	26	26	20
33111	55	95	30	30	23
33112	60	100	30	30	23
33113	65	110	34	34	26.5
33114	70	120	37	37	29
33115	75	125	37	37	29
32 系列					
33205	25	52	22	22	18
332/28	28	58	24	24	19
33206	30	62	25	25	19.5
332/32	32	65	26	26	20.5
33207	35	72	28	28	22
33208	40	80	32	32	25
33209	45	85	32	32	25
33210	50	90	32	32	24.5
33211	55	100	35	35	27
33212	60	110	38	38	29
33213	65	120	41	41	32
33214	70	125	41	41	32
33215	75	130	41	41	31

附表 21 推力球轴承(摘自 GB/T 301—1995)

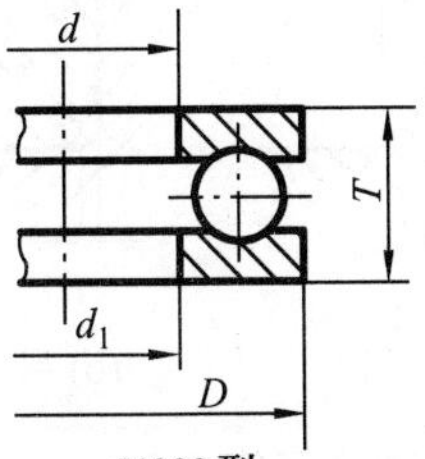

51000型

轴承代号	尺寸(mm)			
	d	d_{1min}	D	T
11 系列				
51100	10	11	24	9
51101	12	13	26	9
51102	15	16	28	9
51103	17	18	30	9
51104	20	21	35	10
51105	25	26	42	11
51106	30	32	47	11
51107	35	37	52	12
51108	40	42	60	13
51109	45	47	65	14
51110	50	52	70	14
51111	55	57	78	16
51112	60	62	85	17
51113	65	67	90	18
51114	70	72	95	18
51115	75	77	100	19
51116	80	82	105	19
51117	85	87	110	19
51118	90	92	120	22
51120	100	102	135	25
12 系列				
51200	10	12	26	11
51201	12	14	28	11
51202	15	17	32	12
51203	17	19	35	12
51204	20	22	40	14
51205	25	27	47	15
51206	30	32	52	16
51207	35	37	62	18
51208	40	42	68	19
51209	45	47	73	20
51210	50	52	78	22
51211	55	57	90	25
51212	60	62	95	26
51213	65	67	100	27

轴承代号	尺寸(mm)			
	d	d_{1min}	D	T
12 系列				
51214	70	72	105	27
51215	75	77	110	27
51216	80	82	115	28
51217	85	88	125	31
51218	90	93	135	35
51220	100	103	150	38
13 系列				
51304	20	22	47	18
51305	25	27	52	18
51306	30	32	60	21
51307	35	37	68	24
51308	40	42	78	26
51309	45	47	85	28
51310	50	52	95	31
51311	55	57	105	35
51312	60	62	110	35
51313	65	67	115	36
51314	70	72	125	40
51315	75	77	135	44
51316	80	82	140	44
51317	85	88	150	49
51318	90	93	155	50
51320	100	103	170	55
14 系列				
51405	25	27	60	24
51406	30	32	70	28
51407	35	37	80	32
51408	40	42	90	36
51409	45	47	100	39
51410	50	52	110	43
51411	55	57	120	48
51412	60	62	130	51
51413	65	67	140	56
51414	70	72	150	60
51415	75	77	160	65
51416	80	82	170	68
51417	85	88	180	72
51418	90	93	190	77
51420	100	103	210	85

附表 22　零件倒圆与倒角的标准数据与结构（GB/T 6403.4—2008）　（单位：mm）

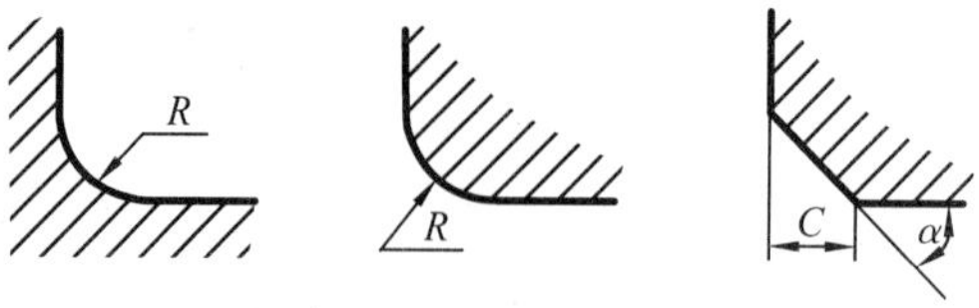

α一般采用 45°，也可采用 30°或 60°

(a) 倒圆、倒角型式

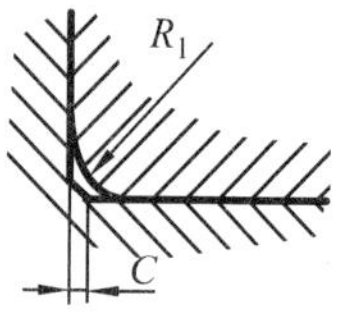

$C < 0.58R_1$

(b) 装配型式

一、与直径 Φ 相应的倒角 C、倒圆 R 的推荐值

Φ	～3	>3～6	>6～10	>10～18	>18～30	>30～50	>50～80	>80～120	>120～180
C 或 R	0.2	0.4	0.6	0.8	1.0	1.6	2.0	2.5	3.0

二、内角倒角，外角倒圆时 C 的最大值 C_{max} 与 R_1 的关系

R_1	0.3	0.4	0.5	0.6	0.8	1.0	1.2	1.6	2.0	2.5	3.0	4.0
C_{max}	0.1	0.2	0.2	0.3	0.4	0.5	0.6	0.8	1.0	1.2	1.6	2.0

附表 23　砂轮越程槽的标准数据及结构（GB/T 6403.5—2008）　（单位：mm）

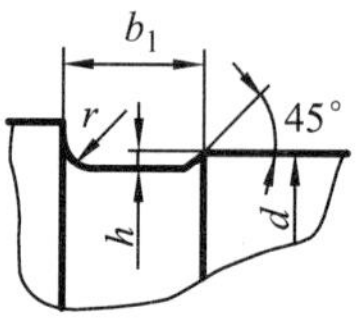

(a) 磨外圆

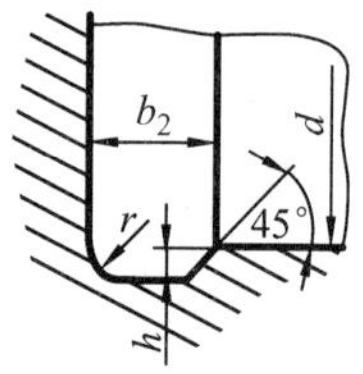

(b) 磨内圆

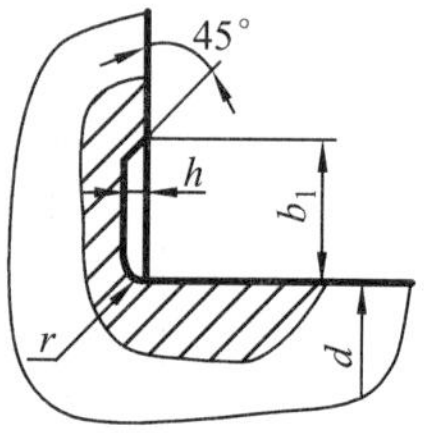

(c) 磨外端面

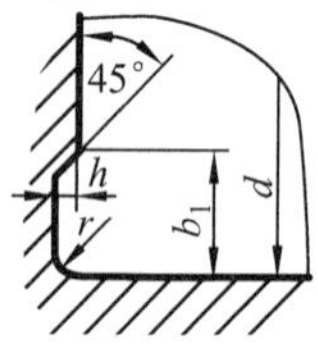

(d) 磨内端面

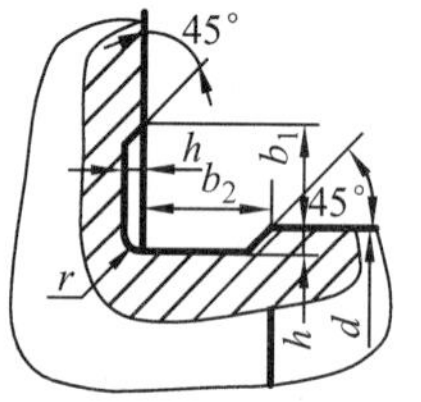

(e)磨外圆及端面

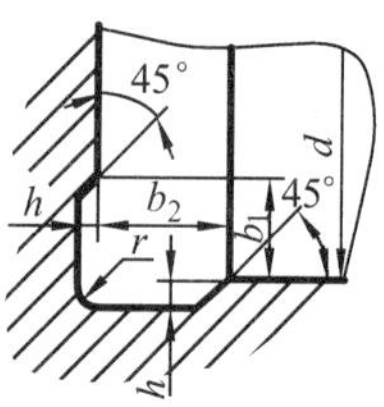

(f) 磨内圆及端面

一、回转面及端面砂轮越程槽的尺寸

b_1	0.6	1.0	1.6	2.0	3.0	4.0	5.0	8.0	10
b_2	2.0	3.0		4.0		5.0		8.0	10
h	0.1	0.2		0.3	0.4		0.6	0.8	1.2
r	0.2	0.5		0.8	1.0		1.6	2.0	3.0
d		～10		>10～50		>50～100		>100	

二、平面砂轮越程槽的尺寸

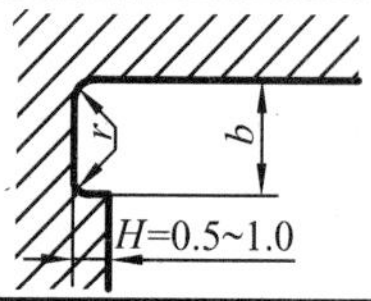	b	2	3	4	5
	r	0.5	1.0	1.2	1.6

附表 24　中心孔与中心孔表示法

项目	中心孔的型式	标记示例	标注说明
中心孔及标记	R（弧形）	GB/T 4459.5—R3.15/6.7	D=3.15 mm D_1=6.7 mm 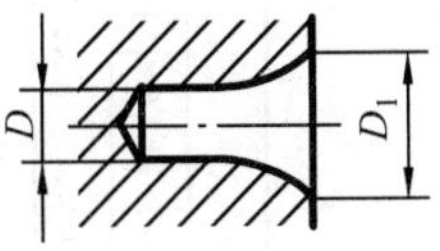
	A（不带护锥）	GB/T 4459.5—A4/8.5	D=4 mm D_1=8.5 mm 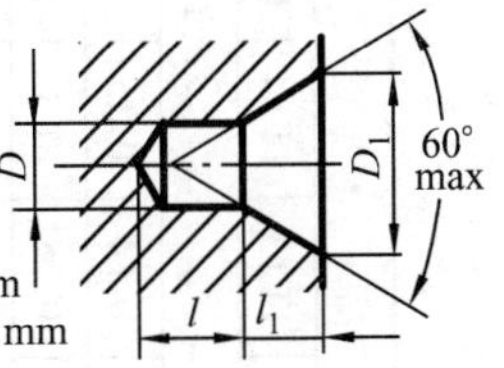
	B（带护锥）	GB/T 4459.5—B2.5/8	D=2.5 mm D_1=8 mm 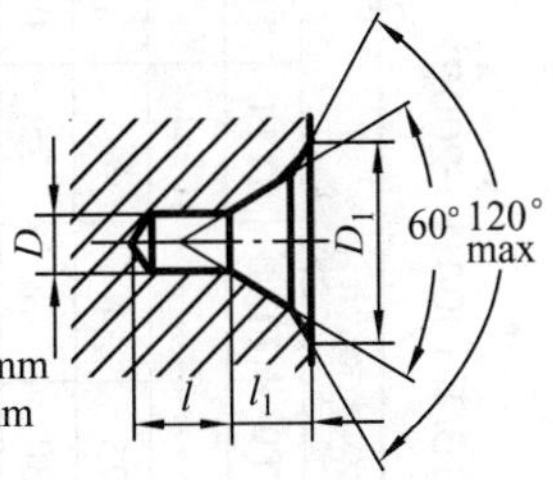
	C（带螺纹）	GB/T 4459.5—CM10L30/16.3	D=M10 l=30 D_2=16.3 mm 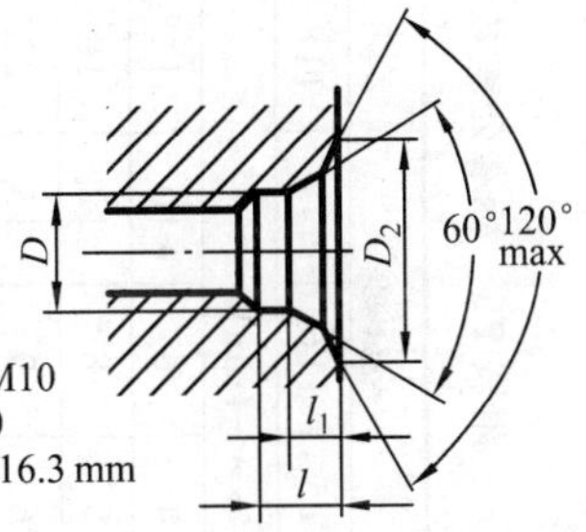
中心孔表示法	要求	符号表示法示例	说明
	在完工的零件上要求保留中心孔	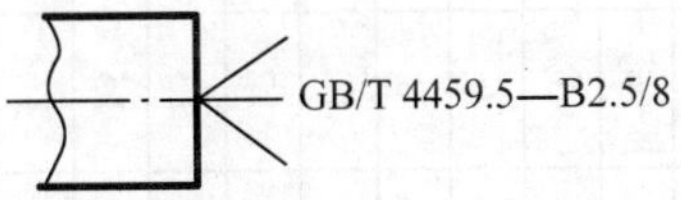	采用 B 型中心孔 D=2.5 mm　D_1=8 mm 在完工的零件上要求保留
	在完工的零件上可以保留中心孔	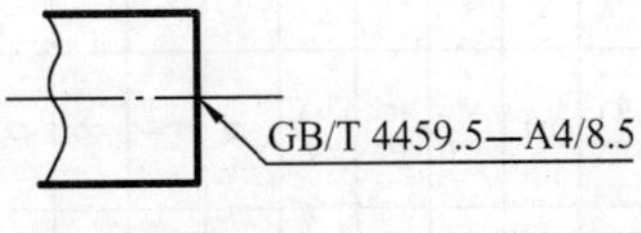	采用 A 型中心孔 D=4 mm　D_1=8.5 mm 在完工的零件上是否保留均可
	在完工的零件上不许保留中心孔		采用 A 型中心孔 D=1.6 mm　D_1=3.35 mm 在完工的零件上不允许保留

附表 25　标准公差数值(GB/T 1800.1—2009)

公称尺寸(mm)		公差等级																	
		IT1	IT2	IT3	IT4	IT5	IT6	IT7	IT8	IT9	IT10	IT11	IT12	IT13	IT14	IT15	IT16	IT17	IT18
大于	至	(μm)											(mm)						
—	3	0.8	1.2	2	3	4	6	10	14	25	40	60	0.1	0.14	0.25	0.4	0.6	1	1.4
3	6	1	1.5	2.5	4	5	8	12	18	30	48	75	0.12	0.18	0.3	0.48	0.75	1.2	1.8
6	10	1	1.5	2.5	4	6	9	15	22	36	58	90	0.15	0.22	0.36	0.58	0.9	1.5	2.2
10	18	1.2	2	3	5	8	11	18	27	43	70	110	0.18	0.27	0.43	0.7	1.1	1.8	2.7
18	30	1.5	2.5	4	6	9	13	21	33	52	84	130	0.21	0.33	0.52	0.84	1.3	2.1	3.3
30	50	1.5	2.5	4	7	11	16	25	39	62	100	160	0.25	0.39	0.62	1	1.6	2.5	3.9
50	80	2	3	5	8	13	19	30	46	74	120	190	0.3	0.46	0.74	1.2	1.9	3	4.6
80	120	2.5	4	6	10	15	22	35	54	87	140	220	0.35	0.54	0.87	1.4	2.2	3.5	5.4
120	180	3.5	5	8	12	18	25	40	63	100	160	250	0.4	0.63	1	1.6	2.5	4	6.3
180	250	4.5	7	10	14	20	29	46	72	115	185	290	0.46	0.72	1.15	1.85	2.9	4.6	7.2
250	315	6	8	12	16	23	32	52	81	130	210	320	0.52	0.81	1.3	2.1	3.2	5.2	8.1
315	400	7	9	13	18	25	36	57	89	140	230	360	0.57	0.89	1.4	2.3	3.6	5.7	8.9
400	500	8	10	15	20	27	40	63	97	155	250	400	0.63	0.97	1.55	2.5	4	6.3	9.7
500	630	9	11	16	22	32	44	70	110	175	280	440	0.7	1.1	1.75	2.8	4.4	7	11
630	800	10	13	18	25	36	50	80	125	200	320	500	0.8	1.25	2	3.2	5	8	12.5
800	1 000	11	15	21	28	40	56	90	140	230	360	560	0.9	1.4	2.3	3.6	5.6	9	14
1 000	1 250	13	18	24	33	47	66	105	165	260	420	660	1.05	1.65	2.6	4.2	6.6	10.5	16.5
1 250	1 600	15	21	29	39	55	78	125	195	310	500	780	1.25	1.95	3.1	5	7.8	12.5	19.5
1 600	2 000	18	25	35	46	65	92	150	230	370	600	920	1.5	2.3	3.7	6	9.2	15	23
2 000	2 500	22	30	41	55	78	110	175	280	440	700	1 100	1.75	2.8	4.4	7	11	17.5	28
2 500	3 150	26	36	50	68	96	135	210	330	540	860	1 350	2.1	3.3	5.4	8.6	13.5	21	33

附表 28　轴的极限偏差(基本尺寸至 500 mm 的优先常用配合)　　(单位：μm)

代号	c	d		e		f		g		h		
公称尺寸 (mm)	等级											
	11	8	9	7	8	7	8	6	7	5	6	7
≤3	-60 -120	-20 -34	-20 -45	-14 -24	-14 -28	-6 -16	-6 -20	-2 -8	-2 -12	0 -4	0 -6	0 -10
>3～6	-70 -145	-30 -48	-30 -60	-20 -32	-20 -38	-10 -22	-10 -28	-4 -12	-4 -16	0 -5	0 -8	0 -12
>6～10	-80 -170	-40 -62	-40 -76	-25 -40	-25 -47	-13 -28	-13 -35	-5 -14	-5 -20	0 -6	0 -9	0 -15
>10～14	-95	-50	-50	-32	-32	-16	-16	-6	-6	0	0	0
>14～18	-205	-77	-93	-50	-59	-34	-43	-17	-24	-8	-11	-18
>18～24	-110	-65	-65	-40	-40	-20	-20	-7	-7	0	0	0
>24～30	-240	-98	-117	-61	-73	-41	-53	-20	-28	-9	-13	-21
>30～40	-120 -280	-80	-80	-50	-50	-25	-25	-9	-9	0	0	0
>40～50	-130 -290	-119	-142	-75	-89	-50	-64	-25	-34	-11	-16	-25
>50～65	-140 -330	-100	-100	-60	-60	-30	-30	-10	-10	0	0	0
>65～80	-150 -340	-146	-174	-90	-106	-60	-76	-29	-40	-13	-19	-30
>80～100	-170 -390	-120	-120	-72	-72	-36	-36	-12	-12	0	0	0
>100～120	-180 -400	-174	-207	-107	-126	-71	-90	-34	-47	-15	-22	-35
>120～140	-200 -450	-145	-145	-85	-85	-43	-43	-14	-14	0	0	0
>140～160	-210 -460											
>160～180	-230 -480	-208	-245	-125	-148	-83	-106	-39	-54	-18	-25	-40
>180～200	-240 -530	-170	-170	-100	-100	-50	-50	-15	-15	0	0	0
>200～225	-260 -550											
>225～250	-280 -570	-242	-285	-146	-172	-96	-122	-44	-61	-20	-29	-46
>250～280	-300 -620	-190	-190	-110	-110	-56	-56	-17	-17	0	0	0
>280～315	-330 -650	-271	-320	-162	-191	-108	-137	-49	-69	-23	-32	-52
>315～355	-360 -720	-210	-210	-125	-125	-62	-62	-18	-18	0	0	0
>355～400	-400 -760	-299	-350	-182	-214	-119	-151	-54	-75	-25	-36	-57
>400～450	-440 -840	-230	-230	-135	-135	-68	-68	-20	-20	0	0	0
>450～500	-480 -880	-327	-385	-198	-232	-131	-165	-60	-83	-27	-40	-63

续附表 28

代号	h				js	k		m		n		p
公称尺寸(mm)	等级											
	8	9	10	11	6	6	7	6	7	5	6	6
≤3	0 −14	0 −25	0 −40	0 −60	± 3	+6 0	+10 0	+8 +2	+12 +2	+8 +4	+10 +4	+12 +6
＞3～6	0 −18	0 −30	0 −48	0 −75	± 4	+9 +1	+13 +1	+12 +4	+16 +4	+13 +8	+16 +8	+20 +12
＞6～10	0 −22	0 −36	0 −58	0 −90	± 4.5	+10 +1	+16 +1	+15 +6	+21 +6	+16 +10	+19 +10	+24 +15
＞10～14 ＞14～18	0 −27	0 −43	0 −70	0 −110	± 5.5	+12 +1	+19 +1	+18 +7	+25 +7	+20 +12	+23 +12	+29 +18
＞18～24 ＞24～30	0 −33	0 −52	0 −84	0 −130	± 6.5	+15 +2	+23 +2	+21 +8	+29 +8	+24 +15	+28 +15	+35 +22
＞30～40 ＞40～50	0 −39	0 −62	0 −100	0 −160	± 8	+18 +2	+27 +2	+25 +9	+34 +9	+28 +17	+33 +17	+42 +26
＞50～65 ＞65～80	0 −46	0 −74	0 −120	0 −190	± 9.5	+21 +2	+32 +2	+30 +11	+41 +11	+33 +20	+39 +20	+51 +32
＞80～100 ＞100～120	0 −54	0 −87	0 −140	0 −220	± 11	+25 +3	+38 +3	+35 +13	+48 +13	+38 +23	+45 +23	+59 +37
＞120～140 ＞140～160 ＞160～180	0 −63	0 −100	0 −160	0 −250	± 12.5	+28 +3	+43 +3	+40 +15	+55 +15	+45 +27	+52 +27	+68 +43
＞180～200 ＞200～225 ＞225～250	0 −72	0 −115	0 −185	0 −290	± 14.5	+33 +4	+50 +4	+46 +17	+63 +17	+51 +31	+60 +31	+79 +50
＞250～280 ＞280～315	0 −81	0 −130	0 −210	0 −320	± 16	+36 +4	+56 +4	+52 +20	+72 +20	+57 +34	+66 +34	+88 +56
＞315～355 ＞355～400	0 −89	0 −140	0 −230	0 −360	± 18	+40 +4	+61 +4	+57 +21	+78 +21	+62 +37	+73 +37	+98 +62
＞400～450 ＞450～500	0 −97	0 −155	0 −250	0 −400	± 20	+45 +5	+68 +5	+63 +23	+86 +23	+67 +40	+80 +40	+108 +68

续附表 28

代号	p	r		s		t		u	v	x	y	z
公称尺寸 (mm)	等级											
	7	6	7	5	6	6	7	6	6	6	6	6
≤3	+16 +6	+16 +10	+20 +10	+18 +14	+20 +14	—	—	+24 +18	—	+26 +20	—	+32 +26
>3～6	+24 +12	+23 +15	+27 —	+24 +19	+27 +19	—	—	+31 +23	—	+36 +28	—	+43 +35
>6～10	+30 +15	+28 +19	+34 +19	+29 +23	+32 +23	—	—	+37 +28	—	+43 +34	—	+51 +42
>10～14	+36	+34	+41	+36	+39	—	—	+44	—	+51 +40	—	+61 +50
>14～18	+18	+23	+23	+28	+28			+33	+50 +39	+56 +45	—	+71 +60
>18～24	+43	+41	+49	+44	+48	—	—	+54 +41	+60 +47	+67 +54	+76 +63	+86 +73
>24～30	+22	+28	+28	+35	+35	+54 +41	+62 +41	+61 +48	+68 +55	+77 +64	+88 +75	+101 +88
>30～40	+51	+50	+59	+54	+59	+64 +48	+73 +48	+76 +60	+84 +68	+96 +80	+110 +94	+128 +112
>40～50	+26	+34	+34	+43	+43	+70 +54	+79 +54	+86 +70	+97 +81	+113 +97	+130 +114	+152 +136
>50～65	+62	+60 +41	+71 +41	+66 +53	+72 +53	+85 +66	+96 +66	+106 +87	+121 +102	+141 +122	+163 +144	+191 +172
>65～80	+32	+62 +43	+72 +43	+72 +59	+78 +59	+94 +75	+105 +75	+121 +102	+139 +120	+165 +146	+193 +174	+229 +210
>80～100	+72	+73 +51	+86 +51	+86 +71	+93 +71	+113 +91	+126 +91	+146 +124	+168 +146	+200 +178	+236 +214	+280 +258
>100～120	+37	+76 +54	+89 +54	+94 +79	+101 +79	+126 +104	+139 +104	+166 +144	+194 +172	+232 +210	+276 +254	+332 +310
>120～140	+83	+88 +63	+103 +63	+110 +92	+117 +92	+147 +122	+162 +122	+195 +170	+227 +202	+273 +248	+325 +300	+390 365
>140～160		+90 +65	+105 +65	+118 +100	+125 +100	+159 +134	+174 +134	+215 +190	+253 +228	+305 +280	+365 +340	+440 +415
>160～180	+43	+93 +68	+108 +68	+126 +108	+133 +108	+171 +146	+186 +146	+235 +210	+277 +252	+335 +310	+405 +380	+490 +465
>180～200	+96	+106 +77	+123 +77	+142 +122	+151 +122	+195 +166	+212 +166	+265 +236	+313 +284	+379 +350	+454 +425	+549 +520
>200～225		+109 +80	+126 +80	+150 +130	+159 +130	+209 +180	+226 +180	+287 +258	+339 +310	+414 +385	+499 +470	+604 +575
>225～250	+50	+113 +84	+130 +84	+160 +140	+169 +140	+225 +196	+242 +196	+313 +284	+369 +340	+454 +425	+549 +520	+669 +640
>250～280	+108	+126 +94	+146 +94	+181 +158	+190 +158	+250 +218	+270 +218	+347 +315	+417 +385	+507 +475	+612 +580	+742 +710
>280～315	+56	+130 +98	+150 +98	+193 +170	+202 +170	+272 +240	+292 +240	+382 +350	+457 +425	+557 +525	+682 +650	+822 +790
>315～355	+119	+144 +108	+165 +108	+215 +190	+226 +190	+304 +268	+325 +268	+426 +390	+511 +475	+626 +590	+766 +730	+936 +900
>355～400	+62	+150 +114	+117 +114	+233 +208	+244 +208	+330 +294	+351 +294	+471 +435	+566 +530	+696 +660	+856 +820	+1 036 +1 000
>400～450	+131	+166 +126	+189 +126	+259 +232	+272 +232	+370 +330	+393 +330	+530 +490	+635 +595	+780 +740	+960 +920	+1 140 +1 100
>450～500	+68	+172 +132	+195 +132	+279 +252	+292 +252	+400 +360	+423 +360	+580 +540	+700 +600	+860 +820	+1 040 +1 000	+1 290 +1 250

附表 29　孔的极限偏差(基本尺寸至 500 mm 优先常用配合)　　(单位：μm)

代号	C	D		E		F		G		H		
公称尺寸(mm)	等级											
	11	9	10	8	9	8	9	6	7	6	7	8
≤3	+120 +60	+45 +20	+60 +20	+28 +14	+39 +14	+20 +6	+31 +6	+8 +2	+12 +2	+6 0	+10 0	+14 0
>3～6	+145 +70	+60 +30	+78 +30	+38 +20	+50 +20	+28 +10	+40 +10	+12 +4	+16 +4	+8 0	+12 0	+18 0
>6～10	+170 +80	+76 +40	+98 +40	+47 +25	+61 +25	+35 +13	+49 +13	+14 +5	+20 +5	+9 0	+15 0	+22 0
>10～14	+205	+93	+120	+59	+75	+43	+59	+17	+24	+11	+18	+27
>14～18	+95	+50	+50	+32	+32	+16	+16	+6	+6	0	0	0
>18～24	+240	+117	+49	+73	+92	+53	+72	+20	+28	+13	+21	+33
>24～30	+110	+65	+65	+40	+40	+20	+20	+7	+7	0	0	0
>30～40	+280 +120	+142	+180	+89	+112	+64	+87	+25	+34	+16	+25	+39
>40～50	+290 +130	+80	+80	+50	+50	+25	+25	+9	+9	0	0	0
>50～65	+330 +140	+174	+220	+106	+134	+76	+104	+29	+40	+19	+30	+46
>65～80	+340 +150	+100	+100	+60	+60	+30	+30	+10	+10	0	0	0
>80～100	+390 +170	+207	+260	+125	+159	+90	+123	+34	+47	+22	+35	+54
>100～120	+400 +180	+120	+120	+72	+72	+36	+36	+12	+12	0	0	0
>120～140	+450 +200	+245	+305	+148	+185	+106	+143	+39	+54	+25	+40	+63
>140～160	+460 +210											
>160～180	+480 +230	+145	+145	+85	+85	+43	+43	+14	+14	0	0	0
>180～200	+530 +240	+285	+335	+172	+215	+122	+165	+44	+61	+29	+46	+72
>200～225	+550 +260											
>225～250	+570 +280	+170	+170	+100	+100	+50	+50	+15	+15	0	0	0
>250～280	+620 +300	+320	+400	+191	+240	+137	+186	+49	+69	+32	+52	+81
>280～315	+650 +330	+190	+190	+110	+110	+56	+56	+17	+17	0	0	0
>315～355	+720 +360	+350	+440	+214	+265	+151	+202	+54	+75	+36	+57	+89
>355～400	+760 +400	+210	+210	+125	+125	+62	+62	+18	+18	0	0	0
>400～450	+840 +440	+385	+480	+232	+290	+165	+223	+60	+83	+40	+63	+97
>450～500	+880 +480	+230	+230	+135	+135	+68	+68	+20	+20	0	0	0

续附表 29

代号	H				JS		K		M		N	
公称尺寸(mm)	等级											
	9	10	11	12	7	8	6	7	7	8	6	7
≤3	+25 0	+40 0	+60 0	+100 0	±5	±7	0 −6	0 −10	−2 −12	−2 −16	−4 −10	−4 −14
>3～6	+30 0	+48 0	+75 0	+120 0	±6	±9	+2 −6	+3 −9	0 −12	+2 −16	−5 −13	−4 −16
>6～10	+36 0	+58 0	+90 0	+150 0	±7	±11	+2 −7	+5 −10	0 −15	+1 −21	−7 −16	−4 −19
>10～14	+43	+70	+110	+180	±9	±13	+2	+6	0	+2	−9	−5
>14～18	0	0	0	0			−9	−12	−18	−25	−20	−23
>18～24	+52	+84	+130	+210	±10	±16	+2	+6	0	+4	−11	−7
>24～30	0	0	0	0			−11	−15	−21	−29	−24	−28
>30～40	+62	+100	+160	+250	±12	±19	+3	+7	0	+5	−12	−8
>40～50	0	0	0	0			−13	−18	−25	−34	−28	−33
>50～65	+74	+120	+190	+300	±15	±23	+4	+9	0	+5	−14	−9
>65～80	0	0	0	0			−15	−21	−30	−41	−33	−39
>80～100	+87	+140	+220	+350	±17	±27	+4	+10	0	+6	−16	−10
>100～120	0	0	0	0			−18	−25	−35	−48	−38	−45
>120～140	+100	+160	+250	+400			+4	+12	0	+8	−20	−12
>140～160					±20	±31						
>160～180	0	0	0	0			−21	−28	−40	−55	−45	−52
>180～200	+115	+185	+290	+460			+5	+13	0	+9	−22	−14
>200～225					±23	±36						
>225～250	0	0	0	0			−24	−33	−46	−63	−51	−60
>250～280	+130	+210	+320	+520	±26	±40	+5	+16	0	+9	−25	−14
>280～315	0	0	0	0			−27	−36	−52	−72	−57	−66
>315～355	+140	+230	+360	+570	±28	±44	+7	+17	0	+11	−26	−16
>355～400	0	0	0	0			−29	−40	−57	−78	−62	−73
>400～450	+155	+250	+400	+630	±31	±48	+8	+18	0	+11	−27	−17
>450～500	0	0	0	0			−32	−45	−63	−86	−67	−80

续附表 29

代号 公称尺寸 (mm)	P		R		S		T		U
	等级								
	6	7	6	7	6	7	6	7	6
≤3	–6 –12	–6 –16	–10 –16	–10 –20	–14 –20	–14 –24	—	—	–18 –24
＞3～6	–9 –17	–8 –20	–12 –20	–11 –23	–16 –24	–15 –27	—	—	–20 –28
＞6～10	–12 –21	–9 –24	–16 –25	–13 –28	–20 –29	–17 –32	—	—	–25 –34
＞10～14 ＞14～18	–15 –26	–11 –29	–20 –31	–16 –34	–25 –36	–21 –39	—	—	–30 –41
＞18～24	–18 –31	–14 –35	–24 –37	–20 –41	–31 –44	–27 –48	—	—	–37 –50
＞24～30							–37 –50	–33 –54	–44 –57
＞30～40	–21 –37	–17 –42	–29 –45	–25 –50	–38 –54	–34 –59	–43 –59	–39 –64	–55 –71
＞40～50							–49 –65	–45 –70	–65 –81
＞50～65	–26 –45	–21 –51	–35 –54	–30 –60	–47 –66	–42 –78	–60 –79	–55 –85	–81 –100
＞65～80			–37 –56	–32 –62	–53 –72	–48 –72	–69 –88	–64 –94	–96 –115
＞80～100	–30 –52	–24 –59	–44 –66	–38 –73	–64 –86	–58 –93	–84 –106	–78 –113	–117 –139
＞100～120			–47 –69	–41 –76	–72 –94	–66 –101	–97 –119	–91 –126	–137 –159
＞120～140	–36 –61	–28 –68	–56 –81	–48 –88	–85 –110	–77 –117	–115 –140	–107 –147	–163 –188
＞140～160			–58 –83	–50 –90	–93 –118	–85 –125	–127 –152	–119 –159	–183 –208
＞160～180			–61 –86	–53 –93	–101 –126	–93 –133	–139 –164	–131 –171	–203 –228
＞180～200	–41 –70	–33 –79	–68 –97	–60 –106	–113 –142	–105 –151	–157 –186	–149 –195	–227 –256
＞200～225			–71 –100	–63 –109	–121 –150	–113 –159	–171 –200	–163 –209	–249 –278
＞225～250			–75 –104	–67 –113	–131 –160	–123 –169	–187 –216	–179 –225	–275 –304
＞250～280	–47 –79	–36 –88	–85 –117	–74 –126	–149 –181	–138 –190	–209 –241	–198 –250	–306 –338
＞280～315			–89 –117	–78 –130	–161 –193	–150 –202	–231 –263	–220 –272	–341 –373
＞315～355	–51 –87	–41 –98	–97 –133	–87 –144	–179 –215	–169 –226	–257 –293	–247 –304	–379 –415
＞355～400			–103 –139	–93 –150	–197 –233	–187 –244	–283 –319	–273 –330	–424 –460
＞400～450	–55 –95	–45 –108	–113 –153	–103 –166	–219 –259	–209 –272	–317 –357	–307 –370	–477 –517
＞450～500			–119 –159	–109 –172	–239 –279	–229 –292	–347 –387	–337 –400	–527 –567

附表 30　常用金属与非金属材料

1．常用钢材

名称	牌号	特性及应用举例	说明
碳素结构钢 GB/T 700—2006	Q215-A	用于拉杆、套圈、铆钉、螺栓、短轴、心轴、负荷不大的凸轮、吊钩、垫圈及焊接件	“Q×××”表示材料屈服强度值，分A，B，C，D四个质量等级，A即为A级的等级标号
	Q235-A	有较好的强度、硬度和韧性，用途广，是机械制造的重要材料，用于制造一般的轴、轮轴、齿轮、连杆、钩等	
	Q275	用于强度要求较高并强烈磨损的零件，如主轴、转轴、离合器、键等	
优质碳素结构钢 GB/T 699—2008	15	塑性、韧性、焊接性能和冷冲性能均良好，但强度较低，用于受力不大、韧性要求较高的零件及不需热处理的低负荷零件，如螺栓、拉条、化工贮器等	牌号的两位数字表示平均含碳量的万分数，如“45”表示平均含碳量为0.45%。较高含锰量的优质碳素钢，在牌号尾部加“Mn”
	20	用于不受很大应力韧性较高的零件，如杠杆、轴套、螺钉、拉杆、起重钩，也用于表面硬度高而心部强度不高的渗碳与氰化零件	
	35	有好的强度和韧性，用于制造曲轴、转轴、轴销、杠杆、连杆、横梁、圆盘、套筒、钩环、垫圈、螺母、螺钉等。一般不作焊接用	
	45	用于强度要求较高的零件，通常在调质或正火状态下使用。用于制造汽轮机的叶轮、压缩机、泵的零件等	
	15Mn	它的性能与15号钢相似，但其淬透性、强度和塑性比15号钢都高些。用于制造中心部分的机械性能要求较高且需渗碳的零件。这种钢焊接性好	
	45Mn	用于受磨损的零件，如转轴、心轴、齿轮、叉、啮合杆、螺栓、螺母、螺钉。焊接性较差。负荷较大，还可做离合器盘、花键轴、万向节、凸轮轴、曲轴、汽车后轴、双头螺柱、地脚螺栓等	
合金结构钢 GB/T 3077—2012	45Mn2	用于制造在较高应力与磨损条件下的零件。在直径≤60 mm时，与40Cr相当。可做万向节轴、齿轮、蜗杆、曲轴等	①前面两位数字表示钢中含碳量的万分数 ②合金元素以化学符号表示 ③合金元素平均含量小于1.5%，仅标注元素，大于1.5%时，才标出含量数字
	35SiMn	除要求低温(–20 ℃以下)冲击韧性很高时，可全面代替40Cr钢作调质零件。此钢需磨、耐疲劳性均佳，适用于作轴、齿轮及在430 ℃以下的重要紧固件	
	40Cr	用于较重要的调质零件如齿轮、连杆、进气阀、辊子、轴	
碳素工具钢 GB/T 1298—2008	T8 T8A	有足够的韧性和较高的硬度，用于制造能承受震动的工具，如钻中等硬度岩石的钻头、简单模子、冲头等	“T”表示碳，数字表示平均含碳量的千分数。高级优质碳素工具钢后加“A”

续附表 30

2．常用铸铁

名称	牌号	特性及应用举例	说明
灰铸铁 GB/T 9439—2010	HT150	属中等强度的铸铁，用于机床底座、端盖、皮带轮、工作台等一般铸件	“HT”表示灰铁，后面的数字代表抗拉强度（N/mm^2）的平均值
	HT200	属高强度铸铁。用于汽缸、齿轮、凸轮、机座、床身、飞轮、皮带轮、联轴器盘、轴承座等较重要铸件，也用来制造中压油缸、泵体及阀体等零件	
	HT300 HT350	属高强度、高需磨铸铁。用于重要铸件，如齿轮、凸轮、床身、曲轴、汽缸体、汽缸盖、高压油缸、泵体、阀体等	
球墨铸铁 GB/T 1348—2009	QT 400-15 QT 450-10 QT 600-3	用于制造耐磨损、高强度、有冲击作用的重要零件，如球墨铸铁轧辊，柴油机曲轴、凸轮轴、齿轮，中低压阀门、轴承座、千斤底座、医疗器材等零件以及活塞、汽缸套、连杆、汽车后桥等重要零件	“QT”表示球铁，后面的数字分别表示最低抗拉强度（N/mm^2）和最低延伸率（%）

3．常用有色金属及其合金

名称	牌号	特性及应用举例	说明
普通黄铜 GB/T 1176—2013	H62	用于制造散热器、垫圈、弹簧、各种网螺钉及其他零件	“H”表示黄铜，后面数字表示含铜平均质量百分数（%）
铸锡青铜 GB/T 1176—2013	ZQSn6-6-3	用于制造受中等冲击负荷及耐蚀条件下工作的零件，如轴承、轴瓦和受 10 个大气压以下的蒸汽和水配件	“Z”表示铸造，“Q”表示青铜，后面表示添加元素符号 锡青铜是铜和锡的合金。ZQSn6-6-3 表示含锡 5%～7%，锌 5%～7%，铅 2%～4%
铸锰黄铜 GB/T 1176—2013	ZHMn58-2-2	用于制造轴瓦、轴套及其他耐磨零件	“ZH”表示铸造黄铜，后面表示添加元素符号 黄铜是铜锌合金
铸铝合金 GB/T 1173—2013	ZL102	耐磨性中上等，用于制造负荷不大的薄壁零件	“Z”表示“铸”，“L”表示“铝”，后面第一位数为合金分组号
	ZL104	熔化工艺简单，做一般零件用，如航空仪表的外壳	
硬铝 GB/T 3190—2008	LY12	高强度硬铝，适用于制造高负荷零件及构件，但不包括冲压件和锻件	“LY”表示硬铝，数字表示顺序号

续附表 30

4. 常用非金属材料			
名称	牌号	特性及应用举例	说明
耐酸橡胶板 GB/T 5574—2008	2807 2709	具有耐酸碱性能和一定的硬度，用做冲制密封性能较好的垫圈	2807 具有较高硬度，2709 具有中等硬度
耐油橡胶板 GB/T 5574—2008	3707 3807 3709 3809	具有较高硬度，可在一定温度的油中工作，适用冲制各种形状的垫圈	
耐酸橡胶板 GB/T 5574—2008	4708 4710	具有一定的硬度，可在热空气、蒸汽(100 ℃)中工作，用做冲制各种垫圈和隔热垫板	4708 具有较高硬度，4710 具有中等硬度
酚醛板 GB 5129.3—85	3305-1 3305-2	用做轧钢机轴瓦	
尼龙		具有高抗拉强度和冲击韧性，耐热、耐弱酸、耐弱碱、耐油性好，用于制作齿轮等传动零件，有良好的消声性	尼龙标准有尼龙 66 和尼龙 1010 等
毛毡 FJ 314—81		用做密封、防漏油、防震、缓冲衬垫等。按需选用细毛、半粗毛和粗毛	

附表 31　常见热处理和表面处理的方法、应用及代号

名词	代号	说明	应用
退火	5111	将钢件加热到临界温度以上(一般是 710~715 ℃，个别合金钢 800~900 ℃)30~50 ℃，保温一段时间，然后缓慢冷却(一般在炉中冷却)	用来消除铸、锻、焊零件的内力，降低硬度，便于切削加工，细化金属晶粒，改善组织，增加韧性
正火	5121	将钢件加热到临界温度以上，保温一段时间，然后在空气中冷却，冷却速度比退火速度快	用来处理低碳和中碳结构钢及渗碳零件，使其组织细化，增加强度与韧性，减少内应力，改善切削性能
淬火	5131	将钢件加热到临界温度以上，保温一段时间，然后在水、盐水或油中(个别材料在空气中)急速冷却，使其得到高硬度	用来提高钢的硬度和强度极限。但淬火会引起内应力使钢变脆，所以淬火后必须回火
回火	5141	回火是将淬火的钢件加热到临界点以下的温度，保温一段时间，然后在空气中或油中冷却下来	用来消除淬火后的脆性和内应力，提高钢的塑性和冲韧性

续附表 31

名词	代号	说明	应用
调质	5151	淬火后在 450~650 ℃进行高温回火，称为调质	用来使钢获得高的韧性和足够的强度。重要的齿轮、轴及丝杆等零件是调质处理的
表面淬火	5212 或 5213	用高频电流或火焰将零件表面迅速加热至临界温度以上，急速冷却	使零件表面获得高硬度，而心部保持一定的韧性，使零件既耐磨又能承受冲击。表面淬火常用来处理齿轮等
渗碳淬火	5311	在渗碳剂中将钢件加热到 900~950 ℃，停留一定时间，将碳渗入钢表面，深度一般为 0.5~2 mm，再淬火后回火	增加钢件的耐磨性能、表面强度、抗拉强度及疲劳极限。适用于低碳、中碳结构钢的中小型零件
渗氮	5340	氮化是在 500~600 ℃在通入氨的炉子内加热，向钢的表面渗入氮原子的过程。氮化层为 0.025~0.8 mm，氮化时间需 40~50 h	增加钢件的需磨性能、表面硬度、疲劳极限和抗蚀能力。适用于合金钢、碳钢、铸铁件，如机床主轴、丝杆以及在潮湿碱水和燃烧气体介质的环境中工作的零件
碳氮共渗	5320	在 820~860 ℃炉内通入碳和氮，保温 1~2 h，使钢件的表面同时渗入碳、氮原子，可得到 0.2~0.5 mm 的氰化层	增加表面硬度、疲劳强度、耐磨性和耐蚀性。用于要求硬度高、耐磨的中、小型及薄片零件和刀具等
固熔处理，时效	5181	低温回火后，精加工之前，加热到 100~160 ℃，保持 10~40 h。对铸件也可用天然时效(放在露天中一年以上)	使工作消除内应力和稳定形状，用于量具、精密丝杆、床身导轨、床身等
发黑	发黑	将金属零件放在很浓的碱和氧化剂溶液中加热氧化，使金属表面形成一层氧化铁所组成的保护性薄膜	美观、防腐蚀。用于一般连接的标准件和其他电子类零件

注：表面淬火分为高频淬火(代号为 5212)和火焰淬火(代号为 5213)。

参考文献

[1] 郭玲，曾令宜. 机械制图[M]. 3 版.郑州：黄河水利出版社，2012.
[2] 全国技术产品文件标准化技术委员会.技术产品文件标准汇编　技术制图卷[M]. 北京：中国标准出版社，2009.
[3] 全国技术产品文件标准化技术委员会.技术产品文件标准汇编机　械制图卷[M]. 北京：中国标准出版社，2009.
[4] 国家质量技术监督局. 国家标准机械制图[M]. 北京：中国标准出版社，2004.
[5] 汪恺. 技术制图国家标准宣贯教材[M]. 北京：中国计量出版社，1997.